Konrad Lorenz

# Das Wirkungsgefüge der Natur und das Schicksal des Menschen

Gesammelte Arbeiten

Herausgegeben und eingeleitet von
Irenäus Eibl-Eibesfeldt

Mit 23 Abbildungen

Piper
München Zürich

Von Konrad Lorenz liegen in der Serie Piper außerdem vor:

Die acht Todsünden der zivilisierten Menschheit (50)
Leben ist Lernen (mit Franz Kreuzer) (223)
Die Zukunft ist offen (mit Karl R. Popper) (340)
Über tierisches und menschliches Verhalten I (360)
Über tierisches und menschliches Verhalten II (361)
Der Abbau des Menschlichen (489)

ISBN 3-492-10309-x
Neuausgabe September 1983
6. Auflage, 36.–37. Tausend Februar 1990
(5. Auflage, 24.–26. Tausend dieser Ausgabe)
© R. Piper & Co. Verlag, München 1978
Umschlag: Federico Luci
Gesamtherstellung: Clausen & Bosse, Leck
Printed in Germany

# Inhalt

Einleitung von Irenäus Eibl-Eibesfeldt
   Der Mensch im Lebensstrom     7
   Zur Persönlichkeit des Forschers Konrad Lorenz     13
Die Vorstellung einer zweckgerichteten Weltordnung (1976)     24
Über die Wahrheit der Abstammungslehre (1964)     36
Über die Entstehung von Mannigfaltigkeit (1965)     54
Kants Lehre vom Apriorischen im Lichte gegenwärtiger
Biologie (1941)     82
Evolution des Verhaltens (1975)     110
Wissenschaft, Ideologie und das Selbstverständnis unserer
Gesellschaft (1972)     136
Stammes- und kulturgeschichtliche Ritenbildung (1966)     153
Die stammesgeschichtlichen Grundlagen menschlichen
Verhaltens (1974)     176
Die instinktiven Grundlagen menschlicher Kultur (1967)     246
Über das Töten von Artgenossen (1955)     275
Aggressivität – arterhaltende Eigenschaft oder pathologische
Erscheinung? (1977)     299
Über gestörte Wirkungsgefüge in der Natur (1966)     315
Zivilisationspathologie und Kulturfreiheit (1974)     324

Literaturverzeichnis     356
Erstveröffentlichung der Arbeiten     367

# Einleitung
# von Irenäus Eibl-Eibesfeldt, Seewiesen

## Der Mensch im Lebensstrom

Wir wirken an einem im Grunde recht rätselhaften Geschehen mit, das vor etwa 4 Milliarden Jahren als Leben seinen Anfang nahm. Es handelt sich um einen energetischen Prozeß besonderer Art, der – anders als jene, die die unbelebte Welt beherrschen – nicht im Sinne der Entropie zu Ausgleich und Minderung des Potentials, Arbeit zu leisten, führt, sondern im Gegenteil zur Steigerung des Energiepotentials. Die Organismen sind Träger dieses Prozesses, der sich seit seiner ersten Manifestation auf unserer Erde kontinuierlich fortsetzte und wohl auch steigerte, so daß man von einem *Lebensstrom*[1] sprechen kann. Wir sind heute noch weit davon entfernt, eine rationale Deutung dieses Phänomens vornehmen zu können, dennoch vermögen wir mehr zu tun, als dieses Leben nur mit einem »Ignorabimus« zu bestaunen. Zumindest in Teilstrecken können wir seine Entwicklung verfolgen und dabei die Gesetzmäßigkeiten der organismischen Evolution ablesen. Da wir selbst Produkt und Wirkungsglied dieses Prozesses sind und wie alle Organismen auch von dem Bestreben zu überleben erfüllt sind, ist die Einsicht in die Vorgänge, denen wir unsere Existenz verdanken, von mehr als bloß theoretischem Interesse.

Seit Darwin das Evolutionsgeschehen auf der Basis der Selektionstheorie deutete, haben die Biologen den Prozeß der stammesgeschichtlichen Entwicklung in vielen Einzelheiten aufgeklärt. Wir wissen in großen Zügen über die Entwicklung der Tiergruppen Bescheid. Wir wissen um das Wirken der Selektion, um die Mechanismen der identischen Reduplikation, um Mutationen, die Natur des genetischen Kodes, den Chemismus der Entwicklung und zu all dem auch um viele Details unseres eigenen Werdeganges. Wir lernten dabei auch, daß wir in diesem Lebensstrom eine wohl nur vorübergehende Erschei-

---

[1] Siehe dazu Hans Hass: Das Energon, Wien (Molden) 1970, und H. Hass und H. Lange-Prollius: Die Schöpfung geht weiter, Stuttgart (Seewald) 1978.

nung sein dürften. Eines Tages wird die Evolution über uns hinwegschreiten, wobei die Möglichkeit offenbleibt, daß wir uns entweder weiterentwickeln oder daß unsere Spezies wie so viele Arten vor uns ohne unmittelbare Nachkommen ausstirbt. Damit ist der Mensch jedoch keineswegs seiner gegenwärtigen zentralen Stellung auf unserer Erde entkleidet, wird sich doch in ihm die Schöpfung erstmals ihrer selbst bewußt, was zumindest die Möglichkeit auch der bewußten Steuerung unseres künftigen Geschickes enthält – eine Möglichkeit, deren Tragweite wir heute kaum abzuschätzen vermögen.

Eine solche vernunftbegründete Steuerung des eigenen Geschickes setzt voraus, daß wir die Wirkungszusammenhänge durchschauen, in die unsere Existenz eingewoben ist. Und dazu gehört insbesondere auch Einsicht in die Beweggründe unseres Handelns. Zu diesem unserem Selbstverständnis hat Konrad Lorenz in ganz entscheidender Weise beigetragen.

Ich habe in diesem Band eine Auswahl jener Arbeiten von Lorenz zusammengestellt, die sich mit der Darstellung und der Deutung des Evolutionsgeschehens und den Fragen der gegenwärtigen und künftigen menschlichen Existenz befassen. Sie stammen zum Teil aus den letzten Jahren. In den ersten Beiträgen setzt sich Lorenz mit der Frage der »Gerichtetheit« des Evolutionsgeschehens auseinander. Die brillanten Darstellungen, die überdies den Vorzug haben, verständlich geschrieben zu sein, machen deutlich, daß von einer »Gerichtetheit« des Evolutionsgeschehens nicht die Rede sein kann. Seiner Natur nach ist das Evolutionsgeschehen ein Abtasten aller Möglichkeiten; es leuchtet ein, daß es schwerlich anders geht. Der Prozeß der stammesgeschichtlichen Entwicklung wird von der Notwendigkeit bestimmt, daß sich die Organismen geänderten Umweltbedingungen stets neu »anpassen«. Nun sind diese Umweltveränderungen, seien sie nun klimatisch oder durch andere Organismen bedingt, nicht voraussehbar. Nur ein ebenso unvoraussagbarer, alle Möglichkeiten abtastender Mechanismus wie jener der Mutation ist in der Lage, dieser Tatsache zu entsprechen. Allein durch ihn entstehen in jeder Generation die mannigfaltigsten Erbänderungen (Mutationen), die das Ausgangsmaterial für den Artenwandel bilden. Die meisten dieser Mutationen erweisen sich als unvorteilhaft. In Konkurrenz mit anderen Organismen setzen sie sich normalerweise nicht durch. Unter besonderen, geänderten Lebensbedingungen kann sich jedoch selbst solchen Mutanten eine Entwicklungschance eröffnen. So gibt es unter den Fluginsekten (Fliegen, Schmetterlinge, Käfer etc.) immer wieder flügellose Mutanten. Sie gehen normalerweise zugrunde. Auf den sturmumbrausten Kerguelen dagegen haben nur die flügellosen Mutanten von vordem flugfähigen Insektenahnen überlebt. Wir finden flügellose Fliegen, mit Sprungbeinen wie Grashüpfer, flugunfähige Schmetterlinge und Käfer. E.

Mayr (1958) bezeichnete Mutanten dieser Art als »hopeful monsters«. Sie werden in jeder Generation erzeugt und in der Regel ausgemerzt, bilden aber die Absicherung der Arten im Lebensstrom. Sie befähigen zum Artenwandel in einer ständig neue, unvorhergesehene Anforderungen stellenden Welt.

Mannigfaltigkeit und »Höherentwicklung« im Sinne fortschreitender Differenzierung erweist sich als Ergebnis zwischenartlicher und innerartlicher Konkurrenz. Sind die mit einfacheren Mitteln zu besetzenden Nischen belegt, dann müssen Organismen neue Strategien entwickeln. So drängte es die Organismen aus dem Meer ans Land, und mit dem Menschen drängt es sie in Zukunft vielleicht sogar ins All.

Anpassung in Körperbau und Verhalten stellt Lorenz als einen Prozeß des Informationserwerbes (im umgangssprachlichen Sinne) dar. Organismen spiegeln in ihren Anpassungen immer Facetten einer außer ihnen liegenden Wirklichkeit wider. Sie bilden diese mit einem mehr oder weniger feinen Raster ab. Neben dem stammesgeschichtlichen Anpassungsprozeß über Mutation und Selektion, bei dem die gesammelten Erfahrungen im Erbgut bewahrt werden und als Anweisungen die Embryonal- und Jugendentwicklung leiten, erwarben Organismen auch früh die Fähigkeit zu individueller Anpassung, vor allem im Bereich des Verhaltens. Dazu muß ein Tier aus Erfahrungen lernen können. Beim Menschen schließlich tritt kulturelle Evolution als neuer Anpassungsprozeß in Erscheinung. Über ihn erwarb der Mensch Geräte und Maschinen als künstliche Organe sowie Verhaltensrezepte (Brauchtum, Sprache), was in einer der Artbildung vergleichbaren Pseudospeziation zur Einnischung der Kulturen und im arbeitsteiligen Prozeß auch der Individuen führte. Informationsspeicher sind in diesem Falle, neben den Zentralnervensystemen der Kulturträger, das geschriebene Wort und neuerdings auch elektronische Geräte. Sie halten Information unabhängig von lebenden Informationsträgern auf Abruf fest. Theoretisch kann nichts mehr vergessen werden. Die Wichtigkeit einer Unterscheidung von stammesgeschichtlicher, individueller und kulturgeschichtlicher Anpassung im Bereich menschlichen Verhaltens – die kulturell erworbenen Rezepte werden den heranwachsenden Individuen tradiert – hat Lorenz immer wieder ausdrücklich betont. Er sieht den Menschen auch im Bereich seines Verhaltens als stammesgeschichtlich *und* kulturgeschichtlich gewachsenes Wesen. Insbesondere betont er, daß das stammesgeschichtliche Erbe unser Verhalten nach wie vor entscheidend mitbestimme, und zwar analog den höheren Tieren in Form von vorgegebenen Bewegungsweisen (Erbkoordinationen), ferner als Fähigkeit, auf bestimmte Umweltreize ohne vorheriges Lernen in arterhaltend sinnvoller Weise zu antworten – gewissermaßen eine Fähigkeit zum angeborenen Erkennen. Außerdem reagieren wir Menschen nicht nur passiv auf eintretende Ereignisse, sondern werden von inneren, uns motivierenden Mechanismen angetrieben, und schließlich ist unser Lernen durch angeborene Lerndispositionen ausgerichtet. Menschen sind keineswegs nach allen Richtungen hin gleich leicht zu modifizieren. Diese Aussagen stießen bei einigen Wissenschaftlern auf erbitterten Widerstand. Die mit vielen Worten verfochtene Gegenthese, der Mensch würde einzig und allein durch Erziehung programmiert, nichts sei ihm angeboren und er sei durch Erziehung demnach in jede gewünschte Richtung gleich leicht zu formen, entspricht offenbar dem Machtstreben milieutheoretisch ausgerichteter Erzieher, die dem Menschen jede Autonomie absprechen, um ihn nach ihren Idealvorstellungen zu prägen. Die letzten Jahre haben eine Fülle von Fakten erbracht, die die von Lorenz verfochtenen Thesen bestätigen. Sie sind zum Teil in dem von uns gemeinsam verfaßten Beitrag über »Stammesgeschichtliche Grundlagen menschlichen Verhaltens« angeführt (siehe ferner I. Eibl-Eibesfeldt 1973, 1976, 1978). Die Befunde haben dem biologischen Denken auch in den Verhaltenswissenschaften vom Menschen zum Durchbruch verholfen. Nur einige unentwegte Ideologen wie M. F. A. Montagu und H. Selg scheinen nicht viel dazugelernt zu haben.

Die Ablehnung von dieser Seite dürfte einerseits auf das schon besprochene Bedürfnis nach Macht über andere seitens ideologisch ausgerichteter Erzieher, andererseits auch auf das dem Menschen eigene Bedürfnis zurückzuführen sein, sich von inneren und äußeren Zwängen zu befreien. Als Kulturwesen zeigt der Mensch das Bestreben, alle Bereiche seines Daseins zu kultivieren. Das geht so weit, daß er möglichst jeder leiblichen Gebundenheit zu entrinnen trachtet. In Tänzen, wie zum Beispiel dem balinesischen Legong, zwingt er seinem Körper neue Bewegungskoordinationen auf, die zunächst so künstlich sind, daß sie dem Schüler durch Führung des Lehrers eingedrillt werden müssen. Schließlich beherrscht der Schüler dann die neuen Koordinationen. Offenbar genießt der Mensch diesen Triumph der Selbstbeherrschung. Was sich dieser Beherrschbarkeit entgegenstellt, bereitet ihm Ärger. Solche Unfreiheiten will der Mensch nicht wahrhaben. So kommt es, daß er seine Triebe, die vorgezeichneten Geschlechtsrollen, ja jegliches biologische Verhaftetsein gerne übersieht. Er will sich emanzipiert wissen. Daß ihm eine solche Emanzipation um so besser gelingen kann, je mehr er über sich und das ihm Angeborene Bescheid weiß, entgeht ihm allzu leicht in seinem Bestreben, in einer Art Freiheitsgläubigkeit jegliches Verhaftetsein von vorneherein abzuleugnen.

Die Aussagen von Konrad Lorenz basieren im wesentlichen auf Tierbeobachtungen. Im Verlaufe dieser Untersuchungen stieß er auf zahlreiche verblüffende Analogien – Beispiele sind in dem Aufsatz über moralanaloges Verhalten bei Tieren und in der Arbeit über Ritualisierung zu finden. Man hat gegen diese Analogieschlüsse verschiedentlich Einwände erhoben. Liest man diese Kritiken allerdings sorgfältig, dann stellt man fest, daß deren Verfasser in der Regel mit der Methodik des biologischen Vergleichens nur recht unzureichend vertraut sind. Ihr Argument läuft im allgemeinen darauf hinaus, daß man wohl aus dem Verhalten der Menschenaffen für uns Menschen Relevantes erfahren könne, denn diese seien mit uns verwandt. Graugänse und Buntbarsche dagegen hätten allfällige Ähnlichkeiten mit dem Menschen, etwa im Paarbildungsverhalten und in der Brutpflege, ganz sicherlich unabhängig voneinander entwickelt. Schlüsse von einer Art auf die andere seien daher unzulässig.

Hier wird offensichtlich das Wesen der Analogieforschung verkannt. Wer stammesgeschichtlich altes Erbe im menschlichen Verhalten aufdecken möchte, also Homologieforschung betreibt, ist sicher gut beraten, sich in erster Linie mit anderen Primaten zu befassen. Wer jedoch gerade an den unabhängig von jeder Verwandtschaft gültigen, allgemeineren Gesetzlichkeiten des Verhaltens interessiert ist, etwa am Phänomen der Ritualisierung an sich, der tut gut daran, sich eben diese Erscheinung an möglichst vielen verschiedenen und keineswegs nur an näher miteinander verwandten Arten anzusehen. Aus der weiten verwandtschaftsunabhängigen Verbreitung gelangt er zu Aussagen über Regeln von allgemein gültigem Wert. Analogien spiegeln ja parallele Anpassungen an ähnliche Anforderungen seitens der Umwelt wider. Die die Ausprägung solcher Merkmale bestimmenden Funktionsgesetze sind daher in allen Fällen die gleichen. Analogieforschung vermittelt demnach Einblick in funktionelle Zusammenhänge. Der Analogieforscher geht in diesem Fall bei seinem Vergleich so vor wie ein Biotechniker, der die Funktionsgesetze ergründen will, nach denen Flügel gebaut sind. Er kann dazu so verschiedene Flügel wie jene der Insekten, die aus einer Epidermisfalte gebildet wurden, jene der Vögel, die eine umgebildete Tetrapodenextremität darstellen, und schließlich sogar die kulturell entwickelten Flügel eines Flugzeuges vergleichen. Das gilt ebenso für Verhaltensmerkmale wie Rangordnung, Monogamie und andere Besonderheiten der Sozialstruktur, auch für die vieldiskutierte innerartliche Aggression, die sich im Dienste des Abstandhaltens und der Verdrängung unabhängig bei den verschiedensten Tiergruppen entwickelte und die beispielsweise dennoch überall ähnliche Ritualisierungen erfährt, durch die der Mord am Artgenossen verhindert wird. Zwei der von uns ausgewählten Aufsätze befassen sich mit dieser Erscheinung.

Die im letzten Teil unserer Schriftensammlung abgedruckten Arbeiten kritisieren Zustände unserer Gesellschaft, die unsere weitere Existenz möglicherweise gefährden. Lorenz wies insbesondere auf jene Entwicklung hin, die wir als Involution negativ bewerten, obgleich deren Ergebnis ebenfalls perfekte Anpassung ist. Eine solche Entwicklung führte zum Beispiel zu den parasitischen Krebsen. Den Vertretern der Gattung *Sacculina* würde man ihre Krebsnatur wahrlich nicht mehr ansehen. Die den Hinterleib von Krabben durchwachsenden Parasiten bestehen nurmehr aus einem den Wirtskörper wurzelartig durchdringenden Gewebe und den Keimdrüsen. Nur die Larven der *Sacculina* verraten ihre Herkunft. Sie haben noch Augen, Ruderbeine, Antennen, ein koordinierendes Nervensystem, kurz alles, was Krebstiere als höher organisierte Gliedertiere auszeichnet. Haben sie sich am Wirt festgesetzt, verlieren sie alle diese Differenzierungen. Wir betrachten solche Entwicklungen, die zu einem Differenzierungsverlust führen, mit einer gewissen Abneigung. Auf Grund eines uns vielleicht angeborenen Wertempfindens bewerten wir Involutionserscheinungen negativ. Vielleicht ist dies eine Sicherung, die unsere Art vor ähnlichen Entwicklungen schützen soll und die uns hilft, unsere Differenziertheit und Universalität zu bewahren, ja vielleicht sogar zu steigern. Die Notwendigkeit einer solchen Absicherung ergibt sich unter anderem aus der Tatsache, daß der Mensch durch geänderte Auslesebedingungen Gefahr läuft, in einem Prozeß der Selbstdomestikation involutive Änderungen des Verhaltens und Körperbaus zu erleben, die den Domestikationserscheinungen der Haustiere in manchen Punkten verblüffend ähneln.

Lorenz prangert des weiteren unsere Verschwendungssucht an. Wir vergeuden Rohstoffe, die sich in Jahrmillionen zu abbauwürdigen Vorkommen anhäuften, und speisen damit kurzsichtig eine Bevölkerungsexplosion, die zur Zerstörung des biologischen Gleichgewichts und zum Zusammenbruch führen muß. Das ist keineswegs ein in der Natur einmaliger Vorgang. Der Mensch folgt hier blind der an sich bewährten Strategie des Lebensstromes, dessen Träger, angeheizt durch Konkurrenz, opportunistisch jede Möglichkeit zur Vermehrung der arteigenen Biomasse ausschöpfen. Durch diese ihm eigene Dynamik verästelt sich dieser Strom – bildlich gesprochen – über seine Ufer tretend in unzählige Rinnsale und drängt sich in alle nur möglichen ökologischen Nischen. Bevölkerungszusammenbrüche bremsen diese Entwicklung nur vorübergehend; und mag dabei die eine oder andere Art zugrunde gehen, der Strom bleibt erhalten. Es ist nur zu fragen, ob wir aus diesem blinden, unsere eigene Existenz gefährdenden Zufallsspiel aussteigen können. Theoretisch ist die Möglichkeit einer vernunftgesteuerten kulturellen Evolution durchaus gegeben. Eine solche vorausplanende Entwicklung könnte zu perfekter Anpassung führen, was allerdings die Gefahr enthält, daß als Ergebnis die adaptive Breite der Menschheit eingeengt würde. Die rasche Fähigkeit zu kultureller Neuanpassung könnte dies jedoch kompensieren.

Für die kulturelle Evolution gilt es, ein ausgewogenes Verhältnis zwischen bewahrenden und verändernden Kräften zu erreichen. Der jugendliche Mensch drängt mutig auf Veränderung, der ältere Mensch weiß um den Wert der Tradition, die Sicherheit und Geborgenheit vermittelt. Es ist ja auch unwahrscheinlich, daß von einer Generation auf die andere alles Überkommene auf einmal seine Angepaßtheit einbüßt. Daher wird es zweckmäßig sein, wenn der an sich als durchaus positiv zu bewertenden explorativen Aggression, die auf Veränderung drängt, konstruktiver Widerstand geleistet wird. Sie ist ja ihrem Wesen nach zugleich auch Anfrage. Unterbleibt die Antwort, dann eskaliert die Anfrage, und die Gefolgsverweigerung kann bis zum Traditionsabriß führen. Ob der Leser mit allen Formulierungen der letzten Kapitel einverstanden ist oder nicht, die Ausführungen von Lorenz regen zum Nachdenken an; sie belegen das tiefempfundene Anliegen: die Sorge um die Zukunft des Menschen. Der Biologe will dazu gehört werden.

## Zur Persönlichkeit des Forschers Konrad Lorenz

Die besondere Begabung von Konrad Lorenz liegt im intuitiven Erfassen von Zusammenhängen. Lorenz hat die Bedeutung der Intuition – einer Leistung der Gestaltwahrnehmung – für den wissenschaftlichen Erkenntnisprozeß immer wieder betont. Beim Künstler wie beim Wissenschaftler gehe das durch die Gestaltwahrnehmung vermittelte Wissen weit über das hinaus, was unsere Vernunft – das kühle Denken – uns zugänglich mache. Lorenz wendet sich in diesem Zusammenhang entschieden gegen jene, die die Quantifikation als einzig legitime Erkenntnisleistung betrachten. In einem zu Carl Zuckmayers 80. Geburtstag verfaßten und in der ›Süddeutschen Zeitung‹ vom 24. 12. 1976 veröffentlichten Aufsatz schreibt Lorenz: »Es gibt keine Erkenntnis der Naturwissenschaft, die nicht von der Gestaltwahrnehmung eines Genies erschaut worden wäre, ehe ihre Richtigkeit nachgewiesen wurde ... Schon in dem allgemein gebräuchlichen Wort ›Nachweis‹ steckt ja sprachlogisch das Geständnis, daß man das Nachzuweisende in irgendeiner Form bereits vorher gewußt hat ... Da es leider modern geworden ist, die Quantifikation als die einzige, wissenschaftlich legitime Erkenntnisleistung zu betrachten und alle anderen geringzuschätzen, so wollen es alle von dieser Geisteskrankheit befallenen Wissenschaftler nicht wahrhaben, daß in ihren eigenen Erkenntnisfunktionen neben der quantifizierenden Ratio noch andere und noch dazu so ›unexakte‹ Vorgänge wie ›Intuition‹ und ähnliches eine Rolle spielen.«

Dieses Bekenntnis ist ein Schlüssel zum Verständnis der Forscherpersönlichkeit: Konrad Lorenz ist eine durch und durch künstlerische Natur. Seine Gabe war es, Zusammenhänge zu sehen, die der Forschung neue Wege wiesen. Dazu kommt eine bis auf den heutigen Tag ungeschmälerte, neugiermotivierte Freude an Tieren, eine Voraussetzung für ihre geduldige Beobachtung. Konrad Lorenz freut sich auch heute noch über einen neuen Korallenfisch für sein Aquarium mit der Vergnügtheit eines jugendlichen Menschen.

Am 7. 11. 1903 in Wien geboren, wuchs Konrad Lorenz im ländlichen Altenberg bei Greifenstein (Niederösterreich) auf. Das geräumige Elternhaus und der große Garten boten seinen frühen zoologischen Neigungen gute Entfaltungsmöglichkeiten. Teiche und Tiergehege verwandelten den Garten allmählich in einen kleinen Zoo, und sein Kinderzimmer füllten Vogelbauer und Aquarien. Viele seiner Pfleglinge liefen und flogen sogar frei umher. Sein Bruder Albert äußerte sich in seinen Memoiren dazu: »Da er an dem Prinzip der Dressur im Freien festhielt und in Freiheit gezähmte Tiere zwar die Angst, aber damit zugleich meist auch den Respekt vor den Menschen verlieren, konnte es dem im Altenberger Garten Lustwandelnden leicht passieren, daß eine Zibethkatze unversehens aus einem Busch heraus seine Waden attackierte, ein Kakadu sich ihm im Nacken festkrallte, oder, wenn er seine Jause im Freien einnehmen wollte, zwei große Kolkraben, die Vögel Wotans, sich aus den Lüften auf das glitzernde Silberbesteck stürzten und einen Löffel oder eine Zuckerzange auf Nimmerwiedersehen entführten« (A. Lorenz 1952, S. 187). Konrad Lorenz führte über seine Pfleglinge genaue Tagebücher.

Der Vater Adolf Lorenz – Begründer der Orthopädie – gewährte den zoologischen Neigungen seines Sohnes zwar ziemlich viele Freiheiten, bestand allerdings darauf, daß sein Sohn Medizin studiere. 1928 promovierte Konrad Lorenz an der Wiener Universität zum Dr. med. Im Jahr zuvor veröffentlichte er seine erste tierethologische Arbeit über Dohlen. Während seiner medizinischen Ausbildung arbeitete er als Assistent des von ihm hochverehrten Anatomen Ferdinand Hochstetter. Ihm verdankt er nach eigenem Zeugnis die umfassende Kenntnis auf dem Gebiet der vergleichenden und funktionellen Anatomie. Ebenso wegweisend war für ihn der frühe Kontakt mit Oskar Heinroth, auf dessen Schriften Konrad Lorenz auch heute noch gern Bezug nimmt. Heinroths Arbeit »Beiträge zur Biologie, insbesondere Psychologie und Ethologie der Anatiden« (1910) nimmt dabei eine Vorzugstellung ein. Der interessierte Leser kann diesen Einfluß Heinroths in den Arbeiten von Lorenz nachlesen, die bereits als Schriftensammlung vorliegen [2].

---

[2] K. Lorenz (1965): Über tierisches und menschliches Verhalten. Aus dem Werdegang der Verhaltenslehre, I. u. II. München (Piper); I 17. Aufl. 1974, II 11. Aufl. 1974.

Nach Abschluß seines Medizinstudiums nahm Lorenz das Studium der Zoologie auf. Er promovierte 1933 in diesem Fach zum Dr. phil. Von nun ab gilt sein Interesse ganz der Verhaltensforschung. In den Arbeiten »Beiträge zur Ethologie sozialer Corviden« (J. Ornithol. 1931) und »Betrachtungen über das Erkennen der arteigenen Triebhandlungen bei Vögeln« (J. Ornithol. 1932) umreißt er bereits ein Konzept der vergleichenden Verhaltensforschung, das er schließlich in der Arbeit »Der Kumpan in der Umwelt des Vogels« (J. Ornithol. 1935) als umfassenden Entwurf vorlegt.

Die Schrift kann als Grundlegung der vergleichenden Verhaltensforschung gelten. Die wesentlichen Konzepte dieses Faches sind in ihr bereits umrissen. Lorenz geht von der Entdeckung aus, daß es im Verhaltensrepertoire der Tiere formkonstante, wiedererkennbare Bewegungsweisen gibt – die Instinkthandlungen –, die so wie körperliche Strukturen zur Artkennzeichnung herangezogen werden können. Man kann sie daher bei verschiedenen Tierarten vergleichen und unter Zugrundelegung der Homologiekriterien der Morphologie Homologien aufdecken und die Evolution dieser Bewegungsweisen rekonstruieren. Die Instinkthandlungen reifen im Laufe der Embryonal- und Jugendentwicklung heran. Lorenz betont dabei ausdrücklich die Dichotomie von angeborenen und erworbenen Verhaltensweisen, definiert den Begriff des Angeborenen allerdings zunächst eher negativ als »nicht gelernt«, was der Kritik Anhaltspunkte lieferte. Erst viel später und aufgrund der Kritiken gelang Lorenz eine klare Begriffsbestimmung.

Die Instinkthandlungen wurden zunächst als Kettenreflexe gedeutet, obgleich Lorenz auf Schwankungen der Handlungsbereitschaft hinwies, die nicht auf entsprechende Schwankungen der Umweltbedingungen zurückgeführt werden können. Ist ein Tier daran gehindert, eine Instinkthandlung auszuführen, so kann es im Extremfall sogar zu »Leerlaufreaktionen« kommen. Die Bewegung geht dann ohne sichtbaren äußeren Anlaß los, als folge das Tier einem inneren Triebdruck. Normalerweise allerdings werden Instinkthandlungen durch Reize und Reizkombinationen ausgelöst, die in einfacher, aber unmißverständlicher Weise die adäquate auslösende Reizsituation (Beute, Geschlechtspartner usw.) charakterisieren. Im Dienste der inner- oder zwischenartlichen Kommunikation entwickelten sich dazu Signale in Form von körperlichen Merkmalen oder Verhaltensweisen. Lorenz sprach in solchen Fällen von »Auslösern«.

Die nicht eigens zum Zwecke der Kommunikation entwickelten Signale werden dagegen als Schlüsselreize bezeichnet.

Den auslösenden Reizen entspricht als rezeptorisches Korrelat das »angeborene Schema«[3] des Reizempfängers. Wie ein Schloß spricht es erst auf bestimmte Reize an und gibt danach bestimmte Verhaltensweisen frei. Der Artgenosse wird dabei nicht in seiner Ganzheit wahrgenommen. Er fungiert vielmehr als Sender von Signalen für verschiedene getrennte Funktionskreise, wie etwa der Balz, des Kämpfens, des Junge-Betreuens und so fort.

Lorenz beschreibt in dieser Arbeit schließlich auch das Phänomen der Objektprägung. Bei einer Reihe von Vogelarten fand er, daß das angeborene Schema des Geschlechts- oder Elternkumpans wenig selektiv ist. Enten- und Gänsejunge folgen kurz nach dem Schlüpfen praktisch jedermann. Liefen sie aber nur eine kurze Zeit lang dem Menschen nach, dann blieben sie dabei und waren nicht mehr dazu zu bewegen, einem Artgenossen zu folgen. In bezug auf ihre Nachfolgereaktion erwiesen sie sich als auf den Menschen geprägt. Bei einigen Vögeln, wie zum Beispiel den Dohlen, hatte die Aufzucht durch den Pfleger noch viel weiter reichende Folgen: Bei Eintritt der Geschlechtsreife balzten handaufgezogene Dohlen den Menschen an. Sie erwiesen sich in bezug auf ihre sexuellen Reaktionen als auf den Menschen geprägt, und diese Prägung erwies sich als irreversibel.

In den folgenden Jahren wurde dieses Konzept einer vergleichenden Verhaltensforschung weiter ausgebaut. Entscheidend war dabei zunächst die Begegnung mit Erich von Holst im Jahre 1937.

Lorenz hatte bis dahin Instinkthandlungen immer als Kettenreflexe bezeichnet, obgleich er deren Spontaneität hervorhob, die ja nicht zum Reflexkonzept paßte. Erich von Holst präsentierte nun in einem Vortrag die Ergebnisse von Experimenten, die das Reflexkonzept ganz eindeutig widerlegten. Nach der klassischen Reflextheorie sollte zum Beispiel das Schlängelschwimmen des Aales dadurch zustande kommen, daß die Kontraktion eines Muskelsegmentes über innere Sinnesorgane zum nächsten Segment gemeldet wird und dort seinerseits Kontraktionen auslöst. So würde die Bewegungswelle über den Körper des Tieres fortschreiten.

Erich von Holst durchtrennte nun bei Aalen die Verbindung von Rückenmark und Hirn. Das Rückenmarkspräparat hielt er durch künstliche Beatmung am Leben. Dann durchschnitt er die dorsalen Rückenmarkswurzeln, über die dem Rückenmark Meldungen vom eigenen Körper und von der Außenwelt zugeführt werden. Die ventralen Wurzeln, über die das Zentralnervensystem motorische Impulse zu den Muskeln schickt, blieben intakt. Damit hatte er ein Präparat, das nur noch zeigte, was sein Zentralnervensystem

---

[3] Man spricht heute auch von »angeborenem Auslösemechanismus«.

produzierte. – Nach dem Erwachen aus dem Operationsschock begannen die Aale wohlkoordiniert zu schlängeln, und zwar ungehemmt bis zum Tod, womit erwiesen war, daß diesen Bewegungen spontan tätige motorische Zellgruppen – sogenannte Automatismen – zugrunde liegen, die ihre Tätigkeit zentral so koordinieren, daß ein wohlgeordnetes Impulsmuster zur Muskulatur geschickt wird. Das klassische Reflexkonzept, demzufolge Bewegungsanstoß und Koordination stets nur über Außenreize bewirkt werden, war damit widerlegt.

Lorenz erfaßte sofort die volle Bedeutung dieser Entdeckung. Er nahm an, daß jeder Instinktbewegung solche spontan tätigen Nervenzellgruppen zugrunde liegen, und erklärte so deren Spontaneität. Die dauernde Entladung dieser zentralen Impulse in Bewegung wird nach seiner Ansicht durch andere vorgeschaltete Instanzen normalerweise behindert, was zu einem Stau der zentralen Erregung führt, die schließlich das Tier dazu drängt, aktiv nach auslösenden Reizsituationen zu suchen, die das Abreagieren bestimmter Instinkthandlungen gestatten. Lorenz hatte damit eine Theorie der neurogenen Motivation entwickelt, die sich bis heute bewährt hat. Daneben gibt es natürlich auch noch andere motivierende Mechanismen.

Um die gleiche Zeit entwickelten sich auch enge freundschaftliche Kontakte zwischen Nikolaas Tinbergen und Lorenz, die zu einer gemeinsamen Untersuchung der Instinkthandlung führten. Es gelang ihnen dabei der Nachweis, daß jede Instinkthandlung aus einer Orientierungsbewegung (Taxis) und einem starren, von Außenreizen unabhängigen Bewegungsprogramm – der Instinktbewegung – zusammengesetzt ist.

Sowohl das neue Triebkonzept als auch die Konzepte der Erbkoordination, des Schlüsselreizes, der Auslöser und des angeborenen Schemas schienen Lorenz geeignet, einige Eigentümlichkeiten menschlichen Verhaltens zu erklären, vor allem sein recht automatisches, schablonenhaftes Reagieren in bestimmten sozialen Situationen, was nicht so recht zum gängigen Konzept vom einsichtigen, individuell angepaßten Verhalten des Menschen paßte. In der Arbeit »Die angeborenen Formen möglicher Erfahrung« (Zeitschrift f. Tierpsychologie 1943) weist Lorenz darauf hin, daß wir in bestimmten Bereichen unseres Verhaltens wohl auch über angeborene Auslösemechanismen automatisch auf bestimmte Reizsituationen ansprechen, so auf bestimmte Merkmale der menschlichen Mimik, des Kleinkindes und des Geschlechtspartners. Neben solchen ästhetischen Beziehungsschemata vermutet Lorenz auch die Existenz ethischer Beziehungsschemata, die gewisse Normen sozialen Handelns festlegen. Er weist in diesem Zusammenhang auch auf die Existenz angeborener Tötungshemmungen bei einer Reihe von höheren Wirbeltieren, den Menschen inbegriffen, hin. Man kann bei Tieren geradezu von einem »moralanalogen Verhalten« sprechen. Die uns Menschen angeborenen Tötungshemmungen sind unserer körperlichen Fähigkeit zu töten angepaßt. Durch die Erfindung der Waffe kam es jedoch zu einer Krisensituation, denn nunmehr kann der Mensch schnell und auch auf Distanz töten, ohne die Mitleid auslösenden Appelle der Mitmenschen wahrzunehmen. In den »Angeborenen Formen« weist Lorenz schließlich eindringlich auf die Gefahren involutiver Entwicklungen hin, die wir bereits angesprochen haben.

1941 wurde Lorenz auf den Lehrstuhl für Philosophie der Universität Königsberg berufen. Der Krieg unterbrach allerdings bald seine Forschertätigkeit. 1942 bis 1944 wirkte Lorenz als Feldarzt, dann geriet er in russische Kriegsgefangenschaft, aus der er erst 1948 heimkehrte. Er kam mit einem selbstgebastelten Vogelkäfig zurück, in dem er einen zahmen Star hielt. Außerdem hatte er ein dickes Manuskript über vergleichende Verhaltensforschung bei sich. Er hatte es in winziger Schrift auf das Papier von Zementsäcken geschrieben. Noch im gleichen Jahr hielt er uns auf der biologischen Station Wilhelminenberg bei Wien daraus eine Vorlesung von unübertroffener Frische. In den Jahren 1946 bis 1948 hatte sich nämlich in Wien um Otto Koenig ein kleiner Kreis von Studenten versammelt, die die Arbeiten von Lorenz diskutierten und seine Methode der Tierbeobachtung unter halbnatürlichen Bedingungen pflegten. Diese Gruppe hatte einige verlassene Wehrmachtsbaracken im Wienerwald besetzt und zu einer biologischen Station ausgebaut, die heute noch existiert. Der Verfasser dieser Zeilen war von Anfang an am Aufbau dieser Station beteiligt.

In Altenberg begann Lorenz mit dem Aufbau eines Instituts für vergleichende Verhaltensforschung. Es stand unter dem Patronat der Österreichischen Akademie der Wissenschaften. In Vorträgen und Publikationen sorgte er für die Verbreitung ethologischen Wissens. Unter anderem veröffentlichte er ein populäres Buch »Er redete mit dem Vieh, den Vögeln und den Fischen« (Borotha-Schoeler, Wien 1949). Es ist nach Form und Inhalt sicherlich eines der besten bis dahin geschriebenen Tierbücher.

Nach einer Periode der äußeren Unsicherheit erfolgte 1951 die Berufung von Lorenz durch die Max-Planck-Gesellschaft. Er übersiedelte mit drei Mitarbeitern, zu denen auch der Verfasser dieser Zeilen gehörte, zunächst nach Buldern in Westfalen, wo er eine Forschungsstelle für Verhaltensphysiologie aufbaute. Diese wurde 1957 zum selbständigen Max-Planck-Institut für Verhaltensphysiologie erhoben und in Seewiesen (Oberbayern) neu aufgebaut. Erich von Holst war dabei die treibende Kraft. Seit ihrer Begegnung im Jahre 1937 waren Lorenz und von Holst eng freundschaftlich miteinander verbunden. Beide führten auch das neu aufgebaute Institut. Im kontinentaleuropäischen Raum hatten sich bereits kurz vor dem Kriege zwei Kristallisationszentren der vergleichenden Verhaltensforschung herausgebildet. Neben der Gruppe um Konrad Lorenz im deutschen Kulturraum, die mit O. Koehler und O. Antonius auch die Zeitschrift für Tierpsychologie herausgab, hatte sich ein Schwerpunkt in Holland mit N. Tinbergen, A. Kortlandt und G. Baerends gebildet.

Nach dem Kriege verbreiteten sich die Thesen der kontinentaleuropäischen Verhaltensforscher vor allem dank der Initiative von Niko Tinbergen auch im englischsprachigen Raum. Um W. Thorpe und J. Huxley hatte sich bereits eine englische Ethologengruppe gebildet. 1951 veröffentlichte Tinbergen das erste Lehrbuch der vergleichenden Verhaltensforschung (»The Study of Instinct« – Oxford Univ. Press). Mit seiner Übersiedlung nach England wurde Oxford zum weiteren Schwerpunkt der ethologischen Forschung. Bald wurden die Thesen von Lorenz auch in Übersee bekannt und lebhaft diskutiert.

J. B. Watson vertrat 1913 die These, er könne jedes gesunde Kind, gleich welcher Herkunft und Rasse, zu einem Künstler, Wissenschaftler, Rechtsanwalt oder was immer man wolle, heranziehen; die Umwelt sei das entscheidende und nicht besondere Anlagen[4]. Seit dieser Zeit hat die Milieutheorie in den Vereinigten Staaten von Amerika einen besonders starken Einfluß gehabt. In noch weiterer Verallgemeinerung griff man wieder die aristotelische Behauptung auf, der Mensch komme als unbeschriebenes Blatt zur Welt und werde einzig durch individuelle Erfahrungen programmiert – eine Ansicht, die auch der englische Philosoph Thomas Locke verfochten hatte.

Diese Lehre bildete die öffentliche wissenschaftliche Meinung der Psychologie, Soziologie und Anthropologie in diesem Lande. Außerdem hatte die Reflextheorie starke Anhänger. Man erforschte ja im wesentlichen die Bildung bedingter *Reaktionen*, und bei den üblichen Techniken konnte man spontanes Verhalten kaum wahrnehmen. Die Thesen von Lorenz, denen zufolge das Verhalten von Tier und Mensch auch durch das Erbe mitbestimmt würde, wobei Antriebe eine große Rolle spielten, mußten milieutheoretisch ausgerichtete Psychologen provozieren. Es gab unter den Behavioristen Ausnahmen,

---

4 »Give me a dozen healthy infants, well-formed, and my own specified world to bring them up in and I'll guarantee to take any one at random and train him to become any type of specialist I might select – doctor, lawyer, artist, merchand chief and, yes, even beggar-man and thief, regardless of his talents, penchants, tendencies, abilities, vocation and race of his ancestors« (J. B. Watson, Psychology as the behaviorist view it. Psychological Reviews, 1913, p. 104).

wie Eckhardt Hess, der zwar nach eigenem Zeugnis ebenfalls vom milieutheoretischen Konzept ausging, aber bei seinen Hühnerversuchen schnell erkannte, daß auch den Thesen von Lorenz hoher Erklärungswert zukommt.

Aus der Fülle der kritischen Stimmen ragt eine Arbeit hervor, die D. Lehrman im Quarterley Review of Biology 1953 veröffentlichte: »A Critique of Konrad Lorenz's Theory of Instinctive Behavior«. Die Kritik war scharf, aber zugleich auch sehr anregend. Lehrman attackiert in dieser Arbeit den Begriff des Angeborenen. Er hält ihn für wertlos, da man das Angeborensein einer Verhaltensweise nie nachweisen könne. Während seiner Entwicklung stecke der Organismus ja stets in einer Umwelt, die auf ihn einwirke; selbst im Ei oder Uterus sei er Einflüssen ausgesetzt, die formend auf sein Verhalten einwirken könnten. Eine Aufzucht unter völligem Erfahrungsentzug sei daher unmöglich. Lehrman weist auch darauf hin, daß der Lorenzsche Begriff des Angeborenen nur negativ als »das, was nicht erlernt sei«, definiert werde.

Damit legte er den Finger in der Tat auf eine bloße Stelle des ethologischen Konzeptes. Was angeborenes Verhalten ist, das hatten die Biologen zwar stets recht gut umschrieben, aber eine klare Begriffsbestimmung lag nicht vor. Angespornt durch diese Kritik setzte sich Lorenz noch einmal mit dem Begriff des Angeborenen auseinander. 1961 antwortete er seinen Meinungsgegnern in der Schrift: »Phylogenetische Anpassung und adaptive Modifikation des Verhaltens« (Zeitschrift f. Tierpsychologie). In ihr definierte er den Begriff positiv nach der Herkunft der Angepaßtheit.

Wir haben bereits ausgeführt, daß Organismen in ihren Anpassungen Vorlagen quasi abbilden, was voraussetzt, daß das angepaßte System Informationen über die Umweltgegebenheiten, die es als Anpassung kopiert, zu irgendeinem Zeitpunkt einmal erwarb. Das kann über den Mutations-Selektions-Mechanismus im Laufe der Stammesgeschichte geschehen, ferner im Laufe der kulturellen Evolution oder als Folge individuellen Erfahrungsammelns. Indem ich nun dem Organismus jene Informationen vorenthalte, die eine bestimmte Passung betreffen, kann ich im Versuch prüfen, ob eine Anpassung das Resultat stammesgeschichtlicher Prozesse ist oder nicht. Singt ein Vogel zum Beispiel auch bei schallisolierter Aufzucht und Einzelhaltung die artspezifischen Revier- und Balzgesänge, dann ist damit erwiesen, daß die Information, das spezifische Gesangsmuster der Art betreffend, als stammesgeschichtliche Anpassung vorliegt, das heißt: Die den Gesangsbewegungen zugrunde liegenden Nervennetze in ihrer Schaltung mit Sinnes- und Erfolgsorganen entwickeln sich auf Grund der im Erbgut festgelegten Entwicklungsanweisungen in einem Prozeß der Selbstdifferenzierung. Der Einwand, man könne dem Tiere nicht alle Umweltreize vorenthalten, ist damit auch entkräftet. Sicher braucht der Vogel, den wir schallisoliert aufziehen, eine ganze Reihe von Umweltreizen, wenn er einigermaßen gesund heranwachsen soll. Wichtig ist aber der Nachweis, daß unter diesen Umweltbedingungen gerade jene Information fehlen kann, die vorhanden sein müßte, wenn der Artgesang erlernt würde.

Lorenz arbeitete in erster Linie mit Entenvögeln, verschiedenen Gänsearten und mit Buntbarschen. In Seewiesen gelang es ihm dann auch, Korallenfische zu halten, denen seither sein besonderes Interesse gilt, da hier Fragen der innerartlichen Aggression untersucht werden können. Seine Thesen zu diesem Thema hatte er 1963 in dem Buch »Das sogenannte Böse« (Borotha-Schoeler, Wien) zusammengefaßt. Schon der Titel weist Lorenz als Biologen aus, der, unbeirrt von einer Wertung, zunächst einmal die Frage stellt, wozu ein Verhalten eigentlich diene, das heißt, welche Funktion es im Dienste der Arterhaltung[5] wohl erfülle. Lorenz zeigt, daß aggressives Verhalten als Anpassung im Dienste verschiedener Funktionskreise steht. Eine wichtige Funktion ist zum Beispiel die territoriale. Er zeigte ferner, daß Kämpfe zwischen Artgenossen in den meisten Fällen nicht zur Vernichtung des Gegners führen. Vielmehr kämpfen gerade die wehrhaften Tiere oft turniermäßig. Von den stammesgeschichtlichen Anpassungen, die das aggressive Verhalten bestimmen, hebt Lorenz insbesondere den Aggressionstrieb hervor, der die Tiere dazu dränge, aggressives Verhalten abzureagieren. Auch beim Menschen bewirke ein solcher Trieb eine zunehmende Aggressionsbereitschaft. Da der Mensch zwar mit Tötungshemmungen ausgerüstet ist, sich aber, wie gesagt, durch schnell und auf Distanz tötende Waffen darüber hinwegsetzen könne, sei die innerartliche Aggression des Menschen im gegenwärtigen Zeitpunkt eine der größten Gefahren.

Kritiker haben Lorenz vorgeworfen, daß er mit dem Hinweis auf das Angeborene im menschlichen Aggressionsverhalten die Aggression gewissermaßen entschuldige und einer fatalistischen Haltung den Weg bereite. So schreibt E. Fromm 1974: »Was könnte für Menschen..., die sich fürchten und die sich unfähig fühlen, den zur Zerstörung führenden Lauf der Dinge zu ändern, willkommener sein als die Theorie von Konrad Lorenz, daß die Gewalt aus unserer tierischen Natur kommt und einem unzähmbaren Trieb zur Aggression entspringt« (S. 53). Feststellungen dieser Art sind deshalb so

---

[5] Von Arterhaltung zu sprechen ist problematisch, weil Arten sich wandeln. Lebensstromerhaltung wäre passender, doch ist das Wort unschön. Der Ausdruck Arterhaltung soll kein »Artinteresse« implizieren, eine solche Möglichkeit aber auch nicht ausschließen. Dazu mehr in der Diskussion der neuen Thesen zur Soziobiologie in meinem »Grundriß der vergleichenden Verhaltensforschung, München (Piper, [5]1978).

erstaunlich, weil Lorenz ganz sicher nicht von einem unzähmbaren Trieb sprach, sondern sehr wohl die Ansicht äußerte, daß man über Kenntnis der natürlichen Verursachung auch dieses Geschehen unter Kontrolle bekommen werde. Er schreibt in seinem Buch »Das sogenannte Böse« dazu:

»Wir haben guten Grund, die intraspezifische Aggression in der gegenwärtigen kulturhistorischen und technologischen Situation der Menschheit für die schwerste aller Gefahren zu halten. Aber wir werden unsere Aussichten, ihr zu begegnen, gewiß nicht dadurch verbessern, daß wir sie als etwas Metaphysisches und Unabwendbares hinnehmen, vielleicht aber dadurch, daß wir die Kette ihrer natürlichen Verursachung verfolgen. Wo immer der Mensch die Macht erlangt hat, ein Naturgeschehen willkürlich in bestimmte Richtung zu lenken, verdankt er sie seiner Einsicht in die Verkettung der Ursachen, die es bewirken. Die Lehre vom normalen, seine arterhaltende Leistung erfüllenden Lebensvorgang, die sogenannte Physiologie, bildet die unentbehrliche Grundlage für die Lehre von seiner Störung, für die Pathologie« (Lorenz 1963, S. 47). Von Apologie und Hinweis auf unabwendbares Schicksal kann also wirklich nicht die Rede sein.

Sicher gibt es im »Sogenannten Bösen« Punkte, über die man geteilter Meinung sein kann. Lorenz selbst hat zum Beispiel in einer späteren Arbeit darauf hingewiesen, daß er damals noch nicht klar genug zwischen Innergruppen- und Zwischengruppenaggression des Menschen unterschieden habe[6]. Aber selbst wenn Einzelheiten einer Korrektur bedürfen, so ist doch festzuhalten, daß Lorenz entscheidend zum Verständnis der Aggression beitrug und eine anregende Diskussion in Gang brachte.

Von den Werken der letzten Jahre ragt »Die Rückseite des Spiegels« (Piper, München 1973) als außergewöhnliche Leistung hervor. Nach meiner Ansicht handelt es sich bei dieser Naturgeschichte der Erkenntnis-Leistungen um eines der ausgereiftesten Werke von Lorenz. Ausgehend vom hypothetischen Realismus führt er aus, daß jede Anpassung eine außersubjektive Realität abbildet. »Das Leben ist nicht Gleichnis von irgend etwas, es ist selbst wissende Wirklichkeit« (S. 326). Mit zunehmender Differenzierung der Organismen – wir bewerten dies als »Höher«-Entwicklung – wird auch das Abbild der Welt in den Organismen differenzierter. Die abbildende Anpassung spiegelt die außersubjektive Realität gelegentlich in gesetzmäßiger Weise verzerrt wider. Das lehren uns zum Beispiel die optischen Illusionen. Betrachten wir nachts den

---

6 Siehe dazu I. Eibl-Eibesfeldt: Krieg und Frieden aus der Sicht der Verhaltensforschung. München (Piper) 1975.

Mond, dann erleben wir wider besseres Wissen die Täuschung, daß der Mond gegen die Wolken zieht. Dieser Fehlleistung liegt eine Eichung unseres optischen Wahrnehmungsapparates zugrunde, die auf der Erde durchaus adaptiv ist. Hier kommt es nämlich darauf an, in einer ruhenden Umwelt sich bewegende Objekte (Beute, Feinde) präzis und schnell zu lokalisieren. Dabei geht der Organismus von der Annahme aus, daß sich immer nur ein relativ kleiner Prozentsatz des Gesichtsfeldes gegenüber einer ruhenden Kulisse bewegt, was letztlich auf stammesgeschichtlichen Erfahrungen beruht. Über solche Vorurteile in unserer Wahrnehmung ebenso wie in unseren Denkprozessen muß man Bescheid wissen, will man sich vor den möglichen Folgen der Fehlleistungen schützen.

1973 wurde Lorenz zusammen mit N. Tinbergen und K. v. Frisch der Nobelpreis für Medizin verliehen. Sein Beitrag, insbesondere für das Verständnis des Menschen, wurde damit international anerkannt. Sein Werk hat tiefe Spuren in der geistigen Landschaft unserer Zeit hinterlassen, und es gibt kaum ein neueres Werk über den Menschen, das sich nicht mit seinen Thesen auseinandersetzt. Im Herbst 1973 emeritierte Lorenz und siedelte wieder nach Altenberg über. Mit den Mitteln des Nobelpreises richtete er einen Aquarienraum ein, dessen Glanzstück ein 32 000 l fassendes Seewasserbecken ist. Mit Unterstützung der Max-Planck-Gesellschaft und der Österreichischen Akademie der Wissenschaften betreut er ferner eine kleine Außenstation in Grünau, wo er seine Gänsestudien weiterführt.

In seiner alten Wirkungsstätte in Seewiesen wird Verhaltensforschung von mehreren Abteilungen nach verschiedenen Richtungen hin weiter vorangetrieben, durch J. Aschoff mit der Erforschung der circadianen Periodik, durch F. Huber als Neuroethologie, durch H. Mittelstaedt in der Systemforschung und Kybernetik, durch D. Schneider im Bereich der Rezeptorenphysiologie und durch W. Wickler als Verhaltensökologie. Auch das, was Lorenz als die »wichtigste Aufgabe« des von ihm begründeten Forschungszweiges bezeichnet, nämlich die biologische Erforschung menschlichen Verhaltens, ist mittlerweile von verschiedenen Seiten her systematisch in Angriff genommen worden. Biologen, Psychologen, Anthropologen, Linguisten und Soziologen finden sich dabei in zunehmender interdisziplinärer Kooperation. Eine »Humanethologie« hat sich als neues Fach etabliert[7]. Im Rahmen des Max-Planck-Instituts für Verhaltensphysiologie betreut der Verfasser eine selbständige Forschungsstelle für Humanethologie, seines Wissens die erste dieser Art.

---

[7] Siehe dazu I. Eibl-Eibesfeldt und H. Hass: Zum Projekt einer ethologisch orientierten Untersuchung menschlichen Verhaltens. Mitt. Max-Planck-Ges. 6 (1966), 383–396.

# Die Vorstellung
# einer zweckgerichteten Weltordnung

(1976)

Es erscheint vielen Menschen ganz undenkbar, daß es im Universum Vorgänge gibt, die nicht nach bestimmten Zwecken ausgerichtet sind. Weil wir bei uns selbst sinnloses Handeln für einen Unwert erachten, stört es uns, daß es ein Geschehen gibt, das jeden Sinnes entbehrt. Vor allem aber kränkt es den Menschen in seinem Selbstgefühl, daß er und seine Belange dem kosmischen Geschehen absolut gleichgültig sind. Weil er merkt, daß im Weltgeschehen das Sinnlose überwiegt, befürchtet er, das Unsinnige müsse schon rein mengenmäßig über die menschlichen Bestrebungen der Sinngebung triumphieren. Aus dieser Furcht entspringt der Denkzwang, in allem, was geschieht, einen verborgenen Sinn zu vermuten. »Der Mensch will«, wie Nicolai Hartmann sagt, »der Härte des Realen als des gegen ihn absolut Gleichgültigen nicht ins Gesicht sehen. Er meint gleich, das Leben lohne sich sonst nicht.« An anderer Stelle sagt der Philosoph: »Himmelfern liegt es ihm, auch nur zu ahnen, daß Sinngebung ein Vorrecht des Menschen sein könnte, und daß vielleicht gerade er in seiner Ahnungslosigkeit sich selbst um dieses Vorrecht bringt.«

Paradoxerweise ist die Abneigung gegen ein nicht zweckgerichtetes, »final determiniertes« Weltgeschehen auch von der Furcht motiviert, der freie Wille des Menschen könne sich als eine Illusion erweisen, was nicht nur erkenntnistheoretisch unsinnig ist, sondern auch, was eine zweckgerichtete Weltordnung betrifft, völlig verkehrt: »Die widerspruchslos hingenommene Vorstellung von einer von vornherein durchgehend final determinierten Welt schließt ja ebenfalls jegliche Freiheit des Menschen aus« und läßt ihm nur das Verhalten eines Schienenfahrzeuges offen, das bloß nicht zu entgleisen braucht, um zum vorbestimmten Ziele zu gelangen. Das bedeutet selbstverständlich auch die Vernichtung des Menschen als eines verantwortlichen Wesens.

Final determinierte Vorgänge gibt es im Kosmos ausschließlich im Bereich des Organischen. Eine im Hartmannschen Sinne kategoriale Analyse des Finalnexus läßt sich nur vom Wirkungsgefüge des Gesamtverlaufes einer zweckgerichteten Geschehenskette geben, für die drei Akte charakteristisch sind. Diese kann man allerdings nicht voneinander trennen und unabhängig betrachten, denn sie bilden eine funktionelle Einheit, die aus folgenden Akten besteht: Erstens die Setzung eines Zweckes mit Überspringen des Zeitflusses als eine Antizipation von etwas Künftigem. Zweitens eine von diesem gesetzten Zweck her erfolgende Auswahl der Mittel, die also gewissermaßen rückläufig determiniert werden. Drittens die Realisation des Zweckes durch die kausale Aufeinanderfolge der ausgewählten Mittel.

Immer müssen, wie Nicolai Hartmann mit stärkster Betonung sagt, ein »Träger« der Akte, ein »Setzer« des Zweckes und ein »Wähler« der Mittel vorhanden sein, ja, es kommt dazu, daß der »dritte Akt«, die Verwirklichung des Zweckes, meist noch »überwacht« werden muß; denn in der Auswahl der Mittel können Irrtümer eingetreten sein, dann aber tritt irgendwo in der Reihe eine Abweichung von der vorgezeichneten Linie auf, die ihrerseits durch neue Mittel ausgeglichen werden muß.

Nicolai Hartmann meint, daß der Träger der Akte und Setzer der Zwecke immer nur ein Bewußtsein sein könne, denn, so sagt er, »nur ein Bewußtsein hat Beweglichkeit in der Anschauungszeit, kann den Zeitlauf überspringen, kann vorsetzen, vorwegnehmen, Mittel seligieren und rückläufig gegen die übersprungene Zeitfolge bis auf das ›Erste‹ zurückverfolgen«. Seit Nicolai Hartmann diese Sätze geschrieben hat, haben die Biochemie, die Erforschung der Morphogenese und die des tierischen Appetenzverhaltens Vorgänge aufgedeckt, in denen auch bei sicher nicht bewußtseinsbegleiteten Vorgängen die von ihm geforderten drei Akte in ihrem typischen Wirkungsgefüge gegeben sind. Die Art und Weise, in der die im Genom vorgegebene »Blaupause« die Erzeugung eines neuen Organismus vorwegnimmt, entspricht durchaus dem ersten Akt der Zielsetzung, und die Verwirklichung des Zieles, bei der in höchst regulativer Weise je nach Angebot des Milieus sehr verschiedene Mittel und Wege die endgültige Verwirklichung des Bauplanes erreichen, entspricht zweifellos genau dem von Hartmann postulierten Gefüge dreier Akte, wenn auch sicher auf einer kategorial niedrigeren Ebene als der des bewußten, menschlichen Zweckverhaltens. Zwischen diesen beiden Ebenen liegt das zweckgerichtete Verhalten von Tieren – aber auch von Menschen, das in einer stufenlosen Reihe von ungerichtetem Suchen zum komplexesten methodischen Vorgehen des Menschen reicht.

Die Tatsache, daß sich in der individuellen Entwicklung eines Lebewesens ein echtes Finalgeschehen, die Verwirklichung eines vorgegebenen Planes, vollzieht, verführt allzu leicht zu der Meinung, daß für die stammesgeschichtliche Entwicklung der Lebewesen Gleiches gelte. Schon das Wort Entwicklung oder Evolution legt diese Vorstellung nahe. Uns allen sind wunderschöne schematische Darstellungen vom Stammbaum der Lebewesen bekannt, der bei Einzellern beginnt, in unzähligen Verzweigungen über niedrige zu höheren Organismen emporstrebt und schließlich im Menschen als Zweck und Krone endet. Und damit finis! Es wird dabei über das große Werden des Organischen, das sich allerdings tatsächlich auf diesen Bahnen vollzogen hat, post festum ein Richtungspfeil angebracht, der den Menschen als das von Anfang an vorherbestimmte Ziel des Weltgeschehens erscheinen läßt.

Der Versuch, Sinn und Richtung in das evolutive Geschehen hineinzuinterpretieren, ist genauso verfehlt wie die Bestrebungen so vieler sonst wissenschaftlich denkender Menschen, aus geschichtlichen Ereignissen Gesetzlichkeiten zu abstrahieren, die es erlauben, den weiteren Verlauf der Geschichte vorauszusagen, etwa in dem Sinne, wie die Kenntnis gewisser Gesetze der Physik eine Voraussage physikalischer Geschehnisse ermöglicht. Die Meinung, daß eine theoretische Geschichtswissenschaft in gleichem Sinne möglich sei wie eine theoretische Physik, ist immer noch nicht ganz ausgestorben, obwohl Karl Popper sie als Aberglauben entlarvt hat: Ohne Zweifel beeinflußt menschliches Wissen den Gang der Menschheitsgeschichte, und da gerade der Zuwachs an Wissen völlig unvoraussagbar ist, ist es auch der zukünftige Verlauf der Geschichte. Wie Karl Popper in seinem Buch »The Poverty of Historicism« unwiderleglich zeigt, kann kein zu Voraussagen befähigter kognitiver Apparat – Menschenhirn oder Rechenmaschine – je seine eigenen zukünftigen Ergebnisse voraussagen. Alle Versuche, dies zu tun, liefern ein Ergebnis immer nur nach dem Ereignis, post festum, und verlieren damit den Charakter der Voraussage. »Weil dieses Argument rein logisch ist«, sagt Karl Popper, »ist es auf alle wissenschaftlichen ›Voraussager‹ von beliebiger Komplikation anwendbar, einschließlich von ›Sozietäten‹ miteinander in Wechselwirkung stehender ›Voraussager‹.« (»This argument, being purely logical, applies to scientific predictors of an complexity, including societies of interacting predictors«).

All dies gilt ebenso für den Verlauf der Phylogenese wie für den der menschlichen Historie. Auch die Stammesgeschichte wird entscheidend von dem Erwerb von Wissen beeinflußt, und dieser ist noch in einem anderen Sinn unvoraussagbar, als es menschlicher Wissensgewinn ist. Mutationen vollziehen sich in einem Größenbereich chemischer und physikalischer Vorgänge, in dem es durchaus nicht ausgeschlossen ist, daß akausale Quantensprünge eine Wirkung auf das Geschehen ausüben. Der Weg, den das Werden der Organismenwelt seit Entstehung des Lebens beschreitet, kann also gar nicht schicksalhaft vorgeschrieben sein. Die winzigste Erbänderung, die einen Gewinn an anpassender Information bedeutet, verändert den weiteren Verlauf der Phylogenese auf alle Zukunft und in nicht reversibler Weise. Ben Akibas berühmter Aphorismus, daß alles schon dagewesen sei, ist das Gegenteil der historischen Wahrheit: *Nichts* ist schon dagewesen.

Das organische Werden vollzieht sich auch nicht, wie vereinfachte Darstellungen des Evolutionsgeschehens oft glauben lassen, in einer Reihe stufenloser fließender Übergänge. Schon auf physikalischer Ebene hat die Integration zweier präexistenter Untersysteme zu einer einzigen Funktionsganzheit die Entstehung von absolut neuen Systemeigenschaften zur Folge, die bei keinem der beiden Untersysteme vorhanden waren, und zwar auch nicht in Andeutungen oder Vorstufen. So entsteht in einem solchen *historisch* einmaligen Akt jeweils etwas absolut Neues, nie Dagewesenes. Für diesen Vorgang besitzt unsere Sprache keinen Ausdruck, da sie zu einer Zeit gewachsen ist, zu der die Ontogenese der einzige bekannte Entwicklungsvorgang war. Als erster hat wohl Ludwig von Bertalanffy diese Eigenart des organischen Werdens erkannt, William H. Thorpe spricht von »unity out of diversity«, und Teilhard de Chardin hat ebenso schön wie richtig gesagt »créer c'est unir«.

Im übrigen aber hat dieser liebenswerte Denker fest an die von mir hier bestrittene vorgegebene Zweckgerichtetheit geglaubt, die den Lebensstammbaum von unten nach oben wachsen läßt. So wächst er aber gar nicht! Von jeder erreichten Sprosse der Lebensleiter führen ebenso viele Wege wieder nach abwärts wie weiter nach aufwärts. So entsteht beispielsweise für jedes neu evoluierte höhere Lebewesen eine ganze Anzahl von Parasiten, ja selbst zum Nicht-Lebendigen kann das organische Werden zurückführen: Wie moderne Erforscher der Viren meinen, sind diese halb- oder nicht-lebendigen Wesen Abkömmlinge lebender Zellen.

Auf Schritt und Tritt begegnet der vergleichende Stammesgeschichtsforscher »Irrtümern« der Evolution, Fehlkonstruktionen von einer Kurzsichtigkeit, die man keinem menschlichen Konstrukteur zutrauen würde. Gustav Kramer hat in seiner Schrift über das Unzweckmäßige in der Natur viele Beispiele für dieses Phänomen gebracht, von denen hier nur eines angeführt sei. Beim Übergang vom Wasserleben zum Landleben wurde die Schwimmblase der Fische zum Atemorgan. Beim Fisch, ja schon bei den kieferlosen Zyklostomen sind im Kreislauf Herz und Kiemen hintereinander geschaltet, das heißt, das ganze vom Herzen gepumpte Blut muß zwangsläufig die Kiemen passieren, und das sauerstoffreiche Blut wird nun unvermischt in den Körperkreislauf geleitet. Da die Schwimmblase ein vom Körperkreislauf versorgtes Organ ist, läuft zunächst, auch nachdem sie zur Lunge, das heißt zum alleinigen Atemorgan, des Tieres geworden ist, das aus ihr kommende Blut in den

Körperkreislauf zurück, der daher dem Herzen gemischtes, teils aus dem Körper kommendes sauerstoffarmes, teils sauerstoffreiches, aus der Lunge kommendes Blut zuführt. Dies ist eine technisch höchst unbefriedigende Lösung, wurde aber dennoch von allen Lurchen und beinahe allen Reptilien beibehalten. Alle diese Tiere sind, was selten zusammenfassend betont wird, im höchsten Grade *ermüdbar*. Ein Frosch, der nach einer Anzahl von Sprüngen nicht das Wasser oder Deckung erreicht hat, kann leicht gegriffen werden, das gleiche gilt auch von den gewandtesten und schnellsten Echsen. Kein Lurch und kein Reptil sind einer andauernden Muskelarbeit fähig, wie sie jeder Hai, jeder Knochenfisch und jeder Vogel zu leisten vermögen.

Unter den Reptilien sind es nur die Krokodile, die eine vollständige Scheidewand ausgebildet haben, die das rechte vom linken Herzen und damit den Lungenkreislauf vom Körperkreislauf trennt. Sie sind aber merkwürdigerweise Abkömmlinge eines auf zwei Beinen gehenden und recht bewegungsfähigen Reptilienstammes, der den Ahnenformen der Vögel in mancher Beziehung nahesteht. Außer den Krokodilen sind es nur die Vögel und die Säugetiere, bei denen der Atemkreislauf vom Körperkreislauf völlig getrennt ist, so daß das Blut beide hintereinander durchläuft, die Lungenvenen also frisch durchlüftetes, rein arterielles Blut führen, das in das linke Herz fließt und von da in den Körperkreislauf gepumpt wird, während das rechte Herz rein venöses Blut aus dem Körperkreislauf erhält und in die Lunge pumpt. Es hat also von der Entstehung der ersten Landwirbeltiere bis zu der der höchsten Reptilien und der Vögel gedauert, bis die »Notkonstruktion«, den Lungenkreislauf »im Nebenschluß« zum Körperkreislauf zirkulieren zu lassen, einer Lösung wich, die in ihrem Wirkungsgrad ebensogut war, wie das zusammen mit der Kiemenatmung verlassene Zirkulationssystem der Fische schon gewesen war!

Die Evolution ist insofern geradezu das Gegenteil von zweckgerichtet, als sie überhaupt keinen Vorgriff in die Zukunft tun kann. Sie ist nicht imstande, um eines zukünftigen Vorteiles willen auch nur die geringsten gegenwärtigen Nachteile in Kauf zu nehmen, mit anderen Worten, sie kann nur solche Maßnahmen ergreifen, die einen unmittelbaren Selektionsvorteil erbringen, ebenso wie auch ein gutwilliger Politiker nur solche Maßnahmen zu ergreifen imstande ist, die ihm einen unmittelbaren »Elektionsvorteil« verschaffen.

Das Material aber, an dem die Selektion angreift, ist immer nur die rein zufällige Veränderung oder Neukombination von Erbanlagen. Es ist formal richtig und dennoch irreführend, zu sagen, daß die Evolution nur nach den Prinzipien des blinden Zufalls und der Ausmerzung vorgehe. So ausgedrückt, erscheint diese an sich unbestreitbare Tatsache jedem Fernerstehenden unwahrscheinlich, schon weil die wenigen Milliarden Jahre der Existenz unseres

Planeten nicht auszureichen scheinen, um auf diesem Wege die Entstehung des Menschen aus einem virusähnlichen Vorlebewesen möglich zu machen. Der Zufall ist indessen in eigenartiger Weise »gezähmt«, wie Manfred Eigen sich ausdrückt, und zwar durch den Gewinn, den er erbringt. Wohl ist eine Mutation, welche die Überlebenschancen eines Organismus vermehrt, von einer Unwahrscheinlichkeit, die von berufenen Genetikern mit der Unwahrscheinlichkeit von $10^{-8}$ beziffert wird, doch macht sich diese Erbänderung, die dem Organismus eine neue Möglichkeit der Beherrschung seiner Umwelt eröffnet, in noch großzügigerer Weise bezahlt. Jede derartige Erbänderung bedeutet nicht mehr und nicht weniger, als daß eine neue Information über seine Umwelt in den Organismus gelangt ist. Anpassung ist also ein essentiell kognitiver Vorgang. Jede Anpassung bedeutet einen Wissensgewinn. Dieser Wissensgewinn seinerseits erhöht nicht nur die Chancen weiteren »Kapitalgewinnes«, das heißt des Zuwachses an Zahl der Nachkommen, die der glückliche Besitzer der neuen Anpassung in die Welt setzt, vielmehr wächst mit deren Zahl auch die Wahrscheinlichkeit, daß sich unter ihnen einer findet, der einen weiteren »Haupttreffer« macht. Es besteht also ein Verhältnis positiver Rückkoppelung zwischen Kapitalgewinn und Wissensgewinn. Man macht diese doppelte Leistung des Lebendigen besser verständlich, wenn man sagt, jede Art von Lebewesen gleiche einem kommerziellen Unternehmen (wie etwa die BASF oder die IG-Farben), das stets einen erheblichen Teil seines Reingewinnes in seinen Laboratorien investiert, in der berechtigten Annahme, daß der so erreichte Wissensgewinn sich durch weiteren Kapitalgewinn bezahlt machen würde.

    Welchen Weg die Entwicklung eines solchen »Unternehmens« nimmt, hängt völlig vom Zufall ab. Das Lebensgeschehen ist, um nochmals Manfred Eigen zu zitieren, ein Spiel, in dem nichts festliegt außer den Spielregeln. Der Stammbaum des Lebendigen ist ein typisches Beispiel dessen, was die Spieltheoretiker einen »Entscheidungsbaum« nennen, als dessen reales Beispiel Manfred Eigen das Mündungsdelta des Colorado-River abbildet. Milliarden von Zufälligkeiten bestimmen, welchen Verlauf ein einzelnes Rinnsal nimmt und wo es ins Meer mündet. Nur *daß* es dies schließlich tut und somit doch eine Allgemeineinrichtung beibehält, ist in den Spielregeln bedingt.

    Dieses Gleichnis hinkt in einem wesentlichen Punkte, wenn wir es auf den Stammbaum des Lebens anwenden. Das Wasser rinnt nur abwärts, die Entwicklung des Lebens jedoch geht, wie schon gesagt, keineswegs nur aufwärts, es besitzt keine inhärente Tendenz zur Höherentwicklung. Wir können es als Tatsache hinnehmen, daß die jeweils höchsten Lebewesen einer Erdepoche uns als höhere Tiere erscheinen als die der vorhergehenden. Zweifellos sind Haifische höhere Lebewesen als Trilobiten, Lurche höher als Haifische, Reptilien höhere als Lurche usw. Es ist also gewissermaßen nur die Tangente, durch welche die höchsten Lebewesen der aufeinanderfolgenden Erdepochen miteinander verbunden werden können, welche nach aufwärts weist. Keine allgemeine Richtungstendenz, sondern ein Spiel unzähliger Wechselwirkungen ist es, welches das organische Werden kreativ werden läßt. Was nach »oben drängt«, ist die schlichte Tatsache, daß »unten« alles besetzt ist. Es ist ein weit verbreiteter Irrtum, die Vollkommenheit des Angepaßtseins irgendeines Lebewesens mit der Höhe seiner Evolution zu verwechseln. Schon Jakob von Uexküll hat gesagt: »Die Amöbe ist ebenso gut angepaßt wie das Pferd.« Wo eine Tierart durch keinen Konkurrenten in ihrem Lebensraum bedrängt wird, kann sie schier unbegrenzte Zeiten unverändert darin sitzen bleiben. Manche Blattfußkrebse, *Phyllopoda*, haben sich als unwahrscheinliche Lebensnische Süßwassertümpel erkoren, die nur bei besonderen Gelegenheiten, oft in Abständen von mehreren Jahrzehnten, Wasser führen. Der Krebs *Triops cancriformis*, der mehrere Zentimeter lang wird, ist in meiner Heimat im Jahre 1909, dann 1938 aufgetreten, das nächste Mal 1956. Die Trockenperioden überdauert die Art im Stadium von Eiern, die über die genannten Zeiträume und möglicherweise noch länger auf günstige Bedingungen zum Schlüpfen warten können. Eine so »ausgerissene« Anpassung »erfindet« begreiflicherweise nicht so leicht eine zweite Tierart, und so kommt es, daß *Triops cancriformis* seit der Trias unverändert geblieben ist, und zwar, wohlgemerkt, als Art, nicht nur als Gattung, wie aus den Einzelheiten wohl erhaltener Fossilien eindeutig hervorgeht.

Es ist die Vielzahl der ins Gefüge der Wechselwirkungen eingreifenden Mitlebewesen, die es für jede einzelne, in dem betreffenden Biotop lebende Art nötig macht, eine entsprechende Vielzahl von Anforderungen zu berücksichtigen. Das ist es, was große Genetiker als *kreative Selektion* bezeichnen. Mein vorher gebrauchtes Gleichnis vom Besetztsein der unteren Etagen, das keinen anderen Ausweg läßt, als eine höhere darüber zu bauen, kann auch anders ausgedrückt werden: Wenn zwei verschiedene Anforderungen, deren jede für sich recht einfach zu erfüllen ist, an dasselbe Lebewesen herantreten, so kann es genötigt werden, eine nächsthöhere Integrationsebene darüber zu bauen. Es gibt beispielsweise Tiere, die sich ausgezeichnet in räumlich komplizierter Umgebung zurechtfinden, auf niedriger Stufe, etwa Seesterne, manche Krebse usw., ebenso gibt es recht einfache Tiere, die in freiem Wasser ungemein schnell zu schwimmen vermögen, etwa Pfeilwürmer. Wenn wir aber nun nach einem Tier suchen, das *beides* kann, blitzschnell schwimmen und komplexe Raumstrukturen beherrschen, so sind gewisse stachelflossige Fische, Chaetodonten, Pomacentriden und ähnliche, die *niedrigsten* Wesen, die das können, und diese Fische setzen den Fachkundigen immer wieder durch ihre unerwartet hohe »unfischhafte« Intelligenz in Erstaunen.

Dasselbe Prinzip waltet schon auf niedrigsten Stufen der nervösen Organisation: Ein nicht zentralisiertes Nervensystem, wie etwa das eines Seeigels, läßt diesen als eine »Reflexrepublik« erscheinen, wie Jakob von Uexküll so schön gesagt hat. Der Mangel einer höheren Kommandostelle macht es für solche Wesen unmöglich, eine von mehreren potentiell möglichen Verhaltensweisen total unter Hemmung zu setzen und sich zu einer anderen zu »entschließen«. Eben dies ist aber, wie Erich von Holst am Regenwurm so überzeugend demonstriert hat, die ursprünglichste und wichtigste Leistung eines »gehirnähnlichen« Zentrums, wie es bei diesem Wurm durch das Oberschlundganglion repräsentiert wird. Diese »Kommandostelle« hält die dauernd von endogenen Reizproduktionen »angebotenen« Bewegungsweisen des Tieres unter Hemmung und läßt nur derjenigen »die Zügel schießen«, die unter den augenblicklich obwaltenden Umständen ihre Arterhaltungsleistung entfalten kann. Die »Kommandostelle« wird von den Sinnesorganen darüber informiert, welche Umweltsituation zur Zeit gegeben ist, und sie besitzt die Information darüber, welche von den verschiedenen Bewegungsweisen auf diese »paßt«. Je mehr Verhaltensmöglichkeiten einem Wesen zur Verfügung stehen, desto vielseitigere und »höhere« Leistungen werden naturgemäß von dem sie gewissermaßen verwaltenden Zentralorgan gefordert.

Erwarten Sie bitte nicht, daß ich Ihnen nun eine Definition dessen gebe, was ich im Vorangegangenen als »höher« oder »nach oben« bezeichnet habe. In diesen Worten stecken *Werturteile*, und Werte lassen sich nun einmal nicht in der quantifizierenden Terminologie der Naturwissenschaften ausdrücken. Eine der schwersten Geisteskrankheiten der heutigen Menschheit liegt in der weit verbreiteten Überzeugung, daß etwas, was sich nicht quantifizieren und nicht in der Sprache der sogenannten »exakten« Naturwissenschaft ausdrücken läßt, *keine reale Existenz* besitze. Damit wird allem, was Wert hat, der Charakter des Wirklichen abgesprochen, von einer Menschheit, die, wie Horst Stern so prachtvoll gesagt hat, »den Preis von allem und den Wert von gar nichts kennt«. Werte in der Sprache der Ratio definieren zu wollen gleicht dem Versuch, mit einem heißen Messer aus Schnee oder Eis eine bestimmte Figur zu schnitzen: Das, was man zum Ausdruck zu bringen sucht, schmilzt einem unter den Händen zu nichts zusammen.

Werte kann man nicht definieren, man kann sie nur *empfinden*, ihre Beschreibung ist daher legitimerweise Aufgabe der Phänomenologie. Diese Wissenschaft kann genaugenommen nur jeder für sich betreiben, und wenn der Mitmensch, dem er die erlebten Phänomene schildert, diese nicht kennt, so ist deren Existenz keineswegs widerlegt: Das zu bezweifeln, was man in sich unmittelbar vorfindet, ist, wie Wolfgang Metzger richtig betont, der größte aller erkenntnistheoretischen »Irrtümer«. Wenn ich hier meine eigenen Erlebnisse der Wertempfindung zu schildern versuche, wie »niedrigere« und »höhere« Tiere sie bei mir auslösen, und insbesondere jene, die auf das »Aufwärts« und »Abwärts« stammesgeschichtlichen Geschehens ansprechen, so erwarte ich zwar, daß einige diese Phänomene aus eigenem Erleben kennen, bin aber nicht enttäuscht, wenn viele dies nicht tun.

Ein Maßstab für den Wert, den ich in höheren Lebewesen empfinde, liegt in meiner Hemmung, eins von ihnen zu töten. Eine Miesmuschel zu schlachten macht mir nicht mehr Schwierigkeiten als das Schälen eines Apfels, einen Fisch umzubringen fällt mir bereits ziemlich schwer, besonders, wenn er mir individuell bekannt ist, einen Hund zu töten, was ich einmal in meinem Leben getan habe und nie wieder tun werde, kam einer Selbstbeschädigung gleich, an der ich heute noch leide, obwohl ich damit meiner Hündin, die an den letzten Stadien einer Krebserkrankung litt, die größte denkbare Wohltat erwiesen habe.

Diese Erlebnisse werden sicherlich viele mit mir teilen, weniger sicher bin ich dessen bezüglich der Empfindungen, die von der *Richtung* stammesgeschichtlicher Veränderungen bei mir hervorgerufen werden. Die »abwärts« führenden Wege der Evolution, wie sie von vielen Parasiten beschritten werden, erregen meinen Abscheu. Als Wissenschaftler und Erforscher von Anpassungsvorgängen mag ich es wundervoll finden, wenn etwa der parasitische Krebs, *Sacculina carcini*, als typische Naupliuslarve, mit Gehirn, Sinnesorganen, drei Paaren von Extremitäten, Mund und Verdauungsorganen, aus dem Ei schlüpft, ausgestattet mit allen Verhaltensweisen, die nötig sind, einen Wirt, nämlich eine Strandkrabbe, zu finden, und wenn er, sobald dies geschehen ist, alle diese Organe abbaut und ein Netz von Gewebesträngen, nicht unähnlich einem Pilzmyzel, in den Körper der Krabbe hineinwachsen läßt, mittels dessen er sich osmotisch ernährt. Als einziges, noch wichtiges Organ hat er eine riesige Geschlechtsdrüse, die es ermöglicht, unzählige Nachkommen zu produzieren. Als empfindender Mensch muß ich gestehen, daß mich vor dem Vieh namenlos graust, ja, daß ich, wenn ich eines am Strande finde, nicht umhin kann, die parasitierte Strandkrabbe von ihm zu befreien; hier wird mir das Töten fast zum Vergnügen.

Was meine Bewunderung und Ehrfurcht erregt, ist das freie, unvoraussagbare Wachsen des Lebensbaumes, dessen Verzweigungsform bei objektiver Darstellung schon äußerlich so sehr der des »Entscheidungsbaumes« gleicht, den Manfred Eigen mit dem Luftbild des Colorado-Deltas exemplifiziert. Dabei ist gerade das Frei-Sein von jeder vorgegebenen Zwecksetzung für meine Wertempfindung wesentlich. Es scheint mir des tiefsten Nachdenkens würdig, daß ein Mensch, der die »Spielregeln« des organischen Geschehens einigermaßen durchschaut, gerade das als höchsten Wert *empfindet*, was dieses Geschehen seit eh und je *tut*!

Der Versuch, Werte zu definieren, ist, wie gesagt, vergebens. Doch ist es legitim und vielleicht aufschlußreich, das schöpferische Geschehen im engen Raum des Menschengeistes mit jenem zu vergleichen, das sich in der außersubjektiven Welt vollzieht. Der »Geist« des Menschen, jenes überindividuelle Wissen, Können und Wollen, das mit der Entstehung des begrifflichen Denkens und der syntaktischen Sprache in die Welt gekommen ist, verdankt sein Dasein ganz sicher der kreativen Selektion. Das heißt in anderen Worten, daß er im Dienste des zweckgerichteten Verhaltens entstand, unter dem Selektionsdruck, den dieses auf die Verstandesleistungen ausübte.

Unsere wertschätzende Bewunderung wird gewiß auch von zweckgerichteten Vorgängen wachgerufen, die auf mehr oder weniger vorbestimmten Bahnen auf ein von vornherein gestecktes Ziel hin verlaufen. Aber wenn wir beispielsweise ehrfürchtig die wunderbaren Vorgänge der Embryogenese betrachten, die auf Grund der im Genom gegebenen, in Sequenzen von Nukleotiden kodierten Planskizze aus dem scheinbar so strukturlosen Inhalt eines frischen Eies ein Gänschen werden lassen, dessen Inventar angeborener Verhaltensweisen es instand setzt, den Eltern nachzulaufen, Futter zu finden, sich auf den elterlichen Warnlaut hin zu verstecken usw. usf., so gilt die Bewunderung des Wissenden wohl noch mehr dem Geschehen, das all diese Planungen werden ließ, als ihrer aktuellen Verwirklichung.

Wir können unsere wertende Bewunderung auch dem final determinierten Verhalten des Menschen nicht versagen, des Homo faber, der als aktiver Arbeiter seine Umwelt fast ebensosehr bestimmt, wie er von ihr bestimmt wird. Ich gestehe, daß klug ausgedachtes Menschenwerk, auch wenn es rein »utilitaristisch« vom Zwecke eines Lebensvorteils her bestimmt ist, meine Bewunderung, wenn auch nicht meine Ehrfurcht erwecken kann. Immer aber hängt dem rein zweckgerichteten Verhalten von Mensch und Tier die Neigung an, sich zur Gewohnheit zu konsolidieren, zur »Routine« zu erstarren.

Nun aber kommt der springende Punkt – im wahrsten Sinne des Wortes –, denn es handelt sich um das Auftreten von etwas Niedagewesenem, um das, was ich als »Fulguration« bezeichnet habe: Es ist fraglich, ob es beim Menschen ein »rein« zweckgerichtetes Verhalten überhaupt gibt, ob sich nicht in alle seine Arbeit ein anderes Geschehen einschleicht, dessengleichen sich im vormenschlichen Bereich niemals im Verhalten des Individuums abgespielt hat und das dem Spiel der Faktoren analog ist, von denen die kreative Selektion bewirkt wird.

Die mannigfachen Untersysteme des Könnens und Erkennens, der einzeln erlernten, gekonnten Bewegungsweisen und der in Tradition kumulierten Fähigkeiten des Wissenserwerbs, erlangen im Menschen eine Selbständigkeit, die sie bei keinem anderen Lebewesen besitzen, und werden damit dem zweckstrebenden Menschen unabhängig voneinander verfügbar und damit frei kombinierbar. Sie alle werden begrifflich faßbar, und der Mensch beginnt mit ihnen zu *spielen*. Schon bei der Herstellung einfachster zweckdienlicher Gegenstände können Menschen einfachster Kulturstufen nicht umhin, *Schönes* zu schaffen. Als einziges Beispiel eines rein zweckmäßigen, völlig unverzierten und nicht einmal über die Erfordernisse der Zweckmäßigkeit hinaus regelmäßig gestalteten Werkzeugs vermag ich den Bumerang der australischen Ureinwohner zu nennen. Es ist die *Kunst*, die allmählich in alle Herstellung zweckmäßiger Werkzeuge einschleicht und die sich offenbar schon sehr früh, zu prähistorischer Zeit, verselbständigt hat – vielleicht unterstützt von Zauber und Ritus.

Im Erkennen des Menschen spielt sich Analoges ab wie in seinem Können. Kognitive Leistungen verschiedener Art, alle jene, aus deren Integration das begriffliche Denken einst erwuchs, und viele neue besonderer Art treten miteinander in eine vielfache Wechselwirkung, die in engerem Sinne als die, in der Manfred Eigen das Weltgeschehen als solches bezeichnet, ein *Spiel* genannt zu werden verdient. Getrieben von der Neugier, von der Hauptmotivation des Spiels in seinem ursprünglichsten und speziellsten Sinn, die schon bei Tieren eine wesentliche Rolle spielt und die entscheidend zur Entstehung des begrifflichen Denkens beigetragen hat, erblüht im denkenden Menschen ein Spiel der Gedanken, das merkwürdig ähnlichen Regeln gehorcht wie das große Spiel der Wechselwirkungen, das den Menschen geschaffen hat. So schöpferisch wie in diesem wirken Zufall und Gesetz auch in dem Spiel des Erkenntnisstrebens zusammen, die Regeln, denen es folgt, sind ähnlich. Das Prinzip von Versuch und Irrtum, das im stammesgeschichtlichen Werden die Form von Erbänderung und Selektion annimmt, findet sich auf der höheren Integrationsebene des menschlichen Erkenntnisstrebens als Hypothesebildung und Falsifikation wieder. Vor allem aber ist der Modus, in dem neue Gedanken, neue Erkenntnisse entstehen, prinzipiell identisch mit jenem, der im Evolutionsgeschehen Niedagewesenes entstehen läßt. Fast immer ersteht die neue Erkenntnis daraus, daß zwei bereits existente Gedankengänge zu einer Einheit integriert werden, die neue Systemeigenschaften besitzt. Die Ausdrücke der gewachsenen Sprache, wie »Gedankenblitz« oder »es ist mir ein Licht aufgegangen«, sind, wie ich nachträglich festgestellt habe, meinem mühsam gesuchten Terminus »Fulguration« sehr ähnlich.

Im Geist des Menschen spielen sich also echt schöpferische Vorgänge ab, die genausowenig final determiniert sind wie die im kosmischen Geschehen sich vollziehenden. Nichts von »finaler Determination«! *Finis* bedeutet Ende, *determinare* beendigen, jedes Ende aber würde Verzweiflung sein!

Das Schöpferische im Menschengeist ist nicht nur wesensverwandt mit dem großen organischen Werden, es ist ein spezieller Fall von ihm, doch erhebt es sich auf eine kategorial höhere Ebene dadurch, daß es *reflektiert* wird. »Im Menschen wird sich die Evolution ihrer selbst bewußt« – so lautet die schöne Formulierung, die Hans Tuppy für diese Erkenntnis gefunden hat. Erst mit diesem Bewußtsein erwacht, als Vorrecht und Verpflichtung des Menschen, die *Sinngebung*: Es ersteht für ihn die Welt der *Werte*. Gleichzeitig aber bürdet sich auf seine Schultern die Last der Verantwortung, nicht nur für seine Spezies oder gar nur für seine Person, sondern für das gesamte organische Geschehen im Gesamtbereich seiner gefährlich groß gewordenen Macht.

# Über die Wahrheit der Abstammungslehre
(1964)

Selbst die wahrhaft epochemachenden Erkenntnisse, die wir Galileo Galilei und Giordano Bruno verdanken, haben keinen so tiefen Einfluß auf unsere Weltanschauung ausgeübt wie die an sich naheliegende Entdeckung, daß der Mensch mit den anderen Lebewesen eines Stammes sei. Die Menschen betrachten sich allzu gerne als den Mittelpunkt des Weltalls, als etwas, was der Natur nicht angehört, sondern ihr als etwas Höheres, Andersartiges polar entgegengesetzt ist. Diese Einstellung entspringt jener Art von Hochmut, von dem das Sprichwort sagt, daß er vor dem Fall kommt, denn er verhindert gerade die Art von Selbsterkenntnis, die uns heute so bitter not tut. Die großen Ergebnisse der Naturforschung sind ihrem innersten Wesen nach stets geeignet, den Menschen Bescheidenheit, Humilitas, beizubringen; eben deshalb werden sie von ihnen ungern zur Kenntnis genommen. Sie haben von Galilei ungern vernommen, daß die Erde um die Sonne kreist und nicht diese um die Erde, noch weniger gern von Bruno, daß selbst die Sonne nur ein Stäubchen in einer von unzähligen anderen Stäubchenwolken ist. Am widerwärtigsten aber ist ihnen die Erkenntnis, daß der Mensch nur ein Zweig am großen Stammbaum des Lebendigen ist und gar aus demselben Ast sprießt wie die häßlichen Affen. Es liegt nicht an der geringeren Sicherheit des wissenschaftlichen Nachweises, sondern ausschließlich an nichtrationalen, affektbesetzten Widerständen, wenn es heute noch gebildete Leute gibt, die an die Abstammungslehre nicht glauben, während niemand mehr an der Wahrheit der weiter oben erwähnten astronomischen Erkenntnisse zweifelt. So erscheint es denn nicht überflüssig, einmal kurz die unwiderleglichen Tatsachen zusammenzustellen, auf denen sich unser Wissen um die Stammesgeschichte der Lebewesen aufbaut.

Auch Menschen von hoher Allgemeinbildung glauben meist, daß die Dokumente der versteinerten Tiere und Pflanzen in den aufeinanderfolgenden Schichten der Erde die wichtigste Quelle unseres Wissens um die Stammesgeschichte seien. Ebenso meinen die meisten, daß wir die »Deszendenztheorie«

ausschließlich Charles Darwin verdanken. Beide Meinungen sind irrig. Die wichtigste Wissensquelle stammesgeschichtlicher Forschung ist der *Vergleich von Ähnlichkeiten und Unähnlichkeiten lebender* Organismen, und der erste, der die vergleichende Methode bewußt und erfolgreich anwandte, war meines Wissens Johann Gottfried Herder. In einer kleinen Schrift über den Ursprung der Menschenrassen stellt der Dichterphilosoph folgende Erwägungen an: Nehmen wir an, so sagt er, wir kämen in ein fremdes friesisches Dorf. Alle seine Bewohner sind hochgewachsen, blond und blauäugig und einander somit einigermaßen *ähnlich*. Unter ihnen aber finden wir Gruppen von Menschen, die noch besondere Eigenschaften gemein haben, einander also noch ähnlicher sind, Gruppen von Kindern, die einander noch mehr ähneln, und schließlich zwei kleine Jungen, die kaum voneinander zu unterscheiden sind. Kein Vernünftiger wird daran zweifeln, daß diese beiden Zwillinge, die Gruppen sehr ähnlicher Kinder Geschwister, die weiteren Menschengruppen geringerer Ähnlichkeit aber Verwandte seien. Man wird sich vielleicht über den Grad, kaum aber in Hinsicht auf die Tatsache der Blutsverwandtschaft täuschen. Weiter nimmt Herder an, wir fänden in jenem Friesendorf eine Familie dunkelhaariger, braunäugiger Menschen und erführen auf unser Befragen, daß diese großenteils einen italienischen Namen tragen und von einem italienischen Matrosen abstammen, der vor einem Jahrhundert nach einem Schiffbruch in jenem Dorf seßhaft geworden sei. Liegt es nicht nahe, die allgemeineren Merkmale, die alle Italiener auf der einen, alle Friesen auf der anderen Seite aufweisen, aus der Tatsache zu erklären, daß alle Italiener untereinander und alle Friesen untereinander näher blutsverwandt sind als Italiener mit Friesen? Denselben Gedankengang weiter verfolgend, sucht der große Denker systematisch nach Merkmalen, die größeren und kleineren Gruppen von Völkern gemeinsam sind, und konstruiert so den Stammbaum der Menschheit nach einer Methode, die auch heute noch die unsere ist. Nur bei der Schöpfung der *Art*, der Spezies Homo sapiens, macht er halt! Wie ähnlich die Anthropoiden dem Menschen sind, läßt er unerwähnt.

Die Anwendung der vergleichenden Methode und die Verläßlichkeit ihrer Ergebnisse möchte ich nun möglichst anschaulich an einem Aste des Tier-Stammbaumes erläutern und wähle dazu die Wirbeltiere – genauer gesagt die Chordatiere.

Es ist eine der merkwürdigsten Tatsachen, daß man durch eine völlig hypothesenfreie Anwendung der Herderschen Methode ein Diagramm erhalten kann, das »ganz von selbst« die Form eines *Baumes* annimmt. Am größten wird seine Überzeugungskraft, wenn man es räumlich in folgender Weise herstellt: Man nimmt eine Anzahl kräftiger Drähte, deren jeder eine Gruppe

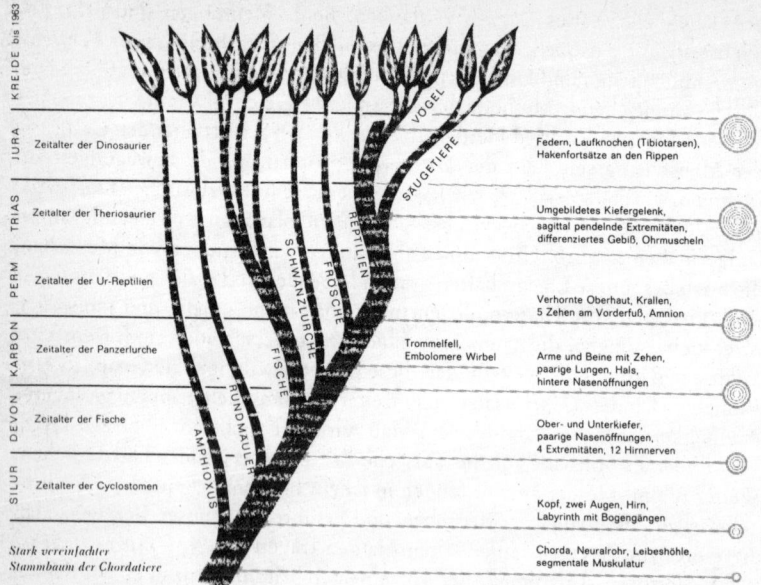

Stark vereinfachter Stammbaum der Chordatiere

von Tierarten repräsentieren soll, wobei die Größe der Gruppen so zu wählen ist, daß alle Chordatiere zusammen ein etwa armdickes Bündel ergeben. Nun suchen wir, genau nach Herders Vorbild, zunächst nach den *allgemeinsten* Merkmalen, die dem ganzen Phylon der Chordata gemeinsam sind. Diese Merkmale symbolisieren wir durch dünne Drähte, die wir um das Bündel schlingen, das so durch sie zusammengehalten wird. Der Anschaulichkeit halber wähle ich die bekanntesten Merkmale, die mir einfallen, Chorda, ektodermales Neuralrohr bzw. Rückenmark, Leibeshöhle und segmental angeordnete Muskulatur – man könnte natürlich Dutzende von weiteren anführen. Ausschließlich der Ordnung halber, die, wie betont sei, zunächst keine Hypothese enthält, beginnen wir die mit kleinen Etiketten versehenen Drähte nahe dem einen Ende des Bündels anzuordnen. Wer Anstoß daran nimmt, daß dies in obenstehender Zeichnung das *untere* Ende ist, mag sie umgekehrt betrachten. Nun nehmen wir an, wir hätten die allgemeinsten, allen Chordaten gemeinsamen Merkmale erschöpft und müßten zu solchen greifen, die etwas weniger verbreitet sind. Ein Kopf mit zwei Augen, ein Gehirn und ein Labyrinth mit Bogengängen sind gewiß unter den Chordatieren weitverbreitete Merkmale, aber es gibt Gruppen, die Manteltiere, zu denen Seescheiden und Appendikularien gehören, sowie die Röhrenherzen, denen der berühmte Lanzettfisch *Amphioxus* angehört, die von diesen Merkmalen nicht ins Bündel aller anderen Chordatiere einbezogen werden. Nur um unser räumliches Modell übersichtlicher zu gestalten, biegen wir die diese Tierformen darstellenden dicken Drähte ein wenig nach links ab, ehe wir sie durch besondere, nur für sie kennzeichnende Merkmal-Drähtchen untereinander bündeln.

Wir fahren in unserem Modellbau fort und wählen als nächstes, immer noch sehr allgemeine Wirbeltiermerkmale Ober- und Unterkiefer (Palatoquadrat und Meckelscher Knorpel), paarige Nasenöffnungen, Vierzahl der Extremitäten und Vorhandensein von zwölf Hirnnerven. Wiederum werden wir inne, daß ein kleines Bündel von Tierformen von diesen Merkmalen nicht inbegriffen wird, die Cyclostomen oder Rundmäuler, die untereinander natürlich auch wieder durch eine Anzahl von nur ihnen eigenen Charakteren, wie kieferloses rundes Maul, Labyrinth mit nur zwei Bogengängen, Fehlen der letzten drei Hirnnerven und viele andere Merkmale, zusammengehalten werden.

Bei unserem Vorgehen von allgemeiner verbreiteten Merkmalen zu solchen, die einer weniger großen Zahl von Tierformen gemeinsam sind, fällt uns ein merkwürdiges Verhältnis zwischen der Dicke der Formen-Bündel auf, die uns durch die Verteilung der Merkmale aufgezwungen wird: Der nächst engere Satz von Merkmalen umschließt meist ein sehr dickes Bündel, während jene andere, von diesem spezielleren Satz nicht mit inbegriffene, nur durch die allgemeineren Gruppencharaktere gekennzeichnete, gewissermaßen übrigbleibende Gruppe von Arten nur aus verhältnismäßig sehr wenigen heute lebenden Tierformen besteht. Wir werden später die Erklärung dafür kennenlernen, warum dies so ist, und ebenso dafür, warum dies bei der nächsten wichtigen Zweiteilung des Wirbeltierstammes anders ist. Sie wird durch folgende Merkmale erzwungen: Statt flächiger Extremitäten besitzen sie echte Arme und Beine mit einem Skelett. Die vorderen Extremitäten bestehen aus Humerus, Radius, Ulna, Handwurzel, Mittelhand und Fingerknochen, die hinteren aus Femur, Tibia, Fibula, Fußwurzel, Mittelfuß und Zehenknochen. Weitere Merkmale sind paarige Lungen, Absetzung des Kopfes vom Schultergürtel durch eine Halswirbelsäule, Choanen, das heißt in den Rachenraum führende hintere Nasenöffnungen, u. a. Diese Gruppe, die der Vierfüßer oder Tetrapoden, ist keineswegs formenreicher als die »zurückbleibende« der Fische, deren weitere Aufteilung wir hier nicht verfolgen wollen. Warum Tetrapoden und Fische in gleicher Blüte nebeneinander existieren können, ist eine Frage, über die der Leser einstweilen selbst nachdenken mag.

Der Stamm der Vierfüßer bündelt sich in sehr eigenartiger Weise. Das Merkmal des äußeren Ohres mit Trommelfell hält die große Mehrzahl seiner Formen zusammen und läßt allein die Schwanzlurche, die sich außerdem durch eine Reihe urtümlicher Merkmale auszeichnen, beiseite. Die herkömmlicherweise als stammesgeschichtliche Einheit betrachtete Klasse der Lurche oder Amphibien wird so gespalten: Die Frösche zweigen sich erst viel weiter oben von jenem Bündel ab, das außer ihnen zunächst noch Reptilien, Vögel und Säugetiere in einem einheitlichen Stamm enthält. Die Frösche werden dann in typischer Weise als kleines Zweiglein dadurch zurückgelassen, daß eine Vielzahl von Merkmalen alle übrigen Tierformen des großen Stammes, nicht aber sie umfaßt. Diese Merkmale – ich wähle wiederum nach Möglichkeit äußerlich sichtbare oder allgemein bekannte – sind folgende: stark verhornte, mit hornigen Anhangsgebilden (Hornschuppen, Federn oder Haaren) bedeckte Oberhaut, meist in Fünfzahl vorhandene, krallenbewehrte Zehen an Vorder- und Hinterbeinen, von Rippen umschlossener Brustkorb, durchweg innere Befruchtung, die entweder durch das Legen großer, beschalter Eier oder durch Lebendgebären nötig wird, und schließlich die den Namen der Gruppe – »Amniota« – bestimmende Entwicklung eines embryonalen Atmungs- bzw. Ernährungsorgans, des bekannten Amnions, das sich aus der Allantoisblase bildet. Als Urbild des Amnioten erscheint zunächst das Kriechtier oder Reptil.

Aus dem Amniotenstamm gliedert sich dann eine merkwürdige Gruppe ab, die durch folgende Merkmale zusammengefaßt ist: Der Oberarm und der Femur stehen nicht, wie bei allen Amphibien und Reptilien, horizontal und rechtwinklig von der Körperachse ab und schwingen beim Laufen nicht in der Frontalebene, sondern stehen mehr oder weniger lotrecht, der Ellenbogen nach hinten, das Knie nach vorne an die Rumpfseite angenähert, und die ganze Extremität schwingt beim Laufen ziemlich genau in der Sagittalebene. Der Rumpf ist kurz, sicher im Zusammenhang damit, daß durch die erwähnte Bewegungsweise der Extremitäten seine seitliche Schlängelbewegung entbehrlich wird, die bei der für Lurche und Reptilien typischen Extremitätenstellung das Laufen wesentlich fördert, wie Abb. 1 das schematisch darstellt.

Abb. 1: Kriechende Eidechse

Der Kopf ist groß und durch viele osteologische Merkmale gekennzeichnet, von denen hier nur die Ausbildung eines gänzlich neuen Kiefergelenkes erwähnt sei. Diese hängt damit zusammen, daß das Artikulare und das Quadratum, die bei allen anderen Tetrapoden dieses Gelenk bilden, mit dem Trommelfell in Beziehung getreten und zu Gehörknöchelchen, nämlich zu Hammer und Amboß, geworden sind. Der so gekennzeichnete Tierstamm umfaßt die ausgestorbenen Säuger-Reptilien sowie die Säugetiere.

Aus dem übrigbleibenden Amniotenstamm gliedern sich die Vögel durch Merkmale ab, die jedem bekannt sind. Sie übertreffen an Formenfülle und Verschiedenheit ihrer Anpassungsweise bei weitem die Restgruppe der Amnioten, die heute lebenden Reptilien. Wir wollen keinen dieser Zweige in seinen weiteren Aufteilungen verfolgen.

Wie schon eingangs erwähnt, macht das Diagramm, das wir so bei völlig hypothesenfreier Bündelung von Tierformen durch gemeinsame Merkmale erhalten, selbst bei der extremen Vereinfachung, die der vorliegenden Darstellung aufgezwungen ist, den Eindruck eines *Baumes*. Dieser Eindruck würde sich verstärken, wenn wir mehr Merkmale und damit mehr Einzelheiten seiner Verzweigung berücksichtigen könnten. Wo immer uns in der Natur ein äußerlich baumförmiges Gebilde begegnet, ist der Schluß berechtigt, daß er durch ein *Wachstum*, das in der Gegend des »dicken Endes« begann, zu seiner gegenwärtigen Form gediehen sei. Ob sich nun das Gebilde nach einer Seite hin verzweigt, wie etwa ein Korallenstock und ein Hirschgeweih, oder nach oben und unten, wie ein Eichbaum mit Krone und Wurzeln, oder nach allen Seiten hin, wie ein sternförmiger Schneekristall, immer liegen seine ältesten Teile dort, von wo die Zweige ausstrahlen, mit anderen Worten an der dicksten Stelle. Diese sehr weit verbreitete Gesetzmäßigkeit verallgemeinernd, stellen wir nun die Hypothese auf, daß sie auch für unseren Baum der Lebensformen gelte. Dies besagt, daß ein Merkmal um so älter ist, je größer die Zahl der Tierformen ist, die es umfaßt. Diese Folgerung erlaubt es, die Hypothese zu prüfen. Die ausnahmelose Stimmigkeit, mit der sie das So-und-nicht-anders-Sein sämtlicher Lebewesen einzuordnen vermag, würde die Wahrscheinlichkeit ihrer Richtigkeit der Sicherheit annähern, *selbst wenn wir keine anderen Wissensquellen besäßen als die des bisher erörterten Vergleichens.*

Nun haben wir aber noch andere Wissensquellen, und die erste davon, die wir anzapfen wollen, ist die der Versteinerungen aus der Vorzeit. Es ist – zunächst – unsere Hypothese, daß die allgemeineren Merkmale älter seien als spezielle, aber es ist Gewißheit, daß die *tiefer* liegenden Ablagerungen auf unserer Erde *vor* den darübergeschichteten entstanden sind. Unsere Annahme wäre also widerlegt, wenn sich auch nur in einem einzigen Falle in einer tieferliegenden Ablagerung fossile Reste einer Lebensform fänden, die nach ihren speziellen Merkmalen erst in einer jüngeren, darüberliegenden Schicht zu erwarten wäre. Dieser Fall ist *nie* eingetreten, wie aus dem unserem Diagramm beigefügten Zeitschema hervorgeht. Die ersten Fische auf unserem Planeten besaßen nur die erwarteten allgemeinen Merkmale, sie waren, wie wir durch die Untersuchungen des schwedischen Paläontologen Stensjö wissen, *alle* keine Gnathostomen, sondern den heutigen Cyclostomen ähnlich, die ersten Kiefermäuler finden sich erst im unteren Devon. Während dieser ganzen Epoche gab es an Wirbeltieren, außer den weiterbestehenden, wenn auch an Zahl stark zurückgehenden Cyclostomen *nur* echte Fische, unter ihnen in den oberen Schichten allerdings auch schon die den Tetrapoden nahestehenden Coelacanthiden. Die Vierfüßer selbst erscheinen erst in der nächsten Epoche, der Steinkohlenzeit, auf der Bühne, in Gestalt großer, gepanzerter Amphibien, die ihren Namen Stegocephalen der dachartig lückenlosen Knochendecke ihres Schädels verdanken, die aus genau den gleichen Elementen zusammengesetzt ist wie bei den Coelacanthiden. In der Permzeit treten dann die ersten echten Reptilien, die Cotylosaurier, auf, denen alsbald die ersten Säuger-Reptilien auf dem Fuße folgen. Lange bevor der übrige Reptilienstamm sich in seine vielen Zweige geteilt und seine höchste Blüte erreicht hat, nämlich in der unteren Trias, entstanden die ersten echten Säugetiere. Diese bleiben in den nächsthöheren Schichten – der Jura- und der Kreideformation – immer noch selten, während die Reptilien einen großen Reichtum an Formen erreichen, unter denen die Riesengestalten der Dinosaurier besonders bekannt sind. In vielen Merkmalen, vor allem im Aufbau des Beckens, gewissen Dinosauriern ähnlich ist schließlich der berühmte Archaeopteryx, der Vogel mit Zähnen im Maul und einem langen, aber befiederten Reptilienschwanz, der sich genau in jenen Schichten des Solnhofener Juraschiefers gefunden hat, in denen der Übergang vom Reptil zum Vogel erwarten werden durfte. Sein Fund entwickelte insofern eine geistesgeschichtliche Bedeutung, als er auch genau in die Zeit fiel, da der Meinungs-Streit um Darwins Lehre am heißesten tobte und so viel zum Siege der Wahrheit beitrug.

An der Wahrheit der Abstammungslehre ist schlechterdings nicht zu zweifeln. Wenn schon die nur auf den vergleichend-anatomischen Tatsachen fußende Rekonstruktion des Stammbaums mit einer Wahrscheinlichkeit richtig ist, deren Ausdruck astronomische Zahlen erheischen würde, so erhöht sich diese Wahrscheinlichkeit noch einmal um ein größenordnungsmäßig ähnliches Vielfaches durch die Stimmigkeit der stratigraphischen Anordnung *aller*, aber auch aller, paläontologischen Dokumente. Um die Richtigkeit unserer Rekonstruktion der großen Verzweigungen des Stammbaums, wie sie etwa in unserem Diagramm wiedergegeben sind, zu beweisen, bedürfte es gar nicht der weiteren Zeugnisse, die uns von anderen, voneinander gänzlich unabhängigen Wissensquellen geliefert werden, so von der Embryologie, der Serologie (serologische Verwandtschaftsreaktionen), der Tier- und Pflanzengeographie usw. Wichtig werden diese »Hilfswissenschaften« erst dort, wo es gilt, nicht die großen und alten, sondern die kleineren und jüngeren Verzweigungen des Stammbaums zu rekonstruieren. Weshalb letzteres sehr viel schwieriger ist, bleibt noch zu erörtern.

Was wir ausschließlich Charles Darwin verdanken, ist nicht die Erkenntnis der Tatsache, daß sich alle Tiere aus gemeinsamen Ahnen entwickelt haben, sondern die Entdeckung der Ursachen, die dies bewirkten. Die großen Konstrukteure des Artenwandels, Mutation und Selektion, Erbänderung und natürliche Zuchtwahl, deren Wirken der Genius Darwins längst geahnt hatte, offenbarten sich ihm, als er, auf seiner kleinen »Beagle« die Welt umkreisend, auf den Galápagos-Inseln angekommen war. Da gab es eine Anzahl von recht unscheinbaren Finkenarten, die Grundfinken, aus deren großer und viele Einzelheiten betreffender Ähnlichkeit eindeutig hervorging, daß sie aufs nächste miteinander verwandt waren. Der gesunde Menschenverstand legte die Annahme nahe, daß sie samt und sonders von einer gemeinsamen, erst in verhältnismäßig junger Vergangenheit auf die einsamen Inseln verschlagenen Ahnenform abstammten. In einer Hinsicht aber waren die einzelnen Arten dieser Vögel so verschieden voneinander wie nur denkbar: Vom dicken Schnabel des Kernbeißers bis zum zarten und dünnen Schnäbelchen eines Laubsängers fanden sich bei ihnen so ziemlich sämtliche Schnabelformen, die wir von Singvögeln der großen Kontinente kennen und die bei diesen auf die verschiedensten einander fernstehenden Verwandtschaftsgruppen verteilt sind. Ernährung und Lebensweise entsprechen jeweils der Schnabelform: Einer frißt, wie der Kernbeißer, harte Sämereien, ein anderer hat sich, wie ein Laubsänger, auf den Insektenfang spezialisiert, und ein weiterer, der Spechtfink, hat die Zunge des Spechtes durch eine Instinkthandlung ersetzt und lebt davon, daß er mit einem Kaktusstachel Insekten aus Rindenspalten und Astlöchern herausstochert. Angesichts dieser Vielzahl verschiedener Anpassungen bei einer kleinen Gruppe naher Verwandter wurde Darwin eine Reihe von Zusammenhängen klar, die in ihrer Gesamtheit wie eine Offenbarung auf ihn gewirkt haben müssen. Ganz offenbar war es die Funktion, von der die Form des Organs bestimmt wird. Was aber treibt einen körnerfressenden Vogel dazu, zum Insektenfresser zu werden? Warum tut dies auf Galápagos ein Fink, während auf den Kontinenten nur Vögel anderer Gruppen in dieser Richtung spezialisiert sind? Etwa eben deshalb, *weil* auf jenen Inseln kein anderer Spezialist für

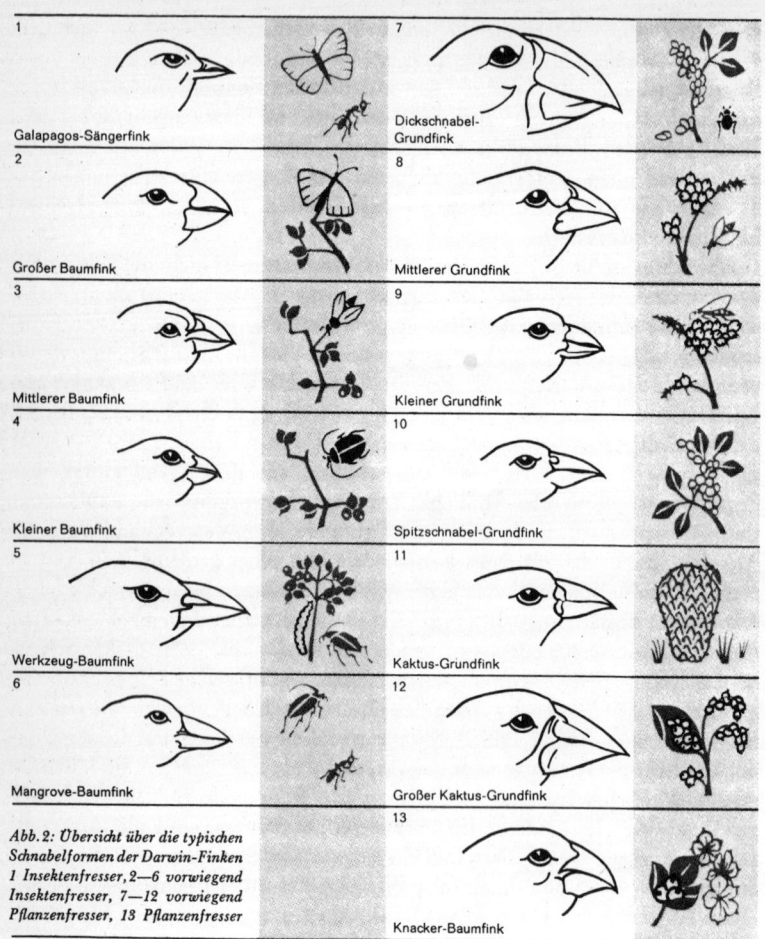

Abb. 2: Übersicht über die typischen Schnabelformen der Darwin-Finken
1 Insektenfresser, 2—6 vorwiegend Insektenfresser, 7—12 vorwiegend Pflanzenfresser, 13 Pflanzenfresser

Abb. 2: Übersicht über die typischen Schnabelformen der Darwin-Finken

Insektenfang lebt? Und schon wurde Darwin klar, daß es die *Konkurrenz* der Artgenossen ist, die es vorteilhaft werden läßt, zu einer neuen Methode der Selbst- und Arterhaltung überzugehen, wenn in der bisherigen eine »Berufs-Überfüllung« eingetreten ist. So entstand der wichtige Begriff der »ökologischen Nische«, und gleichzeitig erhob sich die Frage, mit welchen Mitteln ein

Organismus, der bisher in einer ganz bestimmten Nische erfolgreich war, in eine andere hinüberzuwechseln imstande sei, wie dies jene Finken ganz offensichtlich getan hatten, welche die auf den Galápagos-Inseln leerstehenden »Planstellen« des Kernbeißers, des Insektenfressers und sogar des Spechtes eroberten.

Die Konkurrenz moderner »Konstruktionen« ist es, die altertümliche Tierformen zum Verschwinden bringt; wir brauchen keine Naturkatastrophen anzunehmen, um dies zu erklären. So wie das Dampfschiff das Segelschiff verdrängt hat und neuerdings das Dieselschiff im Begriff ist, dem Dampfschiff ein gleiches Schicksal zu bereiten, so bringt auch unter den Lebewesen eine neue »Erfindung« den eben durch sie veralteten Konstruktionen den Untergang, wofern nicht – und hier findet sich die einzige Ausnahme von dieser Regel – die Neukonstruktion einen völlig neuen Lebensraum eröffnet oder die überalterte Form in einer engen ökologischen Nische Unterschlupf findet. Diese Erwägungen liefern eine sehr einleuchtende Erklärung für die verschiedene Dicke der Äste, über die wir uns beim Entwerfen unseres Wirbeltier-Stammbaums (S. 38) gewundert haben. In Wirklichkeit ist es eben gar nicht verwunderlich, daß zum Beispiel das Auftreten der Kiefermäuler im Devon die Rundmäuler fast verschwinden ließ. Als »ehrliche« Fische konnten sie sich eben gegen die Konkurrenz der schnelleren, intelligenteren und besser bewaffneten Gnathostomen nicht halten, und sie wären sicher ganz verschwunden, wenn nicht einige hochspezialisierte Formen, die Inger und Neunaugen, als Parasiten ihrer Verdränger ein Fortkommen gefunden hätten. Die Blüte der alten Form, der Fische, wurde dagegen durch das Auftreten der Tetrapoden nicht im geringsten geschädigt, da diese durch die Eroberung des Landes einen bis dahin von Wirbeltieren nicht genutzten Lebensraum erschlossen und so für die Fische keine Konkurrenz bedeuteten. Ein gutes Beispiel dafür, daß die Konkurrenz eines Berufsgenossen tödlicher wirkt als die Anschläge des gefährlichsten Feindes, bietet die Wirkung, welche die Einführung des Dingo auf die australische Tierwelt ausübte. Dieser vom Menschen als Haustier mitgebrachte, aber sofort verwilderte Hund rottete auf dem Festlande Australiens, auf dem bekanntlich Beuteltiere die einzigen Säugetiere waren (mit Ausnahme einiger Nager und Fledermäuse), keine einzige Art der ihm zur *Beute* dienenden Beutler aus, wohl aber die beiden großen Beutel*raubtiere*, den Beutelwolf *Thylacinus* und den Beutelteufel *Sarcophilus*, die zwar einem Dingo im Kampfe eindeutig überlegen sind, aber als Jäger nicht mit ihm konkurrieren können. Sie leben heute nur noch in Tasmanien, wo der Dingo nicht hinkam.

So leicht der mitleidslose Wettbewerb des »Berufslebens« zu erklären vermag, weshalb alte Formen verschwinden, bedarf es doch einer weiteren Voraussetzung, um die Entstehung von neuen verständlich zu machen. Die natürliche Zuchtwahl kann die Entwicklung einer Tierart in bestimmter Richtung nur dann verursachen, wenn eine ständige *ungerichtete* Veränderung des Erbgutes ihr das Material zur gerichteten Auslese liefert. Es war eine der genialsten Hypothesen Charles Darwins, daß er auf Grund dieser Erwägung das Vorhandensein spontaner, ungerichteter und zufälliger Veränderungen des Erbgutes postulierte, zu einer Zeit, da man von Mutationen noch nichts wußte. Er ist wohl der einzige Entdecker eines wirklich wichtigen neuen Erklärungsprinzips, der dessen Anwendungsbereich nicht über-, sondern unterschätzte.

Anpassung eines Organismus oder eines seiner Organe an eine Gegebenheit der äußeren Umwelt bedeutet immer in gewissem Sinne deren *Abbildung*. Der Huf des Pferdes ist in Form und Funktion ebenso ein Bild des Steppenbodens und seiner physikalischen Eigenschaften, wie die Flossen eines Fisches eins des Wassers sind oder das Auge eines der Sonne ist. Wenn man nicht zur Annahme einer prästabilierten Harmonie zwischen Organismus und Umwelt greifen will, muß man aus der Tatsache dieser Passungen schließen, daß abbildende Informationen über die Gegebenheiten der Umwelt in irgendeiner Weise in das organische System hineingelangt sind. Durch die epochemachenden Ergebnisse, die von der Biochemie in jüngster Zeit zutage gefördert wurden, kennen wir die Chiffre-Schrift, in welcher diese Information im Erbgut *aller* Lebewesen, einschließlich der »nicht so ganz« lebendigen Viren, aufgeschrieben und aufbewahrt ist, und wir stehen in ehrfürchtigem Staunen vor den Bestätigungen, die Darwins geniale Annahmen immer wieder und von ganz unerwarteter Seite her erfahren. Am Anfang allen Lebens steht tatsächlich ein System, das Informationen enthält und durch Selbstverdoppelung weitergeben kann. Es muß stabil genug sein, um sich gegen Umwelteinflüsse genügend zu schützen, um nicht der Struktur verlustig zu gehen, in der die Information steckt. Es könnte aber keine *zusätzliche* Information erwerben, wenn es nicht ein ganz klein wenig unstabil wäre, eben genug, um hier und da bei der Reduplikation seiner selbst einen kleinen Fehler zu machen. Dieser Fehler führt fast immer zum Tode der mit ihm behafteten Nachkommenschaft, aber hie und da – die Genetiker schätzen die Häufigkeit eines solchen Falles auf etwa $10^{-8}$ – führt er zu einer Veränderung der Form und Funktion des Gesamtorganismus, die diesem zum Vorteil gereicht, indem sie in irgendeine Kerbe der belebten und unbelebten Welt *paßt*. Dies entspricht dann selbstverständlich dem Gewinn einer neuen Information über eine im organischen System bisher nicht berücksichtigte Gegebenheit. Dieses neue »Wissen« verbreitet sich einfach dadurch, daß die mit der vorteilhaften Erbänderung begabten Wesen bessere Überlebens- und Vermehrungs-Aussichten haben als die nicht in gleicher Weise begabten Artgenossen und diese über kurz oder lang von der Bühne des Lebens verdrängen. Dies ist, in dürren Worten, die Lehre Darwins, zu der schlechterdings alles paßt, was die biologischen Wissenschaften seitdem zutage gefördert haben. Besonders die in den letzten Jahrzehnten erzielte Synthese von Stammesgeschichte und Erbforschung hat viele Schwierigkeiten gelöst, indem sie Tatsachen aus Mutation und Selektion allein zu erklären vermochte, die vorher der Darwinschen Theorie zu widersprechen schienen.

So mißtrauisch ich auch jeder Art von Erklärungs-Monismus gegenüber bin, muß ich doch bekennen: Je älter ich werde, desto mehr festigt sich in mir die Überzeugung, daß das gesamte stammesgeschichtliche Werden durch die beiden großen Konstrukteure des Artenwandels: Mutation und Selektion, verursacht ist. Diese Überzeugung festigt sich jedesmal, wenn die geduldige Forschung eine überzeugende Antwort auf die Frage ergibt, worin der arterhaltende Wert dieser oder jener Strukturen und Funktionen eines Organismus gelegen sei. Ob es die bizarren Körperformen eines Pfeilschwanzkrebses, eines Kofferfisches oder eines Rotfeuerfisches sind, an die wir diese Frage herantragen, oder die Komment-Kämpfe der Buntbarsche, die sozialen Balztänze der Schwimmenten, die unglaubliche Färbung mancher Korallenfische oder die malerische Befiederung eines Mandarinerpels, immer wieder stellt sich bei wirklich genauer Kenntnis des Tieres und seiner Verhaltensweisen heraus, daß es eine wichtige arterhaltende Leistung ist, deren Selektionsdruck diese Charaktere herausgezüchtet hat. Immer wieder hat sich herausgestellt, daß etwas, was man bis dahin als »Luxusbildung«, »Ludus naturae« usw. bezeichnete, eine durchaus sinnvolle »Konstruktion« von Mutation und Selektion ist.

Am ehesten passen jene Ausdrücke auf die Produkte der sogenannten *intraspezifischen* Selektion. Wo ausschließlich der Wettbewerb zwischen Artgenossen, ohne Rücksicht auf Gegebenheiten der außerartlichen Umwelt, eine scharfe Zuchtwahl treibt, kann es leicht geschehen, daß die Selektion durchaus *Unzweckmäßiges*, der Arterhaltung Abträgliches erzeugt. Die geschäftliche Konkurrenz im modernen Wirtschaftsleben produziert Erscheinungen, die den Einzelmenschen mit arteriellem Hochdruck, genuiner Schrumpfniere und Nervenzusammenbruch bedrohen. Der ganzen westlichen Zivilisation aber drohen die von Vance Packard so treffend analysierten und anschaulich geschilderten Gefahren, die nicht nur die Gesamtheit der Nationalökonomie der betroffenen Völker, sondern erst recht die Kultur und sogar das Weiterbestehen der Menschheit in Frage stellen. In ähnliche Sackgassen haben sich manche Tierarten verrannt. Bei den Hirschen hat ein den meisten Mitgliedern der Gruppe eigenes »Duell-Reglement« zur Ausbildung von Geweihen geführt, die zu nichts anderem gut sind als zum Rivalenkampf und die vom Standpunkt des Stoffwechsels und der sonstigen Ökonomie der Arterhaltung nur schädlich sind. Ähnliches kann durch sexuelle Zuchtwahl im engeren Sinne verursacht werden, wie zum Beispiel die extreme Ausbildung von Balzorganen bei manchen Fasanen und Paradiesvögeln. Ein Hirsch ohne Geweih, ein Argusfasan ohne Balzfedern würde zwar wahrscheinlich länger leben als einer, der auf diese Attribute nicht verzichtet, aber er würde keine Nachkommen hinterlassen.

Daß die großen Konstrukteure der Evolution gelegentlich in Sackgassen geraten, ist durchaus zu erwarten, denn ihre Methode ist die einer reinen Induktion, das heißt eines Vorgehens, das der Deduktion völlig entbehrt. Sie sind daher für die Zukunft völlig blind, zumal sie ja nur aus dem Erfolg, nicht aber aus dem Mißerfolg Information erhalten. Daß es keinen Sinn hat, eine bestimmte Mutation, etwa die des Albinismus, hervorzubringen, »lernen« sie nie und fahren unbeirrt darin fort. Die zukunftsblinde Methode des Artenwandels bringt es auch mit sich, daß der Bauplan eines Lebewesens niemals demjenigen eines menschlichen Erzeugnisses gleicht, das ein vorausschauend planender Konstrukteur als Ganzes entwirft und in einem Zuge verwirklicht. Strukturen und Funktionen eines Organismus enthalten stets eine sehr große Zahl von Merkmalen, die durchaus nicht aus ihrer gegenwärtigen arterhaltenden Leistung, sondern nur aus der Vorgeschichte zu erklären sind.

Als Gleichnis hierfür kann uns die Behausung eines Ansiedlers in einem wilden Lande dienen. Er baut sich zuerst ein kleines Blockhaus, in dem er wohnt, schläft, kocht, seine Kleider näht usw. Mit Zunahme seines Wohlstandes und seiner Familie macht er Anbauten, der ursprüngliche Hauptraum wird zum Nebenraum, endlich vielleicht zur Rumpelkammer. Vieles an diesem Hause wird seine Funktion völlig ändern, vieles völlig Unzweckmäßige wird weiter beibehalten werden müssen, gerade weil der Mann dauernd in jenem Gebäude wohnen muß und seiner nicht lange genug entbehren kann, um einen grundlegenden Um- und Neubau vorzunehmen. Daß sich Analoges im stammesgeschichtlichen Werden der Lebewesen vollzieht, ist ein Glück für den Forscher, der es ergründen will. Wenn die großen Konstrukteure nicht so konservativ an den einmal geschaffenen Konstruktionseinzelheiten festhielten, wüßten wir kaum etwas über den Weg, den sie gegangen sind. Wenn sie nicht im Aufbau der Vorderextremität der Tetrapoden unentwegt die Bauelemente von Humerus, Radius, Ulna usw. beibehalten hätten, und zwar unbeeinflußt davon, ob die Funktion des ganzen Organs im Laufen besteht wie bei einer Antilope, im Fliegen wie bei einem Flugsaurier, einem Vogel oder einer Fledermaus, im Graben wie beim Maulwurf oder im Schwimmen wie bei einem Ichthyosaurier oder einem Wal, so würden wir ja eines wichtigen Hinweises auf die Stammesverwandtschaft dieser Tiere entbehren. Wo Organe der genannten Funktionen unabhängig voneinander von nicht verwandten Tierstämmen entwickelt wurden, wie zum Beispiel das Bein eines Laufkäfers, der Flügel eines Schmetterlings, die Grabschaufel einer Maulwurfsgrille oder die Flosse eines Fisches, dort zeigt sich deutlich, »daß es auch anders geht«, das heißt, daß die oben erwähnten Bauelemente ihre Form und gegenseitige Lagebeziehung nur der Vorgeschichte und nicht der Funktion verdanken. Selbstverständlich kann gleiche Funktion auch den Organen sehr verschiedener Tierstämme Ähnlichkeiten anzüchten, die mit Stammesverwandtschaft nichts zu tun haben. Diesen Vorgang nennt man meist konvergente Anpassung oder kurz Konvergenz, die so entstehenden ähnlichen Merkmale »analog« – im Gegensatz zu den »homologen«, die ihre Ähnlichkeit der gemeinsamen Abstammung ihrer Träger von gleichen Ahnenformen verdanken. Bei der Rekonstruktion eines Stammbaumes, wie etwa desjenigen der Wirbeltiere in unserem Diagramm, darf man selbstverständlich nur homologe Merkmale verwenden, ihre Richtigkeit steht und fällt mit der Verläßlichkeit unserer Unterscheidung zwischen auf Homologie und Konvergenz beruhenden Ähnlichkeiten. Die Kriterien, an denen man Homologie erkennt, hat Remane mit großem Scharfsinn untersucht, auf dessen Darstellungen verwiesen sei.

Nur ein bestimmtes, besonders wichtiges dieser Kriterien möchte ich hier diskutieren, weil dies an Hand des Gesagten in Kürze möglich ist. Schon aus der Verbreitung der Merkmale lassen sich Anhaltspunkte dafür gewinnen, welche Ähnlichkeiten auf Homologie und welche auf Konvergenz beruhen. Wenn die vielen verschiedenen in unserem Diagramm dargestellten Tiere trotz der weltweiten Verschiedenheit ihrer Anpassung *alle* die basalen Merkmale des Chordatenstammes wenigstens in gewissen Stadien ihrer Embryonalentwicklung aufweisen, ist die Wahrscheinlichkeit zu vernachlässigen, daß auch nur eine dieser Ähnlichkeiten anders als durch echte Homologie zustande komme. Wenn dagegen ein Merkmal sich in seiner Verteilung durchaus eigenwillig verhält und diesem und jenem Vertreter der verschiedensten durch eine Überzahl anderer Merkmale zusammengehaltenen Gruppen zukommt, liegt die Sache umgekehrt. Das Merkmal der Extremitätenlosigkeit zum Beispiel ist innerhalb der Gruppe der Cyclostomen sicher ursprünglich und homolog, unter den Gnathostomen dagegen würde es sich, in unser Diagramm eingetragen, wie eine Liane von Ast zu Ast schlingen. Es kennzeichnet Fische aus mindestens sieben miteinander nicht näher verwandten Gruppen, deren jede außer durch jene flossenlosen noch durch eine große Mehrzahl von Formen vertreten ist, die sehr wohl paarige Flossen besitzen. Unter den Urodelen sind einige wenige Molche und die Gruppe der Blindwühlen extremitätenlos, unter den Reptilien einige Eidechsen, wie unsere Blindschleiche, und ferner bekanntermaßen die Schlangen. Wollte man nun etwa die Extremitätenlosigkeit der Schlangen für homolog mit derjenigen der *Cyclostomata* erklären, so wäre man zu der Annahme gezwungen, daß die unzähligen Merkmale, an denen man die Schlangen als Reptilien und speziell als Schuppenkriechtiere (*Squamata*) erkennt, durch Konvergenz oder aber durch Zufall in dieser Weise entstanden seien. Die erste Annahme ist selbstverständlich unsinnig, die zufällige Übereinstimmung von Merkmalen aber hat die Wahrscheinlichkeit von $2^{n-1}$. Wir wissen also mit Sicherheit, daß das Fehlen von Extremitäten bei jenen sieben Gruppen von meist als »Aale« bezeichneten Fischen, bei den Aalmolchen, den Blindwühlen, den Blindschleichen und den Schlangen sicher sekundär durch konvergente Anpassung zustande kam, und wir wüßten dies selbst dann, wenn uns noch gar nicht aufgefallen wäre, daß alle diese Wesen einen sehr langen, über große Strecken gleichdicken Körper besitzen und sich schlängelnd durch Schlamm, weiche Erde, dichtes Pflanzengewirr bewegen. Unter den fossilen Cyclostomen dagegen finden sich Arten von anderer, spindelförmiger und selbst ziemlich kurzer Körperform, die ganz andere Anpassungstypen darstellen und dennoch der paarigen Flossen entbehren, was bei ihnen ein sicher urtümliches, der Flossenlosigkeit der heutigen Rundmäuler homologes Merkmal ist.

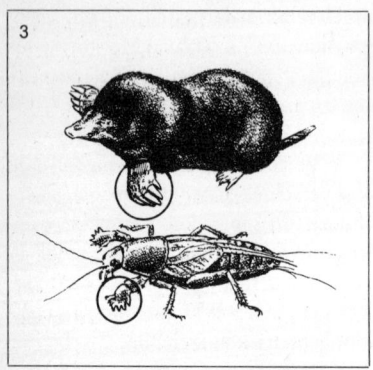 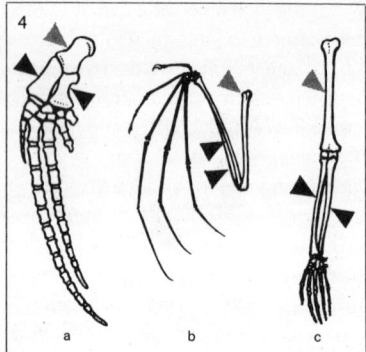

Abb. 3: »Analogie«-Maulwurf / Maulwurfsgrille

Abb. 4: »Homologie« der Vorder-Extremitäten
a) Flosse (Walfisch), b) Flügel (fliegender Hund), c) Arm (Mensch)
Heller Pfeil Oberarm (Humerus) / Dunkle Pfeile Elle und Speiche (Ullna und Radius)

Das Auszählen der verbindenden Merkmale und der von ihnen verbundenen Formen ermöglicht selbstverständlich nur dann eine sichere Entscheidung der Frage Homologie oder Analogie, wenn viele Tierformen durch viele Merkmale miteinander verbunden sind. Aus diesem Grunde ist unsere Rekonstruktion der *großen* Verzweigungen des Lebens-Stammbaumes, etwa der in unserem Diagramm wiedergegebenen, mit einer Wahrscheinlichkeit richtig, die durchaus der historischen Sicherheit gleichkommt. Es ist völlig sicher, daß die Ähnlichkeiten zwischen Hai, Ichthyosaurus und Zahnwal Konvergenzen sind, da sich der erste durch buchstäblich Tausende von Merkmalen als Fisch, der zweite als Reptil und der dritte als Säugetier ausweist. Je weiter wir im Stammbaum aufwärts, in seine dünneren Verzweigungen vordringen, desto weniger Merkmale und desto weniger Tierarten stehen unserer Wahrscheinlichkeitsrechnung zur Verfügung. Die Folge davon ist, daß Konvergenzen um so schwerer und um so weniger sicher von Homologien unterscheidbar sind, je näher die Zweige des Stammbaums beieinanderliegen, von denen sie ausgehen. Wenn etwa die Gruppen der Möwen und Wattvögel (*Larolimicolae*), der Taucher (*Podicipidae*), der Sonnenrallen (*Heliornithidae*) und der Entenvögel (*Anatidae*) eine nahezu gleiche Ausbildung eines Schwimmfußes »erfunden« haben, so reicht das Studium der Merkmalverteilung eben noch aus, um uns dies als Konvergenz erkennen zu lassen – selbst wenn wir die Gleichheit der Leistung und ihre wohlbekannten Folgen nicht berücksichtigen. Wenn wir aber ein Beispiel wählen, in dem die Konvergenz nicht von verschiedenen Ordnungen, wie im obigen Beispiel, sondern von Familien einer einzigen Ordnung bzw. Unterordnung ausgeht, geraten wir schon in Schwierigkeiten. Drei Familien der Falkenvögel, *Falconidae*, nämlich die Bussarde, *Butconini*, die Habichte, *Accipitrini*, und die Milane oder Weihen, *Milvini*, haben unabhängig voneinander sehr große Formen ausgebildet, offensichtlich in Anpassung an das Jagen verhältnismäßig großer Beutetiere. Diese Formen werden auch heute noch von vielen Systematikern als die sogenannten Adler, *Aquilini*, in einer Familie zusammengefaßt, obwohl sie einander nur aus jenen Gründen ähnlich sind, aus denen die von verschiedenen Autofirmen hergestellten Kleinbusse untereinander ähnlicher sind als jeder von ihnen dem Personen- oder Sportwagen seiner eigenen Marke. Die konstruktiven Veränderungen, die sich aus der absoluten Größe, den Gesetzen des allometrischen Wachstums, den Anforderungen der Aerodynamik, der Notwendigkeit, wehrhafte Beute schnell zu töten, und anderem mehr ergeben, machen die »Adler« untereinander sehr ähnlich, insbesondere was die Körper-Proportionen betrifft, die ihr äußeres Bild bestimmen. Zählt man diese Merkmale und stellt sie den Ähnlichkeiten gegenüber, die den Steinadler mit den Bussarden, den Habichtsadler und die Harpyie mit den Habichten und die Seeadler mit den Milanen oder Weihen verbinden, so ergibt sich keine klare Entscheidung.

Was hier noch weiterhelfen kann, ist das Auffinden jener Merkmale, die *ganz sicher nichts mit der Ähnlichkeit von Funktionen* bei den zu untersuchenden Tierformen zu tun haben. Wenn wir eine Automobilmarke erkennen wollen, ohne auf den Markenstempel zu sehen, machen wir es ja genauso. Die längsverlaufenden Zierleisten zum Beispiel, die bis vor kurzem das Heck des DKW kennzeichneten, waren das letzte Merkmal, das die Auto-Union vom guten alten Horch-Wagen ererbt hatte. In analoger Weise bilden Kleinigkeiten, die für die Funktion gleichgültig sind, für den Erforscher der jüngeren Stammesgeschichte die wichtigste aller Wissensquellen. Der Entomologe, der Äderchen am Flügel einer winzigen Wespe in allen ihren Einzelheiten studiert, der Krustazeenforscher, der die Borsten am 22. Beinpaar eines Blattfußkrebses auszählt, und der Verhaltensforscher, der an allen nur erreichbaren Entenarten eine bestimmte Balzbewegung filmt, sind keineswegs Verrückte, die sich monomanisch mit Unwichtigem beschäftigen. Die Klärung *der jüngsten Schritte der Stammesgeschichte* ist zwar die schwierigste, aber auch die bei weitem interessanteste und wichtigste Aufgabe der Evolutionsforschung, weil sie die Voraussetzung schafft für die Synthese zwischen der rein historischen Wissenschaft vom organischen Werden und jenen experimentellen Zweigen der biologischen Forschung, die nach seinen Ursachen fragen und denen schließlich das letzte Wort bei der Verifikation aller Hypothesen zukommt.

Viele Wissenschaften müssen zu dieser Synthese beitragen; aber sie ist keineswegs Zukunftsmusik, sondern heute in vollem Gange. Die Genetiker haben Hypothesen Darwins verifiziert, von denen man sich jetzt fragt, woher ihm dieses Wissen kam. Mutationen treten tatsächlich mit der zu fordernden Häufigkeit auf, Selektion hat tatsächlich die von ihm behauptete Wirkung, Ökologie und Populationsdynamik haben gezeigt, wie die Vielzahl verschiedener Selektionsdrucke jede Lebensform zu ganz bestimmten Kompromißbildungen zwingt, kein einziges Merkmal ist in seiner Form durch eine einzige Forderung der Arterhaltung bestimmt. Die Tiergeographie hat erwiesen, daß die geographische Isolierung einer Population genau jenen Einfluß auf den Artenwandel hat, der nach Darwinschen Hypothesen vorauszusetzen ist. Ihre Anwendung auf dem Gebiet der Erforschung des tierischen und menschlichen Verhaltens hat so manches verständlich gemacht, was bei anderer Fragestellung unerklärlich blieb, und hat so zur Entstehung eines neuen Wissenszweiges, der vergleichenden Verhaltensforschung oder Ethologie, geführt, deren VIII. Internationaler Kongreß in Den Haag tagte.

In der Geschichte menschlichen Wissensfortschrittes hat sich noch nie die von einem einzigen Manne aufgestellte Lehre unter dem Kreuzfeuer von Tausenden unabhängiger und von den verschiedensten Richtungen her angestellter Proben so restlos als wahr erwiesen wie die Abstammungslehre Charles Darwins. Mehr als je gilt von ihr heute, was Otto zur Strassen vor mehr als vierzig Jahren in seiner Einführung zum »Neuen Brehm« über sie schrieb: »Alles uns jetzt Bekannte fügt sich ihr zwanglos ein, nichts spricht gegen sie.«

# Über die Entstehung von Mannigfaltigkeit
(1965)

Vor ungefähr hundert Jahren hat Charles Darwin mit genialem Seherblick die Tatsache des stammesgeschichtlichen Gewordenseins aller Lebewesen erschaut. Darin liegt indessen weder seine ganze Größe, noch steht er darin allein. Wallace und Lamarck hatten sich zu demselben Gedanken durchgerungen, und lange vor ihnen allen war Johann Gottfried Herder ihm schon sehr nahe gekommen. Die schier unglaubliche Großtat Darwins ist es vielmehr, daß er die *Verursachung* des Artenwandels erkannte. Die schlafwandlerische Sicherheit, mit der er sie völlig richtig darstellte, wird dadurch noch unglaublicher, daß fast alles, was er über Vererbung wußte oder zu wissen glaubte, völlig falsch war. Neben anderen Irrtümern glaubte er ja auch fest an die Vererbbarkeit erworbener Eigenschaften. Aber seine Vorstellung davon, wie die Selektion aus dem von Mutationen angebotenen Material verschiedenster Veränderungen dasjenige herausholt, was eine Verbesserung der Angepaßtheit mit sich bringt, ist nicht nur richtig, sondern tausendfach und von den verschiedensten Forschungsrichtungen her bestätigt. Wir sind heute viel radikalere Darwinisten, als Darwin es war, und mit viel besserer Berechtigung.

Jede Angepaßtheit von Merkmalen, sei es nun ein morphologisches oder eins des Verhaltens, an eine bestimmte Gegebenheit der Umwelt ist in einem sehr bestimmten Sinne eine *Abbildung* dieser Gegebenheit. Struktur und Funktion des Auges sind ein Abbild der Eigenschaften des Lichtes oder, wie Goethe sagt, der Sonne, genauso wie der Pferdehuf den Steppenboden abbildet. Wenn wir uns nicht zum Vitalismus – und damit zum Verzicht auf natürliche Erklärung – bekennen und zu der Annahme einer prästabilierten Harmonie zwischen Organismus und Umwelt unsere Zuflucht nehmen wollen, so müssen wir die Frage stellen, wie die Information über die Umwelt, die jeder Angepaßtheit an sie notwendigerweise zugrunde liegt, in das organische System hineingelangt sei.

Darwin hat uns die unzweifelbar richtige Antwort auf diese Frage gegeben:

Diese Information wird durch ein Verfahren erworben, das mit dem des individuellen Lernens nach dem Prinzip von Versuch und Irrtum verwandt, aber nicht identisch ist. Der stammesgeschichtliche Informationserwerb stellt zwar auch blind-ungerichtete Versuche an, gewinnt aber nur aus den Erfolgen neue Daten, nicht, wie das individuelle Lernen es tut, auch aus den Irrtümern. Das Verfahren ist in beiden Fällen mit dem der reinen, das heißt der Mitwirkung aller deduktiven Vorgänge entbehrenden *Induktion* identisch.

Die gewonnene Information wird in der Erbmasse gespeichert, die Genetiker nannten das Genom »verschlüsselte Information« – »coded information« –, schon ehe man diese Geheimschrift zu entziffern gelernt hatte. Eben das ist nun in den letzten Jahrzehnten den Biochemikern gelungen, wohl der größte Schritt vorwärts, den die Naturwissenschaft seit Charles Darwin getan hat. Es ist das Zeichen einer blasierten Zeit, daß sich die Öffentlichkeit, ich meine die wissenschaftliche, darüber so wenig aufregt.

Es war eine zwingende theoretische Forderung, daß am Anfang allen Lebens ein System stehen müsse, das gewisse konstitutive Eigenschaften und Fähigkeiten besitzt. »Im Anfang war der Regelkreis«, das heißt ein offenes System, das imstande ist, einen stetigen Zustand aufrechtzuerhalten und nach Störungen wiederherzustellen – das Prinzip der Homöostase[1]. Da kein solches System allen überhaupt möglichen störenden Einwirkungen der Außenwelt gewachsen sein kann, wird es notwendigerweise häufig wieder vernichtet; es muß also, um weiterzuexistieren, die Fähigkeit besitzen, seinesgleichen zu reproduzieren und sich so zu variieren und auszubreiten. Ein reproduktionsfähiges homöostatisches System besitzt schon in diesen beiden Attributen ein drittes, nämlich Angepaßtsein, das, wie gesagt, den Besitz abbildender Information über die Umwelt voraussetzt. Man weiß daher nicht ganz, ob man nicht die Fähigkeit, Information zu sammeln, als Eigenschaft alles Lebendigen *vor* Regulations- und Reproduktionsfähigkeit setzen müßte. Das selbstreproduzierende Regelsystem muß von allem Anfang an stabil genug gewesen sein, um nicht sofort wieder zu zerfallen und die schon gewonnene Information alsbald wieder zu verlieren, gleichzeitig aber labil genug, um in einem beschränkten, mit seinem Weiterbestand noch vereinbaren Maß fortlaufend kleine »Fehler« bei der Reproduktion zu begehen, die nach dem erwähnten Prinzip von Versuch und Erfolg die Möglichkeit zu weiterem Informationsgewinn gaben. Ich möchte hier nicht darüber spekulieren, welche glücklichen Umstände

---

1 Homöostase = Gleichgewichtszustand im Organismen-Geschehen, von griech. ὁμοῖος = gleich und ἡ στάσις = das Stehen, der Stand.

zusammengetroffen sein müssen, um die Entstehung eines solchen Systems zu ermöglichen. Immerhin bleibt zu bedenken, daß sehr komplizierte »organische« Verbindungen frei im Weltmeer herumgeschwommen sein können, als es noch keine Organismen gab, sie zu zersetzen, eine Spekulation, die zwar von berufenen Biochemikern, so von Schramm, ziemlich satirisch als die »Welt-Suppen-Theorie« bezeichnet wird, die aber doch im Grunde ernst genommen wird.

Wir wissen heute, daß einfachste Systeme, die alle drei konstitutiven Leistungen des Lebendigen, Homöostase, Reproduktion und Informationserwerb, vollbringen, aus einem einzigen Kettenmolekül bestehen können, wie dies bei den Viren der Fall ist. Diese sind zwar nicht als die urtümlichsten aller Lebewesen oder als »Vorstufen« des Lebendigen zu betrachten, da sie, wie die Virusforscher sicher mit Recht annehmen, Abkömmlinge höher organisierter Lebensformen sind, Zell-Bestandteile, die sich auf Kosten der Gesamtheit, zu der sie ursprünglich gehörten, unabhängig gemacht haben. Auch sind sie ja nur innerhalb lebendiger Zellen, gewissermaßen in der »Suppe« lebenden Protoplasmas, existenzfähig. Aber weder der Mechanismus, mittels dessen sie sich reduplizieren, noch auch die Verschlüsselung, in welcher die ihrer Angepaßtheit zugrunde liegende Information niedergelegt ist, unterscheidet sich im geringsten von der Art und Weise, in der diese beiden Leistungen bei höheren Lebewesen vollbracht werden. Ich will hier nicht über das Wunder der Desoxyribonukleinsäure sprechen, in deren informationshaltiger Doppelschraube das Geheimnis des Lebens in einer Kette dreistelliger Zahlen aus vier Ziffern geschrieben steht, das ist nicht meine Sache, ebensowenig über die unerwartet einfache Weise, wie die Enzyme die in der DNA enthaltene Botschaft im buchstäblichen Sinne des Wortes kopieren und im Organismus verbreiten. Für mein heutiges Thema ist nur die Veränderung wesentlich, die unsere Anschauungen über das Wesen der Mutation durch die epochemachenden neuen Ergebnisse der Biochemie erlitten haben. Mit ihr sind sehr viele Einwände gefallen, die vorher mit scheinbarem Recht gegen Darwins Lehre von der Leistung der Mutation und der Selektion erhoben wurden.

Die Klassiker der Genetik hatten sich meist die Mutation als eine Veränderung des Genoms vorgestellt, die einen recht groben »Sprung« im stammesgeschichtlichen Werden des Phänotypus einer Tierart darstellt. Ihrer Meinung nach war eine Mutation hinreichend, um eine Rasse, wenn nicht eine Unterart entstehen zu lassen. Die Annahme, daß eine solche »Grobmutation« eine Rolle in der stammesgeschichtlichen Entwicklung spiele, stieß auf den erbitterten Widerstand einer Geisteshaltung, die sich unmittelbar aus einem Mißverständnis der platonischen Ideenlehre herleitet und die in Deutschland fester verwurzelt war und ist als in den englisch sprechenden Ländern. Warum wohl ist die Tatsache der Evolution, deren Entdeckung in der zweiten Hälfte des 19. Jahrhunderts doch offensichtlich »in der Luft lag«, nicht von den großen deutschen Denkern jener Zeit gemacht worden, warum vor allem hat sie nicht schon ein Jahrhundert früher Goethe erschaut, der größte aller Seher, der mit seinen Gedanken über die Urpflanze und über die Metamorphose, mit seiner Entdeckung des Zwischenkiefers drauf und dran scheint, den entscheidenden Schritt zu tun? Darwin und nicht Goethe ist mein Geistesheros, das wage ich selbst hier in Weimar laut zu sagen, aber ich müßte in dieser meiner Heldenverehrung schon überaus verblendet sein, um nicht zu sehen, wie fußgängerhaft der Weg Darwinscher Gedankenfolgen im Vergleiche zum Gedankenfluge Goethes wirkt. Aber weiter gekommen ist er dennoch auf einem Wege, auf dem der Olympier steckenblieb – und ich glaube zu wissen weshalb: weil Goethe den sogenannten *Typus*, diesen gefährlichen Abkömmling der platonischen Idee, für etwas Selbständiges, unabhängig von seiner Verkörperung in realen Einzeldingen Existentes gehalten hat.

Dieser Irrtum liegt dem menschlichen Denken nahe. Schon unsere Wahrnehmung vollbringt, ohne daß unsere Ratio davon weiß, eine Leistung der *Abstraktion*, wenn sie uns einen Baum, ein Haus, einen Menschen sehen läßt. Das Absehen vom Akzidentellen und die Beschränkung der Meldung auf die dem wahrgenommenen Ding konstant anhaftenden Eigenschaften, wie Farbe, Größe oder Form, ist die wesentliche Funktion der sogenannten Konstanzwahrnehmung. Die Gestaltwahrnehmung vollbringt auf prinzipiell gleichem Wege eine der rationalen Abstraktion noch verwandtere oder vergleichbarere Leistung. Sie ermöglicht es uns, in einem Mops, einem Pudel und einem Dackel eine gemeinsame Qualität, die des Hundes, unmittelbar zu sehen. Diese Leistung und nicht die der rationalen Abstraktion ist es, die es dem Kleinkind ermöglicht, alle Hunde richtig als Wauwau zu bezeichnen.

Die abstrahierende Leistung der Wahrnehmung, die allen Konstanzphänomenen einschließlich der Dingkonstanz der von uns erlebten Gegenstände zugrunde liegt, hat nachweislich mit rationalem Denken nichts zu tun; auch ist sie unserer Selbstbeobachtung völlig unzugänglich. Egon Brunswick hat diese Funktionen deshalb treffend als »ratiomorph« bezeichnet. Der eigentliche Vorgang der rationalen Abstraktion ist zwar auf ihnen aufgebaut und hat sie zur Voraussetzung, muß aber als eine höhere und dem Bewußtsein zugängliche Leistung streng von ihnen unterschieden werden.

Jedem Gedanken, den wir denken, liegen Begriffe zugrunde, die durch Abstraktion entstanden sind, und eine Wortsprache wäre ohne dieses begriffliche Denken gar nicht möglich. Es bildet den »Raster«, auf dem die außersubjektive Wirklichkeit sich abbildet, und nur soweit sie dies tut, wird sie unserer Erkenntnis zugänglich. Dies gilt ganz allgemein für das vorwissenschaftliche, ja schon für das kindliche Weltbild. Im zielbewußten Erkenntnis-Streben des wissenschaftlichen Denkers spielt die Abstraktion selbstverständlich eine noch viel wichtigere Rolle. Der Naturforscher, der Ordnung in die überwältigende Mannigfaltigkeit der Erscheinungen bringen will, ist gezwungen, ganze Systeme weiterer und engerer, umfassender und umfaßter Abstraktionen zu schaffen. Zwischen dem rein beschreibenden »idiographischen«[2] Stadium der Naturwissenschaft und dem der Auffindung von Gesetzlichkeiten, dem »nomothetischen«[3], liegt nun einmal notwendigerweise das systematische. Das systematische Einteilen von Mannigfaltigkeiten in definierbare Gruppen kann es nun in vielen Fällen nicht vermeiden, Trennungsstriche auch dort zu setzen, wo solche in der systematisch zu erfassenden Wirklichkeit *nicht existieren*. Solche Trennungsstriche setzt nicht nur die rationale Abstraktion, sondern auch schon die ratiomorphe Wahrnehmung. Diese teilt zum Beispiel die Kontinuität der im sichtbaren Licht enthaltenen Wellenlängen in die Diskontinuität der qualitativ verschieden wahrgenommenen Spektralfarben.

Künstliches Aufteilen von realen Kontinuitäten zum Zwecke übersichtlicher Systematisierung ist somit eine Leistung, die Voraussetzung jeglichen erkennenden Erfassens der außersubjektiven Wirklichkeit ist und die zum Teil schon von den ratio͟͟͟͟͟ ͟͟͟͟͟͟͟, ͟͟͟͟͟icht rationalen Funktionen unserer Wahrnehmung vollbracht w͟͟͟͟͟ ͟͟͟͟ese sind, wie ich anderen Ortes[4] dargetan habe, ebenso echte Erk͟͟͟͟͟ sleistungen wie die der Ratio. Ihre Gesetzlichkeiten sind uns im gleich͟͟͟͟ ne a priori gegeben wie die der letzteren, das heißt, sie müssen vor jeder individuellen Erfahrung vorhanden sein, damit Erfahrung überhaupt möglich werde, was ja bekanntlich eine der Definitionen ist, die Immanuel Kant vom Apriorischen gegeben hat.

Als Naturwissenschaftler, die um die Tatsachen der Abstammung wissen, sind wir gezwungen, die Leistungen des menschlichen Erkenntnisapparates ganz wie alle anderen Funktionen des Organischen als etwas phylogenetisch

---

2 Idiographisch = (das Eigentümliche, Einmalige) beschreibend, vom griech. ἴδιος eigen, eigentümlich und γράφω = schreiben.
3 Nomothetisch = gesetzgebend, Gesetze aufstellend; vom griech. ὁ νόμος = Gesetz, τίθημι = setzen, ὁ νομοθέτης = Gesetzgeber.
4 Lorenz, K.: Die Gestaltwahrnehmung als Quelle wissenschaftlicher Erkenntnis. Z. angew. u. exp. Psychol. 6, 118–165 (1959). Neu veröffentlicht in: Lorenz, K.: Über tierisches und menschliches Verhalten, Bd. II, S. 255–300.

Gewordenes zu betrachten, das seine spezifischen Eigenschaften einer Auseinandersetzung zwischen Organismus und Umwelt verdankt. Daraus ergibt sich, daß wir unser Wissen um die Leistungen des Erkennens grundsätzlich nur gleichzeitig mit unserem Wissen um die Eigenschaften des Erkannten vermehren können. Auch wenn wir uns gar nicht für die Vorgänge des Erkennens, sondern ausschließlich für die »objektive«, außersubjektive Realität interessieren, sind wir gezwungen, Erkenntnistheorie gewissermaßen als Apparatenkunde zu treiben. Den modernen Atomphysikern ist diese Notwendigkeit längst vertraut, es war Bridgman, der (1956) sagte: »Der Vorgang der Erkenntnis und das Objekt der Erkenntnis können legitimerweise nicht voneinander getrennt werden« (»The process of knowledge and the object of knowledge cannot legitimately be separated«).

Lange vor den Großen der Atomphysik hat ein Wahrnehmungsphysiologe das Verhältnis zwischen dem abbildenden subjektiven Phänomen und der abgebildeten Realität völlig richtig durchschaut, nämlich Wilhelm Ostwald in seiner 1917 veröffentlichten Farbenlehre. Er hat nicht nur erkannt, daß es der Wahrnehmungsapparat des Menschen ist, der aus dem Kontinuum der Wellenlängen das Diskontinuum der Farbbänder macht, sondern auch die besondere Leistung, zu deren Erfüllung er dies tut. Diese Leistung ist die Farbkonstanz der wahrgenommenen Dinge. Es kommt dem Organismus, zum Beispiel dem Menschen und der Honigbiene, bei denen die in Rede stehende Funktion genau untersucht ist, nicht darauf an, zu wissen, welche Wellenlängen ein bestimmter Gegenstand im Augenblick reflektiert, sondern darauf, diesen Gegenstand an seinen Reflexionseigenschaften, mit anderen Worten an seiner »Farbe«, wiedererkennen zu können, unabhängig von der zufälligen Farbe der Beleuchtung. Eben dies leistet die an sich völlig »willkürliche« Einteilung, in der unser Wahrnehmungsapparat breite Bänder ziemlich verschiedener, wenn auch angrenzender Wellenlängen zu je einer Farbqualität zusammenfaßt. Je zwei solcher Bänder, die sogenannten Komplementärfarben, werden so zueinander geschaltet, daß sie einander auslöschen, das heißt die »Null«-Farbe Weiß ergeben. Für die Mittelfarbe des sichtbaren Spektrums, für die es ein natürliches, durch Wellenlängen definiertes Gegenstück gar nicht geben kann, wird die »künstliche« Komplementärfarbe Purpur frei geschaffen. Jede Größenordnung von Wellenlängen, die einen Teil der Netzhaut beleuchtet, ruft auf allen übrigen Teilen die aktive Wahrnehmung der Komplementärfarbe hervor. Dieser relativ einfache Mechanismus vollbringt die hochwichtige Leistung, die Wahrnehmung der Reflexionseigenschaften, die den Gegenständen als konstante Merkmale anhaften, von der akzidentellen, augenblicklichen Farbe der Beleuchtung weitgehend unabhängig zu machen.

Daß die Farben in dieser Weise nur ein dem Wahrnehmungsapparat eigenes, zwecks vereinfachter Wiedergabe komplexer Mannigfaltigkeiten gewähltes Einteilungsprinzip sind, vermochte der große Geist Goethes nicht zu erfassen. Ostwald schreibt über ihn völlig richtig: »Somit ist Goethe im Unrecht, wenn er in der Einleitung seines Lebenswerks über die Farben die Worte schreibt: ›Die Farben sind Taten des Lichts, Taten und Leiden.‹ Es macht sich bei ihm, wie bei vielen Reformatoren, der merkwürdige Umstand geltend, daß er an wichtiger Stelle, nachdem er als Bahnbrecher alles mögliche zur Neubegründung seiner Sache getan zu haben glaubt, beim letzten Schritt, bei der restlosen Auswirkung des reformatorischen Gedankens versagt. Während sein ganzes Werk die entscheidende Mitwirkung des Auges zum Zustandekommen der Farbe von allen Seiten hervorgehoben und beleuchtet hat, fällt Goethe an der Stelle, wo man eine durchgreifende Zusammenfassung seines Gedankenganges erwartet, in die von ihm selbst so heftig bekämpfte Unzulänglichkeit seiner physikalischen Gegner zurück und hebt nicht wie sonst den physiologischen, sondern den entfernteren physikalischen Faktor der Farbempfindung als maßgebend hervor.«

Ich habe diesem Exkurs in die Wahrnehmungs- und Erkenntnislehre deshalb Raum gegönnt, weil ich zeigen wollte, wie leicht auch große Denker ein Einteilungsprinzip, das zwar ein unentbehrliches Werkzeug des Erkennens ist, das aber nur dem Erkenntnisapparat und nicht dem Erkannten anhaftet, irrtümlich für eine Eigenschaft der zu erkennenden Wirklichkeit halten. Genauso, wie es Goethe mit der Farbe erging, erging es ihm und ergeht es heute noch vielen klugen Leuten mit einem anderen Einteilungsprinzip, mit der Abstraktion des Typus. Kein Naturforscher und kein Arzt, der Ordnung in die überwältigende Mannigfaltigkeit der ihm entgegentretenden Wirklichkeit bringen will, kann auf diese Abstraktion verzichten. Wenn ein Zoologe das erste Exemplar einer neuen Schmetterlingsart beschreibt, so erwähnt er nicht, daß etwa der Rand des linken Hinterflügels ein wenig zerschlissen ist oder daß irgendwo die schillernden Schuppen abgewetzt sind, und er tut kleiner Beschädigungen oder Mißbildungen selbst dann keine Erwähnung, wenn er viele Einzeltiere kennt und wenn keines von ihnen völlig frei von derartigen Unvollkommenheiten ist: er beschreibt vielmehr den *idealen* Vertreter der betreffenden Art.

Wenn der Arzt vom »gesunden Menschen« spricht oder das »Normale« dem »Pathologischen« gegenüberstellt, so muß er sich wohl bewußt bleiben – und bleibt es meistens auch –, daß er idealisierte Abstraktionen benutzt, denn es *gibt* keinen gesunden Menschen. Als vor vielen Jahren mein Lehrer Oskar Heinroth auf Grund von Beobachtungen an verhältnismäßig wenigen Einzeltieren das Verhalten der Graugans, insbesondere in Hinsicht auf Paarbildung und Eheleben, beschrieb, hob er als normal und art-typisch die extreme Monogamie, Verlobung im ersten Jahr, endgültige Verpaarung mit demselben Partner im zweiten, absolut treue Dauerehe für den Rest des Lebens und vor allem die Treue der verwitweten Gans hervor, die viele Jahre den Tod des Partners überdauert. Diese Darstellung ist an sich völlig richtig. *Wenn* die erste große Liebe zur Verlobung und diese ungestört zur Verpaarung führt, *wenn* die Partner nicht durch einen Herbststurm auseinandergerissen werden, *wenn* beide in bester Gesundheit verbleiben, kurz, wenn keine von unzähligen möglichen Störungen dazwischenkommt, die den Verlauf beeinflußt, so verhalten sich die Vögel voraussagbar ganz genau so, wie Heinroth es beschreibt. Es *kommt* aber in der großen Mehrzahl der Fälle etwas dazwischen. Als wir einmal an den fast hundert Graugansparen, deren Verhalten wir über eine genügende Anzahl von Jahren protokolliert hatten, versuchsweise auszählten, wie viele von ihnen genau dem von Heinroth beschriebenen Idealtypus entsprachen, kamen wir auf die scheinbar enttäuschende Zahl *fünf*. Dennoch ist die Beschreibung, die mein verehrter Lehrer vom Normalverhalten der Graugans gegeben hat, *völlig richtig*! Wir wissen nach jahrzehntelanger intensiver Forschung am gleichen Objekt nichts an seiner Darstellung zu korrigieren. Die Abstraktion des Typus ist völlig unentbehrlich, um die völlig verschiedenartigen und durch verschiedene Ursachen hervorgerufenen Abweichungen begrifflich fassen und diese Ursachen analysieren zu können. Zu diesem Behufe wäre es keinerlei Hilfe, wollte man als typisch oder »normal« etwa den Durchschnitt aus möglichst vielen Einzelfällen definieren. Vom ärztlichen Standpunkt zum Beispiel ist der durchschnittliche Mensch fürwahr etwas völlig anderes als der »normale«, das heißt ideal gesunde Mensch.

Ohne das Einteilungsprinzip der Spektralfarben und ihrer Komplemente wäre es unserem Gesichtssinn völlig unmöglich, aus dem Gemisch der mannigfaltigsten Wellenlängen sinnvolle Informationen über die Dinge um uns zu entnehmen. Ohne das unentbehrliche Einteilungsprinzip der Abstraktion von Typen wäre es unserer Erkenntnis ebenso unmöglich, Ordnung und Übersichtlichkeit in die erdrückende Mannigfaltigkeit der uns umgebenden Formen, insbesondere der Lebensformen, zu bringen. Ein schwerer, in hohem Grade erkenntnishemmender Irrtum aber entsteht in dem Augenblick, in dem man die von unserem Wahrnehmungsapparat – oder von unserem Erkenntnisapparat – vorgenommene Einteilung für etwas in der außersubjektiven Realität Vorhandenes hält. Goethe hat sich nicht zu der Erkenntnis durchringen können, daß die außersubjektive Realität, die sich hinter den Phänomenen des Lichts birgt, nicht in Spektralbänder eingeteilt ist, und die Tatsache der Abstammung hat er ganz gewiß deshalb nicht sehen können, weil er fest glaubte, daß die Typen von Tieren und Pflanzen, die sein Seherauge ihn so überzeugend erblicken ließ, etwas seien, das unabhängig vom Vorhandensein der vielen unvollkommenen und nicht so ganz typischen Tiere und Pflanzen existiert, die unseren Erdball bevölkern.

Dasselbe glaubten, wie man sich gründlich klarmachen muß, im 19. Jahrhundert eigentlich alle Naturwissenschaftler, die sich mit der Mannigfaltigkeit der Lebensformen und ihrer Erklärung beschäftigten, vor allem in Deutschland. Wir Deutschen sind uns gar nicht bewußt, wie sehr uns allen von früher Kindheit an, in jedem Wort von Lehrern und Dichtern die Meinung eingehämmert worden ist, die Goethe in den Worten ausspricht: »Alles Vergängliche ist nur ein Gleichnis.« Die ins Volk und ins wissenschaftliche Denken gleichermaßen eingedrungene Stellungnahme im sogenannten Universalienstreit lautet leider Gottes klipp und klar »Universalia sunt realia ante rem«. Wem diese Einstellung zur Vielfalt der realen Außenwelt in Fleisch und Blut übergegangen ist, dem ist folgerichtigerweise die Annahme, daß der Idealtypus einer Tier- oder Pflanzenform veränderlich sei, durchaus unannehmbar. Solche Einstellungen werden von kultureller Tradition weitergegeben und sind keineswegs voll bewußt, sie werden meist oder immer mit Inbrunst verteidigt. Darwin selbst hatte schwere Gewissensskrupel, die keineswegs nur religiösen Ursprungs waren.

Wenn man nun tatsächlich glaubt, der Typus sei etwas unabhängig von seiner Verwirklichung in einer Population von Tieren oder Pflanzen Reales, dann ist es völlig folgerichtig, zu behaupten, daß jede Mutation zur Vernichtung der betroffenen Lebensform führen könne. Wenn man nämlich mit dem Begriff einer Art oder gar einer Gattung den eines vorgegebenen Typus verbindet, so folgt daraus die Annahme, daß *zwischen* diesen Typen die Existenzmöglichkeit für eine Zwischenform einfach nicht besteht. Dann wären *gleichzeitige* Mutationen von hundert und mehr Merkmalen nötig, um einen solchen Übergang zu bewerkstelligen, und solche sind bisher nicht bekannt. Auch die einfache Mutation könnte dann, da sie dem Typus nicht entspricht, per definitionem nur »abwärts«, das heißt zum Verlust typischer Eigenschaften führen. Der Typengläubige *muß* annehmen, daß der Aufstieg des Organischen, wenn überhaupt, in großen Sprüngen, schlagartig und gerichtet stattgefunden hat.

Die Auswirkungen dieses »typologischen Bockes« reichen aber bis in das Denken berufsmäßiger Genetiker und Phylogenetiker hinein. E. Mayr hat jüngst eine kurze historische Darstellung des Meinungsstreites gegeben, der die Genetiker bis in die dreißiger Jahre in zwei Lager, die »Mutationisten« und die »Induktionisten«, teilte, und dabei sehr überzeugend dargetan, in welcher

Weise gerade der alte Glaube an die absolute Realität des Typus sich als unbewußtes Erkenntnishemmnis selbst in den Erwägungen der großen Pioniere der Genetik bemerkbar macht, so bei Bateson, de Vries und bis zu einem gewissen Grade auch bei Goldschmidt. Die Hartnäckigkeit, mit welcher der scharfkantige alte Typenbegriff der Evolutionslehre standhielt, wurde im Grunde genommen erst dadurch gebrochen, daß man erkannte, wie *klein* ein Mutationsschritt tatsächlich ist und wie *häufig* er getan wird. Solange man glaubte, »eine Mutation« sei eine nur selten auftretende grobe Veränderung des Genoms, die allein für sich imstande sei, »ein neues Merkmal«, eine neue Rasse oder gar Art hervorzubringen, zweifelte man mit Recht daran, daß die Selektion aus dem so gebotenen Material arterhaltende Anpassungen herauszüchten könne. Heute weiß man, daß ein höheres Tier, etwa ein Insekt oder Säuger, DNA genug für rund eine Million funktioneller Gene oder Cistrons besitzt. Jede dieser doppelschraubigen Kettenmoleküle enthält mehrere Hunderte von Nukleotiden-Paaren, und die Veränderung eines einzigen dieser Paarlinge ist schon »eine Mutation«. Solche Abweichungen aber sind sehr häufig, und es gibt überhaupt kein Individuum, das nicht »eine Mutante«, und zwar eine mehrfache, wäre.

Aber nur die wenigsten dieser Mutationen machen sich phänotypisch, in einem »Merkmal«, bemerkbar. Das Genom ist nicht ein Mosaik von beziehungslos nebeneinander gespeicherten Informationen, sondern ein System aus ineinandergeschachtelten Regelkreisen, deren vielfache Mechanismen negativer Rückspeisung die Wirkung haben, den Phänotypus innerhalb bestimmter Grenzen konstant zu halten. Die Einzelwesen einer Tier- oder Pflanzenart können somit in ihren individuellen Außenmerkmalen um sehr viel einheitlicher sein, als sie es in ihren erblichen Anlagen sind, oder, anders herum gesagt, der für eine Art kennzeichnende Phänotypus kommt durch Regulierungsvorgänge zustande, die trotz erheblicher Verschiedenheit der zugrunde liegenden Genkombinationen annähernd gleiche Wirkungen erzielen. Moderne Genetiker und Phylogenetiker schätzen, daß unter den ungefähr eine Million zählenden Cistrons eines höheren Tieres nur ungefähr 50000 strukturbestimmende Gene sind, und meinen, daß alle anderen für regulative Leistungen verantwortlich seien.

Die Erkenntnis, daß das Genom selbst schon in der angedeuteten Weise ein selbstregulierendes Wirkungsgefüge darstellt, macht die von Tiergruppe zu Tiergruppe sehr verschiedene Veränderlichkeit verständlich. Es gibt Genome, die gewissermaßen selbst alle etwaigen größeren Mutationen wegselektieren und einen morphologischen Mittelwert bevorzugen, bis zum fast völligen Erstarren von Evolutionsreihen, wie etwa von denen mancher phyllopoder

Krebse (*Triops*), der Pfeilschwänze (*Limulus*) oder der Brachiopoden (*Lingula*), die sich in den letzten 400 Millionen Jahren kaum verändert haben. Auf der anderen Seite aber macht dieselbe Erkenntnis verständlich, auf welchen Wegen die Evolution in anderen Fällen viel schneller gehen kann, als es nach den alten Vorstellungen möglich wäre. Da die große Einheitlichkeit des Phänotypus einer Art keineswegs durch eine entsprechende Gleichheit der genetischen Anlagen aller Einzelwesen, sondern durch eine ganz besondere Regulationswirkung zustande kommt, kann die Selektion tiefgreifende Änderungen hervorrufen, *ohne erst auf Mutationen warten zu müssen*. Wäre das Genom ein wechselwirkungsfreies Mosaik und bei allen Mitgliedern einer Tierart völlig identisch, und könnte die Selektion nichts, als auf typen-ändernde Großmutationen zu warten und davon die ungünstigsten auszumerzen, dann würden die wenigen Milliarden Jahre, die uns die Physiker für die Entwicklung des Lebens auf unserem Planeten zubilligen, unmöglich ausreichen, um dem Aufstieg des Tier- und Pflanzenreiches die nötige Zeit zu bieten. In Wirklichkeit greift die Selektion aber gar nicht an »der Mutation«, ja überhaupt nicht am Genom an, sondern am konkreten Einzelwesen, dessen phänotypische Eigenschaften bereits das Resultat der im Genom sich abspielenden, selbstregulierenden und von Individuum zu Individuum etwas verschiedenen Vorgänge sind. Der Selektionsvorgang belohnt oder bestraft die gleiche Eigenschaft in gleicher Weise, wie verschieden auch ihre genetischen Grundlagen sein mögen. All dies erklärt, daß Selektion *allein*, ohne Hinzukommen irgendeiner Mutation, aus dem Gen-Bestand einer Population innerhalb verhältnismäßig kurzer Zeit etwas Neues und besser Angepaßtes machen kann. Mit vollem Recht sprechen deshalb die berufenen Forscher, die sich mit der Synthese von Genetik und Phylogenetik beschäftigen, wie Simpson, Dobzhansky und Huxley, von *kreativer* Selektion.

Je mehr man sich mit der Mannigfaltigkeit einer Tiergruppe beschäftigt, desto mehr kommt man zu der Überzeugung, daß *jede* einigermaßen hervorstechende und scharf umrissene Eigenschaft, die eine bestimmte Form auszeichnet, ihre Existenz kreativer Selektion verdankt. Diese Aussage darf keineswegs als eine Überschätzung der allgemeinen Zweckmäßigkeit aller organischen Anpassungen ausgelegt werden. Es gibt im Reiche des Lebendigen nicht nur das eindeutig Zweckmäßige, sondern auch alles, was nicht *so* unzweckmäßig ist, daß es zur Ausmerzung der betreffenden Lebensform führt. Die Methodik der deduktionsfreien Induktion, der allein die Evolution ihre Information verdankt, bringt es notwendigerweise mit sich, daß sie gewisse, dem menschlichen Denken ohne weiteres offenbare Lösungsmöglichkeiten *nicht* finden kann. Dies drückt sich unter anderem ja auch in der konservativen Zähigkeit aus, mit der sie konstruktive Einzelheiten weiter mitschleppt, die nur als »Anpassungen von gestern« zu verstehen sind. Täte sie das nicht, so wären unsere Kenntnisse der Stammesgeschichte noch mangelhafter, als sie tatsächlich sind.

Wir müssen durchaus damit rechnen, Eigenschaften von Struktur und Funktion zu begegnen, die »zufällig« entstanden sind und von ihrer Entstehung an weder vorteilhaft genug waren, um durch Selektion weiterdifferenziert zu werden, noch nachteilig genug, um von ihr ausgemerzt zu werden. Der Nachweis einer nicht durch das Selektionsprinzip erklärbaren Eigenschaft ist also durchaus kein Gegenbeweis gegen die Selektionstheorie. Ich glaube jedoch nicht, daß solche zufällig entstandenen, selektions-indifferenten Eigenschaften in der Natur häufig sind, zumindestens nicht bei höheren Tieren. Ich bin kein Botaniker oder Pflanzenphysiologe, aber ich könnte mir vorstellen, daß eine Pflanzenart es sich eher »leisten kann«, ein Merkmal zu verändern, ohne die feine Angepaßtheit des Gesamtorganismus zu gefährden. Vielleicht ist es sinnlos, zu fragen, welche Selektionsvorteile der einen Eichenart aus ihren tiefer gelappten Blättern und einer anderen aus ihren mehr glattrandigen erwachsen. Ähnliche Erwägungen kann man wohl auch über niedrige tierische Lebewesen anstellen, aber höhere freibewegliche Tiere sind in allen Einzelheiten so »durchkonstruiert«, daß es schwerfällt, sich Merkmale vorzustellen, deren Veränderung im angedeuteten Sinne indifferent für die Selektion wäre. Wir wissen ja aus den Erfahrungen der Haustierzüchtung recht gut, wie solche nicht durch Selektion gesteuerte Merkmale aussehen. Wenn zum Beispiel bei einer Hunderasse verschiedene Färbungen und Scheckungen vom Züchter »erlaubt sind«, würde auch ein Biologe, der nicht um diese Umstände weiß, sofort vermuten, daß nicht ein Selektionsdruck, sondern das Fortfallen eines solchen für die Verschiedenheit dieser Merkmale verantwortlich ist. Das einzige nach Art von Haustieren gescheckte wilde Säugetier, der Hyänenhund, *Lycaon pictus*, zeigt immerhin eine etwas regelmäßigere Zeichnung als etwa die englischen Fuchshunde, außerdem aber mag bei dieser Art, deren hochinteressante Soziologie jüngst von W. Kühme untersucht wurde, die sehr differenzierte Arbeitsteilung innerhalb des Rudels einen Selektionsdruck auf gute Wiedererkennbarkeit der Individuen ausüben und damit die Unregelmäßigkeit der Fellzeichnung begünstigen, wobei deren Einzelheiten dem Zufall überlassen bleiben. Analoges gilt auch für die allerkleinsten Einzelheiten der Farbverteilung bei manchen gescheckten oder gestreiften Säugetieren und Fischen, die, wie Harms entdeckt hat, durch Zerreißen eines embryonalen Pigment-Mantels zustande kommen. Doch liegt bei allen diesen Tieren genau fest, wie groß bzw. breit die zu erzielenden Flecken und Streifen zu sein haben.

Im übrigen wüßte ich kein Merkmal einer höheren, undomestizierten Tier-

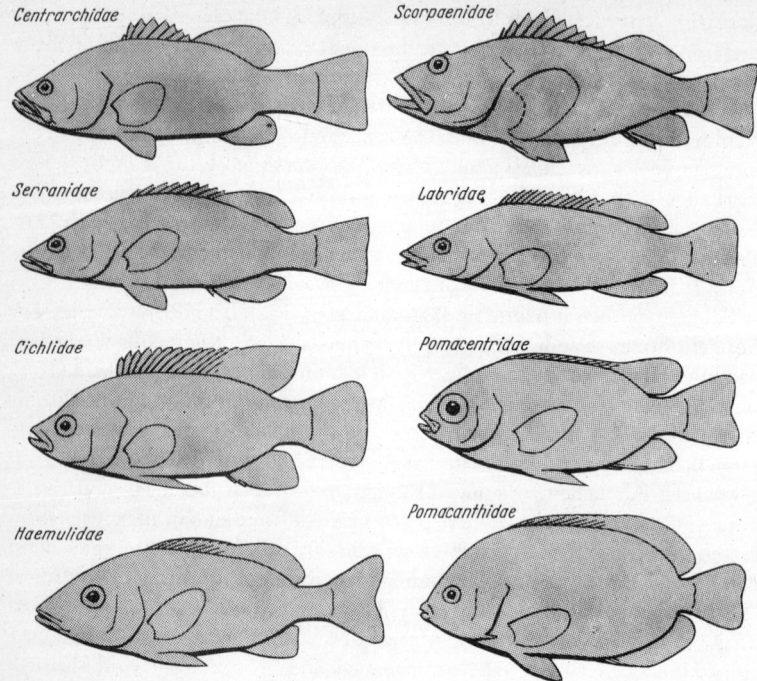

Abb. 1: Acht Vertreter verschiedener Gruppen von Perciformes. Von oben nach unten: Links: *Centrarchidae, Serranidae, Cichlidae, Haemulidae*. Rechts: *Scorpaenidae, Labridae, Pomacentridae, Pomacanthidae*

art zu nennen, dessen Ausbildung ganz dem Zufall überlassen bleibt und demgegenüber die Frage »wozu?« sinnlos wäre. Diese Frage bedeutet im Munde des Biologen kein Bekenntnis zu mystischer Teleologie – Pittendrigh hat für sie den Terminus *teleonom*[5] vorgeschlagen –, sondern ist nur die Kurzfassung der Problemstellung: »Welche Funktion ist es, deren Selektions-

---

[5] Vom griech. τὸ τέλος = Ziel, Ende, Vollendung und ὁ νόμος = Gesetz. Dieser Ausdruck wurde erstmalig von C. Pittendrigh eingeführt, um den biologischen Begriff des arterhaltend Zweckmäßigen von dem metaphysischen Begriff des Teleologischen abzusetzen.

druck bei dieser Art dieses Merkmal herausgezüchtet hat?« Richtig gestellt, ist diese Frage meiner Überzeugung nach prinzipiell immer beantwortbar. Sinnlos wird sie natürlich in dem Augenblick, in dem die untersuchte Erscheinung pathologisch ist, sie kann geradezu als Test, ja, sogar zur Definition des Pathologischen gebraucht werden. Mein Freund Bernhard Hellmann pflegte, wenn er einer bizarren und anscheinend sinnlosen Verhaltensweise eines neuen unbekannten Tieres ratlos gegenüberstand, zu fragen: »Ist das im Sinne des Konstrukteurs?« In der Tat ist eine definitionsmäßige Abgrenzung des »Normalen« gegen das »Pathologische« nicht ohne Heranziehung der Begriffe der schöpferischen Selektion und der teleonomen Angepaßtheit möglich.

Erklärungsmonismus ist der gefährlichste aller Ismen, aber so sehr ich mir dessen bewußt bin, muß ich gestehen: Je älter ich werde, desto mehr festigt sich in mir die Überzeugung, daß jede einzelne bedeutsame Einzelheit von Struktur und Verhalten aus den von Charles Darwin entdeckten Vorgängen zu erklären ist. Tausende, aus den verschiedensten Wissensgebieten stammende Ergebnisse sprechen für diese Annahme, keines gegen sie. Diese Tatsache ist merkwürdigerweise immer noch für viele Denker unannehmbar, und zwar leider ganz besonders für solche, die von ihrer guten und ehrlichen Freude an der Schönheit daran gehindert werden, ihre natürliche Erklärbarkeit zuzugestehen. So ist die Mannigfaltigkeit der Tier- und Pflanzenwelt eine der letzten Gegebenheiten der organischen Schöpfung, zu deren Erklärung immer noch vitalistische »Faktoren« in Anspruch genommen werden, wie Buytendijks »vitale Phantasie« oder Portmanns »Selbst-Darstellung der Organismen«.

Ich habe niemals das Gefühl gehabt, daß eine natürliche Erklärung entwertet oder der Schönheit der Natur ihren Zauber nimmt. Im Gegenteil, das Wunderbare in der Natur liegt ja eben gerade darin, daß sie nie gegen ihre eigenen Gesetze verstößt. Der Zauber der Mannigfaltigkeit wird dadurch um kein Jota vermindert, daß wir uns begründete Vorstellungen davon machen können, wie sie zustande kommt. Diejenige Verwandtschaftsgruppe von Tieren, die ich besser kenne als irgendeine andere, hat mich ganz sicher deshalb angezogen, weil sie eine größere Mannigfaltigkeit von Formen, Farben und Verhaltensweisen hervorgebracht hat, als es irgendeine andere von ähnlicher taxonomischer Dignität in vergleichbaren Zeiträumen getan hat. Dies sind die barschförmigen Fische oder Perciformes, eine Gruppe, die man an taxonomischem Wert etwa mit den Sperlingsvögeln vergleichen kann und die erdgeschichtlich nicht sehr viel älter ist als diese. Ein weiteres Vergleichsmoment kann man darin sehen, daß beide Gruppen besonders erfolgreich sind; jede von ihnen ist die arten-, wenn nicht die individuenreichste in ihrer Klasse. So besteht zum Beispiel die verwirrende Menge von Fischarten, die dem Taucher auf dem

Korallenriff begegnet, fast ausschließlich aus Perciformes. Man kann sich kaum eine Tiergruppe denken, auf die der scherzhafte Aphorismus besser zuträfe, den mein Lehrer Heinroth bei Betrachtung organismischer Mannigfaltigkeit zu äußern pflegte: »Es gibt doch nichts, was es nicht gibt!« Die extremen Endformen, die eine von derselben Grundform ausgehende, in verschiedenen Richtungen erfolgende Anpassung, die sogenannte adaptive Radiation, hervorgebracht hat, sind bei den Perciformes so verschieden, daß die ichthyologische Systematik lange gebraucht hat, um sich zur Erkenntnis der verhältnismäßig engen verwandtschaftlichen Zusammengehörigkeit dieser Extreme durchzuringen.

Dazu kommt, daß die verschiedenen Unterordnungen und Familien der Ordnung keineswegs erst jenen Anpassungsvorgängen ihr Dasein verdanken, die den Grundtypus des Barsches so weitgehend umgemodelt haben. Vielmehr gehen die meisten dieser Untergruppen von Formen aus, die einander und dem zweifellos ursprünglichen Typus der Perciformes ähneln. Die Abb. 1 gibt eine Übersicht über solche Vertreter von acht Unterordnungen und Familien, den Serraniden, Centrarchiden, Cichliden, Pomacentriden, Haemuliden, Labriden, Pomacanthiden und Scorpaeniden, denen man noch mehrere weitere hinzufügen könnte. In einigen Fällen sind in zweien solcher Untergruppen aus wirklich »barschförmigen« Perciformes in paralleler Anpassung extrem differenzierte Formen entstanden. In Spezialisierung auf das Leben am steinigen Grunde haben zum Beispiel Perciden, Cichliden, Gobiiden, Blenniiden, Cottiden und Scorpaeniden bizarre Fische hervorgebracht, die nicht mehr frei im Wasser schweben können, da ihre Schwimmblase reduziert ist, und die sich untereinander in Körperbau, Bewegungsweise und Ökologie ganz erstaunlich ähneln. Am merkwürdigsten aber sind die bis in Einzelheiten gehenden Konvergenzerscheinungen im Verhalten dieser Fische, denen W. Wickler langjährige Untersuchungen gewidmet hat und noch widmet. Dem Evolutionsforscher sind Konvergenzerscheinungen aus naheliegenden Gründen willkommen. Wenn zwei Gruppen ein spezialisiertes und somit generell unwahrscheinliches Merkmal unabhängig voneinander »erfinden«, so weiß man mit allergrößter Sicherheit, daß eine gemeinsame Funktion, mit anderen Worten ein gleichartiger Selektionsdruck die Ursache ist.

Viele Umstände bringen es mit sich, daß die Perciformen ein besonders vielversprechender Gegenstand der Evolutions- und Anpassungsforschung sind: Die Vielzahl der Unterordnungen und Familien, die Mannigfaltigkeit der Anpassungsrichtungen, die von den ursprünglichen, im buchstäblichen Sinne Barschförmigen ausgehen, die extremen Spezialisierungen, die sie erreichen, und nicht zuletzt die eben erwähnten vielfachen Konvergenzen tragen alle hierzu bei. Dazu kommt noch der für die vergleichenden Verhaltensforscher wichtige Umstand, daß sich die meisten *Perciformes*, mit Ausnahme gewisser Hochseeformen, recht gut im Aquarium halten lassen. Aus allen diesen Gründen wähle ich diese Gruppe, um an einem notwendigerweise nur sehr kursorisch zu besprechenden Beispiel zu illustrieren, wie sich Evolution »benimmt« und in welcher Weise eine Mannigfaltigkeit bizarrer Formen entstehen kann. Außerdem wähle ich einen Anpassungsvorgang, der sich fast ausschließlich aus dem Selektionsdruck von sehr einfachen Funktionen erklären läßt, nämlich dem der Lokomotion und dem des Nahrungserwerbs.

Außerdem wähle ich den bizarrsten Fisch, den man sich überhaupt vorstellen kann, man könnte zunächst wirklich glauben, daß derartiges nur mit der Annahme einer vitalen Phantasie oder Selbstdarstellung des Organismus zustande kommen kann (Abb. 2). Dieser Fisch, *Pterois volitans* L., hat wegen der großen Wasserreibung und Turbulenz, die durch seine riesigen Brustflossen beim Vorwärtsschwimmen hervorgerufen werden, die Fähigkeit verloren, schnell zu schwimmen, er ist nächst den Syngnathiden, Seepferdchen und Seenadeln der langsamste Fisch, den ich kenne. Gerade dann, wenn ein Merkmal offensichtliche Selektionsnachteile mit sich bringt, ist erfahrungsgemäß

Abb. 2: Rotfeuerfisch, *Pterois volitans*, etwa 7 cm langer Jungfisch

die Aussicht besonders groß, eine vernünftige Antwort auf die teleonome Frage »wozu?« zu finden. Wir betrachten getrost eine jede lebende Art als ein florierendes Geschäftsunternehmen, und wenn sie sich irgendeine Struktur oder Funktion »sehr viel kosten läßt« – die Brustflosse von *Pterois volitans* kostet die Art ihre doch sicher wertvolle Fähigkeit, schnell zu schwimmen –, so stellen wir die utilitaristische Frage: »Wieso rentiert sich das?« Auf sie erhalten wir fast stets eine recht überzeugende Antwort, wofern wir Ökologie und Verhalten des betreffenden Tieres genügend kennen. Die zweite, oft schwerer zu beantwortende Frage ist, wie die Selektion die betreffende Konstruktion »erfinden« konnte.

Ich beginne der Übersichtlichkeit halber mit diesem zweiten Problem. Die Brustflossen vieler Perciformen, die zum Leben am Grunde übergegangen sind, haben in konvergenter Anpassung eine funktionelle Zweiteilung erfahren. Der hintere bzw. untere Teil wird zum Stützorgan, mit dem sich der Fisch gegen den Boden oder nach beiden Seiten gegen Steine oder Korallenäste anstemmt. In diesem Anteil werden die weichen Flossenstrahlen durch harte, ungeteilte ersetzt, wie dies bei Zackenbarschen (*Anthias*), den diesen nahestehenden Cirrhitiden, der Fall ist, ebenso bei jenen Scorpaeniden, deren Anpassung an das Grundfischleben nicht allzuweit vorgeschritten ist; die spezialisierteren Formen haben nur noch harte Strahlen in den Brustflossen. Diese haben dann bei den erwähnten Fischen zunächst eine spitz ausgezogene rhombische Form, deren Spitze die Grenze zwischen dem weichen oberen und dem hartstachligen unteren Rande bildet, wie Abb. 3 zeigt. Eine besondere Ausbildung und Differenzierung dieses Flossentyps zeigt der zu den Cirrhitidae gehörige *Chilodactylus macropterus*, bei dem eine Zweiteilung der Flosse angebahnt ist.

Bei drei Gruppen solcher Grundfische sind nun einzelne Formen sekundär wieder zum Freischwimmen übergegangen, nämlich bei den Scorpaeniden, zu denen die uns hier interessierende *Pterois* gehört, ferner bei den Knurrhähnen oder *Triglidae* und bei den diesen nahestehenden Flughähnen oder *Dactylopteridae*. Solche grundlegenden Veränderungen der Anpassungsrichtung sind durchaus nicht selten. Eine Fischgruppe, die sonst nur freischwimmende Formen enthält, kann eine bodenlebende Form hervorbringen und umgekehrt, genau wie eine Autofirma, die bisher nur Personenwagen gebaut hat, einen Lastwagen produzieren kann, wenn der Absatz eines solchen lohnt. Wenn sich eine Anpassungsrichtung geradezu umkehrt, wie in dem in Rede stehenden Fall, macht sich das von dem belgischen Paläontologen Dolló aufgestellte Irreversibilitätsgesetz bemerkbar. Das besagt, daß eine Rück-Anpassung niemals auf demselben Wege erfolgt, den die Anpassung gegangen ist. Warum das

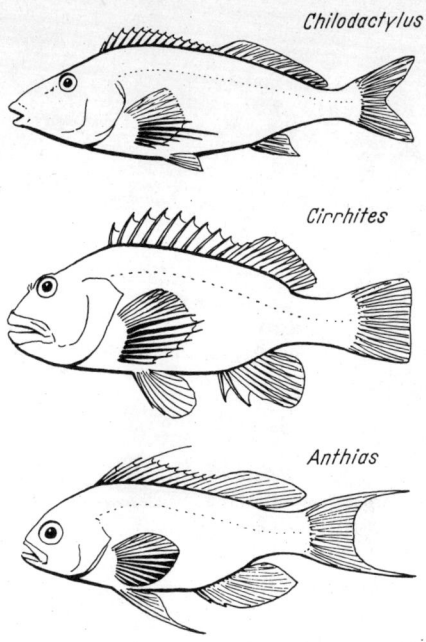

Abb. 3: Differenzierung der Brustflosse als Stützorgan, unten: der Serranide *Anthias*, Mitte: *Cirrhites*, oben: der zu den Cirrhitiden gehörige *Chilodactylus*

so ist und welche Ausnahmen von dieser Regel vorkommen, soll uns hier nicht weiter beschäftigen. Die erwähnten Fische jedenfalls, die vom Bodenhüpfen zum Freischwimmen zurückkehren, holen nicht ihr stark reduziertes Schwebeorgan, die Schwimmblase, aus der Rumpelkammer, sondern verlegen sich auf die Ausbildung tragender Flächen, und zwar an den Brustflossen. Diese sind nun zwei verschiedenen Selektionsdrucken ausgesetzt, demjenigen, der von der Funktion des Freischwimmens ausgeübt wird, und demjenigen, den die Notwendigkeit eines Stützorgans bewirkt, denn diese Tiere bleiben ja trotz ihrer neuen Schwimmanpassung auch weiterhin schwerer als Wasser und müssen sich zur Ruhe niederlassen können, so gut wie ein Vogel.

Der Kompromiß zwischen diesen beiden verschiedenen Anforderungen an die Brustflosse wird nun in zwei verschiedenen Weisen getroffen, wobei merkwürdigerweise die Scorpaeniden und die Trigliden denselben Weg be-

Abb. 4: Die mit dem Rotfeuerfisch nahverwandte Gattung *Dendrochirus*; der Stützteil der Brustflosse ist gegen deren oberen, eine Tragfläche bildenden Teil rechtwinklig abgeknickt

schritten haben, die mit letzteren verwandten Dactylopteriden aber einen anderen. Bei den erstgenannten Fischen wird die Brustflosse um die Linie der funktionellen Grenze zwischen dem »Schwimmteil« und dem »Fahrgestell« geknickt (Abb. 4), so daß der erstere, der auch stets vergrößert wird, in eine annähernd horizontale Lage gebracht werden kann, während der stützende Teil der Flosse in eine ungefähr sagittale Ebene zu liegen kommt. An der Grenze beider Anteile verkürzen sich die Flossenstrahlen und weichen auseinander, wie schon bei dem Cirrhitiden *Chilodactylus*, so daß die einen bremsenden Wasserwiderstand erzeugende Taschenbildung zwischen beiden Flossenanteilen verkleinert wird. Das ist der Zustand, den *Pterois* und die naheverwandte Gattung *Dendrochirus* gegenwärtig zeigt. Bei den Knurrhähnen ist die analoge Formveränderung der Brustflossen viel weiter gegangen. Der ursprünglich hintere, die Bodenstütze abgebende Teil der Flosse hat sich bei ihnen völlig von dem oberen, ursprünglich vorderen getrennt, ist weit nach vorne gewandert und bildet nicht nur ein Fahrgestell, sondern ein aktives Lokomotionsorgan; die Knurrhähne vermögen auf den drei wie Finger beweglichen Strahlen, die diesen Teil der Brustflosse darstellen, wie ein sechsbeiniges

Insekt zu laufen. Außerdem können sie damit auch chemische Reize aufnehmen und Beute finden. In Lagehomologie zur Vorderextremität des Tetrapoden entsprechen diese Finger also dem Kleinfinger-Rand der Hand, der mit der ursprünglichen Dorsalseite nach unten sieht, die Strahlen krümmen sich dorsalwärts. Die Tragflächenanteile der Flossen sehen dagegen wie bei allen anderen Fischen mit der Volarseite nach unten.

Bei den Flughähnen ist zwar auch der ursprüngliche Hinterrand, die Kleinfingerseite der Flosse, die das Stützorgan bildet, weit nach vorne gerückt und hat sich von der übrigen Flosse abgesetzt. Die ganze Flosse aber hat sich nicht, wie eben von den Scorpaeniden und Trigliden beschrieben wurde, gefaltet,

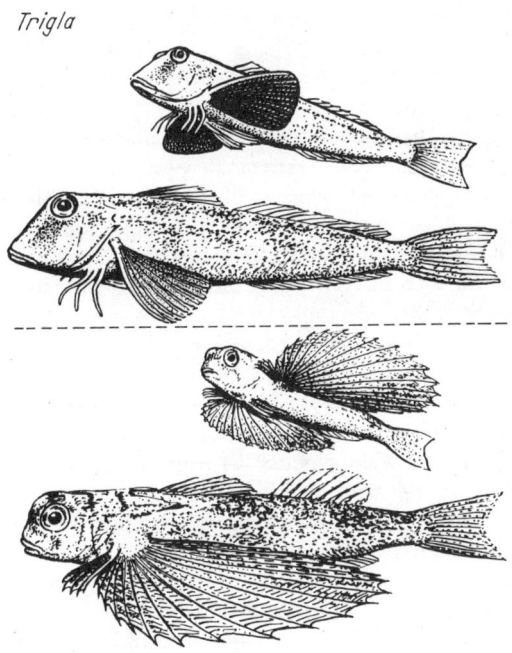

Abb. 5: Bei der Gattung *Trigla* (oben) ist der Stützteil der Brustflosse von dem Tragflächenteil völlig getrennt und weit nach vorne gerückt. Der Tragflächenteil sieht mit der Handflächenseite nach unten. Bei *Dactylopterus* (unten) ist der Tragflächenteil mit der ursprünglichen Dorsalseite nach unten gewendet

sondern ihr ulnarer Rand wurde gewissermaßen von den nach kranial wandernden Stützstrahlen mitgezogen, so daß nun die ganze Flosse mit der ursprünglichen Dorsalseite nach ventral gekehrt ist (Abb. 5). Von diesen naheverwandten, meist sogar in einer Unterordnung vereinigten Fischgruppen, die beide denselben Teil der Brustflosse zum Schwebeorgan umgestaltet haben, wird also die eine von der Volarseite, die andere von der Dorsalseite dieses Organes getragen.

Alle zum Grundfischleben spezialisierten Scorpaeniden sind verhältnismäßig langsame, zum Zwecke des Beuteerwerbs gut getarnte Raubfische und sämtlich durch giftige Stacheln gegen Raubfeinde geschützt. Die zum Freischwimmen zurückgekehrten Formen sind wegen ihrer großen Brustflossen noch langsamer und noch weniger als die Bodenformen imstande, einen Fisch in rascher Verfolgung zu erhaschen. Sicherlich deshalb, weil sie beim Freischwimmen exponierter gegen Freßfeinde sind, sind sie durchweg ganz besonders giftgeschützt. Statt, wie ihre bodensässigen Vorfahren, wohlversteckt darauf zu warten, daß sich ihre Beute ihnen ahnungslos nähert, sind sie gezwungen, ihrerseits an diese heranzukommen, und sie tun das auf einzigartige Weise. Sie breiten ihre Vorderextremitäten weit aus und spreizen sie rechtwinkelig vom Körper ab und treiben so die Beute mit genau derselben Methode in einen Winkel, mit der unsere technischen Assistentinnen eine Gans oder einen Kranich an einen gewünschten Ort zu treiben pflegen, indem sie nämlich die Vorderextremitäten ausbreiten und jedem Ausbruchversuch des getriebenen Tieres nach rechts oder links durch eine kompensierende Bewegung vorbeugen. Dabei rücken sie, wiederum genau wie ein Tiere treibender Mensch, weder so schnell vor wie ein Raubtier, das Beute in offenem Vorstoß zu erhaschen versucht, noch auch so langsam wie eins, das bestrebt ist, unbemerkt anzuschleichen, etwa wie ein Hecht oder Sargassumfisch, dessen Vorwärtsbewegung für die Wahrnehmung der Beute unterschwellig bleiben muß. Besonders wirkungsvoll wird die geschilderte Methode, wenn sich mehrere Individuen zu einer Treiberkette vereinigen, was ich, außer bei T.A.s, besonders bei der Gattung *Dendrochirus* beobachtet habe. Diese Gattung hat »noch« ganzrandige Brustflossen, die ihr ungemein nahestehende Gattung *Pterois* ist dadurch definiert, daß die Strahlen des oberen Anteils dieser Flosse lang ausgezogen und nicht durch Flossenhaut miteinander verbunden sind. Von den vielen Arten habe ich nur *Pterois volitans* jahrelang gehalten und beobachtet und kenne lebend sonst nur *Pterois miles* und *P. radiata*. Doch hatte ich den deutlichen Eindruck, daß zumindest *P. miles* mit den Dendrochirusarten näher verwandt ist als mit *volitans*. Mit anderen Worten, ich glaube, daß die *Pterois* genannte »Gattung« gar keine natürliche Einheit darstellt, sondern daß ihre

Arten, zumindest einige von ihnen, polyphyletisch aus dendrochirusähnlichen Vorfahren entstanden sind. Es haben wohl mehrere Formen unabhängig voneinander die »Erfindung« gemacht, daß Verlängerung der Strahlen die Scheuchwirkung der Flosse verstärkt, ohne ihren Wasserwiderstand zu erhöhen. Für diese Annahme spricht auch, daß die sonstige Ausgestaltung, die diese Strahlen zur Verstärkung ihrer optischen Wirkung erfahren haben, verschiedene Wege beschritten hat. So sind sie zum Beispiel bei *P. radiata* blendend weiß gefärbt, bei *P. volitans* aber mit flatternden Hautlappen behangen. Daß die gejagte Beute dem Räuber im buchstäblichen Sinne »durch die Lappen« geht, wird bei *volitans* durch eine besondere Maßnahme verhindert. Im körpernahen Teil der Brustflosse, die im übrigen undurchsichtig und kräftig gefärbt ist, findet sich ein großes glasklares Fenster, das dem gejagten Fischchen einen Ausweg aus dem weitgespannten Strahlennetz gerade dort verspricht, wo die *Pterois* es am besten erschnappen kann.

Die Jagdweise, auf die *Pterois* so ausschließlich spezialisiert ist, hat zur Voraussetzung, daß das Beutetier sich »treiben« läßt, das heißt, daß die Richtung seiner Flucht allein von derjenigen bestimmt wird, aus der sich der Raubfisch nähert. Fische, die über gute Wegdressuren in bekannter Umgebung verfügen und bei Herannahen des Feindes nicht geradewegs von diesem fort, sondern wohlorientiert zur nächsten Deckung schwimmen, kann ein *Pterois* niemals kriegen. Man kann sie daher getrost mit kleinen Pomacentriden, Chaetodontiden, Lippfischen und sonstigen ortstreuen und »raum-intelligenten« Fischen zusammenhalten, vorausgesetzt, daß genügend Deckung vorhanden ist und daß die kleinen Aquariengenossen gut »eingeschwommen« sind. Solche versucht eine *Pterois* erst gar nicht zu jagen, und wenn sie noch so hungrig ist. Setzt man jedoch einen neuen kleinen Fisch hinzu, bemerkt eine *Pterois* meist sofort dessen Unorientiertheit, macht sofort Jagd auf ihn und vermag dann sehr häufig, die Beute in eine Situation zu manövrieren, in der eine Annäherung bis auf Schnappdistanz möglich wird.

Ich könnte diese Rekonstruktion des Werdeganges aller funktionellen Einzelheiten von *Pterois* noch viel überzeugender gestalten, indem ich noch mehr Einzelheiten und vor allem Bild- und Filmmaterial beibrächte. Ich könnte in vielleicht noch besser überzeugender Weise dartun, wie aus der ursprünglichen Form des perciformen Fisches andere extreme Anpassungen entstanden sind, etwa, wie die Funktion des »Weidens«, das heißt des Abpflückens von auf fester Unterlage wachsender Nahrung, wie sie sich auf dem Korallenriff so reichlich darbietet, auf der einen Seite hochkörperige, seitlich zusammengepreßte Formen herausselektiert hat, bei denen die nötige Manövrierfähigkeit auf dem Wege äußerster »Kursstetigkeit« erreicht wird, wie bei einem

Abb. 6: *Heniochus acuminatus*. Erklärung im Text

Schwertboot (Abb. 6), auf der anderen Seite Formen, die gleiches durch Ausbildung von vier in allen Raumrichtungen wirksamen Propellern erreichen, wobei die Form des Körpers fast gleichgültig wird. Ich zeige nur im Bilde je einen extremen Vertreter dieser konstruktiven Lösungsmöglichkeiten, einen *Heniochus acuminatus* und einen Kofferfisch, *Ostracion cubicus* (Abb. 7).

Was ich zu zeigen versuche, ist folgendes: Wenn man, wie im Falle der barschförmigen Fische, eine genügende Zahl von Arten zur Verfügung hat, die in verschiedenen Richtungen und in verschiedenem Grade angepaßt sind, so daß auch genügend viele Zwischenformen untersucht werden können, so ist der historische Verlauf der phyletischen Morphogenese oft mit wirklicher Sicherheit rekonstruierbar. Daß zum Beispiel die zu zwei Funktionen spezialisierten Brustflossen der Knurrhähne oder *Triglidae* auf dem hier dargestellten Wege und der beschriebenen Aufeinanderfolge historischer Schritte entstanden sind, könnte selbst dann mit Sicherheit behauptet werden, wenn das Vergleichen konservierter toter Fische unsere einzige Wissensquelle wäre.

Abb. 7: Kofferfisch *Ostracion cubicus*. Erklärung im Text

Kennt man dazu mit einiger Genauigkeit die Ökologie und die Bewegungsweisen von einer Anzahl der zu einer solchen Differenzierungsreihe gehörigen Formen und hat man die Strukturmerkmale, deren Entstehung man erklären will, oft genug und mit eigenen Augen in ihrer Funktion beobachtet, so wird einem häufig die Wirkung der Selektionsvorgänge, die so ein bizarres Lebewesen wie eine *Pterois* hervorgebracht haben, so überzeugend klar, daß die Erklärung banal scheint. Bekäme man nur eine tote *Pterois* in die Hand gedrückt, ohne jede sonstige Information, so würde man seinen Augen nicht trauen und ausrufen: »Unglaublich«, wie es der Benenner der Gattung *Apistus* auf Griechisch getan hat[6]. Ist man mit dem lebenden Fisch, seinen Verhaltensweisen und seiner Ökologie vertraut und kennt man auch einigermaßen seine Verwandten, so erscheint die Zweckmäßigkeit wie die Herkunft aller Einzelheiten seiner Konstruktion fast ebenso selbstverständlich wie die spitzen, krummen und einziehbaren Krallen unserer Hauskatze.

---

6 Griech. ἄπιστος = unglaublich; von πιστεύω = glauben, mit α privativum.

Weiterhin wollte ich zeigen, auf welchen Zickzackwegen sich der Artenwandel bewegt. Stellt man, wie es die Typologen tun, eine *Pterois* und einen Kofferfisch der ursprünglichen Barschgestalt als Typen gegenüber und fragt sich, wie sie aus dieser entstehen konnten, so setzt diese Frage nur allzuleicht unbewußt eine in Wirklichkeit nicht vorhandene Teleologie voraus. Bei der erwähnten funktionellen Zweiteilung der Brustflosse beim Beginn der Bodenanpassung »weiß« die Evolution ja noch nicht, daß eine Rückanpassung ans Freischwimmen erfolgen wird, usw. usw. Der einzelne Schritt schafft zwar die Voraussetzungen für einen schließlich zustande kommenden Enderfolg, ist aber in keiner Weise auf diesen hin gerichtet. Nicht eine prästabilierte Richtung des Evolutionsgeschehens, sondern das Fehlen einer solchen ist die Voraussetzung für die Entstehung der Mannigfaltigkeit der Lebensformen.

Ich fasse alles, was ich bisher gesagt habe, in den Satz zusammen: Ich glaube fest, daß man bei höheren Tieren, bei denen aus den auseinandergesetzten Gründen selektionsindifferente Eigenschaften selten sind, grundsätzlich alle vorgefundenen Merkmale ebenso wie die ganze Mannigfaltigkeit der Arten aus den von Charles Darwin gefundenen Erklärungsprinzipien verständlich machen kann.

Ich habe bisher nur von der Mannigfaltigkeit der Anpassungen gesprochen. Wovon ich bisher nichts gesagt habe, ist, daß es sogenannte »niedrigere« und »höhere« Organismen gibt. Die adaptive Radiation, von der bisher ausschließlich die Rede war, hat mit »höher« und »niedriger« nichts zu tun, insbesondere ist eine speziellere Anpassung durchaus nicht gleichbedeutend mit Höherentwicklung. Ein *Paramaecium* ist durchaus nicht schlechter an seinen Lebensraum angepaßt als ein Affe, und schon unter den Protozoen, ja unter den Bakterien gibt es hoch spezialisierte Wesen, zum Beispiel obligate Parasiten, die nur an einer einzigen Wirtsart schmarotzen können.

Was ist also damit gemeint, wenn, uns allen verständlich, auf dem ersten Band sowohl des guten alten Brehm als auch des ausgezeichneten neuen Knaur der Titel »Niedere Tiere« zu lesen ist? Es liegt in uns Menschen ein eingeborener, vielleicht sogar im eigentlichen kantischen Sinne apriorischer Zwang, eine allgemeine Richtung der Evolution als *Wert* zu empfinden. Man kann das Vorhandensein dieser unentrinnbaren Wertempfindung jedermann demonstrieren, indem man ihn auffordert, im Gedankenversuch hintereinander Lebewesen von verschiedener Entwicklungs-»Höhe«, etwa eine Salatpflanze, einen Regenwurm, einen Fisch, einen Frosch, ein Huhn, eine Ratte, eine Katze, einen Hund und schließlich einen Schimpansen, zu vernichten. Wer einen lebenden Schimpansen ebenso leicht in Stücke schneidet wie einen Salatkopf, gehört sofort in eine geschlossene Abteilung.

Besagtes Gedankenexperiment zeigt eindeutig genug, daß bei jedem normalen Menschen die gefühlsmäßige Bewertung alles Lebendigen mit seiner allgemeinen Differenzierungshöhe ansteigt, ganz besonders aber mit der seines Verhaltens, mit anderen Worten seines Nervensystems. Unser Gefühl bewertet in unseren Mit-Lebewesen ganz genau das, was alle Lebewesen seit eh und je tun. Wir haben schon gehört, daß unter diesem Tun das Sammeln von Information die allererste Stelle einnimmt. Der Mensch ist der Informationssammler katexochen, er ist per definitionem das reflektierende Wesen, das einzige unter den vielen informations-sammelnden Systemen, das Information über sich selbst in das Programm seines Sammelns aufgenommen hat. Es wäre denkbar, daß ein solches System notwendigerweise eingebaute Reaktionen besitzen muß, die eben das fördern und beschützen, was es selbst »hauptberuflich« tut, Reaktionen, die mit den subjektiven Gefühlen des *Wertens* einhergehen. Es wäre denkbar, daß in dieser einen Hinsicht Denken und Sein des reflektierenden und wissen-wollenden Systems wirklich in eins zusammenfallen. Eben dies meinte ich, als ich sagte, die Wertempfindungen des Menschen seien vielleicht im Sinne Kants apriorisch.

Wie immer man über Metaphysik des Wertes und des Wertens denken mag, die Richtung des organischen Werdens, auf die unser Gefühl mit einer deutlich abgestuften Skala von Wertempfindungen anspricht, läßt sich auch objektiv definieren, und zwar mit Goethe: Entwicklung ist Differenzierung und Subordination der Teile unter das Ganze. Je weiter dieser Vorgang in der Evolution eines Lebewesens gediehen ist, desto »höher« nennen wir es, und in diesem Sinne gebrauche ich im folgenden nun auch dieses Wort.

Höherentwicklung und bessere Anpassung sind, wie gesagt, durchaus nicht ohne weiteres gleichzusetzen. Höherentwicklung bringt viele anpassungsmäßige Nachteile mit sich, zum Beispiel die erhöhte Abhängigkeit des Gesamtsystems von jedem seiner Teile, die unabdingbar mit der Spezialisierung ihrer Arbeitsteilung einhergeht. Eine Hydra kann man in kleine Teile schneiden, ein Wirbeltier verträgt nicht einmal, daß man es köpft. Es ist daher eine an sich berechtigte Frage, ob die im gesamten Organismenreich herrschende allgemeine Tendenz zur Höherentwicklung auf Grund derselben Prinzipien verständlich gemacht werden kann, die zweifelsohne imstande sind, die nach allen Seiten hin ausstrahlende Anpassung zu erklären.

Ich glaube, es gibt Indizienbeweise, die es mehr als nur wahrscheinlich machen, daß die Konkurrenz zwischen nahverwandten Formen genügt, um die Entwicklungsrichtung zum Differenzierteren, Komplexeren, Höheren hin zu erklären. Wir kennen aus der Paläontologie eine ganze Reihe von Fällen, in denen eine stammesgeschichtlich neue »Erfindung« sehr rasch diejenigen Formen verdrängte, die ihrer nicht teilhaftig wurden. Noch im Silur besetzen Cyclostomen (Rundmäuler) sehr viele ökologische Nischen, die heute den Fischen gehören. Es gab unter jenen spindelförmige, sicher freischwimmende Formen, die höheren Fischen äußerlich weit ähnlicher sind als alle heute lebenden Rundmäuler, und viele andere hochspezialisierte Vertreter des Stammes. Im Obersilur und Devon kommen die ersten Kiefermäuler oder Gnathostomen zur Blüte, und es verschwindet alles Fischähnliche, das nicht die erfolgbringenden Organe, nämlich Ober- und Unterkiefer sowie Schulter- und Beckengürtel nebst kräftig bemuskelten paarigen Flossen, besitzt. Einzig in der merkwürdigen ökologischen Nische von Fischparasiten erhalten sich einige Gattungen von Cyclostomen mit kaum einem Dutzend Arten. Analoge stammesgeschichtliche Vorgänge lassen sich in erheblicher Zahl nachweisen. Daß es die Konkurrenz der Nächstverwandten ist, die einen Selektionsdruck in der Richtung auf höhere Differenzierung und Komplikation der Organe hin ausübt, läßt sich in vielsagender Weise am Modell der menschlichen Technik zeigen. Die ersten wirklich brauchbaren Automobile, wie zum Beispiel Henry Fords berühmtes T-Modell, haben dem Pferdefuhrwerk alsbald erhebliche, ja vernichtende Konkurrenz gemacht, sie waren mit ihrem Zweigang-Planetengetriebe und ihrer primitiven Federung zunächst durchaus gut genug, um den Markt zu beherrschen. Sie mußten komplizierteren, im Sinne der Goetheschen Definition höher entwickelten Autos weichen, obwohl diese in ihrer größeren Vulnerabilität und geringeren Reparierbarkeit alle typischen Nachteile haben, die wir schon als Folgen der Differenzierung und Subordination der Teile kennengelernt haben.

Ich sehe keinerlei vernünftigen Grund gegen die Hypothese, daß die Höherentwicklung des Zentralnervensystems durch gleiche Ursachen bewirkt worden ist wie die aller anderen Organe. Mit den allen zentralisierten Nervensystemen eigenen Leistungen des Lernens ist eine neue Methode des Sammelns von Information auf den Plan getreten, die dem Individuum eine adaptive Modifikation des Verhaltens ermöglicht. Der ungeheure Selektionswert dieses Verfahrens geht aus seiner Allgegenwart bei sämtlichen höheren Tieren hervor. Mit dem sozialen Zusammenleben höchstorganisierter warmblütiger Tiere ergab sich die weitere neue Möglichkeit, individuelle Erfahrung weiterzugeben, und mit der Entwicklung von begrifflichem Denken und Wortsprache beim Menschen erreicht die kulturelle Tradition Leistungen, die einer Vererbung erworbener Eigenschaften funktionell gleichkommen.

Es mag zwar innerhalb der heutigen menschlichen Sozietät so scheinen, als brächte höhere Differenziertheit des Zentralnervensystems keine besonderen

Selektionsvorteile, aber die Tatsache, daß der Mensch als Art zum »Leitfossil der Gegenwart« geworden ist, spricht doch stark für diese Annahmen.

Was gegen sie spricht, sind ausschließlich gefühlsmäßige Gründe, nämlich eben die erwähnte idealistische Abneigung, eine natürliche Erklärung von Erscheinungen zuzulassen, die Ehrfurcht und Wertempfindungen erwecken. Dem wahren Naturforscher aber scheint es, wie ich meine, erst recht ehrfurchterweckend, wenn das Prinzip des Sammelns von Information, das allem Leben und aller Anpassung zugrunde liegt, ohne Verstoß gegen die allgegenwärtigen Naturgesetze auf grundsätzlich erklärbarem Wege zur Höherentwicklung von Organen einschließlich des menschlichen Gehirnes geführt hat, bis schließlich aus dem anpassenden Informationssammeln jenes Wissen-Wollen geworden ist, das alles Tun und Lassen, zum Beispiel der Naturforscher, bestimmt.

# Kants Lehre vom Apriorischen im Lichte gegenwärtiger Biologie
(1941)

Die aller unserer Anschauung von vornherein anhaftenden Formen des Raumes und der Zeit und ganz ebenso die Kausalität und die anderen Kategorien unseres Denkens sind für Kant Gegebenheiten, die »a priori« festliegend, die Form aller unserer Erfahrung bestimmen, ja Erfahrung als solche überhaupt erst möglich machen. Die Gültigkeit der obersten Vernunftprinzipien ist für Kant eine absolute, sie ist von den Gesetzlichkeiten der realen, hinter den Erscheinungen stehenden, an sich existenten Natur grundsätzlich unabhängig und nicht aus ihnen entstanden zu denken. Weder durch Abstraktion noch auf irgendeinem anderen Wege können die apriorischen Anschauungsformen und Kategorien mit Gesetzlichkeiten, die den Dingen an sich anhaften, in Beziehung gebracht werden. Das einzige, was wir nach Kant über das Ding an sich aussagen können, ist die Realität seiner Existenz. Die Beziehung aber, die zwischen ihm und jener Form besteht, in der es unsere Sinnlichkeit affiziert und in unserer Erfahrungswelt in Erscheinung tritt, ist für Kant, um es etwas überspitzt auszudrücken, eine a-logische. Das Ding an sich ist für Kant deshalb grundsätzlich unerkennbar, weil die Form seiner Erscheinung ab extra durch die rein idealen Anschauungsformen und Kategorien bestimmt wird, so daß diese Form mit seinem inneren Wesen gar nichts zu tun hat. Dies ist in gedrängter Wiedergabe die Anschauungsweise des Kantischen »transzendentalen« oder »kritischen« Idealismus.

Sie ist nun von verschiedenen Naturphilosophen in sehr freizügiger Weise umgeformt worden. Besonders die immer dringlicher werdenden Fragestellungen des Entwicklungsgedankens haben zu Auffassungen vom Apriorischen geführt, die Kant selbst vielleicht nicht so fern lagen wie dem an den Wortlaut seiner Begriffsbestimmungen gefesselten Kant-Philologen.

Die Fragen nun, die der von der Tatsächlichkeit des großen schöpferischen Entwicklungsgeschehens in der Natur überzeugte Biologe an Kant zu stellen hat, sind kurz folgende: Ist die menschliche Vernunft, mit allen ihren Anschauungsformen und Kategorien, nicht ganz ebenso wie das menschliche Gehirn etwas organisch, in dauernder Wechselwirkung mit den Gesetzen der umgebenden Natur Entstandenes? Wären unsere a priori denknotwendigen Verstandesgesetze bei einer ganz anderen historischen Entstehungsweise und einem somit ganz andersartigen zentralnervösen Apparat nicht vielleicht ganz andere? Ist es überhaupt auch nur einigermaßen wahrscheinlich, daß die ganz allgemeinen Gesetzmäßigkeiten unseres Denkapparates nicht mit solchen der realen Außenwelt zusammenhängen sollten? Kann ein Organ, das in dauernder Auseinandersetzung mit den Gesetzen der Natur zu dieser Auseinandersetzung herausdifferenziert wurde, in seinen eigenen Gesetzlichkeiten von jenen so unbeeinflußt geblieben sein, daß die Lehre von den empirischen Erscheinungen unabhängig von der Lehre vom An-sich-Seienden getrieben werden darf, als ob beide gar nichts miteinander zu tun hätten? In der Beantwortung dieser Fragen nimmt die Biologie einen sehr scharf umschriebenen Standpunkt ein. Die Darlegung dieses Standpunktes ist Gegenstand vorliegender Abhandlung, nicht etwa nur Einleitung zu einer besonderen Besprechung von Raum, Zeit und Kausalität. Diese sind für unsere Betrachtung nur Beispiele kantischer Aprioritätslehre, die bei unserer grundsätzlichen Gegenüberstellung von transzendentalem Idealismus und jenem Standpunkt, den der Biologe in der Apriorischen einnimmt, ganz von selbst mit behandelt werden.

Für den Naturforscher ist es Pflicht, den Versuch der natürlichen Erklärung zu machen, ehe er sich mit der Heranziehung außernatürlicher Faktoren zufriedengibt, und diese Pflicht besteht in vollem Maße für den Psychologen, der sich mit der von Kant entdeckten Tatsache auseinandersetzen muß, daß es so etwas wie apriorische Denkformen gibt. Wenn man nun die angeborenen Reaktionsweisen von untermenschlichen Organismen kennt, so liegt die Hypothese ungemein nahe, daß das »Apriorische« auf stammesgeschichtlich gewordenen, erblichen Differenzierungen des Zentralnervensystems beruht, die eben gattungsmäßig erworben sind und die erblichen Dispositionen, in gewissen Formen zu denken, bestimmen. Man muß sich klar darüber sein, daß diese Auffassung des »Apriorischen« als Organ die Zerstörung seines Begriffes bedeutet: Etwas in stammesgeschichtlicher Anpassung an die Gesetze der natürlichen Außenwelt Entstandenes ist in gewissem Sinne a posteriori entstanden, wenn auch auf einem durchaus anderen Wege als dem der Abstraktion oder der Deduktion aus vorangegangener Erfahrung. Die funktionellen Ähnlichkeiten, die viele Forscher zu lamarckistischen Anschauungen über das Entstehen erblicher Reaktionsweisen aus vorangegangener »Arterfahrung« führten, sind heute als völlig irrig erkannt.

Für die Wesensart heutiger Naturforschung ist das Verlassen des transzendentalen Idealismus so bezeichnend, daß sich eine Kluft zwischen Naturforschern und Kant-Philosophen aufgetan hat. Diese Kluft hat ihre Ursache in der grundsätzlichen Veränderung des Begriffs vom An-sich-Seienden und vom Transzendenten, die aus der Umprägung des Begriffs vom Apriorischen folgt. Wenn der »apriorische« Apparat möglicher Erfahrung mit all seinen Anschauungsformen und Kategorien nicht Unveränderliches, von außernatürlichen Faktoren Bestimmtes ist, sondern vielmehr etwas, das innerhalb der Natur, die er widerspiegelt, in engster Wechselwirkung mit ihren Gesetzlichkeiten entstanden ist, so verliert die Grenze des Transzendenten ihren festen Ort. Viele Seiten des An-sich-Bestehenden, die sich dem Erfahrenwerden durch unseren heutigen Sinnes- und Denkapparat völlig entziehen, mögen in einer erdgeschichtlich nahen Zukunft innerhalb der Grenzen möglicher Erfahrung liegen, viele, die heute durchaus im Bereich des Immanenten liegen, können noch in jüngster Vergangenheit der Menschheit jenseits seiner Grenze gelegen haben. Die Frage, wie weit das absolut Existente durch ein bestimmtes Wesen aus der unendlichen Fülle lebender Organismen erfahrbar sei, kann auf sein grundsätzliches Wesen selbstverständlich nicht den geringsten Einfluß haben. Wohl aber ändert ihre Berücksichtigung einiges an der Definition, die wir von jenem »Ding an sich« zu geben haben, das hinter den Erscheinungen steckt. Für Kant, der bei allen seinen Erwägungen nur den erwachsenen Kulturmenschen als ein unveränderliches, gottgeschaffenes System in Betracht zog, bestand kein Hindernis, das An-sich-Seiende als grundsätzlich unerkennbar zu definieren. Er durfte bei seiner in dieser einen Hinsicht rein statischen Betrachtungsweise die Grenze möglicher Erfahrung in die Definition des Dings an sich einbeziehen und ihren Ort sozusagen für Mensch und Amöbe gleich – nämlich unendlich - weit vom An-Sich der Dinge ansetzen. Wir dürfen dies angesichts der zweifellosen Tatsächlichkeit des Entwicklungsgeschehens nicht mehr! Wenn wir uns auch völlig klar darüber sind, daß das absolut Existente grundsätzlich niemals restlos, sondern immer nur bis an jene Grenze erkennbar sein wird, die durch die Notwendigkeit kategorialer Denk-Geformtheiten auch für die höchsten theoretisch denkbaren Lebewesen gesetzt sein wird, so ist doch ohne allen Zweifel jene Grenze, die das Erfahrbare vom Transzendenten abschließt, für jede einzelne Art von Lebewesen eine andere. Ihr artbezeichnender Ort muß von Fall zu Fall Gegenstand einer besonderen Forschung sein. Den rein zufälligen, heutigen Ort dieser Grenze bei der Spezies Mensch in die Definition des An-sich-Seienden einzubeziehen würde für uns einen nicht zu rechtfertigenden Anthropomorphismus bedeuten. Wollte man nämlich angesichts der zweifellosen evolutiven Veränderlichkeit unseres Erfahrungsapparates dennoch das An-sich-Existente weiterhin als das für eben diesen Apparat

Unerkennbare definieren, so würde hierdurch die Definition des Absoluten relativ gefaßt, was offensichtlich ein Unding wäre. Vielmehr bedarf jede Naturforschung schlechtweg aufs notwendigste eines Begriffs vom absolut Wirklichen, der möglichst wenig anthropomorph und vom zufälligen heutigen Ort menschlicher Erfahrbarkeitsgrenzen möglichst unabhängig ist. Das absolut Wirkliche kann in keiner Weise von der Frage betroffen werden, ob und bis zu welchem Grade es sich just im Hirn einer menschlichen oder sonstigen Eintagsfliege widerspiegelt. Andererseits aber ist es Gegenstand eines höchst wichtigen Zweiges vergleichender Naturforschung, die Art dieser Widerspiegelung zu untersuchen und zu erforschen, ob sie in Form kraß vereinfachender und nur oberflächlich analoger Symbole erfolgt oder wie weit sie Einzelheiten wiedergibt, wie weit ihre Genauigkeit geht. Wir hoffen durch diese Untersuchung vormenschlicher Erkenntnisformen Anhaltspunkte über Funktionsweise und historisches Entstehen unserer eigenen Erkenntnis zu gewinnen und ihre Kritik auf diese Weise weiter vortreiben zu können, als es ohne derartige Vergleiche möglich war.

Ich behaupte, daß so ziemlich alle heutigen Naturforscher, zumindest alle Biologen, bewußt oder auch unbewußt, in ihrer Tagesarbeit ein reales, durchaus nicht im Sinne Kants »rein« ideales Verhältnis zwischen dem Ding an sich und den Formungen unserer Sinnlichkeit voraussetzen, ja, ich möchte behaupten, daß Kant selbst dies in allen Belangen seiner eigenen empirischen Forschungen getan hat. Das reale Verhältnis zwischen dem An-Sich der Dinge und der speziellen »apriorischen« Form ihrer Erscheinung ist unserer Meinung nach dadurch gegeben, daß diese Form in der Jahrzehntausende währenden Entwicklungsgeschichte der Menschheit in der Auseinandersetzung mit den täglich begegnenden Gesetzlichkeiten des An-sich-Seienden als eine Anpassung an diese entstanden ist, die unserem Denken angeborenermaßen eine der Realität der Außenwelt weitgehend entsprechende Strukturierung verliehen hat. »Anpassung« ist ein vorbelastetes und mißverständliches Wort und soll im gegenwärtigen Zusammenhang nicht mehr besagen, als daß unsere Anschauungsformen und Kategorien so auf das real Existierende »passen«, wie unser Fuß auf den Boden paßt oder die Flosse eines Fisches ins Wasser. Das »Apriori«, das die Erscheinungsformen der realen Dinge unserer Welt bestimmt, ist, kurz gesagt, ein Organ, genauer: die Funktion eines Organes, und wir kommen seinem Verständnis nur näher, wenn wir ihm gegenüber die typischen Fragen der Erforschung alles Organischen stellen, die Fragen Wozu, Woher und Warum, mit anderen Worten: erstens die Frage nach dem arterhaltenden Sinn, zweitens die Frage nach der stammesgeschichtlichen Entstehung und drittens die Frage nach den natürlichen Ursachen der Erscheinung. Wir sind überzeugt, daß das »Apriorische« auf zentralnervösen Apparaten beruht, die völlig ebenso real sind wie etwa unsere Hand oder unser Fuß, völlig ebenso real wie die Dinge der an sich existenten Außenwelt, deren Erscheinungsform sie für uns bestimmen. Diese zentralnervöse Apparatur schreibt keineswegs der Natur ihr Gesetz vor, sie tut das genausowenig, wie der Huf des Pferdes dem Erdboden seine Form vorschreibt. Wie dieser stolpert sie über nicht vorgesehene Veränderungen der dem Organ gestellten Aufgabe. Aber so wie der Huf des Pferdes auf den Steppenboden paßt, mit dem er sich auseinandersetzt, so paßt unsere zentralnervöse Weltbild-Apparatur auf die reichhaltige reale Welt, mit der sich der Mensch auseinandersetzen muß, und wie jedes Organ, so hat auch sie ihre arterhaltend zweckmäßige Form in äonenlangem stammesgeschichtlichen Werden durch diese Auseinandersetzung von Realem mit Realem gewonnen. Diese unsere Anschauung von der in gewissem Sinne »aposteriorischen« Entstehung des »Apriorischen« gibt uns eine sehr treffsichere Antwort auf eine bestimmte Frage Kants, die Frage nämlich, ob nicht die Anschauungsformen von Raum und Zeit, die wir – wie Kant im Gegensatz zu Hume völlig richtig betont – von keiner Erfahrung entlehnen, sondern die in unserer Vorstellung a priori liegen, »nicht bloße selbstgemachte Hirngespinste wären, denen gar kein Gegenstand, wenigstens nicht adäquat korrespondierte« (Prolegomena 1. Anm. 3). Wenn wir unseren Verstand als Organfunktion auffassen, wogegen sich nicht der geringste stichhaltige Grund vorbringen läßt, so ist unsere naheliegende Antwort auf die Frage, wieso seine Funktionsform auf die reale Welt passe, ganz einfach diese: Unsere vor jeder individuellen Erfahrung festliegenden Anschauungsformen und Kategorien passen aus ganz denselben Gründen auf die Außenwelt, aus denen der Huf des Pferdes schon vor seiner Geburt auf den Steppenboden, die Flosse des Fisches, schon ehe er dem Ei entschlüpft, ins Wasser paßt. Bei keinem derartigen Organ glaubt irgendein vernünftiger Mensch, daß seine Form dem Objekt seine Eigenschaften »vorschreibe«, sondern jedermann nimmt als selbstverständlich an, daß das Wasser seine Eigenschaften völlig unabhängig von der Frage besitzt, ob Fischflossen sich mit ihnen biologisch auseinandersetzen oder nicht. Ganz selbstverständlich sind es irgendwelche Eigenschaften, die dem Ding, das hinter der Erscheinung »Wasser« steckt, an sich zukommen, die zu der speziellen Anpassungsform der Flossen geführt haben, die von Fischen, Reptilien, Vögeln, Säugern, Cephalopoden, Schnecken, Krebsen, Pfeilwürmern usw. usw. unabhängig voneinander herausdifferenziert wurden. Offensichtlich sind es Eigenschaften des Wassers, die diesen so verschiedenen Lebewesen die übereinstimmende Form und Funktion ihres Lokomotionsorganes vorgeschrieben haben. Aber ausgerechnet bezüglich der Struktur und Funktionsweise seines eigenen Gehirnes nimmt der Transzendentalphilosoph grundsätzlich anderes an. Kant sagt in § 11 der »Prolegomena«: »Wollte man im mindesten daran zweifeln, daß beide (die Anschauungsformen von Raum und Zeit) keine den Dingen an sich selbst, sondern bloß ihrem Verhältniss zur Sinnlichkeit anhängende Bestimmungen sind, so möchte ich gern wissen, wie man es möglich finden kann, a priori und also vor aller Bekanntschaft mit den Dingen, ehe sie nämlich uns gegeben sind, zu wissen, wie ihre Anschauung beschaffen sein müsse, welches doch hier mit Raum und Zeit der Fall ist.« Diese Frage erhellt zwei sehr wichtige Tatsachen. Sie zeigt erstens, daß Kant, ganz ebensowenig wie Hume, daran gedacht hat, daß es auch andere Entstehungsweisen einer formalen Passung zwischen Denkform und Wirklichkeit geben kann als die durch Abstraktion aus vorangegangener Erfahrung. Zweitens aber zeigt sie, daß er sogar die Unmöglichkeit einer solchen anderen Entstehungsweise als sicher voraussetzte. Drittens aber zeigt sie besonders klar die großartige und grundsätzlich neue Entdeckung Kants, die Entdeckung, daß das Anschauen und das Denken des Menschen vor jeder individuellen Erfahrung bestimmte funktionelle Strukturen besitzt. Denn ganz selbstverständlich hatte Hume unrecht, wenn er alles Apriorische aus dem ableiten wollte, was die Sinne der Erfahrung liefern, ebenso unrecht wie Wundt, der es kurzweg für eine Abstraktion aus vorangegangener Erfahrung erklärt, und Helmholtz, der die gleiche Ansicht verfocht. Das Passen des Apriorischen auf die reale Welt ist ebensowenig aus »Erfahrung« entstanden wie das Passen der Fischflosse auf die Eigenschaften des Wassers. So wie die Form der Flosse »a priori« gegeben ist, vor jeder individuellen Auseinandersetzung des Jungfisches mit dem Wasser, und so, wie sie diese Auseinandersetzung erst möglich macht, so ist dies auch bei unseren Anschauungsformen und Kategorien in ihrem Verhältnis zu unserer Auseinandersetzung mit der realen Außenwelt durch unsere Erfahrung der Fall. Bei Tieren können wir viel speziellere und viel eingeengtere Verformungen der ihnen möglichen Erfahrungen finden, und wir glauben engste funktionelle und wahrscheinlich auch ursächliche Verwandtschaft zwischen diesen tierischen und unseren menschlichen Aprioris aufzeigen zu können. Wir sind mit Kant und gegen Hume durchaus der Ansicht, daß »reine«, das heißt von jeder Erfahrung unabhängige Wissenschaft von den angeborenen Denkformen des Menschen möglich sei. Diese »reine« Wissenschaft wird aber nur ein sehr einseitiges Verständnis für das eigentliche Wesen apriorischer Denkformen vermitteln können, weil sie den Organcharakter dieser Strukturen vernachlässigt und die konstituierende biologische Frage nach ihrem arterhaltenden Sinn gar nicht stellt. Das ist, um es grob auszudrücken, ganz so, als wolle einer eine »reine« Lehre über die Eigenschaften einer modernen Lichtkamera, etwa einer Leica, schreiben, ohne in Betracht zu ziehen, daß diese ein Apparat, ein Organ zum Photographieren der Außenwelt sei, und ohne die von ihr gelieferten Bilder zum Verständnis ihrer Funktion und des eigentlichen Sinnes ihres Daseins heranzuziehen. Die Leica ist, was die von ihr gelieferten Bilder (gleich Erfahrungen) anlangt, durchaus apriorisch. Sie ist vor und unabhängig von jedem Bild da, bestimmt von vornherein die Form der Bilder, ja macht diese überhaupt erst möglich. Nun behaupte ich: Die Trennung einer »reinen Leicologie« von der Lehre von den von ihr gelieferten Bildern ist um nichts sinnloser als die Trennung der Apriotitätslehre von der Lehre der Außenwelt, von Phänomenologie und der Lehre vom Ding an sich. Alle die Gesetzlichkeiten unseres Verstandes, die wir apriorisch vorfinden, sind ja kein *Lusus naturae*. Wir leben ja davon! Und ihren eigentlichen Sinn können wir nur bei Inbetrachtziehung ihrer Funktion einsehen. Und sowenig die Leica ohne die schon lange vor ihrer Konstruktion ausgeübte Tätigkeit des Photographierens entstehen konnte, sowenig die fertige Leica mit allen ihren ganz unglaublich durchdachten und »passenden« Konstruktionseinzelheiten vom Himmel gefallen ist, sowenig ist es unsere noch unendlich viel wunderbarere »reine Vernunft«. Auch diese ist aus ihrer Tätigkeit heraus, aus ihrer Auseinandersetzung mit dem An-Sich der Dinge zu ihrer relativen Vollkommenheit gelangt.

Das für den transzendentalen Idealisten alogische und vor allem außernatürliche Verhältnis zwischen dem Ding an sich und seiner Erscheinung ist für uns durchaus real. Ganz sicher »affiziert« nicht nur das Ding an sich unsere Rezeptoren, sondern ganz ebenso auch umgekehrt unsere Effektoren ihrerseits die absolute Realität. »Wirklichkeit« kommt von wirken! Was in unserer Welt in Erscheinung tritt, ist keineswegs nur die einseitige Beeinflussung unseres Erlebens dadurch, daß durch eine Brille idealer Erfahrungsmöglichkeiten reale Außendinge auf uns einwirken. Was wir als Erfahrung erleben, ist stets eine Auseinandersetzung von Realem in uns mit Realem außer uns. Deshalb ist das Verhältnis zwischen den Vorgängen in und außer uns kein alogisches, das Rückschlüsse von den Gesetzlichkeiten der Innenvorgänge auf die der Außenwelt grundsätzlich verbietet, sondern dieses Verhältnis ist durchaus dasjenige, das auch sonst zwischen Bild und Gegenstand, zwischen vereinfachendem Modellgedanken und wirklichem Sachverhalt besteht: das Verhältnis einer weiter oder weniger weitgehenden Analogie. Der Grad dieser Analogie ist, wenigstens vergleichsmäßig, grundsätzlich erforschbar, das heißt, es sind Aussagen darüber möglich, ob die Entsprechung zwischen Erscheinung und Wirklichkeit von Mensch zu Mensch, von Lebewesen zu Lebewesen genauer oder ungenauer sei. Auf diesen, soeben recht umständlich abgeleiteten Gründen beruht ja auch die jedem halbwegs unverschrobenem Menschen selbstverständliche Tatsache, daß es so etwas wie richtigere und weniger richtige Urteile über die Außenwelt überhaupt gibt! Die Beziehung zwischen der Erscheinungswelt und dem An-Sich der Dinge ist also nicht durch ideale, das heißt außernatürliche Formgesetze in grundsätzlich unerforschbarer Weise ein für allemal festgelegt, noch weniger kommt den auf Grund dieser »Denknotwendigkeiten« gefällten Urteilen eine selbständige und absolute Gültigkeit zu. Vielmehr sind alle unsere Anschauungsformen und Kategorien durchaus natürliche und, wie jedes andere Organ, stammesgeschichtlich »gewordene« Gefäße zur Aufnahme und rückwirkenden Verarbeitung jener gesetzmäßigen Auswirkungen des An-sich-Seienden, mit denen wir uns nun einmal auseinandersetzen müssen, wenn wir leben bleiben und unsere Art erhalten wollen. Die besondere Form dieser organischen Gefäße steht in einer restlos aus realen, natürlichen Zusammenhängen erwachsenen Beziehung zu Eigenschaften, die den Dingen an sich zukommen. Auf diese Eigenschaften passen sie, in einer praktisch-biologisch ausreichenden Weise, keineswegs aber absolut oder auch nur so genau, daß man sagen könnte, ihre Form käme der des Dings an sich gleich. Wenn wir auch als Naturwissenschaftler stets in gewissem Sinne naive Realisten sind und bleiben, halten wir also keineswegs die Erscheinung für das Ding an sich, die empirische Realität für das absolut Existente! So wundern wir uns denn auch keineswegs, wenn die Gesetze der »reinen Vernunft« sich nicht nur untereinander, sondern auch mit den empirischen Tatsachen in die schwersten Widersprüche verwickeln, sowie die Forschung größere Genauigkeit fordert. Dies tritt insbesondere dort ein, wo Physik und Chemie ins Atomare gehen. Da versagt nicht nur die Anschauungsform des Raumes, sondern versagen auch die Kategorien der Kausalität, der Substantialität, ja in gewissem Sinne sogar die Quantität, die doch sonst neben der Anschauungsform der Zeit die unbedingteste Gültigkeit zu haben scheint. »Denknotwendig« bedeutet angesichts dieser in Atomphysik, Quantenmechanik und Wellenlehre höchst wesentlichen Erfahrungstatsachen keineswegs etwa »absolut gültig«.

Durch die zur Bescheidenheit mahnende Erkenntnis, daß alle Gesetze der »reinen Vernunft« auf höchst körperlichen und, wenn man so will, geradezu auf maschinellen Strukturen des menschlichen Zentralnervensystems beruhen, die in äonenlangem Werden wie irgendein anderes Organ entstanden sind, wird unser Vertrauen zu ihnen einerseits erschüttert, andererseits aber wesentlich erhöht. Die Aussage, daß ihnen absolute Gültigkeit zukomme, ja daß jedes überhaupt denkbare vernünftige Wesen, und sei es ein Engel, den gleichen Denkgesetzen gehorchen müsse, erscheint uns als anthropozentrische Vermessenheit. Sicherlich ist die »Tastatur« der Anschauungsformen und Kategorien – Kant selbst nennt sie ja so – etwas, das ausgesprochen auf der körperlich-strukturellen Seite der psychophysischen Einheit des Organismus Mensch gelegen ist. Ganz sicher verhalten sie sich zur »Freiheit« des Geistes, wofern es eine solche wirklich gibt, ganz so, wie sich auch sonst körperliche Strukturen zu möglichen Freiheitsgraden des Seelischen verhalten, nämlich stützend und hemmend zu gleicher Zeit. Aber ganz sicherlich können diese plumpen kategorischen Schachteln, in die wir unsere Außenwelt packen müssen, »um sie als Erfahrungen buchstabieren zu können« (Kant), keinerlei autonome und absolute Gültigkeit beanspruchen. Dies steht für uns in dem Augenblick fest, in dem wir sie als stammesgeschichtlich gewordene Anpassungserscheinung auffassen – und ich möchte wirklich wissen, welches wissenschaftliche Argument gegen diese Auffassung geltend gemacht werden könnte. Gleichzeitig aber ergibt sich aus ihrem Anpassungscharakter, daß sich die kategorialen Anschauungsformen und Kategorien trotz ihrer nur ungefähren und relativen Gültigkeit als Arbeitshypothesen in der Auseinandersetzung unserer Art mit der absoluten Realität ihres Lebensraumes bewährt haben. So erhellt sich auch die für jede andere Auslegung höchst paradoxe Tatsache, daß die Gesetzlichkeiten der »reinen Vernunft« zwar in der modernen theoretischen Wissenschaft auf Schritt und Tritt versagen, sich aber in den biologisch-praktischen Belangen des Arterhaltungskampfes durchaus bewährt haben und noch bewähren.

Ganz so, wie der grobe Pünktchenraster, mittels dessen die Abbildungen in unseren Tageszeitungen hergestellt sind, zwar bei oberflächlicher Betrachtung eine befriedigende und Sachverhalte wiedergebende Darstellung zuläßt, aber keine genauere Betrachtung, etwa mit einer Lupe, verträgt, so versagen auch die Welt-Wiedergaben unserer Anschauungsformen und Kategorien, sobald von ihnen, wie dies in Wellenmechanik und Atomphysik der Fall ist, eine etwas genauere Darstellung ihres Gegenstandes verlangt wird. Ganz ebenso, wie alles vom Einzelmenschen individuell aus der empirischen Realität des »physikalischen Weltbildes« errungene Wissen seinem innersten Wesen nach Arbeitshypothese ist, so sind es, was ihre arterhaltende Funktion anlangt, auch alle jene angeborenen Strukturen des Geistes, die wir als »apriorisch« zu bezeichnen gewohnt sind. Nichts ist absolut, außer dem in und hinter den Erscheinungen Steckenden selbst, nichts, was unser Hirn denken kann, hat absolute, im eigentlichen Wortsinn apriorische Geltung. Auch nicht die Mathematik mit allen ihren Gesetzen. Auch diese sind nicht mehr und nicht weniger als ein Organ zur Quantifizierung von Außendingen, und zwar ein für den Menschen höchst lebenswichtiges Organ, ohne das er seine erdbeherrschende Rolle nie und nimmer spielen könnte, die sich also biologisch so wie alle anderen »notwendigen« Denkstrukturen außerordentlich bewährt hat. »Reine« Mathematik ist selbstverständlich nicht nur möglich, sondern sie ist als Lehre von den Innengesetzlichkeiten dieses wundervollen Quantifizierorganes von kaum zu überschätzender Wichtigkeit. Aber dies berechtigt keineswegs zu ihrer Absolutsetzung und hat mit einer solchen nichts zu tun. Auf die Wirklichkeit angewandt, wirken das Zählen und die mathematische Zahl etwa so wie eine Baggermaschine und ihre Schaufeln. Statistisch in einer großen Zahl von Einzelfällen gesehen, wird jede Schaufel gleich viel Material greifen, obwohl, genau und im Einzelfall betrachtet, niemals auch nur zwei wirklich genau gleichen Inhalt haben. Die reine mathematische Gleichung ist eine Tautologie: Ich sage aus, wenn bei meiner Zähl-Baggermaschine soundsoviele Schaufeln hereinkommen, so kommen soundsoviele Schaufeln herein. Zwei Schaufeln meiner Maschine sind einander deshalb absolut gleich, weil es genaugenommen beide Male dieselbe Schaufel, nämlich die Eins, ist. Diese Gültigkeit besitzt also immer nur der leere Satz. Zwei Schaufeln voll irgend etwas sind einander nie gleich, die Eins, auf einen realen Gegenstand angewandt, findet im ganzen Universum nicht mehr ihresgleichen. Wohl sind zwei und zwei vier, niemals aber sind zwei Äpfel, Hammel oder Atome plus zwei weiteren gleich vier anderen, weil es keine gleichen Äpfel, Hammel oder Atome gibt! In diesem Sinne ergibt sich die paradoxe Tatsache, daß die Gleichung zwei plus zwei ist vier in ihrer Anwendung auf reale Einheiten, wie Äpfel oder Atome, einen weit geringeren Grad der Annäherung an die Wirklichkeit besitzt als die Gleichung zwei Milliarden plus zwei Milliarden sind vier Milliarden, weil die individuellen Ungleichheiten der gezählten Einheiten sich bei einer großen Zahl statistisch ausgleichen. Als Arbeitshypothese oder als Organ rein funktionell betrachtet, ist und bleibt die Denkform des zahlenmäßigen Quantifizierens einer der wundervollsten Apparate, die die Natur je geschaffen hat, und erweckt auch, wenn man ihren Geltungsbereich nicht absolut setzt, doch gerade durch die unglaubliche Breite ihres Anwendungsbereiches die Bewunderung des Biologen. Doch wäre es durchaus denkbar, ein vernünftiges Wesen anzunehmen, das nicht mittels der mathematischen Zahl quantifiziert, das nicht 1, 2, 3, 4, 5, die Zahl vorhandener, unter sich ungefähr gleicher Individualitäten, wie Hammel, Atome oder Abstände von Meilensteinen, zur Markierung der vorhandenen Quantität benutzt, sondern diese in irgendeiner anderen Weise unmittelbar erfaßt. Statt etwa Wasser nach der Zahl der eingefüllten Literschälchen zu quantifizieren, könnte man zum Beispiel aus der Spannung eines Gummiballons bestimmter Größe entnehmen, wieviel darinnen ist. Daß unser Hirn gerade extensive Größen besser quantifizieren kann als derartige intensive, kann sehr gut reiner »Zufall«, mit anderen Worten rein historisch bedingt sein. Denknotwendig ist es keineswegs, es wäre durchaus denkbar, daß die Fähigkeit, nach Art der Gummiballon-Spannungsmessung intensiv zu quantifizieren, bis zum vollwertigen Ersatz der Zahlen-Mathematik weiterdifferenziert würde. Tatsächlich beruht die dem Menschen und sehr vielen Tieren zukommende Fähigkeit, Mengen unmittelbar zu schätzen, wahrscheinlich auf einem solchen intensiven Quantifizierungsvorgang. Ein rein intensiv quantifizierender Geist würde manche Operationen viel einfacher und unmittelbarer vollziehen als unsere »Baggerkästchen«-Mathematik. Er könnte zum Beispiel Kurven unmittelbar stufenlos berechnen, wozu unsere extensive Mathematik nur mittels jenes Umweges der Integral- und Differentialrechnung fähig ist, der ihr über die Beschränkungen der Zahlenstufen hinweghilft und doch begrifflich an diesen klebt. Ein solcher rein intensiv quantifizierender Geist würde unter anderem nicht einsehen können, daß zwei mal zwei vier sei. Da er für die Eins, für unser leeres Zahlenkästchen kein Verständnis hätte, würde er auch für unser Postulat der Gleichheit zweier solcher Kästchen keines haben und auf unsere Aufstellung einer Gleichung antworten, sie sei falsch, da es keine gleichen Kästchen, Hammel oder Atome gäbe. Und er hätte dabei von seinem System aus so recht mit seiner Aussage wie wir mit der unseren. Sicherlich könnte ein intensiv quantifizierendes Denksystem sehr viele Operationen viel schlechter, das heißt nur auf einem weit verwickelteren Weg vollziehen als die Zahlenmathematik. Schon die Tatsache, daß sich diese so hoch über die Fähigkeit der intensiven Mengenschätzung hinausentwickelt hat, spricht dafür, daß sie die »praktischere« ist. Dennoch aber ist und bleibt sie nur ein Organ, eine stammesgeschichtlich erworbene »angeborene Arbeitshypothese«, die grundsätzlich nur annäherungsweise auf die Gegebenheiten des An-sich-Seienden paßt.

Versucht man als Biologe, alle die ererbten und angeborenen Strukturen, seien es nun geistige oder körperliche, in ihrem allgemeinen funktionellen Verhältnis zur regulativen Plastizität alles Organischen zu erfassen, so ergibt sich eine durchgehende, für körperliche und geistige Strukturen durchaus analoge Gesetzmäßigkeit, die zwischen dem plastischen Protoplasma und den festen Skelettelementen eines Protisten genauso gilt wie zwischen kategorialen Denkformen und der schöpferischen Plastizität des Menschengeistes. Von ihren einfachsten Anfängen im Reich der Einzelligen an ist die feste Struktur ganz ebenso Bedingung jeder Höherentwicklung wie die Plastizität der organischen Regulation. Sie ist in diesem Sinne ganz ebenso Wertträger wie die plastische Freiheit, die vielleicht das Wesen des Lebendigen ausmacht. Jede Struktur aber bringt neben ihrer erwünschten und unerläßlichen Leistung als Stütze des organischen Systems die unerwünschte Nebenwirkung hervor, daß sie in gewissen Richtungen steif macht, dem System gewisse Freiheitsgrade benimmt. Jedes Heranziehen einer maschinellen Struktur bedeutet in irgendeinem Sinne ein Sich-Festlegen. Von Uexküll hat einmal so schön gesagt: »Die Amöbe ist weniger Maschine als das Pferd«, und hat dabei hauptsächlich an körperliche Eigenschaften gedacht. Nietzsche hat das gleiche Verhältnis zwischen Struktur und Plastizität im menschlichen Denken in folgender Weise dichterisch geformt: »Ein Gedanke – jetzt noch heißflüssig, Lava: Aber jede Lava baut um sich selbst eine Burg, jeder Gedanke erdrückt sich zuletzt mit ›Gesetzen‹.« Dieses Gleichnis von der aus flüssigem Aggregatzustand sich herauskristallisierenden Struktur geht vielleicht noch viel tiefer, als Nietzsche selbst es ahnte: Es ist gar nicht völlig unmöglich, daß schlechterdings alles Sich-Verfestigende, im Geistig-Seelischen ganz wie im Körperlichen, ein Übergehen des flüssigen Aggregatzustandes gewisser Plasmateile in den festen ist. Nietzsches Gleichnis übersieht aber die Tatsache, die auch in Uexkülls Ausspruch über Amöbe und Pferd unberücksichtigt bleibt: daß nämlich das Pferd eben doch ein höheres Tier als eine Amöbe ist, und zwar durchaus nicht nur trotz, sondern zu sehr großem Teil gerade wegen seines größeren Reichtums an festgewordenen, höher differenzierten Strukturen. Organismen mit möglichst wenig Strukturen müssen wohl oder übel Amöben bleiben, denn ohne jede feste Struktur ist eben jede höhere Organisation undenkbar. Organismen mit einem Maximum an hochdifferenzierten festgelegten Strukturen könnte man als eine Art Hummer symbolisieren, steifgepanzerte Wesen, die sich nur in bestimmten Gelenken mit genau vorgesehenen Freiheitsgraden bewegen können, oder als Schienenfahrzeuge, die sich nur auf vorgeschriebener Bahn mit ganz wenigen Weichen bewegen können. Die geistige und körperliche Höherdifferenzierung jedes Lebewesens ist stets ein Kompromiß zwischen diesen beiden Extremen, von denen offensichtlich keines die höchste Verwirklichung der Möglichkeiten der organischen Schöpfung darstellt. Immer und überall hat die Höherdifferenzierung der maschinellen Struktur die gefährliche Tendenz, den Geist, dessen Dienerin sie eben noch war, in ihre eigenen Fesseln zu schlagen und seine freie Weiterentwicklung zu verhindern. Ein solches Entwicklungshemmnis ist das harte Außenskelett der Gliederfüßler genauso wie die festgelegte Instinktbewegung vieler geistig höher stehender Wesen oder die mechanische Industrie des Menschen. Ganz ebenso aber wirkt auch jedes Denksystem, das sich irgendwie und irgendwo auf ein unplastisches »Absolutes« festsetzt. Im Augenblick, in dem ein solches System fertig ist, das heißt an seine Vollkommenheit glaubende Jünger hat, ist es auch schon »falsch«. Nur im Werden ist der Philosoph ein Mensch in des Wortes eigentlichster Bedeutung. Ich erinnere an die schöne Menschheitsdefinition, die wir den Pragmatisten verdanken und die wohl in klarster Formulierung in Gehlens Buch »Der Mensch« gegeben ist, die Definition des Menschen als des dauernd unfertigen, dauernd unangepaßten und strukturarmen, aber dauernd weltoffenen, dauernd werdenden Wesens. Wenn der menschliche Denker, und sei es der größte, sein System fertig hat, so hat er damit grundsätzlich etwas von den Eigenschaften des Hummers, des Schienenfahrzeugs angenommen. Mögen seine Jünger noch so scharfsinnig mit den vorgeschriebenen und zugelassenen Freiheitsgraden seiner Hummer-Rüstung manipulieren: Für den Fortschritt des menschlichen Denkens und Wissens wird sein System erst dann Segen bringen, wenn er Nachfolger findet, die es zerbrechen und seine Stücke unter Benutzung neuer, nicht »vorgesehener« Freiheitsgrade zu einem neuen Bau verwenden. Ist aber ein Denksystem so gut gefügt, so daß lange Zeit keiner kommt, der die Kraft und den Mut hat, es zu zersprengen, so kann es als Klotz dem Fortschritt durch Jahrhunderte im Wege liegen: »Da liegt der Stein, man muß ihn liegenlassen, und jeder hinkt an seiner Glaubenskrücke zum Teufelsstein, zur Teufelsbrücke!«

Und ganz so, wie sich ein von einem individuellen Menschen geschaffenes Denksystem zum Sklavenhalter seines Erzeugers aufwirft, so tun dies auch die stammesgeschichtlich entstandenen, überindividuellen Denkformen des Apriorischen: Auch sie werden absolut gesetzt! Die Maschine, deren arterhaltender Sinn ursprünglich im Quantifizieren realer Außendinge lag, die zum »Zählen von Hammeln« geschaffen wurde, maßt sich auf einmal Absolutismus an und surrt in bewundernswürdig stimmigem, aber doch leerem Ablauf, ihre eigenen Schaufeln abzählend. Wenn man eine Baggermaschine, einen Motor, eine Bandsäge, eine Theorie oder eine apriorische Denkfunktion in dieser Weise leer laufen läßt, dann wickelt sich ihre Funktion ipso facto ohne merkbare Reibung, Hitze und Geräusch ab, denn in sich widersprechen sich die Teile eines solchen Systems selbstverständlich nicht und passen wundervoll abgestimmt und intelligibel ineinander. Leer sind sie tatsächlich »absolut«, aber absolut leer. Erst wenn dem System Arbeit zugemutet wird, das heißt jene Leistung an der Außenwelt, in welcher der eigentliche und arterhaltende Sinn seiner ganzen Existenz gelegen ist, dann fängt die Sache an zu ächzen und zu krachen, wenn die Schaufeln der Baggermaschine ins Erdreich greifen, die Zähne der Bandsäge ins Holz – oder die Annahmen der Theorie ins einzuordnende Material empirischer Tatsachen. Dann entstehen grundsätzlich immer jene unerwünschten Nebengeräusche, die aus der unvermeidlichen Unvollkommenheit jedes natürlich gewordenen Systems – und andere gibt es für den Naturforscher nicht – herstammen. Gerade sie aber stellen die Auseinandersetzung des Systems mit der realen Außenwelt dar und sind in diesem Sinne die

Tür, durch die das An-Sich der Dinge in unsere Erscheinungswelt hereinlugt, die Tür, durch die der Weg der Erkenntnis weiterführt: Sie, und nicht das widerstandslose Leersurren des Apparates, sind die »Wirklichkeit«! Sie sind es daher auch, die wir unter die Lupe nehmen müssen, wenn wir die Unvollkommenheiten unseres Erfahrungs- und Denkapparates kennenlernen und über sie hinaus Erkenntnisse gewinnen wollen. Auf die Nebengeräusche muß methodisch geachtet werden, wenn die Maschine verbessert werden soll. Unvollkommen und irdisch sind die Grundlagen der reinen Vernunft genausogut wie die Bandsäge, aber auch genauso real. Unsere Arbeitshypothese lautet also: Alles ist Arbeitshypothese. Nicht nur die Naturgesetze, die wir durch individuell-menschliche Abstraktion a posteriori aus den Tatsachen unserer Erfahrung gewinnen, sondern auch die Gesetzlichkeiten der reinen Vernunft. Der Verstand ist nicht zur Erklärung der Erscheinungen zu gebrauchen, aber daß er sie uns in einer praktisch verwendbaren Form an die Projektionsleinwand unseres Erlebens wirft, das beruht auf der stammesgeschichtlich gewordenen, durch Jahrmilliarden erprobten Formulierung seiner Arbeitshypothesen! Santayana sagt: »Der Glaube an den Verstand ist der einzige Glaube, der sich bis jetzt durch seine Früchte gerechtfertigt hat. Wer aber ewig an der alten Form des Glaubens hängt, ist ein Don Quichote, der mit veraltetem Rüstzeug klappert. In der Naturphilosophie bin ich entschiedener Materialist, aber ich behaupte nicht, zu wissen, was Materie ist. Ich warte darauf, daß mir das die Männer der Wissenschaft sagen.«

Unsere Anschauung, daß alles menschliche Denken nur Arbeitshypothese sei, darf nicht als eine Herabsetzung des Wertes gesicherten Menschheitswissens ausgelegt werden. Wohl ist uns dieses Wissen nur Arbeitshypothese, wohl sind wir jeden Augenblick bereit, unsere liebsten Theorien über Bord zu werfen, wenn neue Tatsachen dies fordern. Aber wenn auch nichts »absolut wahr« ist, so ist doch jede Erkenntnis, jede neue Wahrheit ein Schritt in einer ganz bestimmten, definierbaren Richtung nach vorwärts: das absolut Existente wird durch sie von einer neuen, bisher unbekannten Seite her gefaßt, in bezug auf eine neue Eigenschaft bekannt. Wahr ist für uns diejenige Arbeitshypothese, die uns den Weg zum nächsten derartigen Erkenntnisschritt ebnet oder zumindest nicht verstopft. Rein methodisch muß sich die menschliche Wissenschaft wie ein Baugerüst verhalten, dessen Aufgabe in der Erreichung einer möglichst großen Höhe gelegen ist, deren absolutes Ausmaß aber bei Beginn des Baues durchaus nicht abzusehen ist. In dem Augenblick, in dem sich ein solcher Bau auf einen ein für allemal gesetzten Grundpfeiler festlegt, paßt dieser nur für ein Bauwerk von ganz bestimmter Form und Größe. Ist diese einmal erreicht und soll der Bau weitergehen, so muß der Grundpfeiler ab- und umgebaut werden, was für das gesamte Gebilde um so gefährlicher werden kann, je tiefer das Umzubauende in seiner Grundlage steckt. Da es zu den konstituierenden Eigenschaften aller wahren Wissenschaft gehört, daß ihr Bau grundsätzlich ins Unbegrenzte weiterwachsen soll, darf alles Maschinell-Systematische, alles, was festen Strukturen und Baugerüsten entspricht, immer nur den Charakter des Vorläufigen, jederzeit Veränderlichen und Vertauschbaren tragen. Die Tendenz, das eigene Bauwerk durch Absolut-Erklärung für alle Zukunft zu festigen, führt regelmäßig zum Gegenteil des beabsichtigten Erfolges: Gerade jene »Wahrheit«, die dogmatisch geglaubt wird, führt früher oder später zur Revolution, bei der dann nur allzuleicht mit den inzwischen überholten Fortschrittshemmnissen der alten Lehre ihr tatsächlicher Wahrheitsgehalt und Wert mit abgebaut und vergessen werden. Die schweren Kulturverluste, die so leicht die Folge von Revolutionen sind, sind ausschließlich Spezialfälle dieses Phänomens. Gerade, um zu verhindern, daß vor jedem Weiterbau das ganze bisherige Gebäude bis auf seine Grundlagen abgerissen werden muß, gerade, um den erreichten »gesicherten« Ergebnissen oder vielmehr deren Wahrheitsgehalt jenen Ewigkeitswert zu sichern, der ihm potentiell zukommt, muß der arbeitshypothetische Charakter aller Wahrheiten dauernd im Auge behalten werden.

Unsere Auffassung, daß die apriorischen Anschauungs- und Denkformen in ihrer besonderen Form wie jede andere organische Anpassung verstanden werden müssen, bringt es mit sich, daß sie für uns sozusagen »ererbte« Arbeitshypothesen sind, deren Wahrheitsgehalt sich zum absolut Seienden grundsätzlich ebenso verhält wie derjenige individuell geschaffener Arbeitshypothesen auch, wofern sich diese in der Auseinandersetzung mit der Außenwelt praktisch ebenso glänzend bewährt haben. Diese Auffassung vernichtet zwar unseren Glauben an die absolute Wahrheit irgendeines a priori denknotwendigen Satzes, verleiht uns aber andererseits die Überzeugung, daß jeder Erscheinung unserer Welt etwas Wirkliches »adäquat korrespondiert«. Selbst die kleinste Einzelheit der Erscheinungswelt, die uns von den angeborenen Arbeitshypothesen unserer Anschauungs- und Denkformen »vorgespiegelt« wird, ist deshalb tatsächlich ein Spiegelbild einer realen Gegebenheit, weil die apriorischen Vorformungen der Erscheinung zu dem, was sie wiedergeben, in jenem Verhältnis der Entsprechung stehen, die zwischen Organ und Außenwelt auch sonst besteht, ich erinnere an das Gleichnis von Fischflosse und Pferdehuf (S. 86). Wohl ist das Apriorische nur eine Schachtel, deren Form schlecht und recht auf die der abzubildenden Wirklichkeit paßt. Diese Schachtel aber ist unserer Forschung zugänglich, wenn wir auch das An-Sich der Dinge nicht anders als durch diese Schachtel erfassen können. Aber die Erfaßbarkeit der

Gesetzlichkeiten der Schachtel, des Instruments, macht durch sie hindurch das An-sich-Seiende relativ erfahrbar. Was wir nun in geduldiger empirischer Forschungsarbeit zu tun vorhaben, ist eine Erforschung des »Apriorischen« – in unserem Sinne –, also der »angeborenen« Arbeitshypothesen bei untermenschlichen Organismen, bei solchen also, deren Entsprechung zu den Einzelheiten der den Dingen an sich zukommenden Eigenschaften geringer ist als die des Menschen. Bei aller unglaublichen Treffsicherheit sind die angeborenen Schematismen der Tiere doch um so viel einfacher, in ihrem Raster – um bei diesem Gleichnis zu bleiben – gröber als die des Menschen, daß die Grenzen ihrer Leistung noch innerhalb des Meßbereichs unserer eigenen Aufnahmeapparatur fallen. Nehmen wir als Gleichnis den Auflösungsbereich eines mikroskopischen Objektivs: Die Feinheit der kleinsten, mit ihm noch sichtbaren Struktur des Objektes ist von dem Verhältnis von Öffnungswinkel und Brennweite, der sogenannten »numerischen Apertur«, abhängig. Es muß nämlich das erste Beugungsspektrum, das vom Strukturgitter entworfen wird, noch in die Frontlinse fallen, damit das Gitter als solches gesehen wird. Ist das nicht mehr der Fall, dann sieht man keine Struktur, sondern das Objekt erscheint glattflächig und merkwürdigerweise braun. Nehmen wir nun an, ich hätte nur ein Mikroskop. Dann würde ich sagen, Strukturen seien nur bis zu dieser oder jener Feinheit »denkmöglich«, feinere gäbe es nicht. Daneben gäbe es allerdings braune Objekte, aber diese Farbe habe doch nicht die geringsten Beziehungen zu den gesehenen Strukturen! Kennt man nun aber die Leistungen schwächer auflösender Objektive, die schon bei solchen Strukturen »braun« vermelden, die für das eigene Instrument noch als Strukturen sichtbar sind, so wird man auch den Braun-Meldungen dieses letzteren sehr skeptisch gegenüberstehen, es sei denn, man wäre größenwahnsinnig geworden und erkläre die eigene Aufnahmeapparatur nur aus dem einen Grund für absolut, daß sie eben einem selbst gehört. Ist man aber bescheidenerer Sinnesart, so wird man aus dem Vergleich der Leistungsgrenzen und Braun-Meldungen verschiedener Instrumente den richtigen Schluß ziehen, daß auch das stärkste gegenwärtig existierende Objektiv Strukturen, deren Feinheitsgrad gewisse Grenzen überschreitet, ebensowenig auflöst, wie einfachere Apparaturen dazu imstande sind. In methodisch ähnlicher Weise kann man zweifellos aus den Gemeinsamkeiten der funktionellen Beschränkung verschiedener Weltbildapparaturen sehr viel lernen, was für die Beurteilung der Leistungsgrenzen der höchsten auf diesem Planeten heute existierenden wichtige kritische Gesichtspunkte abgibt, die nicht mehr von der Warte einer noch höheren aus untersucht werden können.

Physiologisch betrachtet, ist es eine Selbstverständlichkeit, daß unser neutraler Weltbildapparat grundsätzlich den funktionellen Charakter des Rasters trägt, dessen plumpe Wiedergabe des Dings an sich keine feineren Punkte kennt, als seinen in endlicher Zahl vorhandenen Elementen entspricht. Genau wie das durch den Raster des photographischen Korns entstandene Bild läßt daher auch das von unserem Sinnes- und Verstandesapparat entworfene Weltbild, so selbstverständlich und real es bei oberflächlicher Betrachtung erscheint, keine unbegrenzte »Vergrößerung«, das heißt keine unbeschränkte Betrachtung von Einzelheiten zu. Wo immer das physikalische Weltbild des Menschen bis ins Atomare vorgedrungen ist, ergeben sich Ungenauigkeiten in der Übereinstimmung zwischen dem Apriorisch-«Denknotwendigen« und dem Empirisch-Wirklichen, gleich als ob das »Maß aller Dinge« für diese feineren Meßbereiche ganz einfach zu grob und ungefähr sei und nur im allgemeinen und wahrscheinlichkeitsmäßig-statistisch mit dem übereinstimme, was an den Dingen an sich erfaßt werden soll. Dies gilt heute in zunehmendem Maße für die Belange der Atomphysik, deren durchaus unanschauliche Vorstellungen nicht mehr unmittelbar erlebt werden können, denn nur, was in der grob vereinfachenden »Tastatur« unseres Zentralnervensystems geschrieben werden kann, vermögen wir unmittelbar erlebnismäßig »als Erfahrungen zu buchstabieren«, um Kants eigenen Ausdruck auf diesen physiologischen Tatbestand anzuwenden. Diese Tastatur aber kann bei verschiedenen Organismen einfacher und komplexer, primitiver und höher differenziert sein. Im Gleichnis des Rasters dargestellt, entspricht das bestmögliche Bild, das sich in einer Apparatur von gegebenem Feinheitsgrade wiedergeben läßt, etwa jenen Darstellungen, wie sie in den bekannten Kreuzstich-Stickereien entstehen, die auf Gardinen, Tischtüchern und ähnlichem Hirsche, Blumen und andere durchaus rundkonturige Dinge aus den Elementen kleiner Rechtecke aufbauen. Die Eigenschaft des »Zusammengesetztseins aus Quadraten« kommt den dargestellten Dingen an sich also keineswegs zu, sondern beruht auf einer dem Bildapparat anhängenden Eigenheit, die man als technisch unumgängliche Leistungsbeschränkung kennzeichnen kann. Ähnliche Leistungsbeschränkungen dürften wohl jedem Weltbildapparat schon wegen seiner Zusammensetzung aus zelligen Elementen ebenfalls anhängen, was zum Beispiel für den Gesichtssinn durchaus erwiesen ist. Untersucht man nun methodisch, was die Darstellung im Kreuzstich über die Form auszusagen erlaubt, die dem dargestellten Dinge an sich zukommt, so ergibt sich, daß die Genauigkeit der Aussage von dem Größenverhältnis zwischen Bild und Raster abhängig ist. Springt aus einer geradlinigen Kontur der Stickerei ein Quadrat vor, so weiß man, daß hinter ihm eine tatsächliche Ausladung des dargestellten Dinges steckt, nicht aber, ob diese genau das ganze Rasterquadrat oder nur dessen kleinsten Teil ausfüllt. Diese Frage kann nur mit Hilfe des nächstfeineren Rasters entschieden werden. Aber hinter jeder Einzelheit, die auch der gröbste Raster wiedergibt, steckt ganz sicher etwas Wirkliches, ganz einfach deshalb, weil sonst die betreffende Rastereinheit nicht angesprochen hätte. Was nun hinter der Meldung der feinsten existenten Rastereinheit steckt, ob viel oder wenig vom Kontur des Abzubildenden in ihren Bereich hineinragt, das zu beurteilen, steht uns kein Mittel zur Verfügung, insofern bleibt die grundsätzliche Unerkennbarkeit der letzten Einzelheit des an sich Existenten für uns voll bestehen. Nur davon sind wir überzeugt, daß alle Einzelheiten, die unsere Apparatur wiedergibt, tatsächlichen Gegebenheiten am An-Sich der Dinge adäquat korrespondieren. Von dieser durchaus realen und gesetzmäßigen Korrelation zwischen dem Realen und der Erscheinung wird man immer fester überzeugt, je mehr man sich mit dem Vergleich möglichst verschiedener Weltbildapparaturen von Tieren und Menschen abgibt. Die Kontinuität des An-sich-Bestehenden, die sich aus solchen Vergleichen in überzeugendster Weise ergibt, ist völlig unvereinbar mit der Annahme eines alogischen, von außen her bestimmten Verhältnisses zwischen An-Sich und Erscheinung der Dinge.

Wir glauben durch solche vergleichende Forschung der hinter den Erscheinungen steckenden, allen Organismen gleichsinnig zugeordneten einzigen und wirklichen Welt um einen grundsätzlichen Schritt näherkommen zu können, wofern es uns gelingt, zu zeigen, daß verschiedene apriorische Geformtheiten möglichen Reagierens und somit möglicher Erfahrung dieselbe Gesetzlichkeit des real Existenten erfahrbar machen und praktisch-arterhaltend beherrschen. Verschiedene derartige Anpassungen an ein und dieselbe Gesetzmäßigkeit werden unseren Glauben an deren Realität mit der gleichen Berechtigung verstärken, wie der Glaube des Richters an die Tatsächlichkeit eines Vorganges dadurch bestärkt wird, daß verschiedene, voneinander unbeeinflußte Zeugen zwar nicht gleiche, aber einander weitgehend entsprechende Schilderungen von ihm geben. Nun schlagen sich tatsächlich Organismen, die geistig um sehr vieles niedriger stehen als der Mensch, ganz offensichtlich mit denselben Gegebenheiten herum, die in unserer Welt durch die Anschauungsformen von Raum und Zeit und durch die Kategorie der Kausalität erfahrbar gemacht werden, nur tun sie das mittels ganz anderer, viel einfacherer, zum Teil auch schon der kausalen Analyse zugänglicher Leistungen. Wenn auch die genannten apriorischen Denk- und Anschauungsformen des Menschen der Kausalanalyse vorläufig noch durchaus unzugänglich bleiben, so verzichten wir doch als Naturforscher grundsätzlich darauf, die Existenz des Apriori, überhaupt die der reinen Vernunft, von einem außernatürlichen

Prinzip her zu erklären. Wir betrachten vielmehr jeden derartigen Erklärungsversuch als eine völlig willkürliche, völlig dogmatische Grenzziehung zwischen dem Noch-Rationalisierbaren und dem Nicht-mehr-Rationalisierbaren, die als Forschungshemmnis in ganz gleicher Weise schweren Schaden gestiftet hat wie ähnliche Forschungsverbote vitalistischer Denker.

Die Methode, deren wir uns bei dieser Forschung bedienen, ist aus den am Gleichnis vom Mikroskop erläuterten Gründen die einer Apparatenkunde. Wir können grundsätzlich nur die Funktion niedrigerer Vorstufen unserer eigenen Anschauungs- und Denkformen einsehen und beurteilen. Nur wo wir an diesen Gesetzmäßigkeiten aufzeigen können, die unserer eigenen Apparatur ebenfalls noch anhaften, können wir vom Einfacheren her Eigenschaften des menschlichen Apriori aufhellen und vor allem auch Rückschlüsse auf die Kontinuität der hinter den Erscheinungen steckenden Welt ziehen. Verhältnismäßig gut gelingt ein derartiges Unterfangen gegenüber der apriorischen Anschauungsform des Raumes und der Kategorie der Kausalität. Sehr viele Tiere erfassen die ihnen gegenüberstehende »räumliche« Strukturierung ihrer Welt nicht so, wie wir es tun. Wir können uns aber deshalb eine ungefähre Vorstellung davon machen, wie »Räumliches« im Weltbild eines solchen Wesens aussieht, weil wir neben unserer Raumerfassung noch die gleiche Fähigkeit zum Meistern räumlicher Aufgaben besitzen. Die meisten Reptilien, Vögel und niederen Säuger beherrschen die Probleme des Raumes durchaus nicht, so wie wir es tun, durch eine gleichzeitige, anschauliche Übersicht über seine Gegebenheiten, sondern durch Auswendiglernen. Eine Wasserspitzmaus zum Beispiel lernt, wenn man sie in eine neue Umgebung bringt, zunächst durch langsames, dauernd durch Schnüffeln und Tasten mit den Schnurrhaaren gesteuertes Herumkriechen allmählich alle dort möglichen Wege in der Weise auswendig, wie etwa ein Kind Klavierstücke auswendig lernt. In dem mühsamen, stückhaften Hintereinander der Bewegungsglieder entstehen zunächst kurze Stellen, an denen ein glatterer Zusammenschluß der Teile erfolgt, die »gekonnte Bewegung«. Und diese, sich durch kinästhetisches Einschleifen festigenden und glättenden Bewegungsformen breiten sich immer mehr aus und fließen schließlich zu einem untrennbaren Ganzen zusammen, das, glatt und schnell ablaufend, keine Ähnlichkeit mehr mit den ursprünglichen Suchbewegungen hat. Diese so mühsam erworbenen und so ungemein glatt und schnell ablaufenden Bewegungsfolgen gehen nun durchaus nicht den »kürzesten Weg«. Es ist vielmehr weitgehend vom Zufall abhängig, welche Form eine solche Wegdressur im Raume hat. Es kommen selbst Überschneidungen des geschlängelten Weges mit sich selbst vor, ohne daß das Tier unbedingt bemerken muß, wie nahe das Ziel des Weges durch Abschneiden des überflüssigen Wegstückes gebracht werden kann [1].

Für ein Tier, das, wie die Wasserspitzmaus, seinen Lebensraum so gut wie ausschließlich durch Wegdressuren beherrscht, gilt der Satz, daß die Gerade die kürzeste Verbindung zweier Punkte sei, schlechterdings nicht. Wollte sie die Gerade steuern, was grundsätzlich im Bereich ihrer Fähigkeiten liegt, so müßte sie dauernd schnüffelnd und schnurrhaartastend unter Verwendung des leistungsschwachen Auges auf das Ziel losgehen und würde dabei viel mehr

---

[1] Ratten und andere Säuger, die geistig höher stehen als die Wasserspitzmaus, merken solche Abkürzungsmöglichkeiten sofort. An einer Graugans erlebte ich einen hochinteressanten Fall, in dem die Möglichkeit der Abkürzung einer Wegdressur zweifellos gesehen, aber dennoch nicht benutzt wurde. Dieser Vogel hatte als kleines Küken die Wegdressur erworben, die zur Tür unseres Hauses herein und über eine Freitreppe zwei Stockwerke hoch in mein Zimmer führte, in dem die Gans nächtigte. Am Morgen verließ sie es fliegend durch das Fenster. Bei Einschleifen der Dressur war nun die junge Wildgans in dem noch fremden Treppenhaus zunächst an der unteren Stufe vorbei auf ein großes Fenster zugelaufen. Sehr viele Vögel streben bei Beunruhigung dem Hellen zu, und so entschloß sich auch diese Gans erst, nachdem sie sich etwas beruhigt hatte, vom Fenster weg und auf den Treppenabsatz zu kommen, auf den ich sie führen wollte. Dieser Umweg zum Fenster blieb nun ein für allemal ein unentbehrlicher Teil der Wegdressur, die die Wildgans zu ihrem Schlafplatz durchlaufen mußte. Der sehr steile Umweg zum Fenster und zurück wirkte, da sein ursprüngliches Motiv, die der Beunruhigung entspringende Dunkelscheu, nunmehr durchaus fehlte, ungemein mechanisch, fast wie eine gewohnheitsmäßig abzuhandelnde Zeremonie. Im Laufe der nahezu vollen zwei Jahre, während deren die Wegdressur an dieser Gans bestand, schliff sich der Umweg ganz allmählich ab, das heißt, die ursprünglich fast bis zum Fenster und zurück gehende Linie hatte sich bis zu einem spitzen Winkel »abgeflacht«, mit dem die Gans aus der Richtung zum Fenster abwich und die unterste Stufe an ihrem fensterseitigen Ende erstieg. Dieses Abschleifen des Unnötigen hätte etwa in weiteren zwei Jahren zum Erreichen des tatsächlich kürzesten Weges geführt und hatte mit Einsicht sicherlich gar nichts zu tun. Wohl aber ist eine Gans an und für sich zum einsichtigen Finden einer so einfachen Lösung grundsätzlich befähigt, nur siegt die Gewohnheit eben über die Einsicht oder verhindert sie. Eines Abends nun ereignete sich folgendes: Ich hatte vergessen, die Wildgans ins Haus zu lassen, und als ich mich schließlich ihrer erinnerte, stand sie sehr ungeduldig auf der Türschwelle und lief sofort eilig an mir vorüber und – zu meinem großen Erstaunen – zum erstenmal auf dem kürzesten Wege auf die Treppe hinauf. Aber schon auf der dritten Stufe blieb sie stehen, machte einen langen Hals, stieß den Warnlaut aus, kehrte um, stieg die drei Stufen wieder herunter, vollzog eilig und »formal« den Umweg zum Fenster und ging sodann völlig beruhigt auf dem gewöhnlichen Wege treppauf. Hier war also ganz offensichtlich die Möglichkeit der einsichtigen Lösung nur durch das Vorhandensein der dressurmäßigen blockiert!

Zeit und Energie verbrauchen als auf dem auswendig gekonnten Weg. Daß vielleicht zwei auf diesem Wege ziemlich weit auseinanderliegende Punkte räumlich nahe aneinanderliegen, weiß das Tier nicht, auch ein Mensch kann sich, zum Beispiel in einer fremden Stadt, ebenso verhalten. Allerdings gelingt uns Menschen unter solchen Umständen früher oder später der räumliche Überblick, der uns die Möglichkeit geradliniger Abkürzung erschließt. Die Wanderratte, die geistig um sehr viel höher steht als die Spitzmaus, findet ebenfalls sehr bald Abkürzungen. Die Wildgans könnte, wie wir gesehen haben, ein Gleiches leisten, tut es aber aus gleichsam religiösen Gründen nicht; sie wird daran durch jene eigenartige innere Hemmung verhindert, die auch primitive Menschen so sehr ans Gewohnte bindet. Der biologische Sinn dieses starren Festhaltens an der »Tradition« ist leicht verständlich: Für einen Organismus, der über einen räumlich-zeitlich-kausalen Überblick über eine bestimmte Situation nicht verfügt, wird es allemal rätlich sein, an dem als ungefährlich und erfolgreich erprobten Verhalten starr festzuhalten. Das sogenannte magische Denken durchaus nicht nur der primitiven Menschen ist mit diesen Phänomenen nah verwandt. Bei gewissen Aberglauben, man denke etwa an das bekannte »Einszweidrei auf Holz«, ist das Motiv »Man kann doch nicht wissen, was geschieht, wenn man's unterläßt«, sehr deutlich.

Für den richtigen Kinästhetiker, wie die Wasserspitzmaus, ist es aber buchstäblich nicht denkmöglich, eine Abkürzung zu finden. Vielleicht lernt sie eine solche, wenn sie durch äußere Umstände dazu gezwungen wird, aber dann nur, indem sie eben wieder auswendig lernt, nur diesmal eben einen neuen Weg. Sonst aber ist für sie zwischen je zwei Schlingen ihres Weges eine undurchdringliche Wand, selbst dann, wenn sich die Schlingen fast oder wirklich berühren. Wie viele prinzipiell ebenso einfache neue Lösungsmöglichkeiten mögen wohl wir Menschen im Kampf mit unseren täglichen Problemen in grundsätzlich gleicher Blindheit übersehen? Dieser Gedanke drängt sich mit zwingender Wucht demjenigen auf, der im unmittelbaren Zusammenleben mit Tieren einerseits ihre vielen menschenähnlichen Züge und zugleich ihre starren Leistungsgrenzen kennengelernt hat. Nichts ist so sehr dazu angetan, den Forscher vor seiner eigenen Gottähnlichkeit bange zu machen und ihm eine sehr heilsame Bescheidenheit beizubringen.

Physiologisch gesehen ist die Raumbeherrschung der Wasserspitzmaus eine Reihe von bedingten Reflexen und von kinästhetisch eingeschliffenen Bewegungen. Sie reagiert auf die bekannten Steuerungsmarken ihres Weges mit bedingten Reflexen, die weniger eine Steuerung als eine Kontrolle dafür sind, daß sie sich noch auf dem richtigen Wege befindet, denn die auswendig gekonnte kinästhetische Bewegung ist ja so präzise und genau, daß die Sache fast ohne optische oder taktile Steuerung abgeht, wie bei einem guten Klavierspieler, der die Noten oder Tasten kaum anzublicken braucht. Diese Reihenbildung von bedingten Reflexen und gekonnten Bewegungen ist nun aber durchaus nicht nur ein räumliches, sondern ein raumzeitliches Gebilde. Es ist nur in einer Richtung produzierbar. Rückläufig führen ganz andere Dressuren, ein Verkehrt-Abspielen der angelernten Wege ist genauso unmöglich wie etwa ein Verkehrt-Aufsagen des Alphabetes. Unterbricht man nun das auf seiner Wegdressur entlanglaufende Tier, etwa in der beschriebenen Weise durch Wegnehmen eines zu überspringenden Hindernisses, so ist es desorientiert und versucht die Kette der eingeschliffenen Glieder an einer früheren Stelle wieder anzuknüpfen; es läuft also zurück, sucht, bis es wieder in seinen Wegmarken orientiert ist, und probiert es noch einmal. Ganz wie ein kleines Mädchen, das beim Gedichtaufsagen unterbrochen wird.

Eine ganz ähnliche Beziehung, wie wir sie eben zwischen der Disposition zum Auswendiglernen von Wegen und der menschlichen Anschauungsform des Raumes fanden, besteht zwischen der Disposition zur Ausbildung bedingter Reflexe, kurz, zur Assoziation und der menschlichen Kategorie der Kausalität. Der Organismus lernt, daß ein bestimmter Reiz, etwa das Erscheinen des Pflegers, einem biologisch relevanten Erlebnis, etwa der Fütterung, immer vorangeht, es »assoziiert« diese beiden Ereignisse und behandelt das erste als Signal für das sichere Eintreten des zweiten, indem es vorbereitendermaßen mit seinen Reaktionen, wie etwa dem von Pawlow untersuchten Speichelreflex, schon auf den ersten Reiz hin einsetzt. Diese Verbindung einer Erfahrung mit dem regelmäßig auf sie folgenden post hoc hat mit kausalem Denken gar nichts zu schaffen. Man bedenke, daß man zum Beispiel die Nierensekretion, also einen völlig unbewußten Vorgang, auf bedingte Reize dressieren kann! Der Grund, daß von den verschiedensten Denkern dennoch post hoc mit propter hoc gleichgesetzt und verwechselt wurde, liegt darin, daß die Disposition zum Assoziieren und das kausale Denken biologisch tatsächlich Gleiches leisten, sozusagen Organe zur Auseinandersetzung mit derselben realen Gegebenheit sind.

Diese Gegebenheit ist ohne allen Zweifel die im ersten Hauptsatz der Physik enthaltene Naturgesetzlichkeit. Der »bedingte Reflex« entsteht, wenn ein bestimmter Außenreiz, der an sich für den Organismus bedeutungslos ist, mehrmals von einem anderen, biologisch bedeutungsvollen, das heißt unbedingt reaktionsauslösenden, gefolgt wird. Das Tier verhält sich von nun ab, »als ob« der erste Reiz ein sicheres Vorzeichen für das zu erwartende, biologisch bedeutsame Ereignis sei. Dieses Verhalten hat offensichtlich nur dann einen arterhaltenden Sinn, wenn auch im Gefüge des Realen ein Zusammenhang zwischen dem ersten, »bedingten«, und dem zweiten, »unbedingten«, Reiz besteht. Ein gesetzmäßiges zeitliches Nacheinander von verschiedenen Geschehnissen kommt in der Natur aber immer nur dort vor, wo ein bestimmtes Energiequantum durch Kraftverwandlung hintereinander in verschiedenen Erscheinungsformen auftritt. Zusammenhang bedeutet also an sich schon »kausaler Zusammenhang«. Der bedingte Reflex »vertritt die Hypothese«, daß zwei mehrmals in bestimmter Reihenfolge auftretende Reize Erscheinungsformen des gleichen Energiequantums seien. War diese Voraussetzung falsch und das die Assoziation bedingende mehrmalige Nacheinander der Reize nur ein rein zufälliges, wahrscheinlich nie wiederkehrendes »post hoc«, so war die Ausbildung der bedingten Reaktion eine dysteleologische Fehlleistung einer im allgemeinen und wahrscheinlichkeitsmäßig arterhaltend sinnvollen Disposition.

Die Kategorie der Kausalität, die wir heute nur erkenntniskritisch untersuchen können, da wir von ihren physiologischen Grundlagen keine Ahnung haben, ist in ihrer biologischen Funktion ein Organ zum Erfassen derselben Naturgesetzlichkeit, auf welche die Disposition zum Erwerben bedingter Reflexe zielt: Wir können den Begriff von Ursache und Wirkung nicht anders definieren als durch die Feststellung, daß die Wirkung von der Ursache her in irgendeiner Form Energie bezieht. Das eigentliche Wesen des »propter hoc«, das allein es von einem »regelmäßigen post hoc« qualitativ unterscheidet, liegt sicherlich darin, daß Ursache und Wirkung aufeinanderfolgende Glieder in der unendlichen Kette von Erscheinungsformen sind, welche die Energie im Laufe ihrer unvergänglichen Existenz annimmt.

Gerade bei der Kategorie der Kausalität ist der Versuch lehrreich, sie im Sinne Wundts als sekundäre Abstraktion aus vorangegangener Erfahrung zu erklären: Versucht man dies, so gelangt man immer nur zu der Definition eines »regelmäßigen post hoc«, nie zu jener hoch spezifischen Qualität, die in jedem, schon vom Kleinkind sinngemäß gebrauchten »Warum« und »Weil« wesenhaft a priori drinsteckt. Es sei denn, man mute schon diesem Kleinkind die Fähigkeit zu, einen Tatbestand abstrakt zu fassen, den erst 1842 J. R. Mayer in eine objektive, das heißt rein physikalische Form bringen konnte, während Joule in einem 1847 gehaltenen Vortrag (»On matter, living force and heat«, London 1884, S. 265) überraschenderweise einfach erklärt, es sei »absurd« anzunehmen, lebendige Kraft könne zerstört werden, ohne in irgendeiner Weise ein Äquivalent zu erstatten. Der große Physiker nimmt also hier völlig naiv einen genaugenommen rein erkenntniskritischen Standpunkt ein, und es wäre eine geistesgeschichtlich hochinteressante Frage, ob er, wie es nach obiger Äußerung fast scheinen will, bei seiner Entdeckung des Wärme-Äquivalents von der apriorischen »Denkunmöglichkeit« der Zerstörung und Erschaffung der Energie ausgegangen ist. Daß Kausalität tatsächlich a priori etwas anderes ist als die noch so unausbleibliche Aufeinanderfolge zweier Geschehnisse, zeigt sich gut an folgendem: Zwei regelmäßige Nebenerscheinungen einer einzigen Energieverwandlungskette, von denen die zeitlich spätere nicht ihre Energie aus der vorhergehenden bezieht, sondern die beide voneinander unabhängige Seitenketten einer verzweigten Kausalkette sind, passen nicht in unser apriorisches Schema von Ursache und Wirkung. Es kann der Fall eintreten, daß ein Ereignis regelmäßig zwei Wirkungen hat, von denen die eine schneller eintritt als die andere, somit als Erfahrung dieser stets vorangeht. So folgt für uns der Blitz rascher auf die elektrische Entladung als der Donner. Dennoch ist für den Einsichtigen die optische Erscheinung durchaus nicht die Ursache der akustischen! Man wird mir hier vielleicht einwenden, diese Erwägungen seien eine Haarspalterei, und für sehr viele naive Menschen sei eben doch der Blitz die Ursache des Donners. Dem ist zu erwidern, daß unser kausales Denken eben gerade dazu da ist, uns von solchen primitiven Auffassungen freizumachen und dem realen Zusammenhang der Dinge um einen Schritt näherzukommen. Die heutige Menschheit lebt von dieser Funktion der angeborenen Kategorie der Kausalität!

Wir wollen nun methodisch von der höheren Warte der menschlichen Anschauungsform des Raumes und der Kategorie der Kausalität aus die funktionell analogen Leistungen der Tiere kritisieren, zuerst die Disposition zum kinästhetischen Auswendiglernen von Wegen, dann die Disposition zum blinden Assoziieren aufeinanderfolgender Ereignisse. Ist es »wahr«, was die Wasserspitzmaus vom Räumlichen »weiß«? Das Lernen bringt bei ihr eine »ordo et connectio idearum« zustande, die in unserem Weltbild auch zu sehen ist: nämlich das perlschnurartige Aufgefädeltsein der Orte und Bewegungsteile. Ihr räumliches Ordnungsschema hat durchaus recht – soweit es reicht! Auch in unserer Anschauung ist die Perlschnur sichtbar, das Hintereinander der Glieder ist wahr. Nur sind für uns noch eine Unzahl weiterer Gegebenheiten da, sind wahr, die der Maus fehlen, zum Beispiel die Möglichkeit, Wegschlingen abzukürzen. Auch pragmatisch betrachtet, ist unsere Anschauung also in höherem Grade wahr als das, was im Weltbild des Tieres zum Ausdruck kommt.

Ganz ähnliches kommt heraus, wenn wir die Disposition zum Assoziieren mit unserem kausalen Denken konfrontieren: Auch hier gibt die niedrigere, primitivere Wiedergabe des Tieres einen Zusammenhang zwischen den Ereignissen, der auch für unsere Denkform vorhanden ist: die zeitliche Relation zwischen Ursache und Wirkung. Die tiefere, für unser kausales Denken wesentliche Tatsache des Energie-Bezuges seitens Wirkung von der Ursache ist dem rein assoziativen Denken gar nicht gegeben. Auch hier entspricht also die niedrigere Denkform apriorisch adäquat der Realität höherer Ordnung, aber wieder nur, soweit sie eben reicht. Auch hier ist die menschliche Denkform vom Standpunkt des Pragmatisten wahrer, denn was leistet sie nicht alles, was der reinen Assoziation nicht möglich ist! Wir leben ja, wie gesagt, alle von der Arbeit dieses wichtigen Organs so gut wie von unserer Hände Arbeit.

Bei aller Betonung dieser Unterschiede im Grade der Entsprechung zwischen Weltbild und Wirklichkeit dürfen wir nicht einen Augenblick vergessen, daß sich eben auch schon in den primitivsten »Rastern« organismischer Weltbildapparaturen Wirkliches spiegelt. Dies ist deshalb zu betonen wichtig, weil wir Menschen sehr verschieden funktionierende derartige Apparate nebeneinander benutzen. Die Fortschritte unserer Naturforschung haben grundsätzlich immer eine gewisse Tendenz zur Ent-Anthropomorphisierung unseres Weltbildes, wie von Bertalanffy sehr richtig gezeigt hat. Aus dem sinnlich-anschaulichen Phänomen des Lichtes werden völlig unanschauliche Vorstellungen von Wellenvorgängen, aus der ebenso anschaulichen Materie desgleichen. Die selbstverständlich erfaßbare Kausalität wird durch die Wahrscheinlichkeitsbetrachtung und arithmetische Berechnungen ersetzt usw. Man kann tatsächlich sagen, daß unter unseren Anschauungsformen und Kategorien »anthropomorphe« und »weniger anthropomorphe«, mit anderen Worten speziellere und allgemeinere sind. Zweifellos könnte auch ein vernünftiges Wesen, dem der Gesichtssinn fehlt, die Wellentheorie des Lichtes begreifen, während ihm die Anschaulichkeit des spezifisch-menschlichen Sinneseindruckes nicht vermittelt werden könnte. Das Absehen von speziell menschlichen Strukturen, wie es im höchsten Maße in allen mathematischen Betrachtungen der theoretischen Naturwissenschaften getrieben wird, darf keineswegs zu der Anschauung verleiten, als ob den weniger anthropomorphen Vorstellungen ein höherer Grad der Wirklichkeit, das ist der Annäherung ans An-Sich der Dinge zukomme als den naiv anschaulichen. Die primitivere Wiedergabe steht nämlich zum absolut Existenten in einer durchaus ebenso realen Beziehung wie die höhere. So bildet der Weltbildapparat des rein assoziativ denkenden Tieres aus dem Tatbestand der Energieverwandlung nur das eine Detail ab, daß ein bestimmtes Ereignis einem anderen zeitlich vorangeht. Man kann nun keineswegs behaupten, die Aussage, daß eine Ursache einer Wirkung vorausgehe, sei weniger wahr als diejenige, daß die Wirkung durch Energieverwandlung aus der vorangehenden Erscheinung hervorgehe. Der Fortschritt vom Einfacheren zum Differenzierteren liegt hier wie überall darin, daß weitere, neue Bestimmungen zu den bereits vorhandenen hinzukommen. Wenn bei einem solchen Fortschreiten von einer primitiveren Weltwiedergabe zu einer höher differenzierten gewisse, in der ersten dargestellte Gegebenheiten in der zweiten vernachlässigt werden, liegt nur ein Standpunktwechsel, nicht aber eine Annäherung an das absolut Existente vor, denn die primitivste Reaktion eines Einzellers spiegelt genauso eine Seite der allen Organismen gleichsinnig zugeordneten Welt wider wie die Berechnungen eines Homo sapiens, der theoretische Physik treibt. Aber wieviel es außer den in unserem Weltbild wiedergegebenen Tatsachen und Beziehungen in der absoluten Wirklichkeit noch gibt, können wir grundsätzlich ebensowenig ahnen, wie die Spitzmaus ahnt, daß sie auf ihren krummen Wegdressuren so manchen Umweg abkürzen könnte.

Bezüglich der absoluten Gültigkeit unserer »Denknotwendigkeiten« sind wir demnach sehr bescheiden: Wir glauben nur, daß sie in einigen Einzelheiten mehr dem wirklich Seienden entsprechen als die der Wasserspitzmaus. Wir sind uns vor allem voll bewußt, daß wir ganz sicher für ebenso viele weitere Dinge ebenso blind sind wie jenes Tier, daß uns für unendlich vieles Wirkliche das wahrnehmende Organ ebenso fehlt. Die Anschauungsformen und Kategorien sind für uns nicht der Geist, sondern Maschinen, die von ihm benutzt werden, angeborene Strukturen, die wie alles Feste einerseits stützen, andererseits steif machen. Insofern krankt Kants großartige Konzeption des Freiheitsgedankens als der Verantwortlichkeit des denkenden Wesens vor dem Weltganzen daran, daß er sie an die starr-maschinellen Gesetzlichkeiten der reinen Vernunft gefesselt hat. Gerade das Apriorische und die vorgeformten Denkweisen sind als solche durchaus nicht spezifisch menschlich: Spezifisch menschlich ist dagegen der bewußte Drang, sich nicht festzufahren, nicht zum Schienenfahrzeug zu werden, sondern die jugendliche Weltoffenheit als Dauerzustand zu bewahren und in dauernder Wechselwirkung mit dem wirklich Existenten diesem Wirklichen näherzukommen. Als Biologen sind wir bescheidener bezüglich der Stellung des heutigen Menschen im Naturganzen, aber anspruchsvoller in bezug auf das, was die Zukunft uns an Erkenntnissen noch bringen mag. Die Absolutsetzung des Menschen, die Aussage, daß alle überhaupt denkbaren vernünftigen Wesen – und seien es Engel! – an die Denkgesetze von *Homo sapiens* L. gebunden sein müßten, erscheint uns als eine geradezu unbegreifliche Überheblichkeit. Was wir für die verlorene Illusion von der Sondergesetzlichkeit des Menschen eintauschen, ist die Überzeugung, daß er in seiner Weltoffenheit grundsätzlich fähig ist, in seinem Forschen wie in seiner überindividuellen Artentwicklung über sich selbst, ja sogar über die apriorischen Geformtheiten seines Denkens hinauszuwachsen und grundsätzlich Neues, Niedagewesenes zu schaffen und zu erkennen. Wofern er von dem Willen beseelt bleibt, nicht jeden neuen Gedanken nach Art von Nietzsches Lavatropfen von der Hülle der sich um ihn kristallisierenden Gesetze erdrücken zu lassen, wird dieser Entwicklung so bald kein wesentliches Hemmnis in den Weg treten. Darin liegt unser Begriff der Freiheit, darin liegt auch das Großartige und, zumindest auf diesem Planeten, vorläufig Einzigartige des Menschengehirnes, daß es trotz aller gigantischen Differenzierung und Strukturierung ein Organ ist, dessen Funktion die proteushafte Veränderlichkeit, das lavahafte Sich-Aufbäumen gegen die eigenen strukturbedingten Funktionsbeschränkungen in einem Ausmaß besitzt, das sonst nicht einmal dem feste Strukturen entbehrenden Protoplasma zukommt.

Was würde Kant zu alledem sagen? Würde er unsere völlig natürliche Deutung der für ihn außernatürlichen Gegebenheiten der menschlichen Vernunft als jene Profanierung des Heiligsten empfinden, die sie in den Augen der meisten Neukantianer ist? Oder würde er sich angesichts des Entwicklungsgedankens, der ihm manchmal so nahe zu liegen schien, mit unserer Auffassung befreundet haben, daß die organische Natur kein amoralisches, von Gott verlassenes Etwas, sondern in allem ihrem schöpferischen Entwicklungsgeschehen grundsätzlich ebenso »heilig« ist wie in den höchsten Leistungen dieses Geschehens, in Vernunft und Moral des Menschen? Wir sind geneigt, dies zu glauben, denn wir glauben, daß die Naturforschung nie eine Gottheit zerschlagen kann, sondern immer nur die tönernen Füße eines von Menschen gemachten Götzen. Demjenigen gegenüber, der uns vorwirft, es an der nötigen Ehrfurcht vor der Größe unseres Philosophen fehlen zu lassen, berufen wir uns auf Kant selbst: »Wenn man einen gegründeten, obzwar nicht ausgeführten Gedanken anfängt, den uns ein anderer hinterlassen, so kann man wohl hoffen, es bei fortgesetztem Nachdenken weiter zu bringen, als der scharfsinnige Mann kam, dem man den Funken des Lichtes zu verdanken hatte.« Die Entdeckung des Apriorischen ist jener Funke, den wir Kant verdanken, und sicherlich ist es unsererseits keine Überheblichkeit, an Hand neuer Tatsachen eine Kritik an der Auslegung des Entdeckten zu üben, wie wir es bezüglich der Herkunft der Anschauungsformen und Kategorien an Kant taten. Diese Kritik setzt den Wert der Entdeckung ebensowenig herab wie den des Entdeckers. Wer dennoch nach dem verkehrten Grundsatz »Omnia naturalia sunt turpia« in unserem Versuch, die Vernunft des Menschen von natürlicher Seite her zu sehen, eine Entweihung von Heiligem sieht, dem gegenüber berufen wir uns wiederum auf Kant selbst: Die göttliche Anordnung »muß zwar, wenn von der Natur im Ganzen die Rede ist, unvermeidlich unsere Nachfrage beschließen;

aber bei jeder Epoche der Natur, da keine derselben in einer Sinnenwelt als die schlechthin erste angegeben werden kann, sind wir darum von der Verbindlichkeit nicht befreit, unter den Welturachen zu suchen, soweit es uns nur möglich ist, und ihre Kette nach uns bekannten Gesetzen, solange sie aneinanderhängt, zu verfolgen«.

# Evolution des Verhaltens
(1975)

## I. Vorgeschichte der Verhaltensforschung

Ich möchte zunächst versuchen, den Gang der Forschung darzustellen, der zu unseren heutigen Vorstellungen vom Verlauf der Verhaltens-Evolution geführt hat. Daß Verhaltensweisen überhaupt evoluieren, schien lange Zeit durchaus nicht selbstverständlich. Fragestellung und Methodik einer vergleichenden Forschung, wie sie nach den Erkenntnissen Darwins in allen anderen Zweigen der Biologie längst selbstverständlich waren, sind verhältnismäßig spät auf das Verhalten von Tier und Mensch angewendet worden. Dem stand der erbitterte Meinungsstreit im Wege, der zwischen der vitalistisch denkenden Schule Mc Dougalls und dem *Behaviorismus* ausgefochten wurde. Erstere betrachtete den Instinkt als einen außernatürlichen Faktor, der einer natürlichen Erklärung weder bedürftig noch zugänglich ist; für die Behavioristen hingegen, zum Beispiel für J. B. Watson, gab es einfach kein angeborenes, das heißt stammesgeschichtlich gewordenes und erblich festgelegtes Verhalten. Ihnen galt die bedingte Reaktion als das einzige Element, aus dem sich schlechterdings alles erklären läßt, was Tiere und Menschen überhaupt tun. So blieb das reiche Feld der erblichen Verhaltensweisen als Niemandsland zwischen den Fronten antagonistischer Dogmen unbeackert liegen.

Die dem Naturforscher banal scheinende Erkenntnis, daß alle arterhaltend zweckmäßigen Verhaltensweisen die physiologische Funktion von Strukturen sind, die sich wie alle arterhaltend wirksamen Strukturen im Laufe der Evolution in Anpassung an eben diese Leistungen entwickelt haben, hat sich auch heute noch nicht bei allen Schulen der Verhaltensforschung durchgesetzt, noch weniger bei denen der Psychologie und der Soziologie.

## II. Die Auffindung homologer Verhaltensweisen

Daß Verhaltensweisen – und das heißt natürlich die ihnen zugrunde liegenden Strukturen – sich in der Phylogenese genauso verhalten wie alle anderen Organe auch, haben unabhängig voneinander zwei Zoologen entdeckt: Charles Otis Whitman und Oskar Heinroth. Beide waren Vogelliebhaber und in je eine Ordnung von Vögeln »vernarrt«, Whitman in die Tauben, Heinroth in die Entenvögel. Beide waren primär an der Biologie und an der Stammesgeschichte ihrer Vogelgruppe interessiert und suchten, wie gute Taxonomen das eben tun, nach möglichst vielen Merkmalen, die Unterordnungen, Familien, Gattungen und Arten kennzeichnen. Dabei fiel ihnen auf, daß bestimmte *Bewegungsweisen* ebenso verläßliche Merkmale kleinster wie größter Gruppenkategorien sein können wie irgendwelche körperlichen Charaktere. Wann immer man bei vergleichender Untersuchung taxonomischer Gruppen morphologische und Verhaltensmerkmale nebeneinander verwenden konnte, erwiesen sich die letzteren als recht »konservativ«, das heißt im Laufe der Evolution weniger schnell veränderlich als die meisten morphologischen Charaktere. Der Begriff der *Homologie* ist auf sie ebenso anwendbar wie auf diese. Heinroths 1910 erschienene Schrift »Über bestimmte Bewegungsweisen von Wirbeltieren« ist ein Markstein in der Geschichte der Ethologie.

Aus der Tatsache der Homologisierbarkeit allein ergibt sich mit Sicherheit, daß die Form der Bewegungsweise erblich ist. Wir nennen sie daher Erbkoordination, ein Ausdruck, den ich früher synonym mit »Instinktbewegung« gebrauchte. Englisch hat sich der Terminus »fixed motor pattern« eingebürgert. Die »feste Form« der Bewegungsweise besteht wie bei den später zu besprechenden, von Erich von Holst untersuchten endogen-automatischen und zentral koordinierten Bewegungsweisen in einer *Konstanz der Phasenbeziehungen* bei Veränderlichkeit von Frequenz und Amplitude. In bezug auf diese »starr« sind nur gewisse Signale aussendende Bewegungen, die um ihrer Eindeutigkeit willen in ihrer »Intensität« festgelegt sind. D. Morris bezeichnete diese Erscheinung als »typical intensity«.

## III. Der Begriff des Angeborenen

Die unbezweifelbare Homologisierbarkeit von Bewegungsweisen besagt, daß an ihnen *erbliche*, einer Spezies, einem Genus oder einer größeren taxonomischen Gruppe eigene Merkmale vorhanden sind. Obwohl wir die neuralen Strukturen nicht oder nur zum sehr geringen Teil kennen, deren Leistung in eben diesen homologisierbaren Verhaltensweisen besteht, zweifeln wir nicht an ihrem Vorhandensein. Die von ihnen bestimmten Bewegungsweisen sind natürlich in gleichem Sinne *angeboren* wie die Strukturen, deren Funktion sie sind. Merkwürdigerweise wurde und wird von vielen Autoren – auch von guten Ethologen – strikt geleugnet, daß der Begriff des Angeborenen auf Verhalten anwendbar sei. Er muß deshalb hier näher definiert werden.

Jede sinnvolle Definition von Verhalten muß als ein konstitutives Merkmal sein *Angepaßt-Sein* an eine bestimmte *arterhaltende Leistung* enthalten. Angepaßt-Sein an eine bestimmte Gegebenheit der Umwelt bedeutet, daß *Information über sie* in irgendeiner Weise in das lebende System Eingang gefunden haben muß. Dies aber kann nur auf zwei Wegen geschehen sein: entweder durch Einflüsse der Umwelt, die während der Evolution auf die Art eingewirkt haben, oder durch solche, die auf den Organismus während seines individuellen Lebens einwirkten. »Tertium non datur« – wofern man nicht eine prästabilierte Harmonie von Organismus und Umwelt annehmen will.

Im eigentlichen Sinne angeboren, das heißt im Genom festgelegt, ist selbstverständlich immer nur ein Programm, das alle dem Organismus möglichen Entwicklungsweisen enthält, einschließlich dessen, was er individuell lernen kann. Dieses Programm aber enthält jene wesentliche Information, von der die arterhaltende Zweckmäßigkeit des Verhaltens abhängt. Die Behavioristen vergessen, uns eine Erklärung dafür zu liefern, daß das Tier, von vielsagenden Ausnahmen abgesehen, durch sein Lernen die arterhaltende Wirkung seines Verhaltens verbessert.

Ein genetisches Programm, das die für den Arterhaltungswert des Verhaltens wesentliche Umweltinformation enthält, ist grundsätzlich immer vorhanden, auch wenn der physiologische Apparat, der es hervorbringt, eine sehr große Breite individueller Modifikation zuläßt, eine größere, als sie bei Tieren – nicht bei Pflanzen – sonst je vorkommt. Der Bereich, innerhalb dessen arterhaltend sinnvolle Modifikationen möglich sind, ist von Fall zu Fall sehr verschieden. Es gibt, wie Ernst Mayr sich ausgedrückt hat, »geschlossene« Programme, die überhaupt keinen Raum für individuelle Modifikation zulassen, wie zum Beispiel bei den vielen Verhaltensweisen von Insekten, die nur ein einziges Mal im Leben des Individuums ausgeführt werden und die daher allein auf Grund ihres genetisch verankerten Bauplans voll funktionsfähig sein müssen. Dagegen sind offene Programme phylogenetisch so konstruiert, daß der Organismus während seines Lebens weitere Information empfängt, die spezielle Anpassungen an seinen individuellen Lebensraum bewirkt. Was von vielen Lerntheoretikern übersehen wird, ist folgendes: Es ist keineswegs selbstverständlich, daß das Tier meist das »Richtige« lernt, Modifikationen sind an sich so ungerichtet wie Mutationen. Es müssen phylogenetisch vorgebildete Lern- und Lehrmechanismen vorhanden sein, um die mannigfachen prospektiven Potenzen des sich entwickelnden Verhaltens in arterhaltender Form zu determinieren. Ich gebrauche diese der Entwicklungsmechanik entlehnten Termini mit Absicht: Alles Lernen ist mit dem embryogenetischen Vorgang der *Induktion* aufs nächste verwandt, wie ich in meinem Buch »Evolution and Modification of Behavior« genauer ausgeführt habe.

## IV. Die Dichotomie zwischen angeborenem und erlerntem Verhalten

D. O. Hebb hat behauptet, die Begriffe des angeborenen und des erlernten Verhaltens seien unbrauchbar, weil der eine nur durch den Ausschluß des anderen definiert sei. So ist es keineswegs: Wir definieren »angeboren« und »erlernt« nach den beiden Quellen anpassender Information. Dennoch ist es falsch, disjunktive Begriffe von »dem Angeborenen« und »dem Erlernten« zu bilden, nicht deshalb, weil etwa, wie manche meinen, zu aller angeborenen Information immer auch individuell erworbene hinzukommen müßte – denn das muß sie nicht –, und auch nicht deshalb, weil man die beiden Quellen anpassender Information nicht experimentell trennen könnte – denn das kann man –, sondern deshalb, weil allem Lernen, genau wie aller embryogenetischen Induktion, ein Apparat zugrunde liegt, der große Mengen angeborener, das heißt phylogenetisch erworbener genom-gebundener Information enthält.

Anhänger der nachweislich falschen Meinung, daß Erlerntes in *allen* Verhaltensweisen enthalten sei, haben den Versuch gemacht, das Angeborene »operationell« zu definieren: Als angeboren können, so sagen sie, nur *Verschiedenheiten* des Verhaltens gelten, die zwei Organismen bei absolut gleicher Aufzucht in ihrem Verhalten zeigen. Abgesehen von der Unlogik des Begriffes vom angeborenen Unterschied zwischen zwei nicht als angeboren betrachteten Formen des Verhaltens, ist auch die vorgeschlagene »Operation« einer völlig gleichen Aufzucht undurchführbar. Dennoch findet man hinter der abstrusen Definition einen Wahrheitsgehalt dann, wenn man sie umkehrt: *Ähnlichkeiten* des Verhaltens (wie übrigens auch der Morphologie), die bei verschiedenen Tieren trotz völlig verschiedener Aufzuchtbedingungen erkennbar bleiben, können als im Genom verankert gelten. Findet man solche Ähnlichkeiten bei verschiedenen Arten und selbst bei weniger eng verwandten Gruppen auf, so wird diese Wahrscheinlichkeit zur Gewißheit.

## V. Die Augenblicksinformation gewinnenden Mechanismen

Die irrige Meinung, daß Lernen an jedem noch so kleinen Element tierischen Verhaltens beteiligt sei, hat häufig ihren Grund in der ebenfalls unrichtigen Annahme, daß es für das Tier während seines individuellen Lebens keine andere Möglichkeit des Informationsgewinns gebe. Zu diesem Irrtum hat eine sprachlich bedingte Begriffsverwirrung beigetragen. Das Wort »learning« wird im Englischen auch in der Bedeutung von »erfahren« schlechthin gebraucht. »Ich habe eben erfahren, daß . . .« heißt englisch: »I've just learned that . . .«.

Das Eintreffen einer neuen, die Außenwelt betreffenden Information ist keineswegs immer mit einem Lernvorgang verbunden. Es gibt unzählige physiologische Mechanismen, deren Leistung darin besteht, den Organismus über augenblicklich in seiner Umgebung obwaltende Umstände zu informieren. Der Statolithenapparat unseres Ohres beispielsweise verschafft uns ziemlich genaue Information, wo »oben« ist, er muß aber stets bereit bleiben, diese Meldung zu widerrufen und durch eine andere zu ersetzen, wenn unser Körper in eine andere Lage zur Schwerkraft gerät. Mechanismen dieser Art versehen den Organismus mit lebenswichtiger Information, aber sie speichern sie nicht! Um funktionsfähig zu bleiben, dürfen sie das gar nicht tun.

Die Augenblicksinformation gewinnenden Mechanismen sind uralt, zumindest einer von ihnen muß mit oder unmittelbar nach der Entstehung des Lebens aufgetreten sein, das ist der Regelkreis oder die Homöostase, der bei allen Lebewesen, vom Bakterium bis zum Menschen, eine gleich wichtige Rolle spielt. Physiologische Mechanismen, die – wie der schon als Beispiel erwähnte – den Organismus im Raume orientieren, scheint es bei allen der Ortsbewegung fähigen Lebewesen zu geben. Auf der anderen Seite bilden die Orientierungsmechanismen auf sehr viel höherer Integrationsebene mit den Leistungen der Formkonstanz und des Lernens vereint jenes System, dessen Leistung die zentrale Repräsentation räumlicher Gegebenheiten und, auf der Erlebnisseite, die räumliche Einsicht ist.

## VI. Frühere Vorstellungen von der Höherentwicklung des Verhaltens

Die Tatsache, daß Lernen bei höheren Tieren und beim Menschen eine große Rolle spielt, während niedrige und niedrigste Tiere, ohne gelernt zu haben, »instinktiv« handeln, führte zu der Vorstellung, daß »Instinkte« im Laufe der Evolution immer »plastischer«, das heißt durch Lernvorgänge modifizierbarer würden. Bierens de Haan sprach sogar von einem »Umbau der Instinkte durch Erfahrung«. Die artkennzeichnenden, homologisierbaren Erbkoordinationen sind jedoch durch Lernen in ihrer Form nicht zu verändern. Ehrgeizige Behavioristen, die das nicht glauben wollten, haben die hohe Kunst des Dressierens, in der sie Meister sind, vergebens dazu aufgeboten, um einen kleinen »Umbau der Instinkte« zu bewirken.

Dies alles wußte ich schon als junger Mensch, glaubte aber, daß die Erbkoordinationen Ketten von Reflexen seien; dies war für einen in Sherringtonscher Reflexlehre aufgewachsenen Biologen geradezu selbstverständlich. Auf Grund dieser falschen Prämisse kam ich zu dem falschen Schluß, daß angeborenes und erlerntes Verhalten vikariierende Funktionen seien. Die stammesgeschichtliche Höherentwicklung des Verhaltens stellte ich mir so vor, daß die angeborenen Reflexionsketten allmählich reduziert würden, während erlernte Verhaltensweisen an ihre Stelle träten.

## VII. Physiologische Analyse angeborenen Verhaltens

Diese grob vereinfachenden Vorstellungen wurden durch den Zuwachs unseres Wissens über die Physiologie angeborener Verhaltensweisen berichtigt. Weder Whitman noch Heinroth haben ja irgendwelche Vermutungen über die physiologische Natur der »arteigenen Triebhandlungen«, wie Heinroth sie nannte, geäußert. Ihr Interesse galt in erster Linie homologen Bewegungsweisen, die von Art zu Art und von Gruppe zu Gruppe etwas verschieden und daher aufschlußreich für stammesgeschichtliche Zusammenhänge waren. Beide haben in ihren vergleichenden Untersuchungen fast ausschließlich komplexe, hochdifferenzierte Erbkoordinationen verwendet, deren physiologische Besonderheit eben dadurch auffällig wurde, daß sie, gewissermaßen »in Reinkultur«, nebeneinandergestellt wurden. Vor allem fiel ihre Unbeeinflußbarkeit durch äußere Umstände in die Augen.

Allerdings beschäftigte sich Heinroth durchaus nicht nur mit der Form einer Bewegungsweise, er erwähnt ausdrücklich und wiederholt die hohe Spezifität der Reizsituation, in welcher sie ausgelöst wird. Den Gesamtvorgang des selektiven Ansprechens und arterhaltend zweckmäßigen Ablaufs der Bewegung bezeichnete er als *arteigene Triebhandlung*.

Solange man den gesamten Ablauf, vom »Erkennen« der Situation bis zur Ausführung der arterhaltend sinnvollen Bewegungsweise, als eine Kette unbedingter Reflexe auffaßte, erschien der Vorgang der selektiven Auslösung nicht wesensverschieden von dem, was auf sie folgte, sie war eben der erste Reflex in der Kette. Zwar hat schon I. P. Pawlow den Begriff des »Detectors« erwähnt, eines rezeptorischen Apparats, der den unbedingten Reiz selektiv wirksam werden läßt, zum Beispiel bewirkt, daß der Hund auf Fleischsaft einen mucinreichen »Schluckspeichel« und auf Chinin einen wäßrigen »Spülspeichel« sezerniert. Daß es weit komplexere und auf höherer zentralnervöser Ebene sich abspielende Vorgänge analoger Funktion gibt, wußte man damals noch nicht.

Die physiologische Eigenart des Auslösungsvorganges trat, wie ich rückblickend behaupten möchte, erst dadurch zutage, daß man die *Spontaneität* der Erbkoordination entdeckte und sich von der Kettenreflextheorie freimachte, was mir persönlich gar nicht leichtfiel. Ich hatte zwar schon entdeckt, daß, wenn eine Erbkoordination längere Zeit nicht ausgelöst wird, sich die Schwellenwerte der sie auslösenden Reize fortlaufend erniedrigen, was im Extremfalle zum »Leerlauf« führen kann, das heißt dazu, daß die Bewegungsweise sinn- und zwecklos in einer beliebigen Situation ausgeführt wird. Wallace Craig hatte gezeigt, daß sich bei einer solchen »Stauung« einer erbkoordinierten Bewegungsweise nicht nur passiv die Schwellenwerte auslösender Reize erniedrigen, sondern daß der Organismus als Ganzes in Unruhe versetzt und veranlaßt wird, aktiv nach der Reizsituation zu suchen, die die Erbkoordination auslöst. Das Suchen bezeichnete er als »appetitive behaviour«, deutsch Appetenzverhalten, den schließlichen Ablauf der Bewegung als »consummatory action«, deutsch trieb-befriedigende Endhandlung. Wallace Craig sagte in voller Klarheit, daß Appetenzverhalten im einfachsten Fall in einer ungerichteten motorischen Unruhe besteht, die nur die Wirkung hat, das Eintreten der auslösenden Reizsituation wahrscheinlicher zu machen, während es bei höheren Tieren auch erlerntes und einsichtiges Verhalten einschließt. Die wichtigste Erkenntnis Craigs, die noch immer nicht genug beachtet wird, ist folgende: Lernen durch Belohnung – »reinforcement« – gibt es nur dort, wo in einem phylogenetisch entstandenen Verhaltensprogramm Appetenzen enthalten sind.

In Kenntnis aller dieser Dinge hielt ich an der Kettenreflextheorie fest, bis ich die einschlägigen Studien und Ergebnisse Erich von Holsts kennenlernte. Es wurde mir sofort klar, daß die von ihm entdeckten, im Zentralnervensystem selbst sich abspielenden Vorgänge der endogenen Erzeugung und der zentralen Koordination der Reize zwanglose Erklärungen für alle jene Erscheinungen nahelegen, die der Reflextheorie so offensichtlich widersprechen. Gerade jene Phänomene, die, wie Schwellenerniedrigung und Leerlaufreaktion, in die Reflextheorie nicht eingeordnet werden konnten, wurden verständlich.

Die Erkenntnis, daß die Reize, die Erbkoordinationen hervorrufen, im

Zentralnervensystem erzeugt und koordiniert werden, erklärte, weshalb die Bewegungsweise in ihrer Form durch äußere Reize nicht bestimmt ist. Dadurch wurde der Vorgang ihrer Auslösung in ein neues Licht gerückt. Auslösung bedeutet, wie von Holst klar gezeigt hat, *die Beseitigung einer Hemmung*, die während der Ruhe der Bewegungsweise dauernd wirksam ist und nur durch eine spezifische Kombination auslösender Reize beseitigt wird. Es handelt sich dabei so gut wie immer um eine *Konfiguration* von Reizdaten. Deshalb ist es auch im strengen physiologischen Sinne unzulässig, von *einem* Reiz zu sprechen, wie wir es oft der Einfachheit halber tun, wenn wir zum Beispiel von einem »Schlüsselreiz« reden. Um die Stechreaktion der gemeinen Zecke, *Ixodes rhizinus*, auszulösen, muß das Objekt die Temperatur von 37° C und den Geruch von Buttersäure haben, wie J. von Uexküll durch Attrappenversuche nachwies. Die Verhaltensweisen des Rivalenkampfes werden beim männlichen Stichling durch jedes Objekt von Stichlingsgröße ausgelöst, das sich bewegt und unterseits rot ist. Menschen sprechen mit Brutpflegeverhalten, das mit ganz bestimmten Gefühlen und Affekten einhergeht, auf alle Lebewesen an, die folgende Merkmale aufweisen: steiler Gesichtswinkel, Neuralcranium höher als Visceralcranium, große Augen, runde Backen, kurze Extremitäten und weiche Konsistenz. Alle diese Schlüsselreize sind von der Puppenindustrie entdeckt und mit großer Geschicklichkeit kommerziell ausgenutzt worden.

Es hat sich herausgestellt, daß ein angeborenes Reagieren auf eine bestimmte, biologisch relevante Reizsituation immer an solche verhältnismäßig einfachen Konfigurationen einer beschränkten Anzahl von Reizarten gebunden ist. Es scheint der Evolution nicht möglich zu sein, einen Reizempfangs-Apparat hervorzubringen, der, wie die erlernte Wahrnehmung es ohne weiteres kann, angeborenermaßen selektiv auf sehr merkmalreiche Kombinationen von Reizen, auf sogenannte Komplexqualitäten, anspricht. Dies drückt sich auch sehr deutlich in der Einfachheit und Prägnanz der Signale aus, der sogenannten Auslöser, die sich im Dienste des Aussendens von Schlüsselreizen bei sehr vielen Lebewesen entwickelt haben.

Der rezeptorische Apparat, der auf Schlüsselreize anspricht, kennzeichnet die Situation, in der die ausgelöste Bewegungsweise ihren arterhaltenden Sinn entwickelt, so genau, daß ihre »irrtümliche« Auslösung nur so selten eintritt, daß sie der Arterhaltung nicht schadet. Im Experiment ist die Auslösung durch eine einfache Attrappe stets möglich, ja es ist ein wichtiges Kennzeichen des in Rede stehenden rezeptorischen Apparates, daß dies der Fall ist. Weil er die biologisch relevante Situation vereinfacht, gewissermaßen schematisch erfaßt, sprachen wir früher vom angeborenen auslösenden Schema. Diesen Terminus ließ man wegen einer anderen wichtigen Funktionseigenschaft fallen: »Schema« legt die Vorstellung einer wenn auch vereinfachten *Gestalt* nahe. Die Wahrnehmung einer Gestalt zerfällt bekanntlich, wenn einige ihrer wesentlichen Konfigurationen verändert werden oder wegfallen. Der auslösende Rezeptor spricht aber auch dann an, wenn Schlüsselreize von nachweisbarer Wirksamkeit weggelassen werden, die auslösende Wirksamkeit einer Attrappe ist proportional der *Summe* der Wirkungen aller an ihr verwirklichten Schlüsselreize. Diese, von Alfred Seitz als »Reizsummenregel« bezeichnete Gesetzlichkeit wurde neuerdings von Walter Heiligenberg und Daisy Leong mit größter Genauigkeit der Quantifikation bestätigt. Die hier kurz besprochenen Funktionseigenschaften berechtigen zur Bildung eines funktionell bestimmten Begriffs von dem angeborenermaßen auf Schlüsselreize ansprechenden rezeptorischen Apparat. Wir nennen ihn den angeborenen Auslösemechanismus, abgekürzt AAM.

## VIII. Phylogenese der Erbkoordinationen

Die homologisierbaren Anteile der »arteigenen Triebhandlungen«, die Heinroth wie Whitman auffielen, waren begreiflicherweise nur die Erbkoordinationen. Selbstverständlich unterliegen die neuralen Apparate, deren Funktion im Erwerben von Augenblicksinformation oder im selektiven Reagieren auf Schlüsselreize besteht, ganz genauso den Vorgängen der Evolution, aber ihre Einzelheiten werden nicht so unmittelbar sichtbar, daß sie zu gezielten vergleichenden Untersuchungen verlockt hätten, wie die Erbkoordinationen dies taten.

Wir wissen daher über die phylogenetische Entwicklung der Erbkoordinationen mehr und Genaueres als über die irgendeines anderen Verhaltensmechanismus. Eine große Rolle bei ihrer vergleichenden Untersuchung kam jenen Bewegungsweisen zu, deren Leistung im Aussenden von Schlüsselreizen liegt, auf die der angeborene Auslösemechanismus eines Artgenossen anspricht. Bewegungsweisen und morphologische Differenzierungen, die im Dienst dieser Funktion entstanden sind, bezeichnen wir als Auslöser. Es wurde schon gesagt, daß die Eigenschaften der Prägnanz und Einfachheit, die allen Auslösern zukommen, ein Licht auf die Leistungsbeschränkungen des angeborenen Auslösemechanismus werfen.

Reizaussendende Erbkoordinationen sind einer besonderen Art der Selektion unterworfen, die von diesen Leistungsbeschränkungen des Reizempfangs-Apparates ausgeübt wird. Die dadurch hervorgerufenen Veränderungen zielen alle darauf, das Signal möglichst eindeutig und zugleich möglichst einfach zu gestalten, was ein Kompromiß zwischen zwei Erfordernissen bedeutet.

Dabei spielt sich ein phylogenetischer Vorgang ab, der in tausenderlei Formen in analoger Weise verläuft und den wir als *Ritualisierung* bezeichnen. Den Angriffspunkt der Selektion, die zu einer Differenzierung im Dienste der Reizaussendung führt, bilden Erbkoordinationen und, weniger häufig, vegetative Epiphänomene des Verhaltens. In manchen Fällen sind es Bewegungsweisen, die ihre ursprüngliche, mechanische Funktion beibehalten und dabei eine zusätzliche Verstärkung jener Anteile erfahren, die Reize aussenden. Die beim Artgenossen Folgereaktionen auslösende Wirkung des Abflugs bei Tauben wird durch ein lautes Flügelklatschen verstärkt. Ein anderes Beispiel einer solchen »mimischen Übertreibung« einer Bewegung bildet das Locken der Glucke; sie pickt mit betonten Bewegungen und verstärkt deren akustische Wirkung durch stimmliche Nachahmung des Pickgeräusches.

Voraussetzung dafür, daß eine Bewegungsweise in dieser Weise »schematisiert« wird, wie Wickler es nennt, ist immer, daß die ursprüngliche Bewegung, das »nichtritualisierte Vorbild«, wie wir sagen, bereits eine »ansteckende« Wirkung ausübt. Der erste Schritt zur Ritualisierung besteht offenbar immer darin, daß ein angeborener Auslösemechanismus vorhanden ist, der bei den Artgenossen dieselben Bewegungen auslöst, deren Reize auf ihn einwirken. Das wurde früher »soziale Induktion« genannt. Das ist ein Wort, das nichts erklärt. Wie ein solcher AAM entsteht, wissen wir nicht, aber wir sehen seine selektierende Wirkung in einer Unzahl von Fällen.

In sehr vielen Fällen setzt dieser Selektionsdruck nicht an der Erbkoordination in ihrem vollen, arterhaltenden Sinn erfüllenden Ablauf an, sondern an der sogenannten Intentionsbewegung. Erbkoordinationen gehorchen nur in dem schon erwähnten Ausnahmefall der »typical intensity« einem Alles-oder-nichts-Gesetz. Gewöhnlich beginnt das Tier schon beim leisen Aufquellen der aktivitäts-spezifischen Erregung schwache Andeutungen der betreffenden Bewegung auszuführen, etwa zielende Bewegungen vor dem Abflug, bei stärkerem Anstieg der Erregung ein Sich-Ducken zum Absprung usw. Da es sich dabei um primär funktionslose Epiphänomene des Verhaltens handelt, steht ihrer Differenzierung im Dienste der Reizaussendung keine hindernde Gegenselektion im Wege, sie »kostet nichts«, im Gegensatz zur Veränderung der mechanisch wirksamen Bewegungsweise selbst. Dementsprechend kennen wir sehr viel mehr reizaussendende Bewegungsweisen, die aus Intentionsbewegungen abzuleiten sind, als solche, die von Veränderungen der mechanisch wirksamen Bewegungen herrühren.

Häufig geht die Entstehung ritualisierter Bewegungsweisen von der sogenannten Übersprungbewegung aus. Wenn eine bereits vorhandene, aktivitätsspezifische Erregung in ihrer Auswirkung dadurch gehindert wird, daß zusätzlich eine zweite, andersartige Erregung dazukommt, wird häufig eine dritte, überhaupt nicht zu der Situation passende Bewegungsweise ausgelöst. Dieser von Makkink erstmalig beschriebene und von Tinbergen und Kortlandt analysierte und als Übersprungbewegung bezeichnete Vorgang erscheint aus naheliegenden Gründen am häufigsten in Konfliktsituationen. Da die Übersprungbewegung ähnlich wie die Intentionsbewegung ein an sich funktionsloses Epiphänomen neuraler Vorgänge ist, setzt sich ihrer Differenzierung im Dienste der Auslöserfunktion keine Gegenselektion entgegen. Die Übersprungbewegungen sind so häufig ritualisiert, daß es geradezu schwerfällt, Beispiele für wirklich unritualisierte zu finden.

Es gibt ritualisierte Bewegungsweisen, die aus einer dritten Wurzel kommen, nämlich aus äußerlich sichtbaren Vorgängen, die vom vegetativen Nervensystem verursacht sind. Bei hoher Erregung vertieft sich bei nahezu allen Wirbeltieren die Atmung, und aus ihr ist drohendes Fauchen entstanden, eine naheliegende »Erfindung«, die offenbar von vielen taxonomischen Gruppen unabhängig gemacht wurde. Die meisten Stimmäußerungen von Vögeln und Säugetieren sind wahrscheinlich auf ähnliche Weise entstanden. Das Sträuben von Federn oder Haaren bei Vögeln und Säugetieren wird durch die Kontraktion der *Musculi arrectores pilorum* bewirkt, die dem vegetativen Nervensystem unterstehen. Das gesträubte Feder- oder Haarkleid wirkt als Signal, primär dadurch, daß es den Träger größer erscheinen läßt, als er ist. In ihrer weiteren Phylogenese können solche ursprünglich vegetativ gesteuerten Bewegungen unter den Einfluß des zentralen Nervensystems geraten und fest mit Erbkoordinationen gekoppelt werden, die quergestreifte Muskulatur innervieren. Dies trifft zum Beispiel auf die Bewegungen von Iris und Gefieder beim männlichen Goldfasan zu. Seine eindrucksvolle Balzbewegung besteht darin, daß der Vogel sich mit gewaltigem Sprung dicht vor die Henne stellt, gleichzeitig auf der ihr zugewendeten Seite die Federn des goldenen Kragens maximal spreizt und die Pupille zu einem winzigen Punkt kontrahiert, so daß die schwefelgelbe Iris grell aufleuchtet.

Durch den phylogenetischen Vorgang, in dem Bewegungen verschiedenster physiologischer Natur in Erbkoordinationen einbezogen werden, entstehen merkwürdige Probleme der Homologisierung. Die neu entstandene Erbkoordination kann homolog zu einer Kette physiologisch verschieden gearteter Bewegungsweisen sein. Das Hetzen der Brandente, zum Beispiel, bei dem der Vogel über die Schulter weg nach hinten einen Gegner bedroht, enthält eine

Orientierungsreaktion zu diesem hin, die form- und funktionsgleiche Bewegung der Stockente ist eine einzige feste Erbkoordination.

Die Verschmelzung wie die Trennung von wiedererkennbaren Verhaltensmustern scheint einer der häufigsten Evolutionsvorgänge zu sein. Wie sich an Bewegungsweisen von Schwimmenten zeigen läßt, sind dieselben Muster bei verschiedenen Arten oft in verschiedener Folge aneinandergereiht. Manche dieser Sequenzen sind vom Grade der Erregung abhängig, so folgt beispielsweise bei der Krickente, *Anas crecca*, bei hoher Intensität auf den Grunzpfiff das Schüttelstrecken, und danach folgen Kurzhochwerden, Zuwendung zum Weibchen, Umschwimmen und Hinterkopfzuwenden; bei niedriger Erregung bricht die Folge nach dem Schüttelstrecken ab. Die Krickente kann das Kurzhochwerden nicht ohne vorhergehenden Grunzpfiff ausführen, der Stockerpel beginnt eine Bewegungsfolge mit dem Kurzhochwerden, an das er Nickschwimmen und Hinterkopfzuwenden anschließt. Beim Schnattererpel sind Kurzhochwerden und Ablauf zu einer festen Folge verschmolzen usw. usf. Der Besitz sehr vieler derartiger kurzer Bewegungsmuster ist für *Anatini* offenbar ein primitives Merkmal. Oft ist bei einer Spezies die neurale Möglichkeit zu einem bestimmten von ihnen voll erblich, obwohl die betreffende Art diese Bewegung niemals ausführt, wie Dagmar Kaltenhäuser durch Kreuzungsversuche nachwies.

Die Vereinigung mehrerer in sich unverändert bleibender Untersysteme zu einer Funktionsganzheit sowie auch die Aufteilung einer solchen in mehrere Untersysteme, die dann in anderer Weise aufs neue vereint werden können, ist für die besprochenen Erbkoordinationen von Enten sicher nachgewiesen. Dies verleiht unserer Annahme Wahrscheinlichkeit, daß ähnliche Vorgänge der Vereinigung, Zertrennung und auch der Wiedervereinigung neuraler Systeme ganz allgemein in der Evolution des Verhaltens eine Rolle spielen. Zu dieser Annahme drängen uns eine Reihe noch zu besprechender Tatsachen.

Ritualisierte Bewegungsweisen sind das beste Objekt zum Studium der Phylogenese arteigenen Verhaltens. Durch ihre hohe Komplikation und die große Länge, die eine obligate Bewegungsfolge durch Verschmelzung von mehreren bislang unabhängigen erreichen kann, sind die einzelnen Bewegungsmuster dieser Art unverwechselbar, ihre Homologisierung ist leicht und sicher. Man kennt Differenzierungsreihen, die sich über eine ganze Anzahl von Arten, ja sogar von Gattungen erstrecken, und die Schlußfolgerungen, die aus ihnen hinsichtlich der Evolution gezogen werden können, sind von einer Sicherheit, wie sie dem morphologischen Taxonomen kaum je gegönnt ist, und zwar aus zwei Gründen: Der erste liegt darin, daß man mit Sicherheit weiß, in welcher Richtung die Differenzierung vorgeschritten ist, nämlich vom »unritualisierten Vorbild«, das heißt einer mechanisch wirksamen Bewegungsweise in der Richtung zum ritualisierten Signal. Der zweite Grund liegt darin, daß konvergente Entwicklung mit größter Wahrscheinlichkeit ausgeschlossen werden kann. Wie bei jedem Signalsystem, auch bei der menschlichen Sprache, ist die spezielle Form des Signals von einer geschichtlich gewachsenen Übereinkunft zwischen Sender und Empfänger bestimmt.

Die Entstehung neuer Erbkoordinationen durch Ritualisierung bedeutet stets, daß neue, autonome Motivationen in das Verhaltenssystem der betreffenden Tierart eingreifen. Jede Erbkoordination entwickelt ihr eigenes, nach ihrem Ablauf strebendes Appetenzverhalten und erhält damit Sitz und Stimme im großen »Parlament der Instinkte«.

Die Höherdifferenzierung der Erbkoordination, wie sie im Laufe der Ritualisierung vor sich geht, ist ein sehr spezieller Fall und darf keineswegs mit einer Höherentwicklung des Verhaltens als Ganzem gleichgesetzt werden. Der stammesgeschichtliche Vorgang, den wir allgemein als Höherentwicklung des Verhaltens zu bezeichnen pflegen, besteht vielmehr darin, daß die Anpassungsfähigkeit im Verhalten des Individuums zunimmt. Anpassungsfähigkeit ist stets der Fähigkeit zur Aufnahme von Information gleichzusetzen. Schon eine Zunahme der Wirkung von Augenblicksinformation gewinnenden Mechanismen, zum Beispiel von Taxien, macht auf den Unvoreingenommenen den Eindruck einer Höherentwicklung des Verhaltens. Mit Zunahme der räumlichen Orientierungsfähigkeit wachsen die Anforderungen an die Fähigkeit, die Bewegungsweisen der Ortsveränderung an die augenblicklich und lokal obwaltenden Umstände anzupassen. Alle kognitiven Leistungen der Raumorientierung wären funktionslos, wenn ihnen nicht entsprechende motorische Fähigkeiten zur Verfügung stünden.

Die Anpassung der Erbkoordination an die augenblicklichen Erfordernisse erfolgt durch reaktive Vorgänge, durch den »Mantel der Reflexe«, wie Erich von Holst sich ausdrückt. Der Reflexvorgang kann in zweifacher Weise Einfluß auf die Erbkoordination nehmen. Am häufigsten, vor allem bei niederen Tieren, obliegt es ihm, zu bestimmen, wann und wo die Hemmung beseitigt und dem Automatismus freie Bahn gegeben wird. Die Reflexbewegung kann sich aber auch – und dies kommt bei höheren Tieren offenbar häufiger vor – den Auswirkungen der endogen produzierten und im Zentralnervensystem selbst koordinierten Reize überlagern.

Ein Zunehmen des Einflusses reaktiver Vorgänge bedeutet einen Gewinn an Anpassungsfähigkeit, und wenn sich dies in der Phylogenese abspielt, kann es als eine Höherentwicklung des Verhaltens gelten. Ein gutes Beispiel hierfür ist die Evolution der Lokomotionsbewegungen bei Säugetieren. Die Anforderungen an die Anpassungsfähigkeit der Bewegung sind um so größer, je vielfältiger und unregelmäßiger die Struktur des Substrates ist, auf dem das Tier sich fortbewegt. Ein Pferd vermag als typisches Steppentier die Koordination seines Ganges nicht einmal im Schritt so weit zu beeinflussen, wie notwendig wäre, um gezielt auf einen bestimmten, festen Halt versprechenden Punkt zu treten. Esel können dies einigermaßen, Bergzebras sind Meister darin, die Gemse vermag selbst im gestreckten Galopp taxiengesteuerte Bewegungselemente so über die Erbkoordination zu überlagern, daß sie in eleganter, fließender Bewegung über ein unregelmäßiges Geröllfeld dahinstürmt, als wäre es ein ebenes Feld.

## IX. Evolution des angeborenen Auslösemechanismus (AAM)

Im Gegensatz zum Begriff der Erbkoordination, der physiologisch-kausal bestimmt ist, kann der des angeborenen Auslösemechanismus nur funktionell definiert werden. Die Aussage, der AAM sei ein Reflex, besagt wenig, da das Problem nicht im Reflexbogen, sondern gewissermaßen *vor* diesem, im afferenten Schenkel, liegt. Die Frage ist, wie es kommt, daß nur ganz bestimmte Reize und Reizkombinationen wirksam werden und andere dagegen, aus gleichen Reizdaten bestehende und nur in der Konfiguration verschiedene, nicht. Das Problem liegt in einem Vorgang, den man als eine *Filterung* von Reizen bezeichnen könnte. Wir wissen, daß diese von sehr verschiedenen physiologischen Mechanismen geleistet werden kann. Im einfachsten Falle kann das periphere Sinnesorgan so beschaffen sein, daß es nur den einen Reiz »durchläßt«, der mit genügender Wahrscheinlichkeit die biologisch relevante Situation kennzeichnet. Das Gehörorgan der weiblichen Grille zum Beispiel ist, wie Regen zeigte, taub für alle Töne außer dem des Männchengesanges. Die Filterung kann, wie Lettvin und seine Mitarbeiter sowie E. Butenandt beim Frosch gefunden haben, durch Vorgänge in der Retina bewerkstelligt werden, die zwar außerhalb des Gehirns liegt, aber doch ein Teil des zentralen Nervensystems ist. Besonders vielsagende Ergebnisse haben Schwartzkopff und seine Mitarbeiter an Heuschrecken gewonnen, an denen sie nachweisen konnten, wie die vom Gehörorgan kommenden Reize beim Durchlaufen der Bauchganglienkette buchstäblich schrittweise gefiltert werden. In den vielen Fällen, in denen – wie bei allen höheren Tieren – sehr verschiedenartige Konfigurationen der gleichen Reizart entsprechend verschiedene Antworten auslösen, bleibt kein anderer Schluß, als daß sich die Reizfilterung im Gehirn selbst abspielt.

Die Phylogenese des AAM zeigt insofern Parallelen zu derjenigen der

Erbkoordination, als mit der Höherentwicklung des Gesamtverhaltens die Differenzierung und Komplexität des Teilmechanismus nicht zu-, sondern abnimmt, wenn auch aus anderen Gründen. Das in so mannigfaltiger Weise immer wieder verwirklichte Prinzip, neue Systemeigenschaften aus der Integration präexistenter Untersysteme erstehen zu lassen, fordert oft eine Vereinfachung der integrierten Untersysteme. Die Leistungen eines einzelnen Neurons sind bekanntlich um sehr viel einfacher als die einer Amöbe und müssen es sein, um die Möglichkeit ihrer Integration zur Gesamtfunktion eines Gehirns zu geben. Aus gleichen Gründen haben manche angeborenen Auslösemechanismen eine Entdifferenzierung erlitten. Diese steht, als phylogenetischer Vorgang, in engstem Zusammenhang mit der Evolution des *Lernens* und soll mit dieser besprochen werden.

## X. Entstehung komplexer, aus Erbkoordination und AAM bestehender Systeme

Die Verhaltensfolge, die Oskar Heinroth als die arteigene Triebhandlung bezeichnet hat, erwies sich, wie eben gesagt, bei näherer Analyse als ein *System*, das aus mindestens *drei* physiologisch voneinander verschiedenen Vorgängen besteht. Die aus mehreren Teilsystemen integrierte Systemganzheit besitzt Eigenschaften, die keinem ihrer Teilsysteme zu eigen ist, solange es unabhängig von den anderen funktioniert. Der Zusammenschluß von präexistenten und unabhängig voneinander funktionsfähigen Teilsystemen zu einer übergeordneten Ganzheit bedeutet somit die Entstehung von neuen, vorher nicht dagewesenen Eigenschaften und Fähigkeiten. Er scheint der wichtigste Schritt auf dem Wege der Evolution zu sein. Die herkömmlichen Worte wie Entwicklung, Evolution, »development« usw. sind zu einer Zeit entstanden, zu der die Ontogenese die einzig bekannte Form des organischen Werdens war; sie alle legen daher etymologisch die Vorstellung nahe, daß sich etwas schon Vorgebildetes entfaltet, nicht aber, daß etwas nie Dagewesenes in Existenz tritt. Ich habe deshalb für das in Rede stehende Geschehen den Terminus *Fulguration* vorgeschlagen.

Es ist nicht nur legitim, sondern bewährte Strategie, die Erforschung einer Naturgesetzlichkeit an dem einfachsten erreichbaren Objekt zu beginnen, in dem sie obwaltet. Damit entschuldige ich, daß ich jahrelang geglaubt habe, die einfache Folge von Appetenz, AAM und Erbkoordination stelle den allgemeinen und einzigen Typus aller tierischen und menschlichen Handlungen dar. Diese vereinfachende Annahme war falsch; richtig aber ist die Bildung der

Begriffe von den *drei* Teilsystemen. Diese haben sich nämlich bei der Analyse anderer und komplexer gebauter Verhaltensmechanismen als brauchbar erwiesen.

Der erste Widerspruch gegen das Erklärungsmonopol der »Triebhandlung« kam von Monika Meyer-Holzapfel. Wie sie zeigte, gibt es ein echtes Appetenzverhalten, das nach Ruhezuständen strebt. Dann entdeckten G. Baerends und N. Tinbergen komplex gebaute Verhaltenssysteme, die aus vielen Gliedern von Appetenzen, von angeborenen Auslösemechanismen und von Erbkoordinationen zusammengesetzt sind. Diese komplexen, hierarchisch organisierten Systeme haben selbstverständlich ganz andere Funktionseigenschaften als die einfachere, dreiteilige »Triebhandlung«.

Ein Beispiel Tinbergens mag dies illustrieren: Wenn im Frühling beim männlichen Stichling unter dem Einfluß der zunehmenden Tageslänge die Produktion männlicher Hormone in Gang kommt, zeigt der Fisch ein Appetenzverhalten nach einem Orte mit flachem Wasser und reichlicher Vegetation oder sonstiger Deckung. Hat er einen solchen Platz gefunden, so färbt er sich in das Hochzeitskleid mit rotem Bauch, blauem Rücken und grünen Augen um und setzt sich in einem engen Gebiet fest, er wird, wie die Ethologen sagen, »territorial«. Von nun ab zeigt er dreierlei neue Appetenzverhalten, er sucht nach *Nistmaterial*, das er mit einer Anzahl hochdifferenzierter Erbkoordinationen zu einem Nest verbaut, er sucht nach einem *Weibchen*, das er, wenn er es findet, mit ganz bestimmten Bewegungsweisen umwirbt, und er sucht nach *Rivalen*, die er bekämpft. Folgt ihm das Weibchen zum Nest, so vollführt er eine besondere Bewegungsweise, die dem Weibchen den Nesteingang zeigt, und fährt darin fort, bis es einschlüpft. Dann stimuliert er durch eine eigenartig stößelnde Bewegung gegen den Hinterleib des Weibchens dessen Ablaichen, und erst wenn dieses erfolgt ist und die Partnerin sich entfernt hat, besamt das Männchen die Eier in einer triebbefriedigenden Endhandlung.

In einer solchen »hierarchisch« organisierten Kette von Handlungen wird das Tier durch das Appetenzverhalten erster Ordnung in eine Reizsituation geführt, die nicht die zielbildende Endhandlung, sondern ein Appetenzverhalten zweiter Ordnung in Gang bringt, das zu einer weiteren spezifisch auslösenden Situation führt usw. Das unmittelbar lockende und in vielen Fällen andressierend wirkende Ziel jedes einzelnen Gliedes der Kette von Appetenzen wird häufig nicht nur vom Erreichen einer Reizsituation gebildet, sondern sehr oft vom Ablauf einer Erbkoordination, die dann gleichzeitig als Appetenz nach dem nächsten Glied der Kette und als »consummatory act« des vorangehenden aufgefaßt werden kann. P. Leyhausen hat gezeigt, wie das unerfahrene Tier von Appetenz zu Appetenz den Weg einer langen Sequenz von Handlungen zum arterhaltenden Ziel geführt wird, gleichsam wie ein Wanderer im Nebel von Markierung zu Markierung seinen Weg findet.

Auch ohne daß Lernen mit ins Spiel kommt, ist eine hierarchisch organisierte Kette von Appetenzen weit anpassungsfähiger als die einfache, nur aus Appetenz, AAM und Endhandlung bestehende »arteigene Triebhandlung«. An jeder Appetenz, selbst wenn es sich um eine einfachste Kinesis handelt, sind die schon erwähnten Augenblicksinformation gewinnenden Mechanismen beteiligt, vor allem Taxien, die meist auch noch während des Ablaufs der Erbkoordination am Werke sind. In seiner Arbeit über das Brutpflegeverhalten der Sandwespe *Ammophila* zeigte G. P. Baerends, welche erstaunliche Plastizität eine in der beschriebenen Weise hierarchisch organisierte Verhaltenskette erreichen kann, ohne daß – von Wegdressuren abgesehen – Lernvorgänge eine wesentliche Rolle spielen.

An den Handlungen des Beuteerwerbs von Katzen hat Paul Leyhausen gezeigt, in welcher Weise die Motivationen der einzelnen an der Kette beteiligten Erbkoordinationen zusammenwirken. Das erfahrungslose Jungtier wird in der oben besprochenen Weise durch eine Sequenz von Appetenzen zum Ziel geführt, vom Lauern zum Beschleichen, von da zum Sprung, zu der Reihe der Beutefanghandlungen, zum Tötungsbiß und schließlich zum Auffressen der Beute. Jede der vielen in diese Kette eingebauten Erbkoordinationen hat ihre eigene, autonome Motivation. Dies konnte Leyhausen demonstrieren, indem er eine Versuchssituation herstellte, in der das Endglied der Kette, die letzte zielbildende Endhandlung, vorweggenommen wurde, ohne daß die normalerweise vorangehenden Teilhandlungen abgehandelt worden wären. Er gab einer hungrigen Katze so viele Mäuse zu fressen, daß sie übersättigt war, und bot ihr in diesem Zustand in einem deckungslosen Raum eine große Anzahl lebender weißer Labormäuse, die der Katze gegenüber kein Fluchtverhalten zeigen und daher ohne vorherige Jagd getötet werden können. Die Katze biß zunächst noch eine Anzahl weiterer Mäuse tot und ging dann dazu über, Bewegungsweisen des Beutesprunges und des Fangens spielerisch an den restlichen Mäusen auszuführen. Nach einiger Zeit hörte sie auch damit auf, fuhr aber noch lange Zeit fort, Mäuse zu belauern und anzuschleichen, und zwar solche, die sich möglichst fern von ihr befanden, während ihr andere, von ihr unbeachtet, über die Pfoten liefen. Unter den Bedingungen des Freilebens muß eine Katze sehr lange lauern und schleichen, ehe sie überhaupt in die Lage kommt, Beutefanghandlungen ausführen zu können. Diese haben keineswegs jedesmal Erfolg. Auch gelingt nicht jeder Tötungsbiß, häufig sind mehrere Bisse nötig, um zur letzten, triebbefriedigenden Endhandlung zu kommen. Dementsprechend ist die endogene Produktion der einzelnen Bewegungen bemessen.

Diese Befunde entsprechen genau den Erfahrungen, die Erich von Holst bei seinen Untersuchungen der endogenen Reizerzeugung an verschiedenen Fischen gemacht hat. Bei Arten, die, wie zum Beispiel viele Lippfische, ununterbrochen schwimmen, laufen die betreffenden Flossenbewegungen am Rückenmarkspräparat ununterbrochen, solange es überlebt. Bei Fischen, deren tägliches Schwimmen auf ganz kurze Zeit beschränkt ist, wie zum Beispiel beim Seepferdchen, muß man mittels gewisser hemmender Einwirkungen die aktivitäts-spezifische Erregung der Flossenbewegung gewissermaßen aufstauen. Bei plötzlicher Beseitigung der Hemmung führt das spinale Seepferdchen dann Schwimmbewegungen aus. Sherrington, der analoge Erscheinungen beschrieb, sprach von »spinalem Kontrast«.

In der hierarchisch organisierten Appetenzkette höherer Tiere spielt sich eine entsprechende Kette von Lernvorgängen ab, die, wie Leyhausen gezeigt hat, das Tier instand setzt, das phylogenetisch entstandene Programm *abzukürzen*. Eine Katze, die man ständig nur mit toten Ratten füttert, denkt nicht daran, diese zu belauern, zu beschleichen, zu fangen und totzubeißen, sondern fängt, wofern sie hungrig ist, sofort zu fressen an. Bezeichnenderweise erscheinen dann die nicht ausgeführten Bewegungsweisen spontan im Spiel der Katze.

Es kommen auch andere Fälle vor, in denen Tiere eine Bewegungsweise, die in der Kette der Appetenzen liegt, unnötigerweise, gewissermaßen um ihrer selbst willen, ausführen. Gänse, die dauernd ihr Futter auf dem Trockenen bekommen haben, fressen erheblich mehr, wenn man ihnen ihren Hafer in seichtes Wasser wirft, so daß sie gründeln müssen. Man kann dann sagen, sie gründeln nicht, um zu fressen, sondern sie fressen, um gründeln zu können. Leyhausen hat eine Reihe komplexerer Beispiele solchen Verhaltens gefunden, er spricht von einer »gleitenden Hierarchie der Stimmungen«.

In analoger Weise, wie bei der Höherentwicklung des Verhaltens die obligaten Bewegungsfolgen der Lokomotion in immer kleinere, frei verfügbare Bestandteile zerlegt wurden, könnten längere Sequenzen von Appetenzverhalten in immer kleinere Stücke zerlegt worden sein. Leyhausen entwickelt die Hypothese, daß die gewaltige Variabilität und Plastizität menschlichen Verhaltens auf diesem Wege entstanden sei. Demnach hätte der Mensch nicht weniger, sondern weit mehr unabhängige Motivationen als irgendein Tier; eine Anschauung, die viel für sich hat.

## XI. Die Evolution des Lernens

Viele Theoretiker der Lernpsychologie huldigen der Ansicht, es müsse sich eine Theorie finden lassen, in die alle Lernvorgänge im weitesten Sinne eingeordnet werden können. Diese Hoffnung gründet sich auf der Annahme, daß der Reflex und die bedingte Reaktion die einzigen Elemente seien, aus denen sich alles tierische und menschliche Verhalten aufbaut. Daß endogene Reizerzeugung eine ebenso elementare Leistung des Nervensystems, ja überhaupt des lebenden Plasmas ist wie Reizbarkeit, ist allmählich zum Allgemeinwissen der Physiologen geworden. Dies gilt indessen nicht für die Psychologen, von denen viele am alten Reiz-Reaktions-Schema der Sherringtonschen Reflexlehre festhalten.

Es ist eine aus der Luft gegriffene Annahme, daß das offene Programm einer Organisation, die der adaptiven Modifikation fähig ist, in der Phylogenese der Tiere nur einmal entstanden sein soll. Selbstverständlich besteht auch hier die Möglichkeit, daß analoge Leistungen auf physiologisch sehr verschiedenen Wegen zustande gekommen sind. Sehr ähnlich, wie sich Goethe die Urpflanze mit allen Differenzierungen rezenter Gewächse, mit Stamm, Blatt und Blüte, vorstellte, konzipieren die amerikanischen Lernpsychologen einen »Ur-Lernmechanismus«; sie ziehen dabei nicht in Betracht, welche hohe Evolutionsstufe das zentrale Nervensystem erreicht haben muß, um ein Lernen durch Bekräftigung (»reinforcement«) leisten zu können. Hieraus ergeben sich auch die ebenso hartnäckigen wie vergeblichen Versuche, diese Form des Lernens bei solchen Organismen nachzuweisen, die kein oder genauer: kein zentralisiertes Nervensystem haben.

Die primitivsten Formen des Lernens, im weiten Sinne einer adaptiven Modifikation des Verhaltens, sind Sensitivierungen und De-Sensitivierungen, letztere auch Gewöhnung, englisch »habituation«, oder auch, besonders in der Sinnesphysiologie, Adaptation genannt.

Sensitivierung, das heißt eine Herabsetzung der Reizschwelle nach einmaligem Eintreffen des Reizes, hat nur dort Arterhaltungswert, wo die Wahrscheinlichkeit einer Wiederholung des Reizes genügend groß ist. Ein Regenwurm, der leicht von einem Vogelschnabel berührt wurde, tut gut daran, äußerst empfindlich für weitere taktile Reize zu werden. Sensitivierung der Beutefangreaktionen hat M. Wells an Polychaeten (Borstenwürmern) nachgewiesen. Bekannt ist sie von Hochseefischen, die, wenn sie in einen Schwarm von Beutetieren eingedrungen sind, in eine wahre Raserei geraten. Die Schwellenwerte ihres Schnappens sinken so tief, daß man sie mit ungeköderten Haken fangen kann. Darauf ist die Technik des Thunfischfanges im Pazifik aufgebaut.

Reizgewöhnung, die der Sensitivierung entgegengesetzte Erscheinung, ist wohl die primitivste und in der Reihe der Lebewesen auf niedrigster Stufe auftretende Art von adaptiven Verhaltensmodifikationen. Damit soll keineswegs gesagt sein, daß sie bei höheren Lebewesen an Bedeutung verliert. Sie kann mit den höchsten Leistungen der Gestaltwahrnehmung in Beziehung treten: Es gibt Gewöhnungen an hochkomplexe Reizsituationen (Komplexqualitäten), die sofort unwirksam werden, wenn an der Gesamtheit der vielen Einzelreize auch nur ein einziger im geringsten verändert wird.

Diese Entstehung einer Verbindung zwischen zwei – auch unabhängig voneinander funktionsfähigen – Apparaten stellt jenen Evolutionsschritt dar, der neue Systemeigenschaften erschafft. Eine im individuellen Leben des Organismus als adaptive Modifikation auftretende Verbindung dieser Art wird in der Psychologie meist als Assoziation bezeichnet. Wilhelm Wundt, der der Vorläufer aller wissenschaftlichen Psychologie und des Behaviorismus war, erhob bekanntlich die »Gedankenverbindung« oder Assoziation zum wichtigsten psychologischen Erklärungsprinzip.

Die einfachste Assoziation, die uns begegnet, wenn wir die Reihe der Evolutionsstufen an uns vorüberziehen lassen, ist die Assoziation zwischen einem stark fluchtauslösenden Reiz und der Gesamtsituation, die ihn – rein zufällig – begleitet hat. Ein Hund, der in der Drehtür eines Hotels eingeklemmt worden war, ein Pferd, das an einem bestimmten Ort durch den Pfiff einer Lokomotive erschreckt worden war, können nie wieder in die Nähe der betreffenden Stelle kommen, ohne in äußerste Angst zu geraten. Die Irreversibilität dieser Wirkung erinnert an das, was die Psychoanalyse ein Trauma nennt.

Eine erworbene Vermeidungsreaktion dieser Art entspricht der Definition des bedingten »Reflexes«; wir finden einen »unbedingt« auslösenden Reiz und eine zunächst nicht auslösende Reizsituation, die erst durch den Vorgang des »Bedingens« zum »bedingten Reiz« wird. Es könnte nun scheinen, daß man an diesem Vorgang nur das Vorzeichen umzukehren braucht, das heißt statt der Fluchtreaktion eine Appetenz einzusetzen, um ein Schema für die Dressur durch Belohnung (»reinforcement«) zu erhalten. Dies mag für Einzelfälle zutreffen, zum Beispiel für den klassischen Speichelreflex des Pawlowschen Hundes. Pawlow hat meines Wissens niemals gesagt, aber sicher schon gewußt, was Wallace Craig später so stark betont hat: Lernen findet immer nur im Zuge einer Vermeidungsreaktion oder einer Appetenz statt. Diese beiden Arten von Lernvorgängen sind keineswegs immer »das gleiche mit umgekehrten Vorzeichen«. Vielmehr bedarf alles Lernen durch Bekräftigung (»conditioning by reinforcement«), das nur in einem Appetenzverhalten vorkommt, einer sehr viel komplizierteren Erklärung. Gerade dieser Vorgang aber ist es, den die modernen Behavioristen für das einfache Element allen Verhaltens halten und fast ausschließlich untersuchen.

Es ist keineswegs nur eine Spekulation, wenn wir uns in einem Fließdiagramm die Leistungen darstellen, die ein neurales System vollbringen muß, um eine am Organismus beobachtete arterhaltende Funktion zu erfüllen. Was wir am intakten Tier beobachten können, ist einfach dies: Es setzt ein Appetenzverhalten so lange fort, bis die triebbefriedigende Endhandlung »erfolgreich« abgelaufen ist. Der erfahrungslose junge Hund, der die ziemlich komplexe Kette hierarchisch geordneter Appetenzen abhandelt, die zum Vergraben von Beute dienen, verfährt zunächst folgendermaßen: Er trägt den Rest seiner Beute an einen möglichst gedeckten Ort, legt sie – kurz bevor er diesen erreicht – nieder und beginnt in der Deckung zu scharren, dann bringt er die Beute an die Stelle, an der er gescharrt hat, und drückt sie mit der Nase nieder; dann tritt er ein paar Schritte zurück und vollführt, mit der Nase am Boden entlangreibend (was auf Parkettboden manchmal laut quietscht), schiebende Bewegungen in Richtung der abgelegten Beute. Großstadthunde, die nie in die Lage kamen, diese Sequenz von Verhaltensweisen auf natürlichem Boden abzuhandeln, fahren oft lange fort, sie erfolglos in der Stubenecke zu vollführen. Wenn ein Hund aber ein einziges Mal einen Knochen hinter Gebüsch in die Erde vergraben hat, tut er es fortan nur mehr unter den Bedingungen, unter denen die Verhaltensweise ihren arterhaltenden Sinn erfüllt.

Der *Erfolg* einer angeborenen Kette von Verhaltensweisen beeinflußt rückwirkend das ihr vorangehende Verhalten: Tritt er ein, so wird es bekräftigt – die erste diese Vorgänge betreffende Arbeit schrieb I. P. Pawlow *deutsch* und prägte dieses Wort –, bleibt er aus, so wird es abdressiert. Woher aber hat der Organismus Information darüber, was ein »Erfolg« ist und was nicht? Von der Verläßlichkeit dieser Information hängt es ab, ob der Lernvorgang zu einer adaptiven Modifikation des Verhaltens führt oder nicht. Lernen der in Rede stehenden Art hat nur evoluieren können, weil es zu einer Verbesserung des Arterhaltungswertes der modifizierten Verhaltensweise führte.

Man kommt also bei aller Denkökonomie nicht um die Annahme herum, daß ein besonderer rezeptorischer Apparat die Information darüber enthält, wie die Reizsituation nach dem Ablauf einer Verhaltenskette aussehen muß, damit es sich im Arterhaltungssinne lohnt, das vorangegangene Appetenzverhalten zu bekräftigen. Wir müssen uns vorstellen, daß ein propriozeptorischer und exterozeptorischer Apparat vorhanden ist, der einem AAM nicht unähnlich ist. Gleich diesem kann er auch auf Attrappen »hereinfallen«, wofür ein Beispiel angeführt sei. Eine wichtige Erbkoordination des Nestbaues, das sogenannte Zitterschieben, womit Zweige und ähnliches dem Nest eingefügt werden, erreicht seinen triebbefriedigenden Höhepunkt, wenn das verwendete Material feststeckt und sich nicht weiter bewegen läßt. Dies dressiert den Vogel, geeignete, gut haftende Zweige zum Bau zu wählen. Es gibt aber ein Material, das noch besser festhakt als die sperrigsten Zweige, und das ist weicher, dünner Draht. Es kommt immer wieder vor, daß sich Vögel auf dieses »übernormale Objekt« dressieren, es jedem anderen vorziehen und ihre Nester ausschließlich aus weichem Eisendraht bauen, dessen gute Wärmeleitfähigkeit den Erfolg des Brütens verhindert.

Das Verfahren, eine präformierte Verhaltensweise an allen nur möglichen Objekten und in allen nur möglichen Situationen durchzuprobieren, kann als eine Form explorativen Verhaltens aufgefaßt werden, es entspricht auch dem amerikanischen Begriff des »operant conditioning«. Das wirkliche explorative Verhalten aber besteht darin, daß ein Tier viele, ja fast alle seiner Art zur Verfügung stehenden Verhaltensmuster in einer ihm neuen Situation anzuwenden versucht und daß es ein besonderes, nach solchen neuen Situationen strebendes Appetenzverhalten entwickelt. Man könnte spekulieren, ob vielleicht diese Art des Explorierens oder »Neugierverhaltens« stammesgeschichtlich aus dem zuerst beschriebenen Durchprobieren einer einzigen Verhaltensweise entstanden ist.

Mir ist kein Fall bekannt, in dem Dressur durch Bekräftigung anders als im Zuge echten Appetenzverhaltens vorkommt. Dies gilt sogar für den klassischen Fall des bedingten Speichelreflexes. Howard Liddell dressierte einen Hund nach klassischer Methode, dann zu speicheln, wenn ein vor ihm stehendes Metronom seinen Schlag verschnellerte. Liddell befreite den Hund nach vollzogenem »conditioning« von seiner Fesselung, um zu beobachten, was das Tier, sich selbst überlassen, tue. Es lief zu dem im langsamen Tempo schlagenden Metronom, stieß es mit der Schnauze, winselte und speichelte dazu heftig. Was »bedingt« worden war, war keineswegs nur der Speichelreflex, sondern die gesamte Verhaltensfolge des Futterbettelns. Diese Erkenntnis mindert keineswegs die wichtigen Ergebnisse, die beim Studium des »Speichelreflexes« erzielt wurden, nur muß man sich bewußt bleiben, daß man durch die Versuchsanordnung, und zwar durch die Fesselung, aus dem Gesamtverhalten des Hundes ein Element künstlich isoliert. Selbstverständlich wirkt jedes Glied einer Appetenzkette für sich bekräftigend; dies tut es ja auch, wenn das unerfahrene Jungtier sie zum erstenmal abhandelt.

Die wesentliche Folgerung aus dem Gesagten ist dies: Wenn eine Gewöhnung oder eine Fluchtreaktion mit einer komplexen Wahrnehmungsgestalt assoziiert wird, brauchen wir zur Erklärung dieses Vorgangs nur die Entstehung irgendeiner Form der Verbindung zwischen zwei bislang unabhängig voneinander funktionierenden Systemen zu postulieren. Wenn der Organismus aber aus dem Erfolg oder Mißerfolg einer nachweislich phylogenetisch programmierten Verhaltenskette lernt, sie nur in einer bestimmten, erfolgbringenden Situation ablaufen zu lassen, so kann dieser besondere Lernvorgang nur auf der Grundlage eben dieser Verhaltensfolge entstanden sein. Wir müßten dies annehmen, selbst wenn wir nicht aus vergleichender Forschung Stufen dieser Entstehungsweise kennen würden. Die Evolution des Lernens durch Bekräftigung hatte das Vorhandensein eines bereits funktionsfähigen Systems zur Voraussetzung, das mindestens aus Appetenzverhalten, AAM und zielbildender Handlung bestand. Wir kennen viele Systeme dieser Art, man denke an die langen und hochdifferenzierten Verhaltensketten von Insekten, die nur einmal im Leben des Individuums ausgeführt werden. Die neue »Erfindung« besteht in einer Vereinigung zweier Untersysteme, wie sie typisch für größere Schritte der Evolution ist; es entsteht nämlich eine Rückkoppelung vom Ende der Kette, von der zielbildenden Endhandlung zu ihrem Anfangsglied, dem Appetenzverhalten, womit ein Regelvorgang zustande kommt, der dem Gesamtsystem völlig neue Funktionseigenschaften verleiht.

In dem neuen System ist sowohl der AAM wie die Erbkoordination einem veränderten Selektionsdruck ausgesetzt. Bei hierarchischen Organisationen oder bei arteigenen Triebhandlungen, die nur einmal im Leben des Individuums in Funktion treten, kann der auslösende Mechanismus gar nicht selektiv genug sein, eine einzige Fehlleistung würde vernichtend wirken. Wenn aber durch die neue Rückkoppelung Information darüber gewonnen wird, ob die Reizsituation genau die »richtige« war oder nicht, kann durch Versuch und Irrtum jene Situation ermittelt werden, in der sich der beste Erfolg einstellt – wobei allerdings der Grad des Erfolgs von einem Rückmeldeapparat »beurteilt« wird, der fehlbar ist, wie im Beispiel der Drahtnester gezeigt wurde. Für dieses Verfahren wäre eine extreme Selektivität des AAM gar nicht günstig, da sie die Freiheit des Probierens einengen würde, durch welches das Tier ein breiteres Spektrum von Situationen oder Objekten zur Verfügung hat, zu denen das ausgelöste Verhalten paßt. Wenn ein junger Rabenvogel zum erstenmal in Nestbaustimmung kommt, probiert er seine angeborene Nestbaubewegung an allen Objekten durch, die ihm vor den Schnabel kommen, und findet so das Material, das sich seiner Erbkoordination am besten fügt. Der AAM dieser Bewegung ist auf einen sehr wenig selektiven »Detektor« reduziert, was sicher ein sekundärer Zustand ist; bei weniger lernfähigen Sperlingsvögeln, vor allem bei solchen mit hochdifferenzierten Baubewegungen, ist der entsprechende AAM höchst selektiv.

Durch das Entstehen der Rückwirkung des Erfolgs einer Handlungskette auf ihren Beginn wird nicht nur der auf den AAM wirkende Selektionsdruck verändert, sondern auch jener, der die Evolution der triebbefriedigenden Endhandlung bedingt. In der linearen Folge von Appetenz, AAM und Endhandlung besteht die einzige Rückwirkung der triebbefriedigenden Endhandlung darin, daß ihre Ausführung die Appetenz zum Schweigen bringt. Hierzu reicht die Meldung aus: »Erbkoordination abgelaufen«, und um dies festzustellen, genügen propriozeptorische Vorgänge. Soll aber Bericht über den äußeren Erfolg der Bewegungsweise erstattet werden, so kann das nur mit Hilfe von exterozeptorischer Wahrnehmung geschehen.

Die Richtigkeit dieser Erwägungen wird durch die Unterschiede wahrscheinlich gemacht, die man zwischen den nicht bekräftigend wirkenden Endhandlungen bei wenig lernfähigen Organismen und den stark andressierenden »consummatory acts« von höheren, lernfähigeren Tieren feststellen kann. Männliche Fische mancher Arten zeigen beim Besamen der Eier keine merklich höhere Erregung als bei den vielfältigen hierarchisch organisierten Bewegungsweisen, die zu dieser triebbefriedigenden Endhandlung führen. Eine Mitarbeiterin sagte einst bei Beobachtung dieses Vorgangs an einem männlichen *Etroplus maculatus*: »Er vollzieht dieses Geschäft mit einer Lässigkeit, die an Tugend grenzt.« Bei höheren Wirbeltieren dagegen ist die analoge Endhandlung stets vom Feuer höchster Allgemeinerregung begleitet. Man ist versucht zu spekulieren, daß diese hohe Erregung nötig sei, um eine genügend starke bekräftigende Wirkung zu erzielen. Auch hat man unmittelbar den Eindruck, daß die exterozeptorischen Vorgänge, die so stark andressierend wirken, auf der subjektiven Seite mit Sinnenlust einhergehen.

## XII. Allgemeines und Zusammenfassung

Ich habe versucht darzustellen, welche Vorstellungen man sich als Ethologe von der Evolution des Verhaltens machen kann. Diese Vorstellungen sind, wie man sieht, in vieler Hinsicht recht vage. Das einzige Gebiet der Verhaltensphylogenese, auf dem man von Wissen sprechen kann, ist die Stammesgeschichte mancher hochdifferenzierter Erbkoordinationen, wie sie so häufig durch Ritualisierung entstehen. Wenn es in solchen Fällen genügend viele Arten gibt, die der Beobachtung zugänglich sind und deren jede genügend viele homologisierbare Bewegungsweisen hat, und wenn dann noch die Arten kreuzbar sind, kann man wenigstens einige Anhaltspunkte über Phylogenese und Erbgang von Bewegungsmustern gewinnen. Diese Bedingungen sind bei Tauben, Reihern und vor allem bei Anatiden erfüllt. Ich hätte im Bereich dieses gesicherten Wissens bleiben und nur für ritualisierte Balzbewegungen von Enten sprechen und neben meinen eigenen diesbezüglichen Arbeiten die meiner engeren Mitarbeiter referieren können. Ich fühlte jedoch das Bedürfnis, dem etwas ambitiösen Titel, den unser Präsident vorgeschlagen hat, besser gerecht zu werden, indem ich auch Allgemeineres über die Evolution des Verhaltens sagte, was wir nicht ganz so sicher wissen. Immerhin scheinen mir einige dieser Verallgemeinerungen bedeutsam.

Die wichtigste von ihnen ist mir die folgende: Wie offenbar in allen phylogenetischen Vorgängen, so ist auch in der Evolution des Verhaltens die Vereinigung präexistenter Teilsysteme zu einer neuen Systemganzheit mit neuen Systemeigenschaften der wichtigste Schritt, der vom Einfacheren zum Komplexeren führt. Aus Quantität wird Qualität! Die Zusammensetzung von Untersystemen zu einer neuen Folge, ebenso deren Zerstückelung und Neuzusammensetzung, ist in der wirklich gut bekannten Phylogenese ritualisierter Bewegungsweisen nachweislich der häufigste und auch der rezenteste Schritt in der Phylogenese ritualisierter Bewegungsweisen bei Enten. Es ist der Evolution offensichtlich leichter, eine Verhaltensfolge in Stücke zu zerteilen und diese neu zusammenzusetzen, als an der Form der Teile etwas zu ändern.

Dasselbe Prinzip scheint nicht nur in der Evolution der Erbkoordinationen, sondern allgemein in der des Verhaltens obzuwalten – zum Glück für den Forscher. Wir haben gesehen, wie die drei Elemente, das Appetenzverhalten, der AAM und die triebbefriedigende Erbkoordination, in völlig verschiedenen, komplexen und hierarchisch organisierten Systemen integriert werden können. Die Untersysteme aber bleiben weitgehend dieselben und sind eindeutig wiedererkennbar: Ein AAM spricht regelmäßig auf einfache Attrappen an, ob er im Verhaltenssystem eines Rotkehlchens funktioniert, das ein Büschel rostroter Federn als einen Rivalen behandelt, oder in dem eines Großstadtmenschen, der genauso reflexmäßig auf rote Schminke, raffinierte Büstenhalter und ähnliche Attrappen reagiert. Analoges gilt für Taxien, Erbkoordinationen usw. usw.

Wir dürfen dasselbe Prinzip aber auch in anderer Richtung verallgemeinern. Aus der Integration derselben bekannten und verhältnismäßig wenigen Untersysteme kann eine Systemganzheit von größter Komplexität und ungeahnten neuen Systemeigenschaften erstehen – zum Beispiel der Mensch. Jeder Schritt der Evolution, der in der Integration von Vielem zu Einem besteht, erschafft wesensmäßig Neues. Selbstverständlich ist der Mensch wesensmäßig vom Schimpansen verschieden, und nicht nur graduell, sondern ebenso wesensmäßig unterscheidet sich der Vogel vom Reptil. »Natura non facit saltum« ist ein höchst irreführendes Sprichwort. In meinem Buche »Die Rückseite des Spiegels« (1973) habe ich versucht darzustellen, wie die für den Menschen konstitutive Fähigkeit zum begrifflichen Denken aus der Integration einer Reihe von Verhaltenssystemen entstanden sein könnte, unter denen das der Raumorientierung, das der Gestaltwahrnehmung und das des Lernens die größte Rolle spielen. Aus dem begrifflichen Denken ergibt sich die Möglichkeit der syntaktischen Sprache und, mit ihr, die des Anhäufens von tradierbarem Wissen.

Zum Schluß möchte ich noch die Frage nach dem Anwendungswert stellen, der unserem Wissen um die Evolution tierischen und menschlichen Verhaltens zukommt. Kenntnis der Stammesgeschichte und Einsicht in die Physiologie von Verhaltensweisen stehen zueinander im Verhältnis gegenseitiger Erhellung: Man kann die eine Wissenschaft nicht ohne die andere vorwärtstreiben. Das Anwendungsfeld der Physiologie ist die Pathologie, und das der Verhaltensphysiologie ist die Pathologie des Verhaltens. Die Kenntnis der Evolution des Verhaltens, besonders der in ihr entstandenen genetischen »Programme«, ist unentbehrlich für das Verständnis mancher kulturgefährdenden Störungen, die sich vor allem aus der Diskrepanz zwischen den Geschwindigkeiten ergeben, mit denen phyletisch und kulturell bestimmte Verhaltensnormen sich verändern. Die Schnelligkeit kultureller Entwicklung wächst mit dem Alter der Kultur, das so bedingte Anwachsen der Diskrepanz ist vielleicht die Ursache des von Spengler betonten regelmäßigen Absterbens der Kulturen nach Erreichen einer bestimmten Entwicklungshöhe.

# Wissenschaft, Ideologie und das Selbstverständnis unserer Gesellschaft
*Kritische Anmerkungen zur »empty organism«-Doktrin der behavioristischen Schule*
(1972)

## I. Naturwissenschaftliches Erklären

Einen Naturvorgang *erklären* heißt in der Sprache aller Wissenschaften, ihn auf bekannte *allgemeinere* Naturgesetze zurückführen. Dies wird bei Vorgängen, die sich in komplex strukturierten, aus verschiedenartigen Teilen bestehenden Systemen abspielen, nur dadurch möglich, daß man verstehen lernt, wie sich die allgemeineren Gesetze in den besonderen Strukturen des untersuchten Systems auswirken. Um die Vorgänge in einer Pendeluhr auf Hebelgesetze, Pendelgesetze und Gravitationslehre zurückführen zu können, muß man zunächst einmal den Bau der Uhr kennenlernen.

Der Biologe, der die Leistungen eines lebenden Systems verstehen lernen will, ist vor eine Aufgabe gestellt, die der des obigen Gleichnisses durchaus analog, wenn auch sehr viel komplexer ist. Außerdem aber steht er einer zweiten, *historischen* Aufgabe gegenüber, deren Lösung grundsätzlich die Voraussetzung dafür ist, daß die erste Aufgabe befriedigend gelöst werden kann.

Wie wir seit Charles Darwins Zeiten wissen, verdankt jede lebende Tier- oder Pflanzenart ihre Beschaffenheit einem stammesgeschichtlichen Werden. In dessen Verlauf hat sie sich an die besonderen Anforderungen ihres Lebensraumes »angepaßt«. Das heißt, sie hat Strukturen und Funktionen ausgebildet, die sie befähigen, in diesem »Biotop« einen Anteil der dissipierenden Weltenergie an sich zu reißen, der ausreicht, ihren eigenen Energiehaushalt, ihre Vermehrung und ihre weitere, dem zweiten Hauptsatz der Wärmelehre scheinbar zuwiderlaufende Evolution in der Richtung vom Einfacheren, Wahrscheinlicheren zum Komplexeren, Unwahrscheinlicheren hin zu bestreiten. Jede Anpassung an die Bedingungen eines Lebensraumes bedeutet den *Erwerb von Information*, mit anderen Worten von *Wissen* über den Lebensraum. Das Leben ist somit von seinem Anbeginn an im wesentlichen ein *kognitiver* Vorgang.

Alles organische Werden, phylogenetisches wie ontogenetisches, geht mit einer Arbeitsteilung zwischen den Organen einher. Goethe hat Entwicklung als »Differenzierung und Subordination« definiert, das heißt als das fortschreitende Verschiedenwerden der Teile des Organismus und die damit parallelgehende Unterordnung ihrer Funktion unter die Interessen der Ganzheit. Diese spezielle Anpassung von Organen an eine bestimmte arterhaltende Leistung zwingt den Biologen, eine Frage zu stellen, die dem Physiker fremd ist, und zwar die Frage »wozu?«.

Dank sehr alter, wohlerprobter Theorien Charles Darwins und sehr neuer Ergebnisse der Biochemie wissen wir heute recht genau, wodurch Anpassung zustande kommt. Die Frage: »Wozu hat die Katze spitze, krumme Krallen?« sowie die Antwort: »Zum Mäusefangen« sind nur Kurzschrift für die Aussage, daß die arterhaltende Leistung des Mäusefangens den Katzen durch natürliche Auslese derartige Krallen angezüchtet hat.

Zum Glück für alle die, welche den Gang des organischen Werdens untersuchen wollen, ist jeder Organismus überreich an historischen Resten, an »Anpassungen von gestern«: Daß wir Menschen beiderseits am Kopfe ein Loch haben, das durch einen luftführenden Kanal über das Mittelohr mit dem Nasenrachenraum verbunden ist, erklärt sich daraus, daß wir von wasseratmenden Vorfahren abstammen, die an dieser Stelle eine Kiemenspalte besaßen. Als unsere Ahnen zum Landleben und Luftatmen übergingen, legte die räumliche Beziehung der Atmungsöffnung zum Labyrinth es nahe, den ursprünglich flüssigkeitsgefüllten Kanal luftführend und schalleitend werden zu lassen und als Teil des Gehörorganes beizubehalten.

Die Einsicht in diese Zusammenhänge liefert die echt kausale Antwort auf die Frage, *warum* wir Ohren von eben dieser und keiner anderen Beschaffenheit haben.

Jeder Versuch, einen lebenden Organismus naturwissenschaftlich zu verstehen, setzt somit die Beantwortung *zweier* Fragen voraus, erstens der historischen Frage: »Auf welchem Wege kam das lebende System so und nicht anders zustande?« und zweitens der ursächlichen Frage: »Welche Wechselwirkungen zwischen den Strukturen des Systems, so wie es heute ist, verursachen die Leistungen, die an ihm zu beobachten sind?«

## II. Die generalisierende Reduktion der Physik

Die erste der beiden zuletzt genannten Fragen ist der Physik überhaupt fremd. Die zweite interessiert den Physiker nur als Mittel zum Auffinden allgemeiner Gesetzlichkeiten. In seiner Arbeit »Aristoteles, Galilei, Kurt Levin und die

Folgen« hat Norbert Bischof die Unterschiede zwischen physikalischer und biologischer Forschung ungemein klar dargestellt. Seit der Zeit Galileis geht die Physik mit der Methode der generalisierenden Reduktion vor. Der Physiker betrachtet jedes System, das er gerade untersucht, etwa das Planetensystem, das Pendel oder den fallenden Stein, als einen Spezialfall einer nächst allgemeineren Klasse von Systemen (zum Beispiel Massen in einem Gravitationsfeld). Er findet Gesetze, die für ein spezielles System gelten, wie zum Beispiel die Keplerschen Gesetze oder die Pendelgesetze, die sich ihrerseits auf die Gesetze der allgemeinen Systemklasse zurückführen lassen, zum Beispiel auf die Newtonschen Gesetze.

Struktur und Funktion jedes einzelnen speziellen Systems werden nur als Mittel zum Zweck der Abstraktion des allgemeinen Gesetzes untersucht. Sie werden als unwesentlich beiseite gelassen und gar nicht mehr erwähnt, sowie dieses Ziel einmal erreicht ist. Für die Gültigkeit der Newtonschen Gesetze sind die speziellen Eigenschaften des Sonnensystems, an dem der große Physiker sie aufgefunden hat, völlig unwesentlich. Wenn er ein ganz anderes Sonnensystem untersucht hätte, in dem sich andere Himmelskörper von anderem Gewicht auf ganz anderen Umlaufbahnen bewegen, hätte er genau dieselben Gesetze gefunden.

Auch der Physiker kennt Gesetze, die nur für ein System von ganz bestimmter Struktur gelten und nur auf Grund der Kenntnis dieser Struktur erklärt werden können. Um die Pendelgesetze verstehen zu können, muß man wissen, in welcher Weise die Aufhängung der Pendelmasse diese aus der Richtung des freien Falles ablenkt und zwingt, sich auf einem Kreisbogen abwärts und dann, kraft ihrer Trägheit, in der Fortsetzung dieser Bahn wieder aufwärts zu bewegen, bis sich, nach Verlauf einer aus Achsabstand, Masse und Kraft des Schwerefeldes errechenbaren Zeit, der Vorgang in der Gegenrichtung wiederholt.

Die Physik könnte diese Gesetze zwar auch auf deduktivem Wege erschließen, tatsächlich aber ist ihr Erkenntnisweg über die Beobachtung realer Pendel gegangen, bei denen die Aufhängung der Pendelmasse unvermeidlicherweise Masse und Schwere, die Achse Reibung besitzt. Diese dem wirklichen Pendel anhaftenden Eigenschaften sind für den Physiker nur Störfaktoren, von denen er nach Möglichkeit abstrahiert: In der endgültigen Formulierung der Pendelgesetze und in ihrer restlosen Zurückführung auf allgemeinere Gesetze wird die Aufhängung des Pendels stets als masse- und schwerelos, die Achse als reibungsfrei betrachtet. Wohl aber hat der experimentelle Physiker diese Faktoren in Betracht ziehen und messen müssen, wenn auch nur, um sie als »störend«, englisch sagt man: als »intervening variables«, aus der Berechnung ausklammern zu können.

Der Physiker ist an dem System und seiner Struktur nicht um ihrer selbst willen interessiert. Wenn Newton statt eines Planetensystems ein anders geartetes Gebilde untersucht hätte, zum Beispiel eine Pendeluhr, wäre es ihm möglicherweise auch gelungen, bis zur Abstraktion allgemeinster physikalischer Gesetze vorzudringen. Die spezielle Strukturierung der Uhr wäre ihm aber nur ein Hindernis bei der Durchführung seines Forschungsvorhabens gewesen. Die großen Physiker sind keine Uhrmacher.

Nun nehmen wir an, daß ein Technologe, der von einer uhrenlosen Kultur kommt, sich an die Untersuchung unserer Pendeluhr machte. Es würden ihm an ihr verschiedene Gesetzlichkeiten auffallen, etwa das 1-zu-12-Verhältnis der Zeigerumdrehung, die konstante Geschwindigkeit des Gangs usw. Es würde ihm gelingen, die erste aus den Zahlenverhältnissen der Zähne an den Zahnrädern, die zweite aus den Pendelgesetzen zu erklären. Der Technologe würde auch, wie der Biologe, die Frage »wozu?« stellen und würde sehr wahrscheinlich bald herausfinden, daß die Uhr ein Zeitmeßinstrument des Menschen ist.

## III. Die methodische Reduktion der Biologie und die Seins-Formen des Lebendigen

Wir Biologen gleichen den Uhrmachern, den Technologen, insofern, als unter uns Leute sind, die es als ihren Beruf betrachten, in Unordnung geratene lebende Systeme wieder in Ordnung zu bringen. Zu diesem Behufe müssen sie die Struktur der betreffenden Systeme genau kennen. Aber auch wenn diese Leute, die Ärzte, *nicht* in unseren Reihen stünden, wären wir an den speziellen und so mannigfaltigen Strukturen der verschiedenen Organismen deshalb interessiert, weil sie es sind, die das *Wesen* – Nicolai Hartmann würde sagen: die Seinsform – jedes einzelnen Organismus bestimmen. Sie machen die Pflanze zur Pflanze, das Tier zum Tier und den Menschen zum Menschen.

Der Weg des Biologen geht in gleicher Richtung wie der des Physikers: Jede wissenschaftliche Analyse schreitet vom Spezielleren zum Allgemeineren vor. Unser letztes, utopisches Forschungsziel ist es, die Natur einschließlich unserer selbst auf *natürlichem* Wege zu erklären. Wir Verhaltensforscher hoffen, die Gesetzlichkeiten des Verhaltens auf die chemisch-physikalischen Vorgänge zurückzuführen, die sich an den Zellmembranen, in den Synapsen und in den Reize leitenden Nervenelementen abspielen. Zu dieser Zurückführung des Beobachteten auf allgemeine Gesetzlichkeiten bedürfen wir der Einsicht in die Struktur, in den ungeheuer komplexen, sinnvollen Aufbau, in dem die Elementarvorgänge zur Systemganzheit integriert sind. Vom Physiker unterscheiden wir uns in der Zentrierung unseres Interesses: Ihn interessiert nur das allgemeine Gesetz, uns aber mindestens ebenso die spezielle Struktur, in der es sich auswirkt.

In der *Richtung* unseres Vorgehens sind also auch wir Biologen durchaus »Reduktionisten«, aber wir vergessen auf unserem analytischen Weg »nach unten« niemals die Strukturen, in denen die elementaren Prozesse ihre wundervoll integrierten Wechselwirkungen ausüben. Wenn wir diese Struktur endlich verstanden haben und auf der Basis dieses Verständnisses die spezielleren Gesetzlichkeiten auf allgemeinere zurückzuführen gelernt haben, lassen wir sie keineswegs als nunmehr uninteressante »intervening variables« beiseite. Wollten wir dies tun, so würden wir die Verschiedenartigkeit des *Wesens* außer Betracht lassen, die das Tier von der Pflanze, den Menschen vom Tier, Gattung von Gattung, Art von Art, ja sogar Individuum von Individuum, menschliche Persönlichkeit von menschlicher Persönlichkeit unterscheidet. Wir würden damit in den verderblichen Denkfehler verfallen, den Donald MacKay als *ontologischen Reduktionismus* bezeichnet hat.

Ein Beispiel mag veranschaulichen, welcher weltweite Unterschied zwischen dem unentbehrlichen und auch epistemologisch richtigen methodischen Reduktionismus aller Naturforschung und dem ontologischen besteht. Die Naturwissenschaft sagt: »Lebensprozesse sind chemische und physikalische Vorgänge.« Oder: »Menschen sind Tiere von der Klasse der Säuger und der Ordnung der Primaten.« Beide Feststellungen sind völlig richtig. Der ontologische Reduktionist aber sagt: »Lebensprozesse sind *nichts als* physikalische und chemische Vorgänge« und »Menschen sind *nichts als* Affen«. Diese beiden Sätze sind falsch, denn sie leugnen die Existenz von etwas höchst Realem, nämlich von der *Struktur*, deren Unterschiedlichkeit die *wesensmäßige* Verschiedenheit der in Rede stehenden Seinsformen bedingt.

Es ist einfach nicht wahr, daß Unbelebtes und Lebendiges oder daß Tiere und Menschen »dasselbe« seien. Mit der Leugnung der Verschiedenheit der verschiedenen »Stufen des realen Seins«, um noch einmal mit Nicolai Hartmann zu reden, geht ganz zwangsläufig eine Blindheit für die Verschiedenheit des *Wertes* einher, den wir ihnen zuerkennen. Die Wertblindheit des ontologischen Reduktionismus und der daraus folgende Mangel an Ethik werden uns noch beschäftigen müssen.

## IV. Der ontologische Reduktionismus der behavioristischen Schule

Alles, was hier in äußerster Kürze gesagt wurde, ist jedem biologisch Denkenden selbstverständlich. Wenn es hier erwähnt wurde, geschah es nur deshalb, weil es eine mit Lebewesen sich beschäftigende Disziplin gibt, die alles dies nicht zur Kenntnis genommen hat: die amerikanische Psychologenschule des sogenannten *Behaviorismus*. Sie ist gekennzeichnet durch eine rigide Beschränkung ihrer Methode, die darin besteht, auf ein lebendes System eine Veränderung der Reizsituation einwirken zu lassen und die dadurch verursachten Änderungen seines Verhaltens statistisch zu erfassen, mit dem Ziel, eine gesetzmäßige Beziehung zwischen beiden zu finden. Die »operationale« Einwirkung wird ziemlich willkürlich gewählt, immer aber so, daß eine *andressierende* Wirkung (»reinforcement«) von ihr zu erwarten ist. Die Erforschung der *Wahrscheinlichkeit*, mit der diese Wirkung eintritt (»contingencies of reinforcement«) gilt als die einzig legitime Quelle wissenschaftlicher Erkenntnis.

Diese Verfahrensweise bedeutet also den Versuch, die Wahrscheinlichkeitsberechnung anstelle der kausalen Einsicht zu setzen. Sie hofft, ohne erst Einsicht in die Kausalkette gewinnen zu müssen, die von der experimentell gesetzten Ursache zur beobachteten Wirkung führt, eine gesetzmäßige Beziehung zwischen beiden auffinden zu können. Mit anderen Worten: Die behavioristische Schule beschränkt sich auf eine Methodik, zu welcher der Physiker dort seine Zuflucht nimmt, wo ihn alle in der Makro-Physik erfolgreichen kognitiven Leistungen des Menschen im Stich lassen, wo die Anschauungsformen von Raum und Zeit ebenso ihre Anwendbarkeit verlieren wie die Denk-Kategorien der Kausalität, der Substantialität usw. Der Behaviorismus behandelt also den Organismus samt allem, was in ihm vorgeht, als etwas, das im gleichen Sinne »unwißbar« ist wie jene vom Physiker untersuchten subatomaren Vorgänge.

Dagegen erheben sich zunächst zwei schwerwiegende Einwände. Erstens spielen sich die physiologischen Vorgänge, deren Maschinerie den Gesetzmäßigkeiten des Verhaltens zugrunde liegt, durchaus im makrophysikalischen Bereich ab, in dem die Statistik nur als vorläufiger und an sich eigentlich unbefriedigender Ersatz für kausale Einsicht gelten darf. Auch der Wissenschaftler, der am unmittelbarsten auf den Schultern der Physik steht, der Technologe, denkt gar nicht daran, die eigenen Erkenntnisfunktionen in der Weise zu beschneiden, wie die Behavioristen es tun zu müssen glauben.

Nehmen wir an, ein Techniker werde mit der Aufgabe betraut, eine Störung in der Funktion eines elektronischen Apparates zu beheben. Er wird vielleicht *auch* die Beziehungen zwischen »input« und »output« studieren, er wird sich aber ganz bestimmt nicht auf die Untersuchung der probabilistischen Beziehungen zwischen beiden beschränken, sondern er wird den Kasten aufmachen und nachsehen, wie der Apparat geschaltet ist.

Der zweite Einwand bezieht sich auf die beschränkte Anwendbarkeit statistischer Methoden auf Systeme, die aus sehr *ungleichen* Teilen aufgebaut sind. Wie schon eingangs gesagt, besteht die Höherentwicklung von Organismen zu erheblichem Teil darin, daß ihre Teile im Verlauf fortschreitender Arbeitsteilung immer verschiedener voneinander werden. Die Gesetzlichkeiten der Funktion, die sich aus der Mannigfaltigkeit der Strukturen ergeben, lassen sich *ohne Beschreibung aller beteiligten Strukturen* nicht im naturwissenschaftlichen Sinne erklären. Dies gilt für schlechterdings alle biologischen Gesetzlichkeiten, angefangen von jenen der Morphogenese und der Vererbung, die sich aus der Struktur der Doppelschräubchen der Kettenmoleküle erklären, bis hinauf zu den komplexen Gesetzlichkeiten des Verhaltens, die, wenn überhaupt, nur aus Struktur und Funktion des Organismus, besonders seiner Sinnesorgane und seines Zentralnervensystems, verständlich gemacht werden können.

Diesem zweiten Einwand begegnet die behavioristische Schule, an ihrer Spitze B. F. Skinner, mit der Behauptung, daß es Strukturen des Verhaltens, die vor und unabhängig von jeder Dressur vorhanden sind, einfach nicht gebe. Dies ist der Kern der sogenannten *empty organism theory*, die voraussetzt, daß das Zentralnervensystem eine im wesentlichen unstrukturierte Ansammlung gleicher Elemente sei.

Die Aussagen Skinners sind in diesem Punkte nicht widerspruchsfrei. Manchmal wird von genetisch festgelegten Anlagen, vor allem des Menschen, gesprochen, an anderen Stellen aber wird deren Existenz implizite geleugnet, was auch dem Glaubensgrundsatz entspricht, der sich in der allein als »wissenschaftlich« anerkannten Forschungsmethode verrät.

Eben aus der Ausschließlichkeit, mit der die Behavioristen diese eine Methode anwenden, ergibt sich der allerschwerste Einwand gegen die *empty organism theory*: Sie gibt nämlich nur zu solchen Experimenten Anlaß, die von vornherein so geartet sind, daß sie die unterstellte Annahme nur bestätigen und nicht falsifizieren können – und das ist das Schlimmste, was man von einer Theorie sagen kann. Was als Arbeitshypothese galt, erweist sich als ideologische Doktrin.

Die Untersuchung beschränkt sich auf Lebewesen, die imstande sind, durch Belohnung (»reinforcement«) etwas zu lernen. Solche Wesen werden mit gleichen operationalistischen quantitativen und probabilistischen Methoden, ja zum Teil mit denselben Apparaturen untersucht, ob es sich nun um Tauben, Ratten, Katzen, Affen, psychotische oder gesunde Menschen handelt. Daß sich alle diese Lebewesen in der Situation dieser Versuche gleich verhalten, beruht zum Teil darauf, daß sie gar keine Gelegenheit bekommen, irgend etwas anderes zu tun. Alle Verhaltensweisen, die nicht auf Lernen durch Erfolg beruhen, werden aufs sorgfältigste ausgeschaltet. Dies wird auf zweierlei Weise erreicht. Man kann erstens das Versuchstier fesseln, wie es schon I. P. Pawlow seinerzeit mit Hunden getan hat, so daß diese gar kein anderes »Verhalten« zeigen konnten als das des »bedingten Speichelreflexes«.

Ein amerikanischer Freund, der bei Pawlow selbst gearbeitet hat, machte einmal folgenden Versuch: Er dressierte einen Hund darauf, dann zu speicheln, wenn ein Metronom seinen Schlag beschleunigte. Als diese Dressur vollzogen war, befreite er den Hund in Gegenwart des ruhig tickenden Uhrwerks von seinen Fesseln. Das Tier lief sofort zum Metronom hin, winselte, wedelte mit dem Schwanz und stieß die Schnauze vor, dabei speichelte es heftig. Mit anderen Worten, es zeigte das gesamte angeborene Verhaltensprogramm eines um Futter bettelnden Hundes. Dieses und nicht nur der Speichelreflex waren »bedingt« worden! Auch war die Reaktion nur teilweise von der Beschleunigung des Metronomschlages abhängig, denn der befreite Hund bettelte den Mechanismus ja offensichtlich an, doch, bitte, schneller zu schlagen, damit er endlich sein Futter bekäme. Diese Geschichte besagt natürlich nicht, daß der bedingte Speichelreflex nicht ein wertvoller Indikator für quantifizierende Lernforschung sei! Was man aber *nicht* glauben darf, ist, daß der Speichel-»Reflex« die einzige durch den Versuch andressierte Verhaltensweise sei, noch weniger aber, daß das ganze Verhalten des Tieres aus nichts anderem als aus bedingten Reaktionen bestehe.

Die zweite Methode, die angewandt wird, um eben diesen Glauben aufrechtzuerhalten, besteht darin, eine undurchsichtige Wand zwischen das Versuchstier und den Experimentator zu setzen und diesen daran zu hindern, Dinge zu sehen, die der *empty organism*-Doktrin widersprechen und den Verdacht erregen könnten, daß sich die Leistung des Zentralnervensystems und der Sinnesorgane nicht im Lernen durch »reinforcement« erschöpfe.

Daß die behavioristische Schule mit der genauen Untersuchung dieses einen Vorganges hohe Verdienste und unvergängliche Erfolge errungen hat, kann und soll nicht geleugnet werden. Es soll hier der behavioristischen Schule auch nicht vorgeworfen werden, daß sie immer nur eine ganz bestimmte Art von Lernvorgängen untersucht. Es steht jedem Wissenschaftler frei, sein Objekt zu wählen, und es ist legitim, das eigene Forschungsgebiet beliebig eng zu halten.

Wissenschaftlich illegitim ist nur die Behauptung, daß es anderes Erforschenswertes im tierischen und menschlichen Verhalten nicht gebe.

Daß mittels der behavioristischen Methode Gesetzlichkeiten des Verhaltens aufgefunden werden konnten, die für so verschiedene Wesen wie Tauben, Ratten und Menschen gelten, beruht darauf, daß es tatsächlich eine große Anzahl von höheren Tieren gibt, deren neurosensorische Organisation sie zu dieser Art von Lernen befähigt. Wie ich anderen Ortes (»Innate bases of learning«, in: K. Pribram, »Biology of learning«) auseinandergesetzt habe, setzt diese Fähigkeit eine nervliche Organisation von verhältnismäßig hoher Mindestkomplikation voraus, weshalb es müßig ist, bei Tieren nach ihr zu fahnden, die eines zentralisierten Nervensystems entbehren. Andererseits haben wohl alle Tierstämme mit Zentralnervensystem unabhängig voneinander die große »Erfindung« gemacht, den arterhaltenden Erfolg einer Verhaltensweise auf das vorangehende Verhalten, vor allem auf die auslösenden Mechanismen, *rückwirken* zu lassen, um deren Funktion im Fall des Erfolges zu steigern, im Fall des Mißerfolges aber zu hemmen. Wir wissen, daß Kopffüßer, Gliederfüßler und Wirbeltiere diese Form der Lernfähigkeit besitzen.

Der physiologische Apparat, der diesem Lernen zugrunde liegt, stellt einen zwar wichtigen und bei höheren Tieren unentbehrlichen, aber doch nur verhältnismäßig kleinen Teil der ganzen, komplexen Maschinerie dar, deren Funktion das tierische und menschliche Verhalten ist. Die Beschränktheit der Methode, die auf die Untersuchung einer ganz bestimmten Art von Lernvorgängen – keineswegs auf die des Lernens schlechthin – zugeschnitten ist, setzt dem, was durch sie sichtbar gemacht werden kann, außerordentlich enge Grenzen. Diese möchte ich durch ein Gleichnis anschaulich machen.

Nehmen wir an, ein Team von Forschern sei, vom Mars kommend, auf der Erde gelandet und sei aus irgendwelchen außerirdischen Gründen entschlossen, mittels streng behavioristischer Methoden das Verhalten irgendeines irdischen Systems, beispielsweise der Eisenbahn, zu untersuchen. Ohne sich erst die Mühe zu machen, nachzusehen, was eigentlich die Züge fahren mache, hoffen sie, die gesamte Gesetzlichkeit des Verhaltens der Eisenbahnen, und zwar wohlgemerkt *aller*, ohne Unterschied, dadurch zu erkunden, daß sie bestimmte »Operationen« einwirken lassen und dann mittels statistischer Verfahren die Wahrscheinlichkeit bestimmen, mit der gewisse Folgen im Verhalten des untersuchten Systems bemerkbar werden.

Dieses Vorgehen schaltet von vornherein die Möglichkeit aus, irgend etwas über die Mechanismen zu erfahren, die bei den verschiedenen Arten von Schienenfahrzeugen *verschieden* sind. Der Erforscher elektrischer Eisenbahnen wird alsbald mit dem der Dampf- und Diesellokomotiven in Widerspruch geraten, wenn er behauptet, daß die Unterbrechung von Hochspannungsleitungen die Wahrscheinlichkeit des Weiterfahrens von Zügen erheblich herabsetze. Gleichartige Operationen, die auf verschieden strukturierte Systeme einwirken, haben selbstverständlich nur dann gleiche Wirkungen, wenn in allen diesen Systemen Teilmechanismen enthalten sind, die durch den Eingriff in gleicher Weise beeinflußt werden. Im Falle unseres Gleichnisses hätte zum Beispiel das Verbiegen von Schienen gleiche Wirkungen auf alle Arten von Eisenbahnzügen.

Es bedarf einer Erklärung, daß Lebewesen von so verschiedener Entwicklungshöhe und Struktur wie Fische, Ratten, Tauben und Menschen in der andressierenden Situation so ungemein ähnlich reagieren, wie sie es tatsächlich tun. Diese Erklärung besteht darin, daß sie alle, unbeschadet ihrer sonstigen Verschiedenheiten, analoge, dem Lernen durch Erfolg dienende Mechanismen »eingebaut« haben. Diese Erklärung aber liegt den Behavioristen und leider auch vielen von ihnen beeinflußten Psychologen völlig fern: Wenn sie bei verschiedenen Organismen gleiche Verhaltensgesetzlichkeiten vorfinden, ziehen sie daraus den falschen Schluß, daß es sich um allgemeinste, das heißt unabhängig von jeder Struktur geltende Gesetze handle. Sie bemerken nicht, daß sie sich selbst durch ihre einseitige Methode blind für *den größten Teil* der physiologischen Maschinerie machen, die Verhalten bewirkt. Auch entgeht ihnen, daß, wie schon gesagt, dieser weggeblendete Teil all das enthält, was eine Taube zur Taube, eine Ratte zur Ratte und einen Menschen zum Menschen macht.

Dies bedeutet ein Abgleiten in den Denkfehler des *ontologischen Reduktionismus*, der schon eingangs besprochen wurde. Donald MacKay hat für ihn den schönen englischen Ausdruck »nothing-else-but-ism« geprägt. Alle Tiere und auch der Mensch erscheinen bei dieser Betrachtungsweise als »nichts anderes als« – nothing else but – ein Bündel durch »reinforcement« bestimmter Reaktionen. Jedes Tier wird der ihm eigenen Wesensart beraubt, denaturiert, der Mensch wird dehumanisiert.

Aber das ist noch keineswegs alles! Der Experimentator unterliegt dem gleichen Prozeß: Es ist ihm verwehrt, ganz menschlich zu sein. Eine zur Ideologie erstarrte Theorie verbietet ihm nicht nur, seine fünf Sinne und seine naturgegebenen Erkenntnisfunktionen frei zu gebrauchen, sondern sie zwingt ihn auch, seine Augen vor den *Werten* der organischen Welt zu verschließen: Zu den Unterschieden, die zwischen verschiedenen Lebewesen bestehen und die durch die Methodik der *empty organism*-Doktrin wegretuschiert werden, gehören nämlich auch solche, die die Verschiedenheit der Entwicklungshöhe ausmachen und damit auch die zwischen Tier und Menschen bestehenden.

Dies bedeutet Blindheit für Eigenschaften und Leistungen, die höchste Menschheitswerte darstellen. Deshalb ist, wie schon erwähnt, jede Form des ontologischen Reduktionismus morallos.

## V. Unreflektierte Motive der empty organism-Doktrin

Die Fesselung des Geistes, die von der behavioristischen Doktrin ihren Anhängern auferlegt wird, der Verzicht auf Quellen der Erfahrung und des Wissens und vor allem die selbstgewählte Blindheit für alles, was für unvoreingenommene Menschen die Welt mannigfaltig, schön und erforschenswert erscheinen läßt, dies alles zusammengenommen stellt ein so schweres und bitteres Opfer dar, daß sich die Frage nach den Motiven aufdrängt, die viele sonst offensichtlich sehr denkfähige Menschen veranlassen, es zu bringen.

### 1. Die Mode

Ich glaube, daß man eine Wurzel dieser Motive in einer Entwicklungstendenz des menschlichen Denkens suchen muß, die sich im gegenwärtigen Zeitalter in allen Kulturen auswirkt. Die Menschheit verdankt die nie dagewesene Macht, die sie über die anorganische Welt ausübt, den *analytischen* Wissenschaften, der Physik und der Chemie, deren Forschung sich auf analytische Mathematik gründet.

Auf diesen Grundlagen hat unsere Kultur eine Technologie entwickelt, die nicht nur die Umwelt des Menschen, sondern auch ihn selbst in zunehmendem Tempo in einer Richtung hin verändert, die deutlich von der Technologie her bestimmt ist. »In seiner ersten Phase«, so sagt Hans Sedlmayr (in »Gefahr und Hoffnung des heutigen Zeitalters«), »hat sich das technisch-industrielle Zeitalter aufs tiefste mit der anorganischen Welt eingelassen. Das ist durchaus verständlich, denn die anorganische Welt ist am leichtesten und vollkommensten mathematisierbar und experimentell analysierbar«, wobei man, wie er hinzufügt, den Begriff des Anorganischen nicht allzu eng fassen darf, denn auch Kohle, Erdöl, Gummi oder Holz lassen sich in einer Weise behandeln, die diese Dinge dem Anorganischen zuordnet. »Die dauernde Beschäftigung mit der Welt des Leblosen«, so fährt Sedlmayr fort, »züchtet aber Denkformen und einen Geist, der dieser Welt wahlverwandt ist. Millionen von Technikern und Arbeitern haben ihr Leben lang nur mit anorganischen Gebilden zu tun, begegnen keiner Kreatur, sondern nur Schöpfungen der technisch-anorganischen Vernunft – kein Wunder, daß alle diese Menschen kein natürliches Verhältnis zur Natur mehr haben.«

Eine in dieser Art von »technomorphem« Denken geschulte Menschheit hält begreiflicherweise Mathematik, Physik und Chemie für die einzig maßgebenden Wissenschaften: Eine Denkungsart, die von der Existenz kompliziert gebauter lebender Systeme nicht viel wissen will, ist als eine recht schädliche Denk-*Mode* sogar in die Naturwissenschaft – auch die Wissenschaftler sind Kinder ihrer Zeit – eingedrungen. Manche geistreich klingenden Aphorismen bezeugen dies, wie etwa: »Wissenschaft besteht darin, zu messen, was meßbar ist, und meßbar zu machen, was es noch nicht ist«, oder: »Jede Naturwissenschaft ist nur soweit Wissenschaft, wie sie Mathematik enthält« u. a. m. Es ist Mode geworden, die Notwendigkeit der *deskriptiven* Forschung, mit anderen Worten die Notwendigkeit des Verstehens komplexer *Strukturen*, zu übersehen, und es gibt kaum einen Zweig der biologischen Forschung, in dem sich dies nicht bemerkbar macht, wie ich in meiner Arbeit »The Fashionable Fallacy of Dispensing with Description« näher ausgeführt habe.

Die Neigung, Beobachtung und Beschreibung zu vernachlässigen, ja für überflüssig zu halten, findet sich also keineswegs nur bei der behavioristischen Schule allein, sondern ist eine echte Modekrankheit der zeitgenössischen Naturforschung. Sie hat begreiflicherweise um so schlimmere Folgen, je komplexer die Struktur des zu untersuchenden lebenden Systems ist und je weiter in ihm die Differenzierung und Subordination der Teile fortgeschritten ist. Das System der sozialen Verhaltensweisen des Menschen übertrifft in dieser Hinsicht alle anderen Systeme. Es ist daher paradox, zu glauben, gerade mit der extremsten Beschränkung auf technomorph-analytische Methodik Einsicht in das ganzheitlichste aller lebenden Systeme gewinnen zu können.

Es mag so manchem unglaubhaft erscheinen, daß eine bloße Mode so viel Macht ausüben kann, wie ich ihr hier zuschreibe. Sie verdankt diese Macht dem Umstand, daß alles Modische alsbald zum *Statussymbol* erhoben wird, und dies zwingt jeden, »der etwas auf sich hält« oder der des Kredits bedarf, dazu, »mit der Mode zu gehen«. Es ist heute bei jüngeren Wissenschaftlern ausgesprochen Mode, möglichst viel in mathematischen Ausdrücken, Kurven und Diagrammen darzustellen, auch wenn die Sprache eine kürzere und deutlichere Darstellungsmöglichkeit bietet.

Jüngst hörte ich einen gescheiten jungen Forscher im Vortrag sagen: »um eine Zehnerpotenz mehr«. Das klingt offenbar besser als »zehnmal mehr«, obwohl es mehr als doppelt so viele Silben enthält. Die Macht der Mode ist eben gewaltig. Man denke an die Qualen, denen sich Menschen in ihrem Dienste unterziehen, an die Verkrüppelung der Füße von Mädchen im alten

China, an die Schädelverformung der Flachkopfindianer und an die Schnürleibern, die sich noch unsere Großmütter zufügten. Mir scheint aber, daß diese körperlichen Verkrüppelungen geringere Opfer sind als die geistig-seelischen, die von der *empty organism*-Doktrin gefordert werden.

2. *Die Herrschsucht*

Moden sind kurzlebig. Die Geringschätzung der deskriptiven Forschung ist heute schon im Rückgang begriffen, und ich hätte den vorliegenden Aufsatz für gar nicht nötig gehalten, wenn ich nicht des Glaubens wäre, daß neben der eben besprochenen Bestrebung, »modern« zu sein, auch noch andere und ernstere Motive für die Verbreitung behavioristischer Doktrinen verantwortlich wären: *die des Herrschen-Wollens.*

Es muß für Menschen, deren Wunsch es ist, Menschenmassen manipulieren zu können, die Erfüllung ihrer kühnsten Träume bedeuten, wenn ihnen versichert wird, daß der Mensch ausschließlich die Kreatur der dressierenden Einflüsse ist, die seine belebte und unbelebte Umgebung von Kindheit an auf ihn ausüben. Ich will behavioristischen Forschern keineswegs das Motiv des reinen Wissen-Wollens absprechen, aber das Wort »to control«, das »beherrschen« heißt und in schlechtem Zeitungsdeutsch regelmäßig mit »kontrollieren« (»kontrollieren« heißt englisch »to check«) übersetzt wird, kommt bei Skinner allzuoft vor. Auch läßt er in seinem Zukunftsroman »Walden Two« seinen Helden T. E. Frazier sagen: »I've had only one idea in my life – a true *idée fixe*. To put it as bluntly as possible – the idea of having my own way, ›control‹ expresses it. The Control of human behavior. In my early experimental days it was a frenzied, selfish desire to dominate. I remember the rage I used to feel when a prediction went away.« (»Ich hatte in meinem ganzen Leben einen einzigen Gedanken, eine echte fixe Idee – mich durchzusetzen, ›herrschen‹ drückt das gut aus. Menschliches Verhalten zu beherrschen. In der ersten Zeit meines Experimentierens war es ein rasender, selbstsüchtiger Wunsch zu dominieren. Ich entsinne mich noch der Wut, die mich erfaßte, wenn eine Voraussage danebenging.«)

# VI. Der humanistische Aspekt der empty organism-Doktrin

Nun ist aber die Doktrin von der unbegrenzten Dressierbarkeit des Menschen, wie wir gesehen haben, von keinerlei Ergebnissen wissenschaftlicher Forschung getragen. Es ist in Wirklichkeit gar nicht möglich, den Menschen anzudressieren, daß sie unter den eingeengten, neuroseerzeugenden Lebensumständen glücklich sind, die ihnen die großen Manipulanten so gerne aufzwingen möchten. Für das menschliche Individuum, das dadurch zum Leiden verurteilt wird, mag das ein Unglück sein. Für das Weiterbestehen des Menschentums, der Humanität aber, ist es ein Glück, daß die Menschen rebellieren, wenn man versucht, sie wie anorganische Materie zum Gegenstand der Ingenieurtechnik zu machen. Wenigstens vorläufig tun sie das noch.

Die Denkgewohnheiten, die, wie schon eingangs ausgeführt wurde, der Mehrzahl der heute lebenden Menschen durch ihren Umgang mit der anorganischen Natur andressiert worden sind, stiften schweren Schaden, wenn sie mit überheblicher Selbstsicherheit auf die Belange lebendiger Systeme angewendet werden. Arnold Gehlen hat in seinem Buche »Die Seele im technischen Zeitalter« klar gesagt, daß es gegenüber der anorganischen Natur, der Kohle, der Elektrizität, der Atomenergie keine ethische Einstellung gibt, daß also »die Vorstellung einer Beschränkung der erlaubten Mittel nicht schon an der Grundproduktion ansetzt und von ihr her durchgehalten wird«. An anderer Stelle sagt er: »Es gibt gegenüber der anorganischen Natur, ihrer Erkenntnis und Ausnützung, von vornherein keinerlei ethische, sondern nur technische Grenzen der Zielsetzung.«

All dies trifft in vollem Umfange auf die durchaus technomorphe Denk- und Forschungsmethode der behavioristischen Schule zu. Das Konformgehen mit den zur Mode gewordenen Denkgewohnheiten, die Hans Sedlmayr so treffend geschildert hat, ist für die behavioristische Versuchsanordnung typisch, die Vernachlässigung der *Strukturiertheit* aller Organismen ist hier auf die Spitze getrieben.

Wie schon auseinandergesetzt, hat eine solche Vernachlässigung der Strukturen und der ein organisches System aufbauenden Teil- oder Untersysteme um so bösere Wirkungen, je komplexer das zu untersuchende lebende System und je mannigfaltiger und differenzierter seine Teile sind. Schon wenn sich der Mensch bei seiner Auseinandersetzung mit ziemlich einfachen lebenden Systemen, etwa bei der Nutzung eines Waldes, eines Gewässers oder der Ackerkrume, von den Denkgewohnheiten leiten läßt, die ihm von seiner Technologie andressiert wurden, zeitigt das verheerende Wirkungen und hat oft genug das betreffende System vernichtet, wenn nicht in allerletzter Stunde eine bessere Einsicht in das Wirkungsgefüge dieses lebenden Systems die von Gehlen geforderte »Beschränkung der erlaubten Mittel« diktierte.

Da nun die behavioristische Schule aus den dargelegten Gründen von der Strukturiertheit organischer Systeme und von dem komplexen arterhaltenden

Wirkungsgefüge ihrer Strukturen nichts weiß, ist ihr auch die Frage fremd, ob es Methoden gebe, die lebenden Systemen gegenüber schlechthin verboten sind. Die Ausbildung einer »behavioral technology« und eines »social engineering« scheint den Behavioristen nicht nur erlaubt, sondern unmittelbar nötig und auf der Basis ihres gegenwärtigen Wissens auch möglich.

Es ist bedenklich, daß sich die behavioristische Schule ohne weiteres die Fähigkeit zuschreibt, den nach ihrer Ansicht höchst unzulänglichen gegenwärtigen Menschen umzukonstruieren oder, besser gesagt, einen neuen Menschen frei zu erschaffen, der einer ebenfalls durch technomorphe Maßnahmen zu konstruierenden neuen Welt besser angepaßt sein soll. Da das behavioristische Programm absolute Blindheit für Wesen, Struktur und innere Harmonie organischer Systeme diktiert und da es weiterhin fanatisch die Existenz irgendwelcher solchen Systemen innewohnender Werte leugnet, läßt sich mit Sicherheit voraussagen, wie der von einer »behavioral technology« konstruierte Mensch aussehen würde: Er wäre nicht ganz so leer, wie die *empty organism*-Doktrin es fordert, denn das gibt es nicht, aber er wäre sicher einer ganzen Reihe konstitutiv menschlicher Eigenschaften beraubt.

Ich befürchte, daß viele Humanisten die von der behavioristischen Doktrin heraufbeschworenen Gefahren noch unterschätzen. Dies tun besonders die biologisch Gebildeten unter ihnen, da sie es für unmöglich halten, daß eine so abwegige Theorie weite Verbreitung und Macht erlangen könnte. Man kennt genug Beispiele von falschen Theorien, die wegen ihrer Beliebtheit bei Machthabern zu gefährlicher Bedeutung gelangten. Sollte die behavioristische Doktrin eine solche Machtstellung lange Zeit innehaben, so bestünde die Möglichkeit, daß ein Selektionsdruck in Richtung möglichst leichter Dressierbarkeit des Menschen wirksam würde. Dies könnte auf lange Sicht zur Verminderung, ja zum Verschwinden aller jener Eigenschaften und Leistungen führen, die in unseren Augen Menschentum konstituieren. Die behavioristische Versuchsanordnung täuscht nur vor, daß der Mensch nichts als ein Bündel andressierter Reaktionen sei, gerichtete Zuchtwahl aber könnte dies wenigstens teilweise zur Wirklichkeit werden lassen.

Ich habe in diesem Aufsatz die *empty organism*-Doktrin ausschließlich vom biologischen und vom humanistischen, nicht aber vom psychologischen Gesichtspunkt aus kritisiert. Die behavioristische Schule verzichtet bekanntlich auf Introspektion und damit auf jede Phänomenologie als Wissensquelle. Sie behandelt alles seelische Erleben als Illusion. Sie vernachlässigt somit nicht nur, wie im obigen dargetan, die physiologische Seite des Verhaltens, sondern noch mehr die psychologische und erst recht die vielsagenden Isomorphien beider: Das Leib-Seele-Problem existiert für sie nicht.

# VII. Zusammenfassung

1. Beim Versuch, lebende Systeme zu verstehen, stellt der Biologe erstens die physiologisch-kausale Frage: »Welche Strukturen und Funktionen verursachen in ihrem Wirkungsgefüge die am System zu beobachtenden Erscheinungen?« Zweitens die historische Frage: »Auf welchem Wege und warum sind diese Strukturen und Funktionen stammesgeschichtlich so und nicht anders entstanden?«

2. Der Physiker stellt die Frage ebenso, benutzt aber die Methode der generalisierenden Reduktion und läßt die spezielle Struktur eines Systems, sobald er zur Abstraktion allgemeinerer Gesetze gelangt ist, als uninteressant beiseite.

3. Auch der Biologe generalisiert und reduziert, aber er läßt die speziellen Strukturen lebender Systeme auch nach Erkenntnis der in ihnen obwaltenden allgemeinen Gesetzlichkeiten nicht außer acht, sondern betrachtet sie als um ihrer selbst willen untersuchenswerte Formen des realen Seins. Der Arzt will die Strukturen und Funktionen lebender Systeme genau kennen, um sie, wenn sie gestört sind, wiederherstellen zu können.

4. Abweichend von der in den ersten drei Absätzen skizzierten, allgemein naturwissenschaftlichen Forschungsweise glaubt die Schule des amerikanischen Behaviorismus, *ohne* Einsicht in das kausale Wirkungsgefüge des Organismus zum Verständnis, ja zur Beherrschung seines Verhaltens gelangen zu können. Sie beschränkt ihre Methode darauf, andressierende Operationen auf den Organismus einwirken zu lassen und die Wahrscheinlichkeit der hierdurch bedingten Veränderungen seines Verhaltens statistisch zu ermitteln. Sie hofft so, allgemeine Gesetze des Verhaltens zu finden, die für alle Lebewesen gelten, ungeachtet der Verschiedenheit ihrer Strukturen. Sie erreicht aber durch die Beschränkung ihrer Methodik nur, daß dem Experimentator all das unsichtbar bleibt, was im tierischen und menschlichen Verhalten durch vorhandene Strukturverschiedenheiten bedingt ist.

Auf den Einwand, daß *alle* Gesetze organischer Leistungen, einschließlich derer des Verhaltens, strukturbedingt seien, antwortet der Behaviorismus mit der Behauptung, daß es erbliche Strukturen des Verhaltens nicht gebe. Dies ist der Kern der sogenannten *empty organism theory*.

5. Gegen diese ist ein ganz grundsätzlicher Einwand zu erheben: Sie gibt nur zu Versuchsanordnungen Anlaß, ja sie erlaubt nur solche, die von vornherein darauf abzielen, sie zu bestätigen und jede Möglichkeit der Widerlegung ausschließen. Sie ist somit keine wissenschaftliche Hypothese, sondern eine ideologische Doktrin.

6. Die weitgehenden Wissensverzichte und die Beschneidung der Methodik, die der Behaviorismus sich selbst auferlegt, sind vom epistemologischen und forschungsstrategischen Standpunkt gesehen unverständlich. Es muß daher nach anderen, wahrscheinlich emotionalen Motiven gesucht werden, die zu solchen Opfern treiben.

Ein Motiv ist die Mode des technomorphen Denkens, das der ganzen Menschheit durch ihre erfolgreiche Auseinandersetzung mit der anorganischen Welt, bei der komplexe Strukturen und Systemeigenschaften nicht berücksichtigt zu werden brauchen, addressiert worden ist. Dieses »technomorphe« Denken ist auch in die Wissenschaft, einschließlich der biologischen, eingedrungen. Im Behaviorismus wird es auf die Spitze getrieben.

Ein anderes Motiv scheint in dem Streben nach Macht zu liegen: Der Glaube, daß der Mensch durch Dressur manipulierbar gemacht werden könne, ist von dem Wunsch getragen, dies zu tun.

7. Vom humanistischen Standpunkt ist die behavioristische Doktrin gefährlich. Ihre Unsinnigkeit bietet keine Garantie, daß sie nicht, das Wohlwollen von Machthabern vorausgesetzt, zur Weltreligion werden und es lange Zeit bleiben könnte. Sollte dies eintreten, so würde durch Selektion auf leichte Dressierbarkeit des Menschen das zur Wirklichkeit, was die von der *empty organism*-Doktrin diktierte Versuchsanordnung vortäuscht: ein Verschwinden aller Eigenschaften und Leistungen, die unser Menschentum konstituieren.

# Stammes- und kulturgeschichtliche Ritenbildung

(1966)

Vor mehr als dreißig Jahren hat mein Freund und Lehrer Sir Julian Huxley entdeckt, daß die Verständigung zwischen Tieren gleicher Art, das heißt also objektiv ausgedrückt die sinnvolle Wechselwirkung ihres sozialen Verhaltens, durch Bewegungsweisen bewerkstelligt wird, die auf den unvoreingenommenen Beobachter ohne weiteres den Eindruck von *Symbolen* machen. Ein Haubentaucher wirbt um ein Weibchen, indem er Nistmaterial vom Grunde des Sees heraufholt und inmitten der freien Wasserfläche Bewegungen vollführt, die unzweideutig denen des Nestbauens ähneln. Vermenschlicht ausgedrückt heißt dies: »Komm, wir wollen miteinander nestbauen!«

Ein reiches, durch Beobachtung und Experiment erworbenes Tatsachenmaterial beweist, daß derartige Bewegungen der Kommunikation dienen, das heißt, sie werden vom Artgenossen verstanden und in sinnvoller Weise beantwortet. Wenn mehrere nahverwandte Arten verschieden hohe Differenzierungsstufen derselben Symbolhandlung beobachten lassen, läßt sich die vergleichend-stammesgeschichtliche Methode anwenden. Dann zeigt sich oft ganz eindeutig, in welchem Entwicklungsgang das Symbolverhalten aus der ursprünglichen Verhaltensweise entstanden ist, die noch keine kommunikative Leistung entwickelte, zum Beispiel symbolisches aus wirklichem Nestbauen oder symbolisches Fressen aus wirklichem.

Zu einem kommunikativen System gehören Sender und Empfänger. Dem ausgesandten Signal muß ein rezeptorisches Korrelat gegenüberstehen, das es selektiv aufnimmt und beantwortet. Wie die vergleichende Untersuchung lehrt, entwickelt sich in der Stammesgeschichte kommunikativer Systeme meist die sinnvolle Reaktion auf eine bestimmte Bewegungsweise, also gewissermaßen das »Verständnis« für sie, noch ehe sie sich zu einem besonderen Symbol entwickelt. Alle Hühnervögel zum Beispiel reagieren auf Freßbewegungen von Artgenossen damit, daß sie selbst zu fressen beginnen. Durch die Entstehung eines »Empfangsapparates« oder, wie wir zu sagen pflegen, eines angeborenen Auslösemechanismus, der auf die Freßbewegungen anspricht, erhalten diese eine neue arterhaltende Funktion, denn es ist gut und nützlich, wenn ein Vogel den anderen auf Nahrung aufmerksam macht. Der Arterhaltungswert dieser kommunikativen Leistung übt nun einen Selektionsdruck aus, unter dessen Wirkung sich die auslösende Bewegungsweise im Sinne einer Verbesserung ihrer Signalwirkung verändert. Sehr viele Hühnervögel, auch die kleinen Küken unseres Haushuhns, äußern beim Fressen kurze, tickende Laute, die das beim Picken entstehende Geräusch übertreiben. Die ihre Küken zum Futter lockende Glucke und ebenso der seine Henne lockende Hahn bringen eine noch bessere stimmliche Nachahmung von Pickgeräuschen, beide verstärken dazu noch die optisch wirksame Ab- und Aufbewegung des Kopfes, und beide fressen bei dieser Symbolhandlung kaum mehr selbst.

In analoger Weise sind bei sehr verschiedenen Tieren und auch beim Menschen Systeme der Kommunikation entstanden, die im sozialen Leben der betreffenden Art eine grundlegend wichtige Rolle spielen. Julian Huxley nannte diesen Entstehungsvorgang *Ritualisation* und gebrauchte diesen Ausdruck ohne Anführungszeichen ebensowohl für das eben skizzierte stammesgeschichtliche Geschehen wie für analoge Prozesse in der menschlichen Kulturgeschichte. Eben diese höchst merkwürdige Analogie soll der Gegenstand dieses Beitrages sein.

Alle Verständigung unter Tieren und damit jegliche Organisation tierischer Sozietäten baut sich auf Verhaltensweisen auf, die durch stammesgeschichtliche Ritualisierung zu Verständigungsmitteln geworden sind. Schon zu Beginn der vergleichenden Verhaltensforschung standen sie im Vordergrund des Interesses; die Pioniere dieser Wissenschaft, C. O. Whitman und O. Heinroth, beschäftigten sich fast ausschließlich mit ihnen, und zwar nicht um ihrer soziologischen Bedeutung willen, sondern deshalb, weil sie der vergleichend-stammesgeschichtlichen Methode besonders wertvolle Anhaltspunkte bieten. Der Erforscher der Stammesgeschichte, der aus Ähnlichkeiten und Unähnlichkeiten die verwandtschaftlichen Zusammenhänge innerhalb einer Tiergruppe und damit ihren phylogenetischen Werdegang erschließen will, ist bei seinem Beginnen auf solche Merkmale angewiesen, die von Art zu Art kennzeichnende Verschiedenheiten aufweisen. Je größer die Zahl der verwerteten Einzelmerkmale ist, desto verläßlicher ist das Ergebnis. Nun gehen die evolutiven Veränderungen, die durch Ritualisation angeborener Bewegungsweisen bewirkt werden, verhältnismäßig sehr rasch vor sich. Wenn man die verwandtschaftlichen Zusammenhänge innerhalb einer kleineren taxonomischen Gruppe klarstellen will, wie dies Whitman an Tauben und Heinroth an Entenvögeln unternahm, so nützt einem das vergleichende Studium der nicht ritualisierten

Bewegungsweisen, wie des Fressens, der Putzbewegungen oder der Lokomotion usw., deshalb nichts, weil diese in der Evolution sehr konservativen Verhaltensweisen bei allen Arten der Gruppe beinahe gleich sind. Wollte man sie um ihrer selbst willen untersuchen, so müßte man seine Forschung über sehr viel weitere Gruppenkategorien ausdehnen. Die ritualisierten Bewegungsweisen dagegen sind von Art zu Art oft in sehr kennzeichnender Weise verschieden; es lassen sich Differenzierungsreihen aufstellen, die sicheren Aufschluß nicht nur über den Weg der Ritualisation, sondern auch über den Werdegang der betreffenden Arten geben.

Noch ein weiterer Umstand macht die ritualisierten Bewegungsweisen zu einem günstigen Objekt vergleichender Forschung. Die besondere Form eines Signales beruht ausschließlich auf der zwischen Sender und Empfänger getroffenen Übereinkunft. Formähnlichkeiten, die nicht durch gemeinsame Abstammung, sondern durch konvergente Anpassung an die gleiche Funktion zu erklären sind, können begreiflicherweise zur Rekonstruktion von Stammbäumen nicht verwertet werden. Da bei Signalen konvergente Anpassung mit großer Sicherheit ausgeschlossen werden kann, bedeutet die Gleichheit oder Ähnlichkeit ritualisierter Bewegungen so gut wie immer Gleichheit der stammesgeschichtlichen Herkunft, also Homologie. Die vergleichende Erforschung kommunikativer Systeme kann deshalb über deren Werdegang oft bestimmtere Aussagen machen, als sie dem Phylogenetiker sonst vergönnt sind. Im Bereiche der Kulturgeschichte ist der vergleichende Sprachforscher in einer ähnlich günstigen Lage. Auch verwendet er nahezu gleiche Methoden wie der Erforscher der Stammesgeschichte.

Die gute Verwendbarkeit ritualisierter Bewegungsweisen zu stammesgeschichtlichen Untersuchungen hatte zur Folge, daß über sie viele deskriptive Arbeiten vorliegen, die eine solide Grundlage für die weitere Verfolgung des Ritualisierungsproblems bilden. Wie viele andere biologische Begriffe läßt sich auch derjenige der Ritualisation nicht implizit definieren, man kann ihn nur durch jene Art von Definition festlegen, die B. Hassenstein als »injunktiv« bezeichnet hat. Das heißt, daß der Begriff durch eine größere Anzahl von Eigenschaften bestimmt ist, die nur in ihrer Vielheit und gewissermaßen durch ihre Summation konstitutiv für den Begriffsinhalt sind. Stoffwechsel, Wachstum, Fortpflanzung usw. sind solche teilkonstitutiven Merkmale des Lebens, aber eine unterkühlte Milzbrand-Spore oder ein Ochse fallen immer noch unter den Begriff lebender Wesen, obwohl dem einen der Stoffwechsel und dem anderen die Fortpflanzungsfähigkeit fehlt. Der Inhalt injunktiv definierter Begriffe ist nicht scharf gegen Nachbarbegriffe abgegrenzt, sondern durch Übergänge mit ihnen verbunden.

Um nun den Begriff der Ritualisation injunktiv zu bestimmen, möchte ich vier teilkonstitutive Eigenschaften hervorheben, die mir die wichtigsten zu sein scheinen.

Das erste und wichtigste dieser Merkmale liegt, wie schon angedeutet, darin, daß ein bereits vorhandenes, einer ganz bestimmten Funktion dienendes Verhaltensmuster eine neue Leistung entwickelt, nämlich die der Kommunikation. Die ursprüngliche Funktion kann erhalten bleiben oder nicht. Eine Taube zum Beispiel gibt den Scharmitgliedern das Signal zum Auffliegen, indem sie ihre Flügel bei den ersten Flügelschlägen laut klatschend über und unter ihrem Körper zusammenschlägt, ohne daß dabei die lokomotorische Leistung dieser Bewegung wesentlich beeinträchtigt wird. Wenn die Henne ihre Küken in der eingangs beschriebenen Weise zum Futter lockt, tritt ihr eigenes Fressen in den Hintergrund. Die erwähnte Zeremonie des Haubentauchers schließlich hat sich völlig vom Nestbauen, ihrem »unritualisierten Vorbild«, wie wir das nennen, abgelöst und dient nur noch der Kommunikation.

Besonders häufig entstehen Verständigungsmittel durch Ritualisierung bestimmter funktionsloser Epiphänomene des Verhaltens, der sogenannten Übersprung- und der Intentionsbewegungen. Erstere sind jene »Verlegenheitsgesten«, die man bei Tieren und Menschen in Konfliktsituationen beobachten kann. Im Zwiespalt zwischen zwei Drängen macht sich die Erregung oft in einer neutralen, zu keinem der beiden gehörigen Bewegung Luft; ein Mensch in solcher Lage kratzt sich am Kopf, ein Grauganter im Konflikt zwischen Angriffs- und Fluchtdrang schüttelt sich usw. Intentionsbewegungen sind funktionslose Ansätze zu bestimmten Bewegungsweisen. Sie treten besonders dann auf, wenn eine langsam aufquellende spezifische Erregung noch nicht jenen Schwellenwert erreicht hat, bei dem die volle, ihren Arterhaltungswert erfüllende Bewegungsfolge in Gang gesetzt wird. Wenn eine Wildgans in »Abflugstimmung« zu kommen beginnt, sieht man ihr das minutenlang vor dem wirklichen Abflug an kleinen, abortiven Ansätzen, eben an den Intentionsbewegungen zum Abfliegen, mit Sicherheit an. Solche Übersprung- und Intentionsbewegungen sind besonders eindeutige Indikatoren für ganz bestimmte Erregungszustände, die zu der Funktion eines Verständigungsmittels geradezu »prä-adaptiert« sind. Da sie keine eigene arterhaltende Leistung erfüllen, steht ihrer Weiterentwicklung im Dienste der Kommunikation kein anderer Selektionsdruck im Weg, und ihre Ritualisierung geht deshalb offensichtlich besonders schnell vor sich.

Zwei weitere, für das soziale Zusammenleben von Tieren und Menschen wichtige Leistungen, die aus derjenigen der Kommunikation ihren Ursprung nahmen, werden zwar nicht von allen ritualisierten Verhaltensweisen vollbracht, sind aber für den Inbegriff der Ritualisation so kennzeichnend, daß sie ebenfalls hier genannt werden müssen. Die erste besteht darin, den Aggressionstrieb so zu beherrschen, daß er das soziale Zusammenwirken der Individuen nicht stört, aber dabei doch seine unentbehrlichen Arterhaltungsleistungen, wie Revierabgrenzung, Auswahl des Stärksten, Rangordnung usw., unvermindert entfaltet. Die zweite Leistung ist die Bildung eines festen Bandes, das zwei oder mehrere Artgenossen zusammenhält. Auf diese beiden zusätzlichen Funktionen der Ritenbildung werde ich später noch zurückkommen.

Neben dem Funktionswechsel, der das erste wesentliche Charakteristikum der Ritualisation darstellt, besteht ein weiteres wichtiges in ganz bestimmten Veränderungen, denen die Form der Bewegungsweise unterliegt. Sie alle dienen der Aufgabe, die betreffende Verhaltensweise als Signal besser wirksam zu machen. Der Selektionsdruck, der ihre Evolution bewirkt, geht offensichtlich von dem Empfangsapparat aus, der selektiv und unmißverständlich auf dieses Signal ansprechen muß, soll das kommunikative System störungsfrei funktionieren. Aus der experimentellen Physiologie und Psychologie der Wahrnehmung weiß man sehr genau, welche Anforderungen der Empfangsapparat der Wahrnehmung, insbesondere wenn es gilt, erlernte Gestalten wiederzuerkennen, an die Kombinationen von Sinnesreizen stellt, die als Signale wirken sollen. Immer kommt es auf die sogenannte »Prägnanz«, das heißt auf die Vereinigung von möglichster Einfachheit mit möglichster genereller Unwahrscheinlichkeit an, die ein Signal unverwechselbar und gleichzeitig einprägsam macht. Die stammesgeschichtlich entstandenen, das heißt nicht durch Lernen erworbenen Empfangsapparate, die wir als angeborene Auslösemechanismen bezeichnen, stellen prinzipiell ähnliche Anforderungen an das Signal, nur ist ihr Bedürfnis nach Prägnanz noch viel größer. Wir wissen aus der experimentellen Verhaltensphysiologie, daß es nur äußerst einfache Reiz-Konfigurationen sind, auf die ein angeborener Auslösemechanismus selektiv anzusprechen vermag. Eben dies übt einen besonderen Selektionsdruck auf die Evolution prägnanter, unmißverständlicher Signale aus.

Die Evolution von Signalen hat bei sehr verschiedenen Tierformen die gleichen Wege beschritten. Die optisch und akustisch wirksamen Anteile der Bewegung werden verstärkt, was wir als »mimische Übertreibung« zu bezeichnen pflegen. Ihr verdankt der Ritus seine Auffälligkeit, die oft bis zur Bizarrerie geht. Dem gleichen Bedürfnis nach einer Verstärkung der ausgesandten Reize verdanken körperliche Organe ihr Dasein, die bei der ritualisierten Bewegungsweise besonders in Erscheinung treten, wie Federn, Flossen, Schwellkörper.

Fast immer wird die ritualisierte Bewegung mehrmals hintereinander ausgeführt. Der Buchfink schmettert seine kurze Gesangstrophe unzählige Male hintereinander, womit er allen Artgenossen kundtut, daß hier ein Revier von einem kampffreudigen Männchen besetzt ist. Der im Nest sitzende Jungreiher vollführt seine Bettelbewegungen und äußert die dazugehörigen Laute nahezu ununterbrochen, der balzende Stichling wiederholt die Zickzackbewegung seines Tanzes immer wieder. Viele weitere Beispiele ließen sich anführen, während es nur sehr wenige Fälle gibt, in denen eine phylogenetisch ritualisierte Ausdrucksbewegung nur ein einziges Mal ausgeführt wird. Die Wiederholung des Signals, die sogenannte Redundanz, ist ein dem Informationstheoretiker wohlbekanntes Mittel, um eine durch Empfangsstörung entstehende Mehrdeutigkeit zu vermeiden. Jedes drahtlos gesandte Signal wird aus demselben Grund mehrmals wiederholt.

Ein weiteres Mittel, die Unzweideutigkeit des ausgesandten Signales zu sichern, ist die Festlegung von Frequenz und Amplitude der ausgesandten Reize auf bestimmte absolute Werte. Die meisten Instinktbewegungen sind ursprünglich in ihrer »Intensität«, was nichts anderes heißt als in Frequenz und Amplitude, ungemein veränderlich. Es gibt alle denkbaren Zwischenformen zwischen eben angedeuteten Intentionsbewegungen bis zum voll intensiven Ablauf. Dieses breite Spektrum der Variabilität wird nun im Interesse der Eindeutigkeit des Signals – und zweifellos unter dem Selektionsdruck, den die Leistung des Empfangsapparates ausübt – auf ein schmales Band eingeengt. Die ritualisierte Bewegungsweise wird dann nur in einer bestimmten, typischen Intensität oder überhaupt nicht ausgeführt, das heißt, es gilt dann bis zu einem gewissen Grad das »Alles-oder-nichts-Gesetz«, dem auch die Elementarmeldungen des Zentralnervensystems gehorchen. Dadurch wird Formkonstanz der ritualisierten Bewegung erreicht. Als ein Beispiel eines in rhythmischer Wiederholung und typischer Intensität ausgesandten Signales, das den meisten von Ihnen bis zum Überdruß bekannt sein dürfte, sei der Nestlockruf des Haustaubers genannt, jenes leise einsilbige Gurren, das in nicht endenwollender Folge und absoluter Monotonie vor den Fenstern der Großstadthäuser erklingt, besonders im ersten Morgengrauen. Das Lied der Kohlmeise ist ein zweites allbekanntes Beispiel für dasselbe Prinzip.

Zu den Formveränderungen, die eine ritualisierte Bewegung im Dienste ihrer Signalfunktion erleidet, kann man schließlich auch ihre räumliche Orientierung rechnen. Das Signal wird in Richtung des Adressaten ausgesandt. Der balzende Pfau wendet sich der umworbenen Henne zu, der drohende Kampffisch zeigt dem Gegner die imponierende Breitseite der gespreizten und prachtvoll gefärbten Flossen usw.

Bei vielen Riten finden sich alle genannten kennzeichnenden Veränderungen nebeneinander verwirklicht: mimische Übertreibung, Redundanz, typische Intensität und gerichtete Aussendung der Reize, wiewohl sich genug Fälle anführen lassen, in denen einzelne der aufgezählten Veränderungen fehlen. So unterscheidet sich die Drohgebärde des Stichlings, die auf dem Weg einer Übersprungbewegung aus dem Nestgraben entstanden ist, von ihrem unritualisierten Vorbild überhaupt nur dadurch, daß der Fisch dem Gegner die rotgrün gefärbte Breitseite zuwendet und den Bauchstachel aufrichtet, wodurch der Gegner die Information erhält, daß er es sei, dem die Gebärde gilt.

Neben Funktionswechsel und funktionsbedingter Formveränderung wird das evolutive Geschehen der Ritualisierung durch einen Vorgang der Verselbständigung gekennzeichnet, der den neuentstandenen Ritus zu einer Instinktbewegung sui generis macht und zu einem autonomen Antrieb des Verhaltens werden läßt. Dieser Prozeß wird nicht bei allen, sondern nur bei hochdifferenzierten Riten deutlich, ist aber dann von so großer Tragweite, daß man ihn als das wichtigste teilkonstitutive Merkmal der Ritualisation bezeichnen muß.

Die neue, autonome Bewegungskoordination des Ritus entsteht dadurch, daß eine Reihe von Bewegungsweisen, die ursprünglich unabhängig voneinander variabel sind und nur in losem Zusammenhang miteinander stehen, zu einem einzigen, streng festgelegten Verhaltensmuster zusammengeschweißt werden. Auch dies geschieht wahrscheinlich primär im Dienste unzweideutiger Kommunikation, hat aber, wie ich sogleich zeigen werde, weitreichende Folgen. Ein gutes Beispiel des Vorgangs liefert eine bestimmte Zeremonie weiblicher Entenvögel, das sogenannte Hetzen. Bei Auseinandersetzungen zwischen zwei Paaren von Brandenten zum Beispiel erweist sich die Ente aggressiver, aber weniger mutig als der Erpel. Sie stößt oft weit gegen ein feindliches Paar vor, bekommt dann Angst vor der eigenen Courage, macht kehrt und eilt zu dem schützenden Gatten zurück. Dort angelangt, faßt sie wieder Mut und beginnt erneut mit vorgestrecktem Hals nach den feindlichen Nachbarn hinzudrohen, ohne sich indessen wieder aus der sicheren Nähe ihres Erpels zu entfernen. In ihrer ursprünglichen Form, wie zum Beispiel bei der Brandente, ist diese Bewegungsfolge völlig veränderlich, je nach dem Wechselspiel der widerstreitenden, unabhängig voneinander variablen Triebe, von denen die Ente bewegt wird; der ganze Vorgang enthält außer einer bestimmten, mit einer besonderen Stimmäußerung einhergehenden Kopfbewegung keine durch Ritualisierung festgelegten Bestandteile. Es ist dem Zufall überlassen, wie die Ente nach ihrer Flucht zum Gatten räumlich zu diesem und zu dem angedrohten Gegner orientiert ist. Sie kann um ihn herumlaufen und dicht neben ihm stehend mit gerade vorgestrecktem Hals nach den Feinden drohen; sie kann mit der Brust zum Gatten und dem Rücken zum Gegner gewendet stehenbleiben, dann erfolgt die Drohbewegung über die Schulter weg nach rückwärts. Keine Raumlage oder Bewegungskoordination wird bevorzugt.

Bei den Schwimmenten, zu denen auch unsere Hausente, ein Abkömmling der Stockente, gehört, ist das Hetzen über die Schulter weg nach hinten zur einzig möglichen obligaten Bewegungskoordination geworden. Die Ente stellt sich immer mit der Brust zu ihrem Gatten gewendet, möglichst dicht zu ihm hin, die Drohbewegung geht immer über die Schulter weg nach hinten und wird rhythmisch wiederholt. Zwischenformen bei anderen Entenarten verbinden in einer guten Differenzierungsreihe das unritualisierte Vorbild mit dem ritualisierten Verhalten, das übrigens bei vielen anderen Arten, zum Beispiel bei der Schellente, noch höhere Komplikation erfahren hat und dem unritualisierten Vorbild noch unähnlicher geworden ist.

Mit dieser Formveränderung der Bewegung geht auch ein Wechsel ihrer Bedeutung und der Reaktion, mit der der Empfänger des Signales antwortet, einher. Der Branderpel reagiert auf das Hetzen seines Weibchens regelmäßig mit Angriff auf den angedrohten Gegner, der Stockerpel nur mit Balzbewegungen, die allerdings einen Angriff in ritualisierter Form widerspiegeln. Bei der Brandente heißt das Hetzen also vermenschlicht ausgedrückt: »Vertreibe jenen Feind aus unserem Revier«, bei der Stockente einfach: »Ich liebe dich.« Da sich in dieser Weise Sende- und Empfangsapparat immer weiter differenzieren und ihre Bedeutung verändern können, bedarf es oft sehr gründlicher vergleichender Untersuchung, um ihre Herkunft zu ermitteln. Dies ist überhaupt nur dann möglich, wenn genügend viele Zwischenstufen bei lebenden Arten auffindbar sind.

Mit der Verselbständigung zu einem obligaten, nur in dieser Weise ausführbaren Bewegungsmuster gewinnt der Ritus, wie schon gesagt, den Charakter einer autonomen Instinktbewegung und damit eine Funktion, die über die einer Mitteilung weit hinausgeht. Jene Spontaneität der Instinktbewegung, die sie von einem Kettenreflex so grundlegend unterscheidet, bringt es mit sich, daß ihre Ausführung für das Tier ein unabdingbares Bedürfnis darstellt. Wird eine Instinktbewegung längere Zeit nicht ausgelöst, so senken sich nicht nur die Schwellenwerte der sie auslösenden Reize, sondern der Organismus gerät als Ganzes in Unruhe und beginnt, nach jener Reizsituation aktiv zu suchen, was wir mit Wallace Craig Appetenzverhalten nennen. Dies alles gilt uneingeschränkt auch für die durch Ritualisierung neu entstandene Bewegungsfolge; auch sie besitzt ihren eigenen Auslösemechanismus, der auf eine ganz bestimmte Reizsituation anspricht; auch sie wird durch ein nur auf sie gerichtetes Appetenzverhalten angestrebt. Um die Veränderung der Antriebskonstellation verständlich zu machen, die dadurch bewirkt wird, möchte ich die Strebungen der in den Beispielen des Hetzens angeführten Enten anthropomorphisieren: Die Brandente »will« tatsächlich nur den artgleichen Raumkonkurrenten aus ihrem Revier forttreiben, die Stockente »will« nur ihren eigenen Erpel hetzen und gar nichts anderes. Die neue Instinktbewegung ist durchaus zum Selbstzweck geworden. Es wäre auch irreführend zu sagen, sie sei der Ausdruck des Bandes, das die Ente an ihren Gatten knüpft, denn sie ist ganz einfach dieses Band, mit anderen Worten: es ist die Appetenz nach dem Hetzen, durch die das Weibchen veranlaßt wird, den Erpel aufzusuchen und bei ihm zu bleiben.

Auf eben diese Weise entfalten autonom gewordene Riten, die nur von bestimmten, einander individuell bekannten Individuen und nur gemeinsam ausgeführt werden können, eine neue, für das Gesellschaftsleben ungeheuer wichtige Leistung. Es gibt Arten, bei denen eine einzige ritualisierte Bewegungsweise die gesamte Struktur der Sozietät bestimmt. Ein gutes Beispiel hierfür ist die Begrüßungszeremonie, das sogenannte Triumphgeschrei, der Graugans und vieler verwandter Arten. Diese Verhaltensweise ist, wie vergleichende Untersuchung eindeutig ergibt, durch Ritualisierung einer neuorientierten Drohgebärde entstanden. Von neuorientierten Verhaltensweisen, englisch »redirected activities«, spricht man, wenn sich die Bewegung auf ein anderes als das sie auslösende Objekt richtet, zum Beispiel die beim Menschen häufige Verhaltensweise, mit der Faust auf den unschuldigen Tisch statt dem zornerregenden Gesprächspartner ins Gesicht zu schlagen.

Eine der genialsten »Erfindungen« des Artenwandels ist es, diesen Verhaltensmechanismus dazu auszunutzen, um Streit zwischen zwei Artgenossen zu verhindern, die im Interesse der Arterhaltung friedlich zusammenarbeiten müssen. Bei den Buntbarschen oder Cichliden nehmen beide Eltern an der Betreuung und Verteidigung der Nachkommenschaft teil. Beide zeigen ein Prachtkleid, das sie weithin als aggressive Revierverteidiger kennzeichnet. Von jedem der Gatten strahlen also die gleichen aggressionsauslösenden Schlüsselreize aus wie vom feindlichen Reviernachbarn, und daß dieser und nicht der Gatte bekämpft wird, ist durch einen Vorgang der Neuorientierung gesichert, der durch Ritualisation zu einem starken und verläßlichen Verhaltensmechanismus erstarkt ist. Diese »Befriedungszeremonie« besteht darin, daß ein Ehegatte mit allen Ausdrucksbewegungen des Drohens auf den anderen zuschwimmt, sich im letzten Augenblick von ihm abwendet und haarscharf *an ihm vorüber* einen intensiven tätlichen Angriff auf den feindlichen Reviernachbarn richtet, und zwar auch dann, wenn dieser ziemlich weit entfernt ist oder erst aufgesucht werden muß. In dieser Weise wird die vom Partner ausgelöste Aggression nicht nur von ihm abgelenkt, sondern zusätzlich noch der Verteidigung des Reviers gegen konkurrierende Artgenossen dienstbar gemacht. Befriedungszeremonien, die durch die Ritualisation neuorientierten Aggressionsverhaltens entstanden sind, kennen wir von Cichliden und anderen barschartigen Fischen, von vielen Entenvögeln und von Kranichen, wahrscheinlich finden sie sich noch bei anderen Gruppen. Bei manchen, zum Beispiel bei vielen Cichliden- und Brandenten-Arten, funktioniert die Ableitung der Aggression vom Partner nur, wenn ein feindlicher Artgenosse erreichbar ist, gegen den sie sich richten kann, andernfalls geraten die Gatten schließlich doch aneinander. Bei manchen Gänsearten hat die Befriedungszeremonie mit ihrer höheren Ritualisierung einen so hohen Grad von Autonomie erlangt, daß die unabhängig variablen Antriebe des noch nicht ritualisierten Drohens verdrängt wurden. Die Begrüßungszeremonie der Graugans zum Beispiel ist zwar in der Bewegungsform identisch mit einem Vorüber-Drohen am Partner, enthält aber keine irgendwie nachweisbare, gegen ihn gerichtete oder von ihm ausgelöste Aggression. Der autonome Trieb, die Grußzeremonie auszuführen, ist bei der Graugans ungeheuer stark, und da der Ritus nur mit ganz bestimmten, individuell genau bekannten Partnern, vor allem mit dem Ehegatten und anderen Familienmitgliedern, »zelebriert« werden kann, bildet er ein sehr starkes Band zwischen den betreffenden Individuen, das an Festigkeit und Dauerhaftigkeit das eben besprochene, durch das »Hetzen« der Enten gebildete bei weitem übertrifft. Dieses Band bestimmt bei der Graugans und anderen Wildgänsen die gesamte Struktur der Sozietät, gar nicht viel anders als Liebe und Freundschaft es in der menschlichen Gesellschaft tun.

Selbstverständlich sind das nur Analogien. Die gemeinsamen Ahnen von Gänsen und Menschen, von Vögeln und Säugetieren waren amphibienähnliche Ur-Reptilien der oberen Steinkohlenzeit, die in ihrem sozialen Verhalten ganz sicher nicht höher standen als etwa Frösche heutzutage. Die Ähnlichkeiten zwischen den sozialen Verhaltensweisen sind gerade deswegen so aufschlußreich, weil sie bei verschiedenen Tierstämmen unabhängig voneinander durch konvergente Anpassung an gleiche Funktionen entstanden sind. Wenn nämlich die Analogie von Organen oder Verhaltensweisen genügend viele Einzelheiten betrifft, um zufällige Übereinstimmung auszuschließen, läßt sie mit Sicherheit den Schluß auf gleiche Funktion zu. Wenn zum Beispiel ein Biologe, ohne vorheriges Wissen um die Existenz von Cephalopoden, das Auge eines Octopus zu untersuchen bekäme, so wäre er aus den Einzelheiten, in denen dieses Organ dem Wirbeltierauge analog ist, aus dem Vorhandensein von Hornhaut, Linse, Iris, Netzhaut usw., zu schließen imstande, daß er es mit einem Sehorgan zu tun hat. Er hätte nicht nötig, die Funktion am lebenden Tier zu prüfen, um zu diesem Schluß berechtigt zu sein. Er wäre auch berechtigt, dieses Organ kurzweg ein Auge zu nennen, ohne sich durch die Anwendung dieses funktionell bestimmten und ziemlich bekannten Begriffes eines »Anthropomorphismus« schuldig zu machen.

Stammes- und kulturgeschichtliche Ritenbildung sind einander in noch viel mehr Einzelheiten analog als die oben zum Beispiel gewählten Organe. Die Formanalogien würden allein hinreichen, um gemeinsame Begriffsbildung zu rechtfertigen. Wir wissen aber außerdem noch um die Funktion: Sie ist bei kulturell ritualisierten Verhaltensweisen genau die gleiche wie bei phylogenetisch entstandenen Riten und besteht wie bei jenen primär in Kommunikation, in Verständigung, aus der sich dann sekundär die beiden fast ebenso wichtigen Nebenfunktionen der Aggressionshemmung und der sozialen Bindung ergeben.

Damit man mich aber nicht trotz alledem des Anthropomorphisierens verdächtigt, wenn ich Huxley folgend den Terminus Ritualisierung gleicherweise und ohne Anführungszeichen auf stammesgeschichtliche und kulturgeschichtliche Vorgänge anwende, will ich daher noch ausführlich erklären, worin die Mechanismen, die gleiche Leistungen vollbringen, grundsätzlich verschieden voneinander sind. Das Zentralnervensystem hat nämlich eine irreführende, man wäre versucht zu sagen tückische Art und Weise, analoge Leistungen mit völlig verschiedenen Mitteln, aber in äußerlich täuschend ähnlicher Form zu bewerkstelligen. Der erfahrene Verhaltensforscher kommt dennoch nicht in Versuchung, aus der Gleichheit von Form und Funktion auf Homologie oder gar auf physiologische Identität zweier Vorgänge bei verschiedenen Arten von Lebewesen zu schließen. Die stammes- und die kulturgeschichtlichen Ritenbildungen sind ein Beispiel dafür, wie zwei grundverschiedene Arten der Verursachung zu gleichen Leistungen führen können.

Wir sind so sehr gewohnt, mit dem Terminus Vererbung den Begriff körperlicher, biologischer Vererbung zu verbinden, daß wir die juridische Bedeutung vergessen haben, die diesem Wort schon vor Gregor Mendel und der Entstehung wissenschaftlicher Genetik zukam. Wenn ein Mensch Pfeil und Bogen erfindet oder von einem kulturell höher stehenden Nachbarstamme stiehlt, so hat hinfort nicht nur seine Nachkommenschaft, sondern seine ganze Sozietät diese Waffen so fest in Besitz wie nur irgendein am Körper gewachsenes Organ. Die Wahrscheinlichkeit, daß ihr Gebrauch in Vergessenheit gerät, ist nicht größer als die, daß eine körperliche Struktur von gleichem Arterhaltungswert rudimentär wird. Zu den Mechanismen, die in der Stammesgeschichte Informationen erwerben und speichern, kommen beim Menschen Gewohnheit, Lernen und Tradition.

So erhebt sich nun auf dem Unterbau der ererbten, das heißt phylogenetisch angepaßten Verhaltensweisen des Menschen der imposante Bau seiner Kultur. Nicht, daß der Unterbau dadurch entbehrlich würde! Instinktmäßige Antriebe bilden den wichtigsten Motor allen menschlichen Verhaltens, Liebe und Freundschaft sind nach wie vor die Grundfesten, auf denen sich menschliche Kultur gründet, und ohne sie würde Immanuel Kants Prüfung der Maximen unseres Handelns keine Imperative zur Antwort erhalten. Das System kulturell ritualisierter Verhaltensnormen bestimmt die Struktur der verschiedenen menschlichen Kulturen. Jedes dieser untereinander sehr verschiedenen Systeme aber gründet sich seinerseits auf eine Vielzahl phylogenetisch festgelegter Normen sozialen Verhaltens. Es besteht kein Grund zur Annahme, daß letztere bei den verschiedenen Menschenrassen wesentlich verschieden voneinander wären. Insbesondere sind, wie schon Darwin wußte, viele Ausdrucksbewegungen des Menschen phylogenetisch festgelegt. Diese vorsprachliche Form der menschlichen Kommunikation kann nur durch vergleichende Studien an möglichst verschiedenen Kulturen untersucht werden.

Angeborene Ausdrucksbewegungen des Menschen können durch kulturelle Ritualisierung quantitative und qualitative Veränderungen erfahren, die bei verschiedenen Kulturen in verschiedene Richtungen gehen. Diese nichtsprachlichen Kommunikationssysteme (»non verbal communication«) spielen eine wichtigere Rolle, als man gemeinhin annimmt, und werden von der modernen Sozialpsychologie neuerdings untersucht.

Zum überwiegenden Teil aber wird die menschliche Kommunikation von der Wortsprache geleistet, die jedes Kind von der sozialen Gruppe, in der es aufwächst, lernt und übernimmt. Individuell erlernte Bewegungsformen übernehmen also die Funktion ererbter Bewegungskoordinationen, und die Tradition übernimmt insofern die Rolle der biologischen Vererbung, als sie diese Verhaltensnormen von Generation zu Generation weitergibt.

Während die stammesgeschichtlich ritualisierte soziale Norm der Entstehung eines neuen Triebes die Macht verdankt, der Aggression entgegenzutreten und zu einem Band zwischen Individuen zu werden, erhält die kulturell ritualisierte soziale Norm ihre Fähigkeit, ein dynamisches Motiv zu sozialem Verhalten zu liefern, auf einem ganz anderen Weg.

Viel fester als an Gebräuchen, die wir uns in unserem individuellen Leben angewöhnt haben, haften wir Menschen an solchen, die uns von unseren Vorfahren überliefert wurden. Sie werden mit jenen Affekten der Liebe und Verehrung besetzt, die wir der »Vaterfigur« entgegenbringen, von der wir sie übernahmen. Je weiter die Entstehung einer Gepflogenheit zurückliegt, desto mehr nimmt sie den Charakter des geheiligten Brauches an; je weniger über ihre Entstehung bekannt ist, desto mehr wird sie zum Mythos. Wenn der

Gesetzgeber bekannt ist, der eine solche soziale Norm setzte, so erfährt er, wenn er zeitlich in ideale Ferne rückt, eine Apotheose. Der Brauch wird dann als hoher Kulturwert empfunden, seine Durchbrechung aber als Sünde, die Gefühle der Schuld und der Angst erweckt.

Ich habe nunmehr genug über die Verschiedenheiten der physiologischen und psychologischen Vorgänge gesagt, die stammes- und kulturgeschichtlicher Ritenbildung zugrunde liegen, und komme nun zu der Analogie jener konstitutiven Merkmale, die wir bereits als Bestimmungsstücke einer injunktiven Definition der Ritualisierung schlechthin kennengelernt und am Beispiel tierischer Verständigung illustriert haben.

Auf das erste Merkmal, den Funktionswechsel, der eine bisher in anderer Weise wirksame Verhaltensweise zum Verständigungsmittel, zum Symbol werden läßt, brauche ich nicht näher einzugehen. Alle menschliche Verständigung beruht auf Verhaltensweisen, die zu Symbolen wurden, die Wortsprache ist nur ein Beispiel hierfür. Was aber besonders betont werden muß, ist, daß fast alles Verhalten, das ein Mensch in Gegenwart eines anderen zeigt, von kultureller Ritenbildung mitbestimmt ist und in gewissem Sinne Symbolcharakter trägt. Absolut unritualisierte Bewegungsweisen sind häufig obszön oder zumindest unhöflich. Man nimmt in Gesellschaft keine wirklich ungezwungene Körperhaltung ein, bohrt nicht in Nase oder Ohren und kratzt sich nicht hemmungslos an beliebigen Körperstellen. Selbst solche nicht gesellschaftsfähigen Verhaltensweisen können aber, gewissermaßen unter Wechsel des Vorzeichens, Mitteilungsfunktion erhalten, ja sogar zum Symbol werden. Wenn ein Mensch zu mehreren Bekannten ins Zimmer tritt, ohne jemanden anzusehen und ohne in Blick, Wort oder Gebärde sozialem Verhalten zu genügen, symbolisiert diese Unterlassung eindeutig Aggression und erweckt den Anschein, daß der Betreffende beleidigt sei. Schon eine ganz kleine, wohldosierte und in Worten gar nicht faßbare »Ent-Ritualisierung« des Verhaltens kann eine beabsichtigte Brüskierung des Gesprächspartners bedeuten. Das schönste Beispiel eines mit negativem Vorzeichen ritualisierten Verhaltens bieten die gewiß wohlerzogenen Herren im englischen House of Commons, die, wenn sie in der ersten Reihe des Saales sitzen, ihre Füße auf die Balustrade legen müssen, um auszudrücken, daß sie nicht zum House of Lords gehören.

Die Formveränderungen, denen menschliches Verhalten im Dienste seiner Kommunikationsleistung unterliegt, sind durchwegs die gleichen, die Sie schon von den stammesgeschichtlich evoluierten Riten kennen. Auch hier wird die Entwicklung der Signale von den Bedürfnissen des Empfängers nach Unzweideutigkeit und Prägnanz bestimmt, während der Signalsender die gleichen

Mittel findet, die wir bereits kennen, um diesem Bedürfnis entgegenzukommen.

Mimische Übertreibung, das heißt die quantitative Verstärkung der für den Mitteilungswert relevanten Reizkombinationen, ist bei kulturellen Riten ebenso allgegenwärtig wie in phylogenetischen, und zwar in alltäglichen Verständigungsmitteln ebenso wie in feierlichen Zeremonien. Die Artikulation der Wortsprache ist im Grunde nichts anderes. Sie wird ganz automatisch verschärft, wenn das signal-übertragende Medium von »weißem Lärm« erfüllt ist, wie zum Beispiel bei einer der allgemein gefürchteten Cocktail-Parties. Wo eine Zeremonie sich an viele Empfänger richtet, wird die mimische Übertreibung stets vergrößert, gleichzeitig wird meist die Bedeutung des Ritus durch äußeren Prunk unterstrichen. Der Rektor trägt einen Talar und eine goldene Kette, der Priester ein Meßgewand. Diese Ausschmückung einer Zeremonie hat bei uns Menschen sicher noch einen anderen Sinn als den der Steigerung ihrer Eindeutigkeit. Die Schönheit des Vollzuges trägt dazu bei, uns den geheiligten Brauch liebenswert zu machen. Der Bilderstürmer irrt, wenn er meint, das äußerliche Gepränge der Symbolisierung sei der innerlichen Vertiefung in das Symbolisierte abträglich. Wahrscheinlich ist das Gegenteil der Fall.

Wie bei vielen stammesgeschichtlich entstandenen Riten kann die mimische Übertreibung sich auch bei kulturgeschichtlich gewordenen ins Bizarre steigern. Sender und Empfänger des Symbols wetteifern in seiner höheren und immer höheren Differenzierung, so daß es schließlich von dem in die Konvention nicht Eingeweihten gar nicht mehr verstanden werden kann, man denke etwa an die Symbolik des balinesischen Theaters.

Wie phylogenetische Riten werden auch kulturelle Ausdrucks- und Verständigungsmittel sehr oft wiederholt »gesendet«. Gebärden wie Winken, mit dem Finger drohen usw. werden stets mehrmals hintereinander, und zwar in rhythmischer Wiederholung, ausgeführt. Der Mann, der einen guten Bekannten auf größere Entfernung grüßt, verbeugt sich lächelnd mehrere Male. Auch hier bewirkt jede merkliche Störung der Übertragung eine Erhöhung der Redundanz.

Die größte Formähnlichkeit phylogenetischer und kultureller Riten aber wird durch die Tendenz bewirkt, Amplitude und Frequenz der Bewegung auf bestimmte absolute Werte festzulegen. Typische Intensität, wie wir diese Eigenschaft nennen, kennzeichnet nahezu alles »formelle« Verhalten der Kulturmenschen. Der wohlerzogene Engländer hält beim Sprechen, besonders in öffentlicher Rede, Lautstärke, Tonhöhe und Geschwindigkeit der Silbenfolge innerhalb enger Grenzen konstant, was die Verständlichkeit der Mitteilung allerdings nicht erhöht. Bei der Universitätsfeier betreten Rektor und Dekane

»gemessenen Schrittes« die Aula, der Messe-Gesang des katholischen Priesters ist in allen Parametern rituell festgelegt, und selbst bei alltäglichen Mitteilungen pflegen wir, wenn wir dem Gesagten besonderen Nachdruck geben wollen, in eintöniger und etwas skandierender Weise zu sprechen.

In der Technik menschlicher Nachrichtenübermittlung werden sämtliche hier besprochenen Mittel angewendet, um die ausgesandte Information gegen mögliche Mißverständnisse zu sichern.

Auch die letzte der besprochenen konstitutiven Eigenschaften ist beiden Arten der Ritenbildung gemeinsam: In der Entwicklung von Kulturen entstehen Zeremonien dadurch, daß eine Reihe von ursprünglich voneinander unabhängigen und unabhängig variablen Bewegungsweisen zu einem einzigen, in sich starren Vollzug zusammengeschweißt werden; nahezu alle einigermaßen komplexen, durch Tradition festgelegten Zeremonien bilden Beispiele hierfür.

Näher besprechen muß ich dagegen die Analogie der beiden Schritte des Funktionswechsels, die auch bei kultureller Ritualisierung von der Leistung der Kommunikation zu einer Beherrschung und Kanalisierung der Aggression und von da zur Bildung eines Bandes führen, das die Individuen einer Gruppe zusammenhält. Vor allem stellt uns der schier unlösbare Zusammenhang der beiden zuletzt genannten Funktionen vor ernste Probleme.

Die Zahl von Menschen, die durch das kulturunabhängige Band von Liebe und Freundschaft zusammengehalten werden kann, ist sehr beschränkt und liegt nach übereinstimmenden Ergebnissen sozialpsychologischer Untersuchungen ungefähr bei elf. Der Zusammenhalt von Gruppen, die über diese Zahl hinausgehen, wird offenbar nur durch die Bildung kultureller Riten bewirkt, die allen Mitgliedern gemeinsam sind. Gleichzeitig bewirken die einer Gruppe, und nur dieser, gemeinsamen Riten ihre Absetzung gegen andere, gleichwertige Gruppen. Dies tun nicht nur hochdifferenzierte und geschichtlich alte Zeremonien, die gemeinsames Kulturgut von vielen Millionen sein können, sondern auch alle verhältnismäßig jungen, nur kleinen Gruppen eigenen und keineswegs als »geheiligte Bräuche« gewerteten Verhaltensnormen, wie etwa eine bestimmte Art von Manieren, ein Dialekt oder Jargon, das kommentmäßige Verhalten in einer Schule, das zum Beispiel in den englischen Public Schools eine so große Rolle spielt. Die dreifache Funktion des Ritus, Aggression innerhalb der Gruppe zu unterdrücken, die Gruppe zusammenzuhalten und, nicht ohne Aggressivität, gegen eine andere in Gegensatz treten zu lassen, kann man an solchen kleinsten kulturellen Einheiten, wie zum Beispiel an Schulklassen und kleinen militärischen Gruppen, am besten studieren.

Sogenannte »Manieren« sind dem Kulturmenschen »zur zweiten Natur« geworden und »in Fleisch und Blut übergegangen«. Sie sind so selbstverständlich, daß wir meist über ihre Funktion nicht nachdenken und uns selten bewußt werden, zu welch großem Teil sie aus Befriedungs- und Unterwürfigkeitsgebärden bestehen. Ich habe schon gesagt, daß die absichtliche Unterlassung dieser »konzilianten« Verhaltensnormen bereits Aggression ausdrücken kann. Auf der anderen Seite ahndet es gerade die kulturelle Gruppe kleinster Größenordnung grausam, wenn ein Individuum mit ihrem speziellen Komment nicht konform geht und »aus der Reihe tanzt«.

»Gute« Manieren sind per definitionem die der eigenen Gruppe. Ich finde die des Schottengymnasiums, das ich in Wien besucht habe, wesentlich »feiner« als die des Piaristengymnasiums. Auch bin ich heute noch mit ziemlicher Sicherheit imstande, in Landsleuten gereiften Alters gewesene Schottengymnasiasten zu diagnostizieren. Die Kohäsion jeder dieser Gruppen und ihre stets etwas feindselige Absetzung gegeneinander schließt aber keineswegs aus, daß sich beide auf Grund von sozialen Normen, die ihnen gemeinsam sind, als Einheit gegenüber einer dritten Gruppe fühlen können, die dieser Normen entbehrt. Schotten und Piaristen verhielten sich den Schülern eines Realgymnasiums gegenüber als eine geschlossene Gruppe.

Die kulturellen Riten und sozialen Normen, die kleinere und größere Einheiten zusammenhalten und gegeneinander absetzen, verteilen sich auf die durch sie gekennzeichneten kleineren und größeren Gruppen in ähnlicher Weise, wie sich angeborene, stammesgeschichtliche Merkmale des Körperbaues und Verhaltens auf die Gruppen des zoologischen Systems verteilen. Wie bei diesen, kann man ja auch bei den kulturell entstandenen Gruppenmerkmalen mit Sicherheit annehmen, daß die größere Einheiten umfassenden historisch älter seien als die nur kleine Untergruppen kennzeichnenden. Auch in ihren Auswirkungen ist diese Aufspaltung menschlicher Kulturen in Gruppen und Untergruppen der Entstehung von Arten und Gattungen in der Stammesgeschichte so merkwürdig ähnlich, daß Erik Erikson sie jüngst mit gutem Recht als Pseudo-Speziation, als Schein-Artenbildung, bezeichnet hat. Jede scharf umschriebene Kulturgruppe neigt dazu, sich für eine besondere Art, das heißt ihre Mitglieder für die einzigen vollwertigen Menschen zu halten; in vielen Eingeborenensprachen heißt die Bezeichnung für den Stammesangehörigen ganz einfach »Mensch«, und diese Leute sind ihrer Auffassung nach nicht des Kannibalismus schuldig, wenn sie nach siegreichem Kampf die gefallenen Krieger des feindlichen Stammes aufessen, was sie auf Grund gewisser magischer Vorstellungen gern tun.

Die Scheinartenbildung ist die Voraussetzung für den Erfolg der altbekannten demagogischen Technik der Kriegshetze, die darin besteht, den eigenen Leuten einzureden, sie seien die einzigen wahren Menschen auf dem Erdball.

Diese Lüge ist deshalb so gefährlich, weil sie zwar die Tötungshemmungen, nicht aber den Aggressionstrieb des Menschen beeinflußt. Die kriegerische kommunale Aggression wird durch sie nicht abgeschwächt. Man hat auf den feindlichen Stamm eine Wut, wie man sie nur auf Menschen und niemals auf Tiere haben kann, und seien es die gefährlichsten Raubtiere. Die Hemmungen aber, die dem Töten von Mitmenschen entgegenstehen, werden noch mehr geschwächt, als sie es durch die Fernwirkung moderner Waffen und durch sonstige Faktoren, von denen ich an einem anderen Ort schon gesprochen habe, ohnehin schon sind.

Zweifellos ist der von kulturell ritualisierten Normen des Verhaltens bewirkte Zusammenhalt bestimmter Gruppen für die Struktur der menschlichen Gesellschaft unentbehrlich. Ebenso zweifellos aber birgt die der Artenbildung so ähnliche Absetzung einer Gruppe gegen die andere schwerste Gefahren. Die Frage, ob man die erste Wirkung erzielen könne, ohne die zweite in Kauf nehmen zu müssen, erhält eine optimistische Antwort, wenn man den Mechanismus der zwischen vergleichbaren Kulturgruppen herrschenden Feindseligkeit etwas näher unter die Lupe nimmt. Sie beruht nämlich zu erheblichem Teil auf dem gegenseitigen Mißverstehen gruppenspezifischer Verhaltensnormen, daneben aber auf dem Mißtrauen, das die unverständlichen Worte und Gebärden einer völlig fremden Kultur in jedem von uns erwecken. Das Wort Barbaros bedeutet ursprünglich einen Menschen, dessen Sprache man nicht versteht; es ist sehr wahrscheinlich onomatopoetisch von einer Nachahmung unverständlichen Gemurmels abgeleitet. Die Implikation der Unmenschlichkeit folgt dann gewissermaßen automatisch aus der Unverstehbarkeit des Fremden. Ein Beispiel für Fehldeutung der Riten einer anderen Kulturgruppe ist mir aus eigener Erfahrung in lebhafter Erinnerung. Eine Geste der Höflichkeit, welche Bereitschaft zu aufmerksamem Zuhören und selbst zum Gehorchen ausdrückt, besteht bei manchen zentral- und südeuropäischen Kulturgruppen im Vorstrecken des Halses, wobei der Kopf so schräg gehalten wird, daß man dem Sprechenden in mimisch übertriebener Weise »sein Ohr leiht«. Diese Gebärde ist in Österreich, besonders bei Wiener Damen, sehr ausgeprägt. In Norddeutschland fehlt sie völlig; dort besteht die Gebärde höflichen Zuhörens darin, daß man mit aufrechter Kopfhaltung dem Sprecher gerade ins Gesicht sieht, wahrscheinlich eine Verhaltensnorm, die vom Soldatenstand übernommen wurde, der in jenen Gegenden durchaus tonangebend war. Als ich seinerzeit von Wien direkt nach Königsberg kam, litt ich stets unter dem Gefühl, etwas Widersprucherregendes, ja Anstößiges gesagt zu haben, wenn eine Dame mir in dieser Weise zuhörte.

Nun vergegenwärtige man sich zum Beispiel, welches völlige Mißverstehen und welch völlig falsche gegenseitige Einschätzung daraus resultieren muß, wenn ein preußischer Offizier und ein Japaner, beide aus besten Kreisen, sich miteinander verständigen wollen, ohne von der Verschiedenheit der kulturellen Ritenbildung zu wissen. Der Preuße wird dem Japaner, der ihm in Stolz und Ehre nicht nachsteht, seine wiederholten tiefen Verbeugungen mit abwechselnd rechts und links schiefgehaltenem Kopf als Ausdruck verächtlicher Unterwürfigkeit auslegen, während der Japaner seinerseits aus dem Körperausdruck des höflich zuhörenden Deutschen nur kompromißlose Feindseligkeit entnehmen wird. Auf analogen Fehldeutungen sozialer Normen, die für engere Kulturkreise spezifisch sind, beruhen ganz sicher auch der Ruf der Unzuverlässigkeit südlicher Europäer bei den in allen Ausdrucksbewegungen sparsameren Nordländern und viele andere Formen kultureller und nationaler Abneigung. Sie alle wären dadurch aus der Welt zu schaffen, daß eine Gruppe nicht nur die Sprache, sondern auch die nicht-sprachlichen Ausdrucksmittel der anderen wirklich verstehen lernte.

Auf dem schon erwähnten Ritualisations-Symposion hat sich eine meines Erachtens unfruchtbare Diskussion zwischen philosophischen Anthropologen und Ethikern entwickelt, die um die Frage ging, ob Ritenbildung nun gut oder schlecht sei und ob es gute und schlechte Riten gebe. Die Frage war falsch gestellt. Ganz selbstverständlich ist das System traditionsgemäß gefestigter Riten und sozialer Verhaltensnormen das unentbehrliche Stützgerüst jeglicher Kultur. Ohne sie wäre keine Verständigung möglich. Schwüre gelten nicht und Verträge binden nicht, wenn die vertragschließenden Partner nicht einen Grundstock überlieferter, geheiligter Bräuche gemeinsam haben, die sie als Werte empfinden.

Auf der anderen Seite aber haften nicht nur den phylogenetisch, sondern auch den kulturell entstandenen Riten jene Eigenschaften an, die allen festen Strukturen des Körperbaus wie des Verhaltens zukommen. Ihre Stützleistung muß immer durch den Verlust von Freiheitsgraden erkauft werden, es gibt keine Stütze, die nicht steif macht. Anpassung der Stützfunktion erfordert oft den Ab- und Wiederaufbau der Stütze. Kulturgeschichtliche Ritenbildung geht zwar um ein Vielfaches schneller vor sich als die phylogenetische Evolution sozialer Verhaltensnormen, aber immerhin braucht sie Zeit, um der neuentstandenen sozialen Norm den Charakter eines geheiligten Brauches zu verleihen. Leider zwingt nun aber das Emporschnellen der Vermehrungsziffer und die immer schneller sich entwickelnde Technologie der heutigen Menschheit in ökologischer wie in soziologischer Hinsicht so grundlegende und so rasch aufeinanderfolgende Veränderungen auf, daß selbst die kulturgeschichtliche Entwicklung von Riten und sozialen Normen nicht Schritt halten kann.

Diese können unter den plötzlich auftretenden neuen Bedingungen für die Erhaltung der Kultur und der menschlichen Spezies nicht nur unnütz, sondern höchst schädlich werden, wie zum Beispiel das ganze System von romantischem Chauvinismus, Fahnen, Heldentum dazu verführt, vergessen zu lassen, was Krieg bedeutet.

Die Menschheit befindet sich in einer ganz eigenartigen ethischen und wertphilosophischen Schwierigkeit. Auf der einen Seite ist es eine unbezweifelbare Tatsache, daß getreues Befolgen aller überlieferten sozialen Normen der eigenen Kultur nicht als moralisch zu werten ist, nicht mehr als instinktives, phylogenetisch angepaßtes soziales Verhalten. Beide Arten sozialer Normen sind zwar dem von verantwortlicher Moral gesteuerten Verhalten in jenen Fällen funktionell analog, in denen es den Interessen des Nächsten und der Gemeinschaft und nicht denen des Individuums dient. Kulturelle Verhaltensnormen können aber wegen ihrer inhärenten Starrheit an plötzlich auftretenden Umweltveränderungen in genau derselben Weise scheitern wie Instinkte und bedürfen der ständigen Überwachung durch die kategorische Selbstbefragung genauso wie diese. Es wäre ein folgenschwerer Irrtum, alle kulturell überlieferten sozialen Verhaltensnormen für absolute Werte zu erklären. Dies hätte nämlich, wie man beim Durchdenken der Konsequenzen finden wird, den schrecklichsten aller Kriege, den Religionskrieg, zur Folge.

Auf der anderen Seite aber führt die totale Skepsis, die völlige Leugnung jedes Wertes der Tradition, ebenfalls in den Abgrund. Der Mensch ist, wie Arnold Gehlen so gut gesagt hat, »von Natur aus ein Kulturwesen«. Das heißt, das phylogenetisch evoluierte und erbmäßig festgelegte System seiner Verhaltensweisen ist so »programmiert«, daß es nur mit dem Überbau von kulturell ritualisierten Verhaltensweisen funktionsfähig ist. Unser Sprachhirn, um nur ein Beispiel zu nennen, ist so konstruiert, daß es nur funktionieren kann, wenn ein höchst kompliziertes kulturgeschichtlich entstandenes System von Wortsymbolen zu seiner Verfügung steht, dessen Vokabeln jedem Individuum durch Tradition überliefert werden müssen. Selbst wenn es möglich wäre, einen Menschen von normaler genetischer Konstitution so aufzuziehen, daß er keinerlei kulturelle Tradition empfänge, würde das Resultat dieses grausamen Versuches nicht etwa eine Rekonstruktion einer präkulturellen Ahnenform des Menschen sein, er wäre vielmehr ein armer Krüppel, dem alle höheren Leistungen des Gehirns genommen sind, in analoger Weise wie jenen Unglücklichen, bei denen durch eine früh im Leben durchgemachte Encephalitis große Teile des Großhirns zerstört sind.

Schon ein teilweiser Verlust traditioneller Riten und Normen kann das Ausscheiden eines Menschen aus der Kulturgruppe bewirken, in der er aufwuchs. Sie erinnern sich, daß es Riten sind, die eine Gruppe zusammenhalten. Nun hat aber der Mensch ein überwältigend starkes instinktives Bedürfnis, einer Gruppe anzugehören, mit der er sich identifizieren und für die er mit jenem ebenfalls angeborenen Gruppenverteidigungs-Verhalten zu Felde ziehen kann, das wir Begeisterung nennen. Wenn einem heranwachsenden Menschen der phylogenetisch und kulturgeschichtlich »vorgesehene« Anschluß an die Tradition der eigenen Kulturgruppe nicht gelingt, so sucht er mit der ganzen Inbrunst eines starken Triebes nach Ersatz, und wie immer, wenn ein Organismus das »richtige«, das heißt dem Programm seines Aktionssystems entsprechende Objekt nicht findet, nimmt er mit inadäquaten Ersatzobjekten vorlieb. Junge Leute im Stadium dieser Suche nach Idealen werden leicht Opfer jedweder Demagogie, die in der Technik, ihren Zwecken dienende Ersatz-Ideale zu fabrizieren, nur allzu erfahren ist. Dem unbefriedigten Bedürfnis nach Gruppenzugehörigkeit und gruppenvereinigenden Riten entspringt eine ganze Reihe von Erscheinungen, die wir an der heutigen Jugend beobachten. Hysterische Begeisterung für die Beatles und die weltweite Nachahmung ihrer Frisur, Bandenbildung Jugendlicher, ja selbst gewisse Formen der Rauschgiftsucht gehören hierher. Am besten illustrieren aber wohl die englischen Rocks and Mods die in Rede stehenden Vorgänge, zwei Gruppen von Jugendlichen, die in enger Wechselwirkung zwei möglichst verschiedene Systeme gruppenverbindender Riten und Verhaltensnormen erfunden haben, ganz buchstäblich mit dem einzigen Ziele, sich gegenseitig begeistert verprügeln zu können. Alle ad hoc erfundenen Riten sind nur oberflächliche, rein äußerliche Symbole wie Art der Kleidung, Bevorzugung verschiedener Kraftfahrzeugtypen usw.

Alle diese Erscheinungen sind unleugbar Symptome einer Störung in der Weitergabe kultureller Riten und Verhaltensnormen von einer Generation auf die nächste. Es gibt eine Reihe von Faktoren, die zu dieser Störung beigetragen haben könnten, so der Mangel des Kontaktes zwischen Eltern und Kindern besonders bei der Berufsarbeit, Schwinden der elterlichen Autorität, Industrialisierung des Erziehungswesens und so manches andere. Wesentlich aber scheint mir die Störung eines Reifungsvorgangs zu sein, der so »normal« und arterhaltend sinnvoll ist wie die Mauser eines Jungvogels oder die Häutung eines wachsenden Hummers. Er zwingt die jungen Menschen, während der Pubertät alle Überlieferungen ihrer Kulturgruppe kritisch zu prüfen, und zwar ausgesprochen mit der Frage, ob sich darunter veraltete, auf die gegenwärtige Situation nicht mehr passende fänden und welche neuen Ideale an ihre Stelle gesetzt werden könnten. Ich bin überzeugt, daß diese »Mauserung aller Ideale« ein sinnvoller, in der Phylogenese des Menschen entstandener Vorgang ist, dessen arterhaltende Leistung darin liegt, den kulturellen Verhaltensnormen die notwendige Plastizität zu sichern. Damit ist natürlich keineswegs geleugnet, daß die jungen Menschen in dieser Phase ihres Lebens eine gefährliche Krise durchmachen. Wenn feste Strukturen abgebaut werden müssen, um neuen Platz zu machen, entsteht immer eine Periode der Strukturlosigkeit und damit der Verwundbarkeit.

Daß diese normale Krise heute bei so vielen jungen Menschen nicht zu einer wünschenswerten Lösung kommt, scheint mir daran zu liegen, daß unsere westliche Kultur keine ihnen einleuchtenden Ideale zu übermitteln vermag, für die sie sich einsetzen könnten. Die technologische Entwicklung und die Bevölkerungsexplosion laufen der Entstehung vernünftiger sozialer Normen ständig davon, alle, auch die modernsten Ideologien stimmen nicht mehr, Demokratie ist schon längst keine Demokratie mehr, ebensowenig der Kommunismus wirklicher Kommunismus, und was am schrecklichsten ist, auch die selbstverständlichen Gebote allgemeiner Menschlichkeit halten der kategorischen Frage nicht mehr stand; wenn wir den hungernden Kindern der sogenannten Entwicklungsländer jene Hilfe zuteil werden lassen, die das Mitgefühl uns befiehlt, führt die Maxime unseres Handelns, zum Naturgesetz erhoben, nur noch schneller zur Katastrophe der endgültigen Überbevölkerung unseres Erdballs. Kein Wunder, wenn gerade die intelligenten Jugendlichen an schlechterdings allem zweifeln und verzweifeln.

Die drohende Auflösung unserer Sozietät durch Störung der Überlieferung unentbehrlicher sozialer Verhaltensnormen ist deshalb so schwer zu bekämpfen, weil wir über die Funktion dieser Riten viel zu wenig wissen. Die Systeme sozialer Normen, die wir Kulturen nennen, sind nämlich nicht im eigentlichen Sinne Menschenwerk, sind nicht Erfindungen des Menschen, wie der Faustkeil oder die Atombombe. Sie sind etwas natürlich Gewachsenes, für dessen Struktur ganz sicher der große Konstrukteur alles organischen Wachstums verantwortlich ist, nämlich die natürliche Selektion. Wir sind daher nicht ohne weiteres imstande, über Wert oder Unwert bestimmter kulturell ritualisierter Verhaltensnormen zu urteilen. Wir wissen ohne besondere Untersuchung niemals, welche Leistung einer bestimmten von ihnen im Wirkungsgefüge des Systems zukommt und welche Rückwirkungen ihr Ausfall auf die Funktion des Ganzen haben würde. Der schöne alte Brauch des Kopfjagens hat gewiß offensichtlich unangenehme Aspekte für die ihm gleicherweise huldigenden benachbarten Stämme. Der australische Ethnologe und Psychoanalytiker Derek Freeman hat aber in gründlichen Untersuchungen dargetan, wie bei bestimmten Eingeborenen Borneos die Abschaffung dieser Gepflogenheit nicht nur die gesamte Sozietätsstruktur über den Haufen warf, sondern tatsächlich die Existenz jener Menschen gefährdet. Was in einer Kultur unentbehrlich ist, kann in einer anderen durchaus schädlich sein. Die Hochwertung von Einehe und die Unberührtheit der jungen Mädchen waren in unserer Kultur sehr wichtig, wenigstens sind Verfallserscheinungen zu sehen, die sich aus Abwertung dieser Werte ergeben. Es gibt aber Völker, bei denen sich die durch Kolonisation und Missionierung erzwungene Abschaffung von Promiskuität der Unverheirateten und der Vielweiberei schädlich ausgewirkt hat.

Wenn nun ein junger Mensch, der eine bestimmte kulturell ritualisierte Verhaltensnorm nicht mehr gefühlsmäßig als Wert empfindet, an einen der älteren Generation, der dies noch tut, die Frage richtet, warum man sich eigentlich der betreffenden Vorschrift fügen solle, ist der ältere stets erstens ratlos, zweitens empört. Meist ist seine Antwort: »Wenn du das nicht selbst empfindest, kann man mit dir nicht reden.« Der Jüngere ist durch diese Antwort begreiflicherweise nicht befriedigt, zumal wenn die in Frage gestellte Verhaltensnorm tatsächlich unzweifelhaft veraltet und unbrauchbar ist wie etwa Kopfjagen oder aggressiver Nationalstolz. Die »aufgeklärte« Jugend, die in wissenschaftlich-kritischem Denken einigermaßen geübt ist, aber von den Funktionsgesetzen natürlich gewachsener ganzheitlicher Wirkungsgefüge meist keine Kenntnis hat, kann nicht ahnen, welche vernichtenden Folgen eine willkürlich gesetzte Veränderung haben kann, selbst wenn sie nur eine scheinbar nebensächliche Einzelheit betrifft. Niemals würde es diesen jungen Menschen je einfallen, von einem technischen System, etwa einem Auto oder Fernsehapparat, willkürlich einen Bestandteil zu demontieren, nur weil sie dessen Funktion nicht ohne weiteres einsehen. Überlieferte Normen sozialen Verhaltens aber halten sie summarisch für Aberglauben, die unentbehrlichen ebenso wie die veralteten. Während phylogenetisch entstandene soziale Verhaltensweisen in unserem Erbgut verankert sind und zu unserem Glück oder Unglück weiterexistieren, kann ein Abreißen der Tradition alle kulturellen Normen sozialen Verhaltens auslöschen wie eine Kerzenflamme. Unsere westliche Kultur droht zu zerbröckeln, selbst unsere Wortsprache, das wichtigste Organon aller Kulturen, zeigt bedenkliche Verfallserscheinungen.

Wem fällt die Pflicht zu, gegen die besprochenen Auflösungserscheinungen menschlicher Kultur etwas zu unternehmen? Sicherlich zu einem Teil der Wissenschaft. Wir können das Rad der Zeit nicht zurückdrehen. Wir können das Wissen, das wir unserer Naturforschung verdanken, nicht einfach wieder vergessen. Wenn uns diese Früchte vom Baum der Erkenntnis manchmal übel bekommen, so liegt das nicht an unserem Wissen an sich, sondern an seiner Stückhaftigkeit. Es gibt Dinge, über die wir viel, ja fast alles wissen, und solche, über die wir wenig, fast nichts wissen. Daß wir das Atom zu spalten gelernt haben, könnte eitel Segen für die Menschheit bedeuten, hätten wir gleichzeitig genügende Einsicht in die Funktion unserer eigenen phylogenetisch und kulturell entstandenen sozialen Verhaltensnormen gewonnen.

Zum anderen Teil aber sind die Probleme, die es zu lösen gilt, solche der Ethik und der Wertphilosophie. Eine Relativierung sehr vieler kultureller Werte, die von den meisten Menschen für absolut gehalten werden, ist die unausweichliche Konsequenz aus allem, was wir über stammes- und kulturgeschichtliche Ritenbildung wissen. Sind unter der Maske dieser speziellen und relativen Werte allgemeine und absolute verborgen? Wir sind davon überzeugt, aber wir vermögen nicht zu sagen, welche es sind. Der letzte und unbezweifelbare, weil nicht relativierbare Wert ist die organische Schöpfung als Ganzes, und auch die menschliche Wertphilosophie wird einen festen Grund und sichere Bezugspunkte nur finden, wenn sie den Menschen als Teil dieses größeren Ganzen zu sehen gelernt hat.

# Die stammesgeschichtlichen Grundlagen menschlichen Verhaltens [1]

(1974)

## I. Einleitung

Allen Wissenschaften vom Verhalten liegt die Annahme zugrunde, daß Verhaltensabläufe erforschbaren Gesetzen folgen und man daher bei genauer Kenntnis der Umstände auch Prognosen machen könne. Tiere und Menschen sind demnach mit abrufbaren Verhaltensprogrammen ausgerüstet. Die Frage, wie sie diese erwarben, ist Gegenstand temperamentvoller Diskussionen. Milieutheoretisch ausgerichtete Verhaltensforscher neigen zu der Annahme, Tiere und Menschen würden ihre Verhaltensprogramme im Laufe der Jugendentwicklung durch Lernprozesse erwerben. Die Ausschließlichkeit dieser Behauptung kann heute als widerlegt gelten, nachdem Ethologen zunächst an Tieren nachgewiesen haben, daß stammesgeschichtliche Anpassungen deren Verhalten in bedeutendem Ausmaß determinieren. Die stammesgeschichtli-

---

[1] Der Aufsatz wurde von Irenäus Eibl-Eibesfeldt und Konrad Lorenz verfaßt. Er wurde 1967 abgeschlossen. Bei der Fahnenkorrektur, die 1972 erfolgte, konnten wir einige neuere Literatur nachtragen. Wir möchten heute auf einige unserer seither erschienenen Arbeiten hinweisen, in denen insbesondere die kulturelle und stammesgeschichtliche Evolution diskutiert wird. Lorenz, K. (1973): Die Rückseite des Spiegels. Piper, München; Eibl-Eibesfeldt, I. (1973): Der vorprogrammierte Mensch. Molden, Wien; Eibl-Eibesfeldt, I. (1974): Stammesgeschichtliche und kulturelle Anpassungen im menschlichen Verhalten. In: Kurth, G. und Eibl-Eibesfeldt, I.: Hominisation und Verhalten. Fischer, Stuttgart; Eibl-Eibesfeldt, I. (1975): Krieg und Frieden aus der Sicht der Verhaltensforschung. Piper, München; Eibl-Eibesfeldt, I. (1976): Menschenforschung auf neuen Wegen. Molden, Wien. Ferner verweisen wir auf die 5. Auflage (1978) des Grundrisses der vergleichenden Verhaltensforschung von I. Eibl-Eibesfeldt, in der vor allem die neuesten Ergebnisse der Humanethologie zusammengefaßt sind.

chen Anpassungen liegen im motorischen Bereich als Erbkoordinationen vor: Tiere kommen mit bestimmten Fertigkeiten zur Welt. Weitere Verhaltensweisen reifen im Laufe der Jugendentwicklung heran (S. 180). Tiere reagieren ferner auf bestimmte Reizsituationen in arterhaltend sinnvoller Weise, ohne das erst lernen zu müssen, was besondere datenverarbeitende Mechanismen erfordert (S. 186). Ferner sorgen ihnen angeborene physiologische Maschinerien dafür, daß sie von sich aus («triebhaft») aktiv sind (S. 191), und schließlich ist das Lernen der Tiere durch stammesgeschichtlich erworbene Lerndispositionen so determiniert, daß ihr Verhalten adaptiv geändert wird (S. 189).

Von wenigen Ausnahmen abgesehen, werden diese Tatsachen heute allgemein anerkannt. Nur für den Menschen soll dies nach Ansicht verschiedener Autoren nicht gelten. Nach weit verbreiteter Meinung ist sein Verhalten so gut wie ausschließlich determiniert.

So schreibt Montagu (1968): »Es gibt in der Tat nicht die geringste Evidenz oder einen Grund für die Annahme, daß das vermeintlich ›stammesgeschichtlich angepaßte instinktive Verhalten‹ anderer Tiere in irgendeiner Weise für die Diskussion der motivierenden Kräfte im menschlichen Verhalten relevant sei. Tatsache ist, daß mit Ausnahme einiger instinktähnlicher Reaktionen des Säuglings auf das plötzliche Wegziehen der Unterlage oder auf starke Geräusche, der Mensch gänzlich instinktlos ist« (S. 11).

Ähnlich summarische Behauptungen kann man des öfteren lesen, und das obgleich bereits Darwin (1872) auf zweifellos angeborene Verhaltensweisen des Menschen hinwies.

Die Auseinandersetzung um die Determinanten menschlichen Verhaltens hat in den letzten Jahren sowohl durch die Primatenforschung als auch durch die Ethologie neue Impulse erhalten. Primatenforscher wiesen auf eine Fülle wahrhaft verblüffender Gemeinsamkeiten im Verhalten von Menschenaffen und Menschen hin, von denen viele vernünftigerweise nur als gemeinsames Erbe gedeutet werden können (van Lawick-Goodall 1968; van Hooff 1971; Schaller 1963; De Vore 1965). Das im morphologischen Bereich längst erwiesene Kontinuum der Entwicklung gilt demnach auch für den Bereich menschlichen Verhaltens. Darüber hinaus wies die ethologische Forschung stammesgeschichtliche Anpassungen im menschlichen Verhalten nach (Lorenz 1943; Eibl-Eibesfeldt 1967, 1970, 1972 a, 1973). Wir wollen sie im folgenden besprechen. Zum besseren Verständnis sei eine Diskussion unseres Wissens über stammesgeschichtliche Anpassungen im Verhalten der Tiere vorangestellt.

## II. Stammesgeschichtliche Anpassungen im Verhalten der Tiere

### 1. Die Instinkthandlung

Wer eine Tierart beobachtet, entdeckt bald wiedererkennbare »formkonstante« Bewegungen. Findet er ähnliche bei nahverwandten Arten, selbst solchen mit im übrigen gänzlich verschiedener Lebensweise, dann liegt der Verdacht nahe, es handle sich um angeborene, das heißt von einer gemeinsamen Ahnform ererbte Verhaltensmuster. Die Ornithologen Whitman (1899) und Heinroth (1911) gingen von dieser Annahme aus, als sie die Balzbewegungen der von ihnen untersuchten Vogelgruppen (Tauben bzw. Enten) wegen ihrer abgestuften Ähnlichkeit bei verschiedenen Vertretern der betreffenden Gruppen für feinsystematische Zwecke nutzten, als wären es körperliche Strukturen. Heinroth nannte diese taxonomisch verwertbaren Verhaltensweisen arteigene Triebhandlungen; Whitman sprach von Instinkten. Lorenz (1935, 1937, 1941) erhob diese angeborenen Verhaltensweisen zum eigentlichen Gegenstand der Forschung, indem er eine Reihe von physiologischen Besonderheiten (Spontaneität, S. 192) entdeckt hatte, und nannte sie Instinkthandlungen.

Zusammen mit Tinbergen (1939) stellte er fest, daß Instinkthandlungen aus zwei experimentell trennbaren Komponenten zusammengesetzt sind, die man als Orientierungshandlung (Taxis) und Instinktbewegung (Erbkoordination) bezeichnet. Während die Orientierungshandlungen von der Anwesenheit steuernder Außenreize abhängig sind, laufen Erbkoordinationen auch ohne Mithilfe von Außenreizen weiter, wenn sie einmal durch einen Reiz in Gang gesetzt wurden. Eine Graugans wird ein vor ihrem Neste liegendes Ei ins Nest zurückrollen, indem sie mit dem Schnabel über das Ei hinweggreift und es zu sich ins Nest schiebt. Dabei verhindert sie ein Abgleiten des Eies durch seitliche Balancierbewegungen des Schnabels. Nimmt man der Gans das Ei weg, nachdem sie bereits zum Einrollen ansetzte, dann führt sie den Hals in einer geradlinigen Bewegung zum Nest. Die einmal ausgelöste Erbkoordination läuft also weiter. Die Balancierbewegungen (Taxiskomponente) dagegen entfallen. Taxis und Instinktbewegung verhalten sich zueinander gewissermaßen wie der Steuermechanismus und der Motor eines Fahrzeuges. Einmal angeworfen, läuft der Motor weiter. Die Steuerung dagegen bedarf der ständigen Außeneinwirkung.

Mit der Entdeckung der Instinkthandlungen als relativ unabhängige »Bausteine« des Verhaltens erblühte die vergleichende Verhaltensforschung als selbständige Disziplin. Sie entfaltete sich im wesentlichen in zwei Richtungen: Als Verhaltensphysiologie forscht sie experimentell nach den verursachenden

Mechanismen des Verhaltens; als Verhaltensmorphologie nutzt sie die vergleichende Betrachtungsweise der Morphologie, um unter anderem die stammesgeschichtliche Entwicklung von Verhaltensweisen zu rekonstruieren.

Wir gingen bisher von der Annahme aus, daß Instinkthandlungen angeboren sind, das heißt, daß sich die ihnen zugrundeliegenden morphologischen und physiologischen Strukturen auf Grund im Erbgut verankerter Entwicklungsrezepte heranbilden. Bewiesen wird das Angeborensein eines Verhaltens durch die Aufzucht unter Erfahrungsentzug (Isolier- oder Kaspar-Hauser-Versuch) oder durch das Kreuzungsexperiment.

An der Beweiskraft des Isolierexperiments haben einige milieutheoretisch orientierte Verhaltensforscher bis in die jüngste Zeit Zweifel erhoben (Hebb 1953; Lehrman 1953; Schneirla 1966; Hailman 1967). Im einzelnen werden folgende Argumente vorgebracht: Da man einem Tier niemals alle Möglichkeiten, Erfahrungen zu sammeln, vorenthalten kann, selbst im Ei oder im Uterus steckt es ja in einer einwirkenden Umwelt, sei der Versuch, angeborenes Verhalten nachzuweisen, von vornherein zum Scheitern verurteilt. Selbst wenn man rein theoretisch die Unterscheidung angeborener und erworbener Anteile vornehmen könne, sei dies in der Praxis nie möglich. Als Gegenthese zu den ethologischen Ansichten wird die Behauptung aufgestellt, jedes Verhalten sei bis in die letzten Einheiten modifizierbar. Schließlich wird behauptet, daß der Begriff »angeboren« nur negativ als »das, was nicht gelernt wird«, definiert und ihm daher keinerlei analytischer Wert beizumessen sei.

Nach Ansicht dieser Kritiker gibt es keine funktionellen Einheiten des Verhaltens, auf die der ethologische Begriff des Angeborenen zutreffe, und anstatt eine ihrer Meinung nach künstliche Dichotomie vorzunehmen, schlagen sie vor, lieber die Entwicklung zu studieren.

Im Zusammenhang mit diesen letzten Behauptungen wird dann meist auf die Versuche von Kuo (1932) hingewiesen, der die Entwicklung des Pickens im Ei beim Huhn verfolgte. Er fand, daß beim dreitägigen Embryo der Kopf passiv durch den Herzschlag gehoben und gesenkt wird. Dabei reizt der Dottersack den Kopf taktil, da er synchron mit dem Herzschlag von Kontraktionen des Amnions bewegt wird. Der viertägige Embryo beugt den Kopf aktiv auf Berührungsreize und öffnet und schließt dabei den Schnabel. Ins Maul gelangende Flüssigkeit schluckt er vom zehnten Tag an. Schlucken, Nicken und Schnabelöffnen werden allmählich zu einem neuen funktionellen Verhaltensmuster zusammengefaßt. Ohne es im einzelnen durch Experimente zu stützen, meint Kuo, daß der Hühnerembryo durch Selbstreizung Erfahrungen sammle und damit durch eine Art Lernen sein Verhalten integriere. Nach dem Schlüpfen kann das Küken ohne weitere Lernhilfe nach Futter picken.

Diese in unserer Terminologie angeborene Verhaltensweise entwickelt sich nach Kuo also auf Grund der im Ei gemachten Erfahrungen.

Das Beispiel wird auch heute noch gerne von jenen zitiert, die zeigen wollen, daß es ein erfahrungsunabhängiges Heranreifen einer Verhaltensweise gar nicht geben könne. Nun ist das Beispiel sicher schlecht gewählt, da ja Hamburger (1963, 1966) und Oppenheim (1966) in schönen Experimenten die Selbstreizungsthese von Kuo widerlegten. Theoretisch könnte es jedoch den Fall geben, daß ein Organismus funktionelle Verhaltensmuster im Ei oder Uterus unter dem Einfluß von Selbstreizungsprozessen entwickelt. Eine solche Feststellung löst aber nicht die Frage, wieso das so entwickelte Verhalten dann auf bestimmte Umweltsituationen paßt. Schließlich verhalten sich, um auf Kuo zurückzukommen, verschiedene Vogelarten nach dem Schlüpfen doch sehr verschieden, obgleich die Erfahrungen, die sie im Ei sammeln können, recht ähnlich sein dürften. Die Amsel sperrt, das Hühnerküken pickt nach Körnern, die Ente gründelt im Schlamm, und der Kormoran führt seinen Schnabel in den Rachen der Eltern ein. Hier werden grundverschiedene Verhaltensweisen absolviert, die Anpassungen an bestimmte Umweltgegebenheiten darstellen, mit denen sich die betreffenden Individuen ganz bestimmt nicht im Ei auseinandersetzen konnten.

Die Tatsache der Angepaßtheit erfordert aber eine Erklärung. Sie setzt voraus, daß Informationen, eine »Paßform« oder ein Vorbild betreffend, von dem angepaßten System erworben wurden. Dieser Informationserwerb kann durch Lernen erfolgen, etwa indem das Tier sich selbst mit der betreffenden Umweltsituation auseinandersetzt und sich an sie anpaßt oder indem es Informationen tradiert bekommt. Außer diesem ontogenetischen Informationserwerb gibt es den phylogenetischen: Durch Auslese der jeweils geeigneteren genetischen Varianten sammelt die Art Erfahrungen. Funktionell ist der Prozeß einem Lernen am Erfolg durchaus vergleichbar; die gesammelten Erfahrungen werden allerdings in diesem Falle im Genom der Art gespeichert und im Laufe der Ontogenese entschlüsselt.

Durch Aufzucht unter Erfahrungsentzug kann man entscheiden, ob ein Verhalten eine adaptive, im Laufe der Ontogenese erworbene Modifikation ist oder ob es seine spezifische Angepaßtheit stammesgeschichtlichen Prozessen verdankt. Man braucht dazu dem Organismus während seiner Jugendentwicklung nur Informationen über jene Umweltsituationen vorzuenthalten, an die es sich normalerweise als angepaßt erweist. Zeigt das so herangezogene Tier bei späterer Prüfung dennoch das in Frage stehende Verhalten, dann ist der Schluß zwingend, daß wir es mit einer stammesgeschichtlichen Anpassung zu tun haben. Wir erhalten mit dieser Feststellung zugleich auch die Antwort auf

Hebbs Einwurf, »angeboren« wäre nur negativ als »das, was nicht gelernt wird«, definiert. Es dürfte klar sein, daß wir diesen Begriff nach der Herkunft einer Angepaßtheit definieren: Angeboren oder instinktiv bedeutet *phylogenetisch angepaßt* (Lorenz 1961).

Wer dagegen ins Feld führt, angeboren wäre, genaugenommen, nie eine Verhaltensweise als solche, da sie sich ja stets entwickle, dem geben wir recht, doch sagt er uns nichts Neues. Seit der Begründung der experimentellen Entwicklungsphysiologie wissen wir, daß sich organische Strukturen (und solche liegen ja allem Verhalten zugrunde) in einem Prozeß der Selbstdifferenzierung auf Grund ererbter Entwicklungsanweisungen nach einer vorgegebenen Variationsbreite entwickeln. Angeboren ist der genetische Kode, der die Reaktionsnorm festlegt. Ebenso wissen die Biologen seit langem, daß Umwelteinflüsse in gewissen Entwicklungsstadien bestimmend eingreifen können. Von bestimmten Geweben des Keimes abgesonderte, stoffliche Induktoren veranlassen benachbarte Gewebeteile in spezifischer Weise zur Organbildung. So sondert der Augenbecher des Molchkeimes Stoffe ab, die das benachbarte Epidermismaterial zur Linsenbildung anregen. Verpflanzt man den Augenbecher eines Molchembryos in die Bauchregion des Keimlings, dann wird die benachbarte Epidermis der Bauchhaut zur Linsenbildung angeregt. Man darf wohl annehmen, daß oft auch das Verhalten betreffende, genetisch verschlüsselte Information auf ähnliche Weise im Prozeß der Selbstdifferenzierung entschlüsselt wird. Diese Tatsache aber tut dem ethologischen Konzept des Angeborenen keinerlei Abbruch, denn entscheidend ist, ob Informationen, eine Umweltanpassung betreffend, in der Jugendentwicklung eingespeist werden müssen oder nicht, um eine Angepaßtheit zu erzielen. Und das kann man experimentell prüfen. Haben wir zum Beispiel einmal festgestellt, daß zwei Vögel einer Art kopiengleich singen, dann genügt es, ein weiteres Individuum der Art einzeln und schallisoliert aufzuziehen, um festzustellen, ob die Information, das spezifische Gesangsmuster der Art betreffend, in der Ontogenese des Individuums erworben werden muß oder ob diese als stammesgeschichtliche Anpassung bereits im Genom einkodiert ist. Daß letzteres oft vorkommt, beweisen zahlreiche Versuche.

Dorngrasmücken (*Sylvia communis*) entwickeln ihre 25 arttypischen Rufe und die drei arteigenen Gesänge, auch wenn man sie in schallisolierten Kammern einzeln aufzieht (Sauer 1954). In gleicher Weise entwickeln Juncos (*Junco oregonus* u. *J. phaeonotus*) und Schwarzkopfkernbeißer (*Phencticus melanocephalus*) bei schallisolierter Aufzucht ihre arttypischen Gesänge (Konishi 1964, 1965 a, b). Da keiner dieser Vögel je das arttypische Muster des

Gesanges zu hören bekam, ist der Schluß wohl zwingend, daß die Information, das Gesangsmuster betreffend, im Genom der Art steckt.

Für uns ist von besonderem Interesse, daß stammesgeschichtliche Anpassungen in der Form von Instinkthandlungen auch im Verhalten der Säuger nachgewiesen werden können.

Ein Beispiel für einen relativ komplizierten stammesgeschichtlich angepaßten Verhaltensablauf bietet die Futterversteckhandlung des Eichhörnchens (*Sciurus vulgaris*). Die Tiere verstecken im Herbst Nüsse und Eicheln mit einer recht stereotypen Folge von Bewegungen. Sie pflücken die Nuß, klettern mit ihr zu Boden, suchen dort, bis sie an einen Baumstamm oder eine andere auffällige Landmarke kommen. Dort scharren sie mit den Vorderbeinen ein Loch (1), legen die Nuß ab (2), rammen sie, mit der Schnauze stoßend, in den Boden (3), decken dann, mit den Vorderbeinen schiebend, das losgegrabene Erdreich über die Nuß (4) und drücken es schließlich mit den Pfoten fest (5).

Es ist diesem Ablauf nicht anzusehen, wieweit es sich hier um eine stammesgeschichtlich angepaßte oder eine erlernte Ablauffolge handelt. Wir können es jedoch feststellen, indem wir einem Eichhörnchen die Gelegenheit nehmen, während seines Heranwachsens diese Vergrabehandlung zu lernen. Wir ziehen es dazu isoliert auf, so daß es keinem Artgenossen beim Futtervergraben zusehen kann, und nehmen ihm überdies die Möglichkeit der Selbstdressur, indem wir es in einem Gitterkäfig ohne Bodenstreu und ohne manipulierbare feste Gegenstände halten. Als Futter bekommt es nur halbflüssige Kost.

Nach einigen Monaten bieten wir dem Eichhörnchen Nüsse an. Die ersten frißt es. Ist es satt, läßt es weiter angebotene Nüsse dennoch nicht liegen, sondern sucht mit der Nuß im Maul. Stößt es dabei an vertikale Hindernisse (Tischbeine, Zimmerecken), beginnt es zu scharren, legt die Nuß ab, stößt sie mit der Schnauze fest und macht danach die Zudeck- und Festdrückbewegungen, obgleich es gar nichts aufgegraben hat. Dies zwingt uns zu dem Schluß, daß dem Eichhörnchen der Satz der Verhaltensweisen des Futterversteckens als stammesgeschichtliche Anpassung gegeben ist (Eibl-Eibesfeldt 1963).

Diese Aussage würde selbst dann ihre Gültigkeit behalten, wenn jemand nachweisen sollte, daß in die Ontogenese der Teilakte, aus denen sich der komplizierte Verhaltensablauf zusammensetzt, Lernprozesse eingehen. Man könnte – rein theoretisch angenommen – zum Beispiel finden, daß die Eichhörnchenembryonen in einem bestimmten Entwicklungsstadium die einfache Koordination antagonistischer Muskeln lernen. Ein Lernmechanismus, der krampfartige, gleichzeitige Kontraktion abdressiert, ist denkbar. Dann wären diese Einzelbewegungen Erwerbkoordinationen. Ihre weitere Integration zur Futterversteckhandlung erfolgt dagegen auf Grund eines ererbten Entwicklungsprogramms, sie liegt auf diesem höheren Niveau als stammesgeschichtliche Anpassung vor.

Voraussetzung für die erfolgreiche Durchführung des Isolierexperiments ist die genaue Kenntnis der Biologie einer Art, da man ja die Angepaßtheit der zur Diskussion stehenden Verhaltensweise kennen muß. Ferner muß man sich auch darüber im klaren sein, daß es nicht nur verschiedene Integrationsstufen des Verhaltens, sondern auch entsprechend viele Stufen der Passung gibt. Erst dann kann man den Versuch so aufbauen, daß tunlichst nur die in Frage stehende Passung erfaßt wird. Die Notwendigkeit einer niveauadäquaten Fragestellung kann nicht genug betont werden. Dem oben erwähnten Einwand, der besagt, man könne Angeborenes im Verhalten eines Tieres nie nachweisen, da man ihm ja während der Jugendentwicklung nicht alle Möglichkeiten, Erfahrungen zu sammeln, vorenthalten kann, ist zu antworten, daß es falsch wäre, derartiges zu versuchen. Will ein Ethologe prüfen, ob der rote Bauch eines Stichlingsmännchens angeborenerweise die Kampfreaktion auslöst, dann ist er sicher schlecht beraten, wenn er den Fisch im Dauerdunkel aufzieht, denn das führt, wie wir wissen, zu Degenerationserscheinungen der Netzhaut. Wir würden damit also eine Störung auf einem ganz anderen Niveau der Passung setzen als dem, das wir eigentlich erforschen wollen. Es genügt in diesem Falle, wenn wir dem Tier rote Gegenstände und Artgenossen vorenthalten.

Die erfolgreiche Auswertung des Isolierexperiments setzt ferner voraus, daß wir dem Tier beim kritischen Test auch alle jene auslösenden Reize bieten, die das Verhalten normalerweise in Gang setzen. Auch das haben Kritiker ethologischer Konzepte gelegentlich übersehen, so Riess (1954), der Ratten isoliert so aufzog, daß sie keinerlei Erfahrungen mit festen Gegenständen sammeln konnten, sie dann in eine Prüfkiste setzte, von deren Wänden Papierstreifen herabhingen, und beobachtete, ob die Tiere ein Nest bauten. Aus der Tatsache, daß sie es in dieser Situation nicht taten, folgerte er, daß Ratten das Nestbauen wohl erst im Laufe der Jugendentwicklung lernen müßten, indem sie die Erfahrung machten, daß zufällig am Schlafplatz Zusammengetragenes bei Kälte vor Auskühlung schützt. Diese Interpretation ist falsch. Ratten, die man nach der Riesschen Versuchsanordnung aufzieht, aber in ihrem Aufzuchtkäfig auf die Fähigkeit, ein Nest zu bauen, testet, bauen nämlich ein Nest, vorausgesetzt, daß sie einen festen Schlafplatz haben. Selbst erfahrene Ratten bauen dagegen nicht, wenn man sie in eine ihnen fremde Umgebung setzt, sondern explorieren (Eibl-Eibesfeldt 1963).

Lehrman (1955) kam auf Grund seiner Versuche an Lachtauben zu der Überzeugung, daß die Bindung der Alttiere an ihre Jungen durch Lernprozesse zustande käme, sie würden nicht angeborenermaßen auf ihre Jungen reagieren. Der Altvogel würde zunächst nur zufällig auf das geschlüpfte, sich unter ihm bewegende Junge herabblicken. Dieses reizt dann mit seinem Schnabel taktil den Kropf des Altvogels, der durch die Kropfmilch angeschwollen und daher gegen Berührungsreize besonders empfindlich ist. Gelangt der Schnabel des Jungvogels nun in den Rachen des Alten, dann lösen diese Berührungsreize das Hochwürgen von Futter aus. Das lindert die Kropfspannung der Altvögel, und so lernen diese schnell, Junge zu füttern. In den folgenden Brutzyklen reagieren sie bereits auf die vom Jungtier ausgehenden Gehörs- und Gesichtsreize. Tatsächlich fütterte von zwölf unerfahrenen Tauben, die mit Prolaktin behandelt worden waren und daher geschwollene Kröpfe hatten, keine einzige ein zur Prüfung vorgesetztes sieben Tage altes Jungtier. Von zwölf erfahrenen, ebenso behandelten Tauben fütterten dagegen zehn die vorgesetzten Jungen. Auf den ersten Blick scheinen Lehrmans Folgerungen überzeugend. Klinghammer und Hess (1964) machten jedoch auf einen methodischen Fehler dieser Untersuchung aufmerksam. Wenn überhaupt eine angeborene Bindung von Altvogel und Jungtier bestehen sollte, dann ist diese sicherlich auf die von dem frischgeschlüpften Nestling ausgehenden Reize abgestimmt. Sieben Tage alte Jungtauben sind dagegen bereits ziemlich groß und befiedert. Klinghammer und Hess schoben auf Grund dieser Überlegung unerfahrenen und erfahrenen Tauben frischgeschlüpfte Jungtauben unter. Sie fanden, daß selbst unerfahrene Tauben, bei denen die Kropfmilchsekretion noch gar nicht begonnen hatte, sich zu den Jungen herabbeugten und sie mit einer klaren Flüssigkeit fütterten. Frischgeschlüpfte Jungtauben werden also von erfahrenen und unerfahrenen Alttauben gleichermaßen betreut. Nur erfahrene dagegen erkennen auch in den siebentägigen Jungen einen Pflegling.

Wir dürfen also festhalten: Unter Berücksichtigung bestimmter Regeln – Lorenz (1961, 1965) hat sie ausführlich diskutiert – ist das Isolierexperiment durchaus geeignet, stammesgeschichtliche Anpassungen im Verhalten nachzuweisen. Für stammesgeschichtlich angepaßt setzen wir oft das kürzere Wort angeboren oder instinktiv.

## 2. Die Genetik von Verhaltensweisen

Neben dem Isolierexperiment bietet das Kreuzungsexperiment einen Weg, die Erblichkeit von Verhaltensweisen nachzuweisen. Da gut kreuzbare Arten sich allerdings meistens nicht qualitativ in ihrem Verhalten unterscheiden, konnte der Erbgang einzelner Verhaltensweisen bisher nur in Einzelfällen nachgewiesen werden.

Osche (1952) kreuzte die Nematodenrassen *Rhabditis inermis inermis* und *Rh. i. inermoides*. Nur die letztere erhebt den Vorderkörper über das Substrat und winkt, was den Kontakt mit Trägerinsekten herbeiführt. Alle Tiere der $F_1$-Generation winkten. Das Merkmal ist also dominant. Rückkreuzungen mit dem rezessiven Elternteil ergaben sowohl winkende als auch nichtwinkende Würmer, was für einen monofaktoriellen Erbgang spricht.

Von Hörmann-Heck (1957) kreuzte die nah verwandten Grillenarten *Gryllus campestris* und *G. bimaculatus* und verfolgte den Erbgang von vier Verhaltensweisen. Die nur bei *Gryllus bimaculatus* vorkommenden Anstreichlaute vor der Balz dürften, ihren Befunden zufolge, nur auf die Wirkung eines Genpaars zurückzuführen sein.

Rothenbuhler (1964) kreuzte zwei Bienenrassen. Die als »hygienisch« bezeichnete öffnet Waben mit abgestorbenen Puppen und reinigt sie, was eine »unhygienische« Rasse nicht tut. Alle Arbeiter der $F_1$ waren unhygienisch. Eine Königin der $F_1$ erzeugt vier Drohnensorten. Rückkreuzung der $F_1$ mit der hygienischen Form ergab eine $F_2$, in der im Verhältnis $1:1:1:1$ vier Gruppen von Tieren mit verschiedenem Verhalten auftraten. Eine Gruppe war hygienisch, die zweite öffnete die Waben, entfernte aber die abgestorbenen Puppen nicht. Die dritte Gruppe öffnete die Waben nicht, entfernte aber die Puppen, wenn man die Waben aufmachte. Die vierte Gruppe von Arbeiterinnen war unhygienisch. Daraus läßt sich folgern, daß die Verhaltensweisen des Wabenöffnens und des Entfernens der abgestorbenen Puppen vom homozygoten Auftreten je eines rezessiven Gens abhängen.

Mischlinge der sich im Nestbauverhalten deutlich unterscheidenden Papageien *Agapornis fischeri* und *A. roseicollis* zeigen ein Mischverhalten (Dilger 1962).

### 3. Schlüsselreize, Auslöser und angeborene Auslösemechanismen

Verhaltensweisen werden oft durch sehr spezifische auslösende Reize in Gang gesetzt. Zahlreiche Untersuchungen haben gezeigt, daß Tiere solche Reizsituationen auch dann in arterhaltend sinnvoller Weise beantworten können, wenn sie diese zum erstenmal erleben. Eine Kröte zum Beispiel muß nicht erst lernen, was Beute ist. Unmittelbar nach ihrer Verwandlung schnappt sie nach kleinen bewegten Objekten und erbeutet dabei meist Kleinlebewesen. Man kann sie allerdings mit bewegten Steinchen irreführen. Hat sie aber einmal nach Ungenießbarem geschnappt, dann lernt sie das fürderhin zu vermeiden. Diese Fähigkeit, angeborenermaßen auf kleine bewegte Objekte mit Beutefanghandlungen zu reagieren, setzt als stammesgeschichtliche Anpassung besondere datenverarbeitende Mechanismen voraus, die auf bestimmte »Schlüsselreize« abgestimmt sind und erst bei deren Eintreffen bestimmte Verhaltensweisen freigeben. Man untersucht die auslösenden Reize durch Attrappenversuche an unerfahrenen Tieren. Bei Untersuchung der datenverarbeitenden Mechanismen bewährten sich elektrophysiologische Methoden. Maturana und Mitarbeiter (1960) sowie Hubel und Wiesel (1959, 1962, 1963) fanden mit dieser Technik, daß bei Fröschen die Verarbeitung der visuellen Reize zum größten Teil bereits in der Retina stattfindet. Die Sinneszellen sind zu rezeptiven Feldern zusammengeschaltet, die jeweils Verschiedenes melden. Bestimmte Felder melden nur das An- oder Abschalten des Lichtes, andere nur, wenn sich eine gerade oder bogene Kante über das rezeptive Feld der Retina bewegt. Von besonderem Interesse sind jene Zellgruppen, die dann mit heftigen Entladungen reagieren, wenn sich ein kleines Objekt, das dunkler ist als der Hintergrund, über das rezeptive Feld bewegt. Maturana und Mitarbeiter sprechen von »Käfer-Detektoren«. Bei der Katze erfolgt die Verarbeitung stufenweise von der Retina bis zum visuellen Cortex, wobei bestimmte Cortexzellen bestimmten Reizfeldern in der Retina zugeordnet sind. Diese Zuordnung ist bereits bei den Neugeborenen nachzuweisen, obgleich diese noch keine visuellen Reaktionen zeigen (Hubel und Wiesel l. c.).

Die Attrappenversuche der Ethologen zeigen, daß angeborene Auslösemechanismen in den verschiedensten Funktionskreisen wirken. In einigen Funktionskreisen, wie etwa dem des Nahrungserwerbs, ist die Anpassung dieser Auslösemechanismen an die auslösende Umweltsituation eine durchaus einseitige. Das Insekt entwickelt ja kein Signalfähnchen, das es der Kröte erleichtert, es zu sehen. Wo jedoch auch der Partner einen Vorteil davon hat, wenn er wahrgenommen wird, wie etwa beim innerartlichen Verkehr oder bei symbiotischen Partnerschaften, da entwickeln sich in wechselseitiger Anpassung zu den angeborenen Auslösemechanismen auch entsprechende Reizsendeeinrichtungen. Man bezeichnet sie als Auslöser. Es kann sich um morphologische Strukturen oder auch um der Signalgebung dienende Verhaltensweisen (Körperhaltungen, Gesänge usw.) handeln.

Ein solcher Auslöser ist zum Beispiel die rote Brust des Rotkehlchenmännchens. Sie löst Angriffshandlungen aus. Montiert man ein ausgestopftes Rotkehlchenmännchen im Revier eines anderen Männchens, dann greift der Revierinhaber den ausgestopften Balg sogleich heftig an und versucht ihn zu vertreiben. Nimmt man dem Balg die roten Federn, so verliert er seine kampfauslösende Wirkung, er wird vom Männchen nicht weiter beachtet. Faßt man nun die roten Federn zu einem Büschelchen zusammen und montiert es auf einem Ast im Revier, dann löst diese überaus einfache Attrappe sofort wieder voll intensive Kampfhandlungen aus. Der rote Brustfleck ist das Signal, an dem die Rotkehlchenmänner einander erkennen (Lack 1943). Ähnliche Versuche an Blaukehlchen ergaben, daß hier die blauen Brustfedern der Rivalenkennzeichnung dienen (Peiponen 1960). Optische Signale, die der innerartlichen oder zwischenartlichen Verständigung dienen, sind im allgemeinen plakathaft auffällig, wie insbesondere die Farbkleider der Korallenfische zeigen. Leuchtkäfer verständigen sich durch Lichtsignale. Die im Grase wartenden Weibchen zeigen an ihrem Hinterleib nach Arten verschiedene Leuchtmuster aus mehreren Leuchtbalken und -punkten. Einige Arten reagieren sehr spezifisch auf das arteigene Leuchtmuster, so die Männchen von *Lampyris noctiluca*. Befestigt man vor einer Taschenlampe eine Schablone mit dem Leuchtmuster eines Weibchens (zwei parallele Balken und zwei zum letzten Balken parallele Punkte), dann wird diese Attrappe von den Männchen angeflogen (Schaller und Schwalb 1961). Die Lage der einzelnen Leuchtflächen zueinander ist von entscheidender Bedeutung. Es handelt sich also um konfigurative Auslöser.

Auch Mimik und Gestik kann angeborenermaßen verstanden werden. Ein besonders interessanter Nachweis gelang beim Rhesusaffen. Sackett (1966) zog die Äffchen isoliert in Käfigen heran, die den Tieren keinerlei Ausblick gewährten und auch so beschaffen waren, daß sie nicht ihr eigenes Spiegelbild wahrnehmen konnten. Sie konnten nur eine Auswahl von Bildern sehen, die man gegen ihre Käfigwand projizierte. Die Diapositive zeigten Landschaften, geometrische Figuren, Rhesusaffen und anderes mehr. Nach jeder Darbietung konnten sich die Äffchen das Bild durch Hebeldrücken selbst projizieren. Es leuchtete dann für 15 Sekunden auf, und diese Selbstprojektion konnten die Äffchen während einer 5-Minuten-Periode wiederholen. In der Frequenz der Selbstdarbietung hatte man ein Maß für die Beliebtheit eines Bildes.

Es ergab sich, daß die Äffchen Bilder von Artgenossen bei ihren Selbstdarbietungen deutlich bevorzugten. Die Bilder lösten zugleich Annäherung, Lautäußerungen, Spielversuche und Explorieren aus. Ab dem zweiten Monat lösten die Bilder der Artgenossen quantitativ und qualitativ verschiedene Reaktionen aus, je nachdem welchen Ausdruck sie zeigten. Ein Bild eines drohenden Affen löste nun Angstreaktionen aus (Sich-selbst-Umklammern, Rückzug, Lautäußerungen). Zugleich sank die Frequenz der Selbstdarbietung für dieses bis dahin bevorzugte Diapositiv scharf ab. Da die Tiere bis dahin keinerlei Sozialerfahrungen hatten, müssen sie einen angeborenen Auslösemechanismus besitzen, der in den ersten beiden Lebensmonaten heranreift und der es ihnen ermöglicht, die Drohmimik zu erkennen.

Oft wird ein Verhalten durch mehrere auslösende Reize aktiviert, deren jeder, für sich geboten, eine Reaktion auslöst. So stellen sich Stichlinge vor dem Kampf oft in Drohstellung kopfabwärts vor dem Rivalen auf. Außerdem zeigen sie dem Gegner ihren roten Bauch. Bietet man nun einem Stichling eine naturgetreu nachgemachte Rivalenattrappe ohne roten Bauch, in horizontaler Stellung, dann löst diese Attrappe keinerlei Aggressionen aus. Wohl aber wird sie angegriffen, wenn man sie kopfabwärts kippt. Eine rotbäuchige Attrappe einfachster Art, etwa eine unterseits rote Wachswurst ohne Flossen, wird dagegen auch in horizontaler Stellung angegriffen. Die Wirksamkeit der Merkmale Haltung und Farbe summiert sich, wenn man beides zusammen bietet (Tinbergen 1951). Das Phänomen der summenhaften Wirkung auslösender Reize hat Seitz (1940) als Reizsummenregel beschrieben. Den bisher wohl schönsten Nachweis für diese Regel lieferte Leong (1969). Beim Buntbarsch (*Haplochromis burtoni*) haben zwei Zeichnungsmuster des erwachsenen Männchens Einfluß auf die Aggressivität des gleichgeschlechtlichen Artgenossen. Ein dunkler Balken in der Kopfzeichnung erhöht die Aggressivität, ein orangeroter Fleck über der Brustflosse senkt sie. Zeigt man dem Fisch eine Attrappe, die nur den dunklen Balken aufweist, dann ist die Zahl der Bisse gegen ihm beigesellte blinde Fische um 2,79 Bisse/Minute gegenüber dem Ausgangswert erhöht. Zeigt man ihm dagegen eine Attrappe mit orangeroten Flecken, dann sinkt die Bißrate um 1,77 Bisse/Minute ab. Zeigt die Attrappe beide Merkmale, dann steigt die Bißrate um 1,08 Bisse/Minute.

Man kann Attrappen herstellen, die die natürlichen auslösenden Objekte an Wirksamkeit übertreffen. Boten Koehler und Zagarus (1937) Austernfischern neben eigenen linear viermal so große Eier, dann zogen sie diese Rieseneier den eigenen vor, obgleich sie sich darauf gar nicht zum Brüten niederlassen konnten. Männliche Samtfalter ziehen schwarze Weibchen den natürlich gefärbten vor. Männliche Eifleckcichliden (*Haplochromis burtoni*) locken bei der Balz mit auf ihrer Schwanzflosse befindlichen Eiattrappen, die an auslösender Wirkung die abgelegten Eier des Weibchens übertreffen (Wickler 1962). Die Offenheit des auslösenden Mechanismus für Übertreibungen mag ein bedeutender Faktor bei der Evolution der oft recht absonderlichen Signale im Tierreich gewesen sein.

Die leichte Fälschbarkeit der auslösenden Reize durch Attrappen hat im Tierreich wiederholt zu Signalfälschungen geführt. Bei den Anglerfischen ist der erste Rückenflossenstrahl frei beweglich und trägt an seinem Ende Köder, die bei den verschiedenen Arten recht verschieden aussehen. *Phrynelox scaber* angelt zum Beispiel mit einem wurmartigen Köder, der auf dem Rückenflossenstrahl hin und her geschwenkt wird und der sich überdies ringelt. Der Großmaulwels (*Chaca chaca*) angelt, indem er seine Barteln wurmartig bewegt, was Fische anlockt. Die Geierschildkröte *Macroclemys temminckii* liegt mit offenem Maul am Grunde der Gewässer und läßt ihre roten, wurmartig ausgezogenen Zungenspitzen spielen. Die Leuchtkäferweibchen der Gattung *Photurus* locken Männchen der Gattung *Photinus*, indem sie auf deren Signalkode (Lichtblitze bestimmter Länge und Folge) umschalten. Die Getäuschten werden gefressen.

## 4. Die angeborenen Lerndispositionen

Wie Lorenz (1969) betonte, erfordert jede Art von Lernen besondere stammesgeschichtliche Anpassungen. Das Tier muß ja das im Sinne der Arterhaltung »Richtige« zur rechten Zeit lernen. Eine nach allen Richtungen gleiche Modifikabilität des Verhaltens werden wir nie vorfinden; sie wäre auch kaum adaptiv. Der Lernfähigkeit eines Organismus sind vielmehr durch stammesgeschichtliche Anpassungen Schwerpunkte und zugleich Grenzen gesetzt. Zunächst einmal sind die lernbegabten Tiere so programmiert, daß sie wissen, was belohnend und was bestrafend wirkt. Und das wechselt von Art zu Art. Nicht allein die Befriedigung der bekannten physiologischen Bedürfnisse (Hunger, Durst, Sexualtrieb) motiviert ein Lernen. Ratten lernen eine Aufgabe, wenn sie zur Belohnung etwas benagen dürfen (Roberts und Carey 1965). Eichhörnchen lernen die Technik des Nüsseöffnens, auch wenn sie nur kernlose Nüsse zu öffnen bekommen. Ja selbst die Befriedigung der »Neugier« ist bei Säugern ein bedeutender Anreiz, etwas zu lernen (Butler 1953). Buchfinken ist ein Gesang bestimmter Länge und Silbenzahl angeboren. Die typische Gliederung in drei Strophen müssen sie lernen. Spielt man ihnen jedoch verschiedene, auf Tonband aufgenommene Gesänge vor, dann wählen sie den Artgesang zum Vorbild. Hier wird das Lernen durch eine angeborene Präferenz, gewissermaßen eine vorgegebene Kenntnis des zu Lernenden geführt (Thorpe 1961). In ähnlicher Weise lernen Schimpansen das Trommeln. Alle imponieren, indem sie gegen resonierende Objekte schlagen. Die Techniken jedoch wechseln individuell, sind also gelernt, aber wohl auf der Basis eines angeborenen Schemas (Lorenz 1943). Es wurden auch deutliche Dispositionen nachgewiesen, aus einer komplexen Reizsituation nur ganz bestimmte Reize mit bestimmten Zuständen des Tieres zu assoziieren. Bei Schmerzreizen übertragen Ratten die bedingten Vermeidereaktionen auf Gehörs- und Gesichtsreize, aber nicht auf Geschmacks- und Geruchsreize, wenn solche ebenfalls gleichzeitig angeboten werden. Diese geschmacklichen und geruchlichen Elemente der Reizsituation werden jedoch mit Übelkeit assoziiert, auch wenn diese nicht durch unverträgliche Nahrung ausgelöst wurde (Garcia und Mitarbeiter 1968).

Dem Lernen der höheren Tiere liegen ferner besondere innere Antriebe zugrunde, die sich im Neugierexplorieren und Spielen äußern (Eibl-Eibesfeldt 1967).

Selbst bei relativ niederen Tieren können die Lernbegabungen erstaunlich sein. Die Grabwespe (*Ammophila campestris*) merkt sich bei der einmaligen morgendlichen Inspektion ihre Nester, in welcher Phase des Baues oder der Verproviantierung sie stehen, und versorgt sie dann für den Tag entsprechend ohne weitere Inspektion. Sie merkt sich auch beim Ausfliegen den Weg, den sie mit einer Raupe zu Fuß heimläuft (Baerends 1941). Die Grundel (*Bathygobius soporator*), die in der Gezeitenzone lebt, springt, wenn sie bei Ebbe in ihrem Gezeitentümpel überrascht wird, über eine Kette von Tümpeln zum Meere herab. Die Lage dieser Tümpel nimmt sie nicht wahr, sie springt vielmehr nach einem Erinnerungsbild, das sie bei Flut lernte. Trocknet man einen Tümpel aus, dann springt die Grundel ins Trockene. Fängt man eine Grundel und setzt sie erst nach vielen Tagen zurück, dann hat sie das Gemerkte oft dennoch behalten. In einem Fall merkte sich die Grundel ihre Tümpelkette über vierzig Tage (Aronson 1951).

Vielfach ist als Lerndisposition in der Entwicklung des Tieres eine sensible Periode ausgespart, in der es Bestimmtes besonders gut lernt. Ein klassisches Beispiel dafür ist die von Lorenz (1935) entdeckte und mittlerweile gut untersuchte Objektprägung. Bei einer Reihe von Tieren ist die Kenntnis des Objektes einer Triebhandlung nur in sehr groben Zügen durch angeborene Auslösemechanismen festgelegt. Graugänse und Enten folgen nach dem Schlüpfen zunächst jedem bewegten Objekt, selbst einem Menschen. Nur lautlich reagieren sie spezifischer auf den Lockruf der eigenen Art (Gottlieb 1965 a, b, 1966).

Folgten sie einem Objekt jedoch kurze Zeit, dann wurden sie auf dieses fixiert. Folgten Graugänse zum Beispiel nur kurze Zeit einem Menschen, dann ziehen sie in der Folge diesen der arteigenen Mutter vor. Sie sind in bezug auf ihre Nachfolgereaktion auf den Menschen geprägt worden. Die sensible Phase für die Prägung der Nachfolgereaktion ist bei der Stockente sehr kurz. Sie liegt um die 13.–16. Stunde nach dem Schlüpfen (Hess 1959).

Von ganz besonderem Interesse sind jene Prägungsvorgänge, durch die das Objekt der sexuellen Triebhandlungen festgelegt wird. In diesen Fällen liegt die sensible Periode oft lange vor dem Eintritt der Geschlechtsreife, zu einem Zeitpunkt also, an dem die sexuellen Triebhandlungen noch keineswegs bis zur Endhandlung ausgereift sind. Handaufgezogene Dohlen schließen sich nach dem Flüggewerden freifliegenden Dohlen an. Beim Eintritt der Geschlechtsreife im folgenden Frühjahr balzen sie den Menschen an (Lorenz 1935). Diese Präferenz bleibt bestehen, selbst wenn man die Vögel zwangsweise mit ihresgleichen verpaart. Scheins (1963) handaufgezogene Puten ziehen seit vielen Jahren den Menschen als Objekt sexueller Triebhandlungen ihren Hennen vor, obgleich sie sich bei Abwesenheit des Menschen mit ihnen verpaarten.

Diese Irreversibilität der sexuellen Prägung hat auch Immelmann (1966) festgestellt. Er zog männliche Zebrafinken (*Taeniopygia guttata castanotis*) mit Mövchen (*Lonchura striata f. domestica*) auf, trennte sie aber lange vor Eintritt der Geschlechtsreife und verpaarte sie schließlich mit Weibchen ihrer Art. Nachdem sie gezüchtet hatten, ließ er die Zebrafinken zwischen Weibchen der eigenen Art und Mövchen wählen. Bei diesem Versuch zogen sie die Mövchen vor.

Prägungsähnliche Lernvorgänge, die sich durch Irreversibilität und sensible Periode auszeichnen, gibt es auch im motorischen Bereich. Die eben genannten Zebrafinken lernen ihren Artgesang in einer sensiblen Periode vom Vater. Sie merken sich das Gehörte, ohne es selbst zu singen, denn trennt man sie lange vor Eintritt der Geschlechtsreife von ihrem Vater, so singen sie dennoch im folgenden Frühjahr wie dieser. Läßt man Zebrafinkenmännchen durch Mövchen aufziehen, dann übernehmen sie deren Gesang, auch wenn man sie lange vor dem eigenen Gesangsbeginn von ihren Stiefeltern trennte und mit erwachsenen Artgenossen zusammensperrte (Immelmann 1967).

## 5. Die motivierenden Faktoren

Die wenigsten Tiere warten passiv auf ankommende Schlüsselreize. Die meisten sind auch von sich aus aktiv, sie suchen nach auslösenden Reizen und erweisen sich bei experimenteller Prüfung als spezifisch »gestimmt«, das heißt, sie befinden sich in einer Bereitschaft, nur auf bestimmte Umweltreize zu reagieren. Ein sexuell gestimmtes Tier wird zum Beispiel Futter oder Wasser nicht weiter beachten, Geschlechtspartner dagegen anbalzen. Das Suchverhalten nach einer auslösenden Reizsituation bezeichnet man seit Craig (1918) als Appetenzverhalten.

Die spezifische Gestimmtheit eines Tieres wird durch besondere motivierende Mechanismen verursacht, die das Tier zum wesentlichen Teil als stammesgeschichtliche Anpassungen mitbekommt. Jene, die dem Hunger und Durst zugrunde liegen, wurden bereits relativ gut erforscht. Man fand zum Beispiel, daß das Appetenzverhalten der Wassersuche von Osmorezeptoren im Hypothalamus ausgelöst wird, die eine Hypertonie der Blutflüssigkeit melden. Man kann Durst auch durch intravenöse Gaben von Wasser löschen. Umgekehrt wird ein Tier durstig, wenn man ihm kleine Mengen einer hypertonischen Kochsalzlösung direkt in den Hypothalamus injiziert.

Neben inneren Sinnesreizen wirken auch Hormone am Aufbau innerer Handlungsbereitschaften mit. Man denke etwa an die Bedeutung der männlichen Sexualhormone.

Von besonderem Interesse sind jedoch jene spezifischen Handlungsbereitschaften, deren Ursache in der Spontanaktivität des Zentralnervensystems zu suchen ist.

Von Holst (1936, 1939) untersuchte die den Lokomotionsbewegungen der Fische zugrundeliegenden Antriebssysteme. Der klassischen Reflextheorie zufolge sollte ein Verhaltensablauf immer Reaktion auf einwirkende Sinnesreize sein, wobei längere Ablaufketten als Kettenreflexe gedeutet wurden. So stellte man sich vor, daß beim schlängelnden Aal die Kontraktionen eines Segmentes über Propriozeptoren die Kontraktion des folgenden Abschnittes auslösen würden. Von Holst trennte nun bei Aalen durch Einstich hinter dem Kopf Hirn und Rückenmark. Er durchschnitt ferner bei diesen künstlich beatmeten Rückenmarkspräparaten alle dorsalen Nervenwurzeln des Rückenmarks, so daß dieses keinerlei Sinnesmeldungen aus der Peripherie empfangen konnte. Dennoch schwamm ein so desafferentierter Aal nach Abklingen des Operationsschocks wohlkoordiniert, und zwar ungehemmt bis zum Tode. Legte von Holst den mittleren Abschnitt des Aales mechanisch fest, dann erschien eine über den Vorderkörper laufende Bewegungswelle genau nach der Zeit auf dem hinteren Körperdrittel, die sie normalerweise zum Durchlaufen des mittleren Teils gebraucht hätte. Damit war die Möglichkeit einer mechanischen Übertragung der Bewegungswelle ausgeschlossen.

Die Versuche beweisen, daß der Fortbewegung des Aales ein Motor zugrunde liegt, der nicht von außen angestoßen zu werden braucht. Vielmehr erzeugt das Zentralnervensystem spontan Impulse, die zur Muskulatur fließen. Sie werden bereits zentral so koordiniert, daß eine geordnete Bewegung die Folge ist. Grundlage dieser Aktivität sind automatisch tätige Zellgruppen im Rückenmark. Das Phänomen der zentralen Erregungsproduktion und der zentralen Koordination hat man mittlerweile in vielen anderen Fällen nachgewiesen, so daß heute an der automatischen Grundlage der Instinktbewegungen in spontan aktiven motorischen Zellen nicht mehr gezweifelt werden kann (Roeder 1963; Bullock und Horridge 1965).

Die ständige Entladung der motorischen Impulse wird normalerweise durch besondere Hemm-Mechanismen verhindert. Erst beim Eintreffen besonderer Sinnesmeldungen wird ihnen über den schon besprochenen Auslösemechanismus die Bahn zu den Muskeln freigegeben. Die dauernde Spontanaktivität kann auch zu einem zentralen Erregungsstau führen, und findet das Tier keine Gelegenheit, solche spontanen Verhaltensweisen abzureagieren, dann können diese schließlich selbst im Leerlauf – ohne erkennbaren auslösenden Reiz – ablaufen. Ein zahmer Star, den man gut füttert, wird von Zeit zu Zeit von seiner Sitzstange hochfliegen, nach Nicht-Vorhandenem schnappen, zur Sitzstange zurückkehren, dort die Totschlagebewegung ausführen und schließlich schlucken, als hätte er eine Fliege gefangen. Die durch die Käfighaltung nicht abreagierten Jagdhandlungen brechen im Leerlauf hervor (Lorenz 1937).

Unter der Bezeichnung »spinaler Kontrast« kannte Sherrington (1931) bereits vergleichbare Stauungs- und Ermüdungserscheinungen. Von Holst (1937) untersuchte sie an Rückenmarkspräparaten von Seepferdchen. Diese Fische halten sich normalerweise mit dem Greifschwanz an Tangen fest. Schwimmen sie, dann richten sie die bei Ruhe zusammengefaltete Rückenflosse auf und schlagen mit ihr. Beim Rückenmarkspräparat ist die Flosse dauernd etwas erhoben. Drückt man das Präparat in der Kiemenregion zusammen, dann wird die Rückenflosse ganz zusammengefaltet. Läßt man sie los, dann richtet sie sich für kurze Zeit etwas höher auf und sinkt erst nach einer Weile wieder auf die für das Rückenmarkspräparat typische Faltlage zurück. Drückt man das Präparat noch länger zusammen, dann richtet sich die Flosse anschließend sogar völlig auf und beginnt auch kurz zu schlagen. Offenbar liegen der Bewegung der Rückenflosse automatisch tätige Zellgruppen (Automatismen) zugrunde, die sich beim Rückenmarkspräparat des Seepferdchens dauernd entladen. Zum Unterschied vom Aal jedoch reicht die zentrale Erregungsproduktion nicht für eine Dauerbewegung, sondern nur für eine leichte Aufrichtung der Rückenflosse. Erst wenn diese Dauerentladung reflektorisch gehemmt wird, kommt es zu einem Erregungsstau, der sich beim Wegfall der Hemmungen in der Flossenbewegung entlädt.

Welche physiologischen Prozesse sich bei dem Erregungsstau im einzelnen abspielen, ist unbekannt. Vielleicht liegt ein Schlüssel zum Verständnis dieser Erscheinungen im Catecholaminhaushalt des Zentralnervensystems. Man hat gefunden, daß Drogen, die den Catecholaminhaushalt des Hirns erhöhen, auch die motorische Aktivität und Aggressivität eines Tieres steigern, während solche, die ihn senken, beruhigend wirken. Gleichzeitig mit der Gabe dieser Drogen füllen bzw. entleeren sich submikroskopische Catecholaminspeicher (Hassler und Bak 1966). Man nimmt an, daß diese Stoffe als Übertragersubstanzen an den Synapsen wirken. Aber welches biochemische Geschehen sich auch immer im Zentralnervensystem abspielen mag, wichtig ist die Erkenntnis, daß neben inneren Sinnesreizen und Hormonen auch zentralnervöse

Prozesse für die Spontaneität des Verhaltens verantwortlich sind. Auch zentrale Antriebe bewirken ein spezifisches Appetenzverhalten. Dann sucht das Tier nach einer auslösenden Reizsituation, wobei die Bereitschaft, auf auslösende Reize anzusprechen, um so mehr ansteigt, je länger eine Verhaltensweise nicht ausgeführt wurde. Gleichzeitig sinkt die Selektivität des Ansprechens, so daß Tiere bisweilen mit einfachsten Ersatzobjekten vorlieb nehmen. Ein am Jagen gehinderter Hund wird seine Beutefanghandlungen zuletzt auch an Pantoffeln abreagieren. Kruijts (1964) isoliert aufgezogene Kampfhähne bekämpften in Ermangelung eines Kampfpartners zuletzt ihren eigenen Schwanz.

Jeder der vielen Instinkthandlungen eines Tieres scheint ein besonderes inneres Antriebssystem zugeordnet, wobei gewisse Gruppierungen auffallen. Gelegentlich beobachtet man, daß Sätze bestimmter Verhaltensweisen ein gemeinsames Fluktuieren der auslösenden Reizschwelle zeigen, was auf die Abhängigkeit von einem gemeinsamen Antriebssystem hinweist. Die verschiedenen Antriebssysteme wirken aufeinander ein, und das jeweils stärkste setzt sich in diesem »Parlament der Instinkte« (Lorenz 1963) durch.

Wie gleichzeitig aktivierte verschiedene Instinkthandlungen einander fördernd oder hemmend beeinflussen, untersuchten von Holst und von Saint-Paul (1960) mit der Technik der elektrischen Hirnreizung an Hühnern. Sie erarbeiteten auf diese Weise auch die Schaltpläne, die als »Funktionsstrukturen« den Instinkthandlungen zugrunde liegen. Es ergab sich, daß das Verhalten der Hühner in mehreren Integrationsniveaus organisiert ist und daß in diesem hierarchischen Aufbau insofern eine Vernetzung vorliegt, als zu einer Endhandlung im allgemeinen mehrere Wege führen können. Diese Vorstellungen passen gut zu Tinbergens Hierarchieschema, das jedoch linearer angeordnet ist und die Vernetzung weniger betont.

### III. Stammesgeschichtliche Anpassungen im Verhalten des Menschen

Man hat den Menschen auf verschiedenste Weise zu charakterisieren versucht und unter den Schlagworten »Kulturwesen«, »politisches Wesen«, »Neugierwesen«, »Mängelwesen« und dergleichen mehr die verschiedensten Aspekte seines Verhaltens beleuchtet. Unter anderem nennt man ihn auch das »Instinktreduktionswesen«. Man spielt damit auf die erstaunliche adaptive Modifikabilität menschlichen Verhaltens an, die von dem in relativ starren Instinktbahnen ablaufenden Verhalten vieler Tiere, etwa vom Typus der Insekten, in der Tat auffällig absticht. Der Begriff ist allerdings nicht ganz glücklich gewählt, denn bei genauer Betrachtung stellt sich heraus, daß der Mensch in sehr vielen Bereichen seines Verhaltens durch stammesgeschichtliche Anpassung festgelegt ist. Die Zahl der Antriebe ist zum Beispiel sicherlich nicht reduziert, sondern gegenüber denen anderer Säuger wahrscheinlich sogar vermehrt, was bei dem ungeheuren Komplikationsgrad menschlichen Verhaltens auch gar nicht anders zu erwarten ist. Von diesen Antrieben stehen einige als ausschließlich menschliche Anpassungen im Dienste spezifischer Kulturleistungen, man denke etwa an den uns angeborenen Sprechtrieb (S. 212). Sicherlich wurden beim Menschen viele starre Bewegungsmuster abgebaut und durch spezielle angeborene Lerndispositionen ersetzt. Das bedeutet ebenso einen Gewinn an adaptiver Modifikabilität wie das Zerfallen starrer Bewegungsmuster in kleine funktionelle Einheiten, die dann durch Lernen zu neuen Ganzheiten integriert werden können. Der Begriff »Instinktreduktion« bezieht sich also auf die Relation zwischen starr Angeborenem und Erlerntem und damit auf den Grad individueller Anpassungsfähigkeit.

## 1. Erbkoordinationen

Die Ansicht, daß der Mensch seine Verhaltensweisen im wesentlichen lernen müsse, ist weit verbreitet. Wir zitieren eingangs Montagu (S. 177). Seine Behauptungen halten einer Prüfung nicht stand.

Bereits das Verhaltensrepertoire des Neugeborenen ist relativ reich differenziert (Peiper 1961 und Prechtl 1958). So sucht es mit rhythmischem Kopfpendeln nach der Brust. Homologe Suchautomatismen findet man bei vielen neugeborenen Säugern. Auch Saugen kann das Neugeborene, und daß dies keineswegs ein besonders einfacher Bewegungsablauf ist, wußte bereits Reimarus (1762): »Es wird auch wohl nicht leicht jemand leugnen«, schreibt er, »daß die Fertigkeit zu saugen, welche die Kinder bald nach der Geburt äußern, eine ungelernte angeborene Kunstfertigkeit sei: da unter so vielen möglichen Bewegungen der Lefzen, der Zunge und des Schlundes, ja der Brust selbst, diejenige sogleich angewandt wird, welche den süßen Nahrungssaft aus der Brust heraus pumpet, und über die Zunge und den Kehldeckel durch scharfe Anziehung vieler Muskeln zum Magen hinunter zwängt. Man wird sich dabei aus der Anatomie erinnern, oder belehren lassen, daß weit größere Kunst dazu gehöre, das flüssige Getränk über den Kehldeckel hinunter zu bringen, ohne daß es in die Luftröhre fällt, als die Speisen; indem sich die Zunge ganz krümmen und über den Kehldeckel herlegen muß. Demnach haben die Kinder nicht allein im Niederschlucken ihrer Feuchtigkeit, sondern auch im Saugen eine angeborene Fertigkeit« (S. 342 ff.).

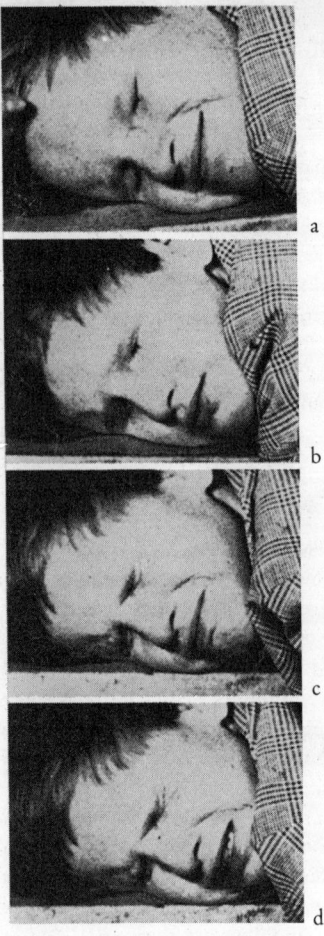

Abb. 1 a–d: Verschiedene Gesichtsausdrücke eines taubblind geborenen etwa 9 Jahre alten Mädchens. Übergang vom Lächeln zum Weinen. Aus einem 6-mm-Film.
Foto: I. Eibl-Eibesfeldt

Beim Trinken ballt der Säugling die Fäuste, und bekommt er etwas zu fassen, dann hält er es fest. So halten sich junge Schimpansen am Fell der Mutter fest. Die Finger des Säuglings schließen sich beim Klammern in einer festen Reihenfolge, die mit dem Krümmen des Mittelfingers beginnt und mit Umlegen des Daumens endet. Der Klammerreflex ist bei Frühgeburten so stark, daß sich die Säuglinge im Handhang an einer Leine halten können (Peiper 1961). Der Säugling kann im Kreuzgang kriechen, und bereits das Neugeborene macht koordinierte Schreit- und Steigbewegungen, wenn man es aufrichtet und über die Unterlage führt. Koordinierte Schwimmbewegungen treten als Rudimente nur in sehr frühen Entwicklungsstadien auf und verschwinden später wieder. Schon das Neugeborene kann weinen, schreien und lächeln (Koehler 1954).

Schwieriger ist es, angeborene Verhaltensweisen bei älteren Kindern und Erwachsenen nachzuweisen. Untersuchungen an taubblind Geborenen ergaben, daß viele unserer Ausdrucksbewegungen als Erbkoordinationen heranreifen. Obgleich taubblind Geborene nie eines Mitmenschen Lachen oder Weinen wahrnehmen, lachen und weinen sie wie unsereiner (Abb. 1).

Die Verhaltensweisen treten auch in den gleichen Situationen auf, in denen wir sie bei gesunden Menschen beobachten. Die Kinder lächeln oder lachen, wenn man ihnen ein kleines Geschenk (Süßigkeiten usw.) gibt, sie streichelt oder kitzelt. Sie weinen, wenn sie sich anstoßen, ballen die Fäuste und stampfen mit dem Fuß auf, wenn sie sich ärgern, und schütteln den Kopf, wenn sie etwas nicht wollen.

Bis zu einem gewissen Grade ist jedoch die Information, die man aus dem Studium der Taubblinden gewinnen kann, beschränkt. Viele der komplizierten Verhaltensweisen lassen sich beim Menschen nur über Gesichtssinn und Gehör auslösen. Das gilt zum Beispiel für das Flirtverhalten. Daß auch in diesen komplizierten Verhaltensmustern stammesgeschichtliche Anpassungen stecken, lehrt die Beobachtung Blindgeborener. Ein zehnjähriges blindgeborenes Mädchen, das wir filmten, zeigte zum Beispiel die für Verschämtheit typischen Verhaltensweisen (Kopfsenken, Lächeln und alternierende Zu- und Abwendung), als wir ihm zu seinem schönen Klavierspiel gratulierten. Spricht man blindgeborene Säuglinge an, dann lächeln sie und fixieren mit ihren Augen die Schallquelle, offenbar auf Grund eines zentralen Fixiervorganges. Der sonst typische Blindennystagmus ist dann abgeschaltet. Spielen die Säuglinge in Rückenlage mit ihren eigenen Händen, dann fixieren sie diese ebenfalls, obgleich sie sie nicht sehen (Freedman 1964, 1965).

Daß wir aus dem Kulturenvergleich auf gemeinsames Erbe im menschlichen Verhalten schließen dürfen, betonte bereits Darwin (1872). Er wies unter anderem auf die Übereinstimmungen in Mimik und Gestik verschiedener

Völker hin, und viele moderne Ausdruckspsychologen stimmen durchaus mit seiner Deutung überein, daß es sich hier wohl um angeborene Verhaltensweisen handle (Frijda 1964). Dieser Ansicht stehen jedoch andere gegenüber. Birdwhistell (1963, 1966) betont zum Beispiel wiederholt, daß keine der menschlichen Mienen und Gesten eine angeborene Grundlage habe. Sie würden vielmehr samt und sonders kulturell tradiert. Ähnlich äußert sich La Barre (1947). Diese Aussagen werden jedoch nicht weiter untermauert und belegt. Und damit kommen wir auf eine sehr merkwürdige Situation in der Menschenforschung zu sprechen. Forschen wir nach Belegen menschlichen Sozialverhaltens, dann werden wir schnell gewahr, daß es an einer adäquaten Dokumentation mangelt. Verhaltensweisen sind bekanntlich Zeitstrukturen, und der einzige Weg, sie als Dauerpräparat zu konservieren, ist, sie mit Hilfe des Films in bleibende Raumstrukturen überzuführen[2]. Nun ist der Mensch sicher das meistgefilmte Geschöpf dieser Erde. Will man aber für eine vergleichende Untersuchung einem wissenschaftlichen Filmarchiv ungestellte Aufnahmen etwa flirtender oder wütender Samoanerinnen, Turkanerinnen, Französinnen usw. entnehmen, dann wird man sich vergeblich abmühen: Dokumente natürlichen menschlichen Sozialverhaltens fehlen – eine geradezu groteske Situation, wenn man bedenkt, daß Darwin bereits das Programm für eine Ausdrucksforschung publizierte und daß der Film seit gut fünfzig Jahren als Forschungsmittel zur Verfügung steht. An Dokumenten kultureller Tätigkeiten (Bootebauen, Hausbau, Töpfern und dergleichen) mangelt es dagegen nicht.

In den letzten Jahren haben wir uns um eine vergleichende Dokumentation menschlicher Ausdrucksbewegungen bemüht. Mit Hilfe von Spiegelobjektiven, die es erlauben, unbemerkt nach der Seite zu filmen, sammeln wir ohne Wissen der Betreffenden Aufnahmen in Zeitlupe und Zeitraffer. Zu jeder Aufnahme hält ein Protokoll fest, was die Person vor und nach der Aufnahme tat und in welchem sozialen Zusammenhang die gefilmte Verhaltensweise auftrat. Das erlaubt später objektive Korrelationsanalyse[3].

Obgleich die Untersuchungen noch laufen, können wir schon jetzt auf eine Reihe von höchstwahrscheinlich kulturunabhängigen Invariablen im mimischen Repertoire hinweisen. Wir filmten das Grußverhalten von sehr verschiedenen Völkern und fanden freundliches Zunicken und Lächeln ganz allgemein

---

2 Lautäußerungen archiviert man als Tonbänder
3 Zur Technik siehe Eibl-Eibesfeldt und Hass (1967) und Eibl-Eibesfeldt (1972 a, b). Die Filme werden nach dem Vorbild der Göttinger Filmenzyklopädie im humanethologischen Filmarchiv der Max-Planck-Gesellschaft veröffentlicht.

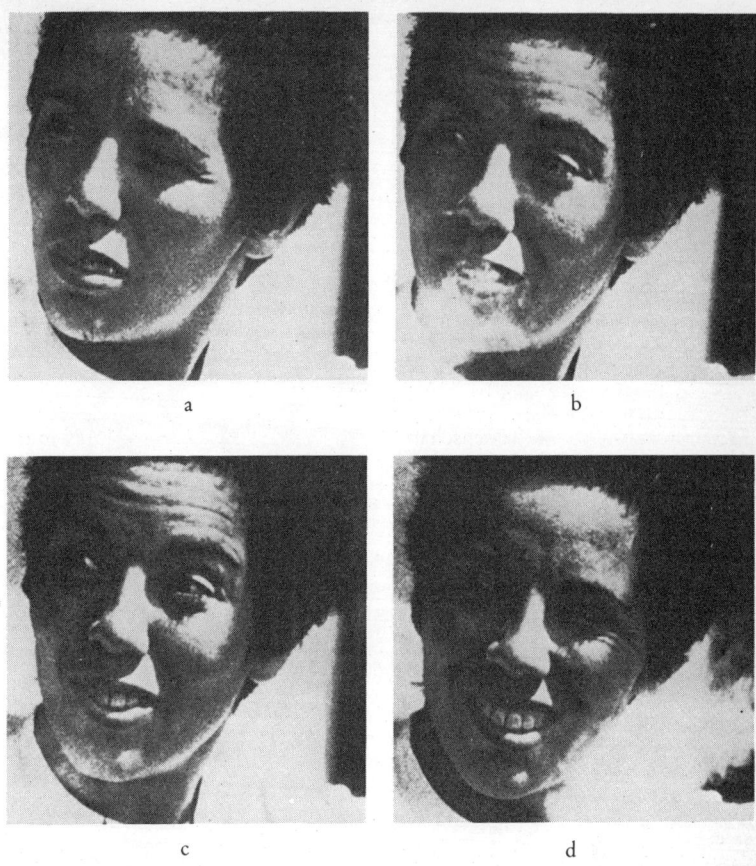

Abb. 2 a–d: Augengruß einer Französin (Kopie aus einem 16 mm-Zeitlupenfilm, 48 B/S): Die Folge a–d umfaßt 41 Bilder. b zeigt die 20. und c die 23. Aufnahme. Sechs Bilder nach der ersten Aufnahme (a) werden die Augenbrauen leicht angehoben. Sie waren zwischen dem 19. und 26. Bild maximal gehoben. Foto: H. Hass

Abb. 3 a–d: Augengruß einer Samoanerin (Dorf Papa, Insel Sawaii) (Kopie aus einem 16 mm-Zeitlupenfilm, 48 B/S): Die Folge a–c umfaßt 124 Bilder. Beim 41. Bild lächelte sie den Partner an (b). Das 107. Bild (c) zeigt sie mit gehobenen Augenbrauen. Die Samoanerin hatte den Kameramann wiederholt angeblickt. 8 Bilder nach einem solchen Blickkontakt (sie lächelte bereits vorher) begann sie die Augenbrauen zu heben. Vom 11. bis zum 16. Bild blieben sie maximal gehoben, dann setzte die Abwärtsbewegung ein. Foto: H. HASS

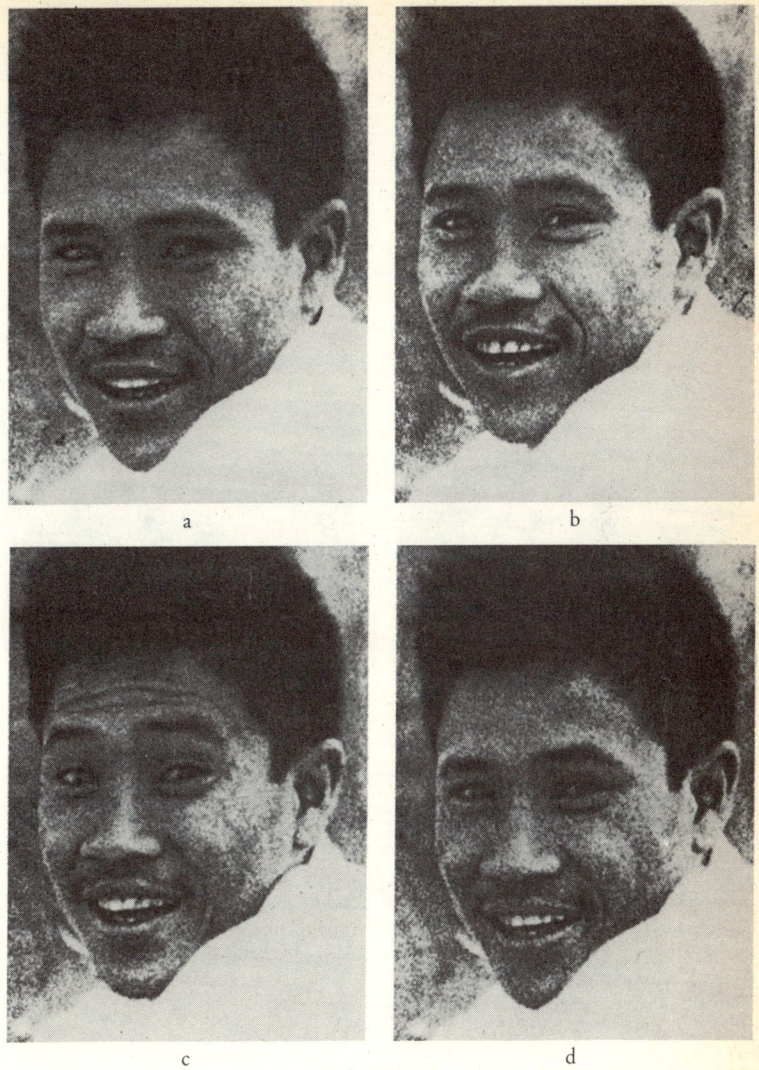

Abb. 4 a–d: Augengruß eines Balinesen (Insel Nusa Penida bei Bali) (Kopie aus einem 16 mm-Zeitlupenfilm, 48 B/S): Die Folge a–d umfaßt 19 Bilder; b zeigt die 6. und c die 11. Aufnahme. Beim 6. Bild der Folge setzte die Aufwärtsbewegung der Augenbrauen ein. Beim 11. Bild waren sie maximal gehoben. Die Abwärtsbewegung begann mit dem 17. Bild und endete mit dem 22. Foto: I. Eibl-Eibesfeldt

Abb. 5 a–d: Augengruß eines Huri (Papua) aus der Umgebung von Tari (Neu-Guinea) (Kopie aus einem 16 mm-Zeitlupenfilm 48 B/S): Die Folge a–d umfaßt 45 Bilder; b zeigt die 30. und c die 36. Aufnahme. Der Aufgenommene begann 26 Bilder nach dem ersten Anflug eines Lächelns die Augenbrauen zu heben. Die maximale Anhebung war nach dem 4. Bild erreicht und wurde über 7 Bilder beibehalten.

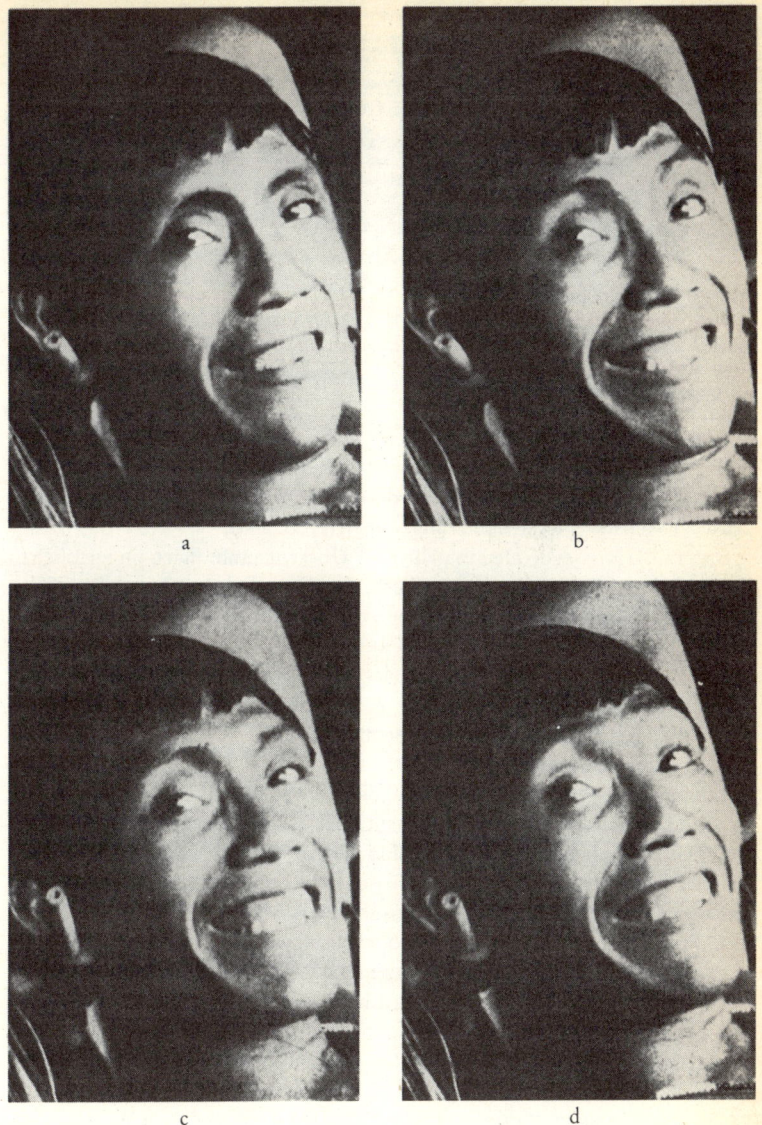

Abb. 6 a–d: Augengruß eines Waika-Indianers. 1., 15., 33. und 75. Aufnahme eines mit 48 B/S. aufgenommenen 16 mm-Films. Foto: I. EIBL-EIBESFELDT

Abb. 7: Flirtendes Samburu-Mädchen: Das Mädchen nimmt vollen Blickkontakt auf, schließt dann die Augen und schaut danach weg. Das kann sich in sukzessiver Ambivalenz wiederholen und ist wohl eine Art ritualisierten Ausweichens. Aus einem 16-mm-Film. Foto: I. Eibl-Eibesfeldt

verbreitet (Eibl-Eibesfeldt, 1968, 1971, 1972 a). Bei besonders freundlichem Gruß, ebenso wie beim Flirt, werden darüber hinaus auch die Augenbrauen für etwa ein Sechstel einer Sekunde angehoben (Abb. 2–6).

Bis in überraschende Details gehen die Übereinstimmungen im weiblichen Flirtverhalten. Sukzessive Ambivalenz von Zuwendung und Abwendung führt zum Beispiel überall zur gleichen »Augensprache« (Abb. 7; Eibl-Eibesfeldt 1970 a). Bei Verlegenheit verdeckt man in den verschiedensten Kulturen mit einer Hand das Untergesicht, gelegentlich verbirgt man auch das ganze Gesicht hinter den Händen (Abb. 8). Auch manche Gesten sind weit verbreitet, so das Heben der offenen Hand beim Grüßen.

Sicher können solche Universalien auch parallel und unabhängig durch Lernprozesse erworben worden sein, etwa wenn gleiche Milieueinflüsse auf das Kind einwirken. So sammeln Brustkinder in aller Welt an der mütterlichen Brust recht ähnliche Erfahrungen. Sind sie satt, dann wenden sie ihren Kopf von der Brust weg, eine durchaus von der Funktion her verständliche Verhaltensweise, die jedes Kind in Selbstdressur entwickeln könnte. Sollte sich daraus das verneinende Kopfschütteln ontogenetisch entwickeln, wie Darwin das vermutet, dann wäre dies ein erworbenes Verhalten, dessen Streuverteilung über die Erde auf einen unabhängigen konvergenten Erwerb hinweist. Auch das vorhin erwähnte Gesichtsverdecken könnte aus Versteckhandlungen ontogenetisch ritualisiert worden sein; wir sahen es allerdings auch bei einem blindgeborenen Jungen. Ob ein Verhalten angeboren oder erworben ist, wird also oft nur eine sorgfältige Untersuchung der Ontogenese zeigen können. Findet man jedoch kompliziertere Verhaltensabläufe, die sich nicht aus ähnli-

Abb. 8: Verbergen des Gesichtes bei Verlegenheit: a) Frau vom Stamme der Woitapmin (Neu-Guinea); b) Balinesin; c) Waika-Indianer; d) Turkana. Fotos: I. EIBL-EIBESFELDT

cher Erfahrung und Funktion erklären lassen und für die man auch andere Alternativen ausdenken könnte, dann ist es wahrscheinlicher, daß ihr universelles Auftreten auf einer gemeinsamen angeborenen Grundlage beruht.

Als Beispiel für kulturell tradierte Ausdrucksbewegungen erwähnt man oft Bejahung und Verneinung. So schütteln zwar sehr viele Menschen bei Verneinung den Kopf[4] (Papuas, Waika-Indianer, Buschleute, Bantus u. a. m.). Bei den Europäern beobachtet man aber zwei verschiedene Verneinungsweisen. Während Mittel- und Westeuropäer den Kopf schütteln, heben die Griechen in einer Rückzugsbewegung den Kopf hoch, schließen die Augen, heben die Brauen wie beim Ausdruck der Entrüstung und oft auch in einer abweisenden Gebärde eine oder beide Hände. Als sachliches Nein ist diese Gebärde zwar für Griechen und einige andere Mittelmeervölker typisch und somit eine kulturelle Konvention. Als soziale Gebärde der Ablehnung und Entrüstung ist sie dagegen weltweit verbreitet und höchstwahrscheinlich angeboren. Bei den Ayoreo-Indianern (Paraguay) filmte der Erstautor als sachliches Verneinen einen Gesichtsausdruck, den wir weltweit beobachten können, wenn eine Person einen üblen Geruch wahrnimmt (Nasenrunzeln, Zukneifen der Augen). Auch dabei handelt es sich um eine »natürliche« Ablehngebärde, die auf Grund einer kulturellen Konvention zum Ausdruck für sachliches Nein erhoben wurde. In ähnlicher Weise hat man in verschiedenen Kulturen verschiedene Formen der Bejahung aus verschiedenen vorhandenen Formen der Zustimmung entwickelt (Eibl-Eibesfeldt 1970 a).

## 2. Angeborene Auslösemechanismen, Schlüsselreize und Auslöser

Wir führten aus, daß Tiere angeborenermaßen auf bestimmte auslösende Reizsituationen in arterhaltend sinnvoller Weise reagieren. Den Erbkoordinationen sind gewissermaßen bestimmte auslösende Reize als Schlüsselreize zugeordnet. Daß für bestimmte Verhaltensweisen des Menschen ähnliches gelten dürfte, betont Lorenz (1943). Gehlen (1963) dagegen hebt hervor, daß beim Menschen ein solcher starrer Zusammenhang zwischen Umweltappell und Reaktionsweise fehle, weil es keine angeborenen sinnvollen Antworten gäbe und die Auslösereize selbst unspezifisch geworden seien. Das trifft ganz sicher nicht in dieser allgemeinen Fassung zu. Wir wissen, daß Menschen auf spezifi-

---

[4] Wir erwähnten die Deutung Darwins. Ich halte jedoch eine Ableitung von einer Abschüttelbewegung für wahrscheinlicher.

sche Reize oder Reizkonstellationen in voraussagbarer Weise antworten. Dafür lieferten neuere Experimente mit Säuglingen den Nachweis. Ball und Tronick (1971) fanden, daß bereits zwei Monate alte Säuglinge, die auf einem Stühlchen festgeschnallt waren, mit Ausweichbewegungen und Erregung antworteten, wenn vor ihnen symmetrisch sich ausbreitende Schatten projiziert wurden. Sie verhielten sich so, als würde ein Objekt auf sie zufahren. Asymmetrisch sich ausdehnende oder sich zusammenziehende Schatten lösten dergleichen nicht aus. Säuglinge erkennen auch visuell einen Abgrund und halten an einer visuellen Klippe[5]. Auch die Fähigkeit, Gesichts- und Tasteindrücke zu verbinden, ist den Säuglingen angeboren. Bereits vierzehn Tage alte Säuglinge erwarten, daß ein gesehenes Objekt auch angefaßt werden kann. Projiziert man mit einer besonderen Technik ein scheinbares Objekt vor das Kind, dann zeigt sich das Kind überrascht (Anstieg der Pulsfrequenz), wenn es nach dem Objekt fassend ins Leere greift (Bower 1971). Die Versuche sind deshalb bemerkenswert, da sie zeigen, daß auch der Mensch mit datenverarbeitenden Mechanismen ausgerüstet ist, die es ihm erlauben, auf bestimmte Reizsituationen in arterhaltend sinnvoller Weise zu antworten, und zwar ohne das erst lernen zu müssen. Die Detektoren sind ihm angeboren.

Wir wissen auch aus der Gestaltpsychologie, daß wir bestimmten optischen Illusionen immer wieder unterworfen sind, und zwar gegen jedes bessere Wissen aus Erfahrung, was auf das Wirken angeborener datenverarbeitender Mechanismen hinweist.

Wieweit solche angeborenen Auslösemechanismen das soziale Zusammenleben des Menschen steuern, weiß man nicht, doch spricht eine Reihe von Gründen dafür, daß sie eine größere Rolle spielen, als man gemeiniglich annimmt. So reagieren auch wir auf sehr einfache Attrappen auslösender Reizsituationen, und zwar auch dann, wenn nur einzelne Schlüsselreize aus einer komplexeren auslösenden Reizsituation dargeboten werden. Kleinkinder antworten mit deutlichem Brutpflegeverhalten (Herzen, Kosen) auf Objekte, die einzelne Merkmale des Menschensäuglings aufweisen (Lorenz 1943). Gesichter mit großen Augen unter einem stark übergewölbten, im Verhältnis zum Gesichtsschädel großen Hirnschädel wirken niedlich (»herzig«). Dazu kommen als Merkmale des Körpers relativ kurze, dickliche Extremitäten, eine weiche, prallelastische Haut und schließlich noch gewisse Verhaltensmerkmale des Hilflos-Ungeschickten. An den Erzeugnissen der Puppenindustrie können wir ablesen, wie einzelne dieser Merkmale benutzt werden, um Objekte

---

[5] Einer Glasplatte, die einen Abgrund überdeckt.

mit herzigem Appell zu erzeugen. Man denke etwa an die Steiff-Tierchen oder an die Schöpfungen Disneys. Die Merkmale können dabei erstaunlich übertrieben werden. Durch Übertreibung der relativen Hirnschädelgröße und der Stirnwölbung lassen sich geradezu übernormale Objekte schaffen (Hückstedt 1965; Abb. 9).

Das gilt bis zu einem gewissen Grade auch für bestimmte Merkmale des weiblichen bzw. männlichen Geschlechtes. So wird bei Männerplastiken sehr oft die Schulterbreite in Relation zur Hüftbreite übertrieben (Lorenz 1943). Die Fettpolsterung der weiblichen Brust hat sich höchstwahrscheinlich im Dienste der Signalfunktion entwickelt. Für die Milchproduktion bedarf es nicht der auffälligen Fettgewebeanreicherung.

Wahrscheinlich verstehen wir auch bestimmte Gesichtsausdrücke angeborenermaßen. Es fällt zumindest auf, wie stark wir auf einfachste Strichzeichnungen ansprechen. Auch neigen wir in unbelehrbarer Weise dazu, Tiergesichter auf Grund rein zufälliger Ähnlichkeit mit unseren Gesichtsausdrücken zu interpretieren. So erscheinen uns das Kamel als hochmütig, weil es stets den Kopf über die Horizontale erhoben trägt, und der Adler als kühn, weil seine knochenüberdachten Augen den Ausdruck eines kühn Entschlossenen vortäuschen, obgleich dies natürlich in keinem Falle der wahren Stimmungslage der betreffenden Tiere entspricht.

Das Mimikerkennen reift im Laufe der Entwicklung. Mit ungefähr elf Monaten werden auch Kinder, die nie ein drohendes Gesicht sahen, durch eine Drohmiene mit senkrechten Stirnfalten verängstigt (Ahrens 1953).

Über geruchliche Auslöser des Menschen ist relativ wenig bekannt. Bemerkenswert ist in diesem Zusammenhang der Hinweis auf geschlechtsspezifische Unterschiede bei der Wahrnehmung von Moschussubstanzen (Le Magnen 1952). Gewisse als Exaltoide bezeichnete Stoffe werden nur von Frauen vom Einsetzen der Geschlechtsreife bis zur Menopause gerochen. Die Sensibilität ist zum Zeitpunkt des Follikelsprunges jeweils am höchsten. Männer nehmen diese Substanzen erst nach Östrogeninjektionen wahr.

Knirschende Geräusche lösen beim Menschen eine Zahnschutzreaktion aus. Man zieht die Wangen zwischen die Zähne ein, und es wird Speichel abgesondert. Die Reaktion soll verhindern, daß wir Steinchen beißen und dabei den Schmelz zerstören. Da der Zahnschmelz an sich unempfindlich ist, wird die Reaktion übers Ohr ausgelöst. Übertrieben empfindliche Personen reagieren auch auf Geräusche, wie sie beim Schreiben auf einer Tafel oder beim Ausgleiten eines Messers auf dem Teller entstehen (Lorenz 1943). Kneutgen (1970) wies nach, daß die Wiegenlieder verschiedenster Völker auf uns die gleiche beruhigende Wirkung haben. Offenbar gibt es in der Musik Schlüssel, auf die

Abb. 9: Das Kindchenschema des Menschen: Man kann niedliche Objekte erschaffen, auch wenn man nur einige wenige Merkmale des Kindlichen übertreibt, z. B. die Kopfgröße

wir angeborenermaßen ansprechen. Lorenz (1943) wies schließlich darauf hin, daß es auch ethische Beziehungsschemata gibt. Wickler (1969) hat diesen Gedanken aufgegriffen. Seine Untersuchung festigt die Annahme uns angeborener Normen ethischen Verhaltens.

## 3. Angeborene Antriebsmechanismen

Die triebhafte Grundlage menschlichen Verhaltens wird heute in einigen Bereichen durchaus klar gesehen, und die motivierenden Mechanismen sind in diesen Funktionskreisen auch relativ gut erforscht. Das gilt insbesondere für Hunger, Durst und das Sexualverhalten. Heftig diskutiert wird die Motivation aggressiven Verhaltens. Bereits Freud entwickelte den Gedanken, dem aggressiven Verhalten lägen wohl angeborene Triebmechanismen zugrunde, und diese Hypothese hat Lorenz (1963) durch viele Fakten und neue Argumente untermauert.

Sicher kann man beim Erwachsenen feststellen, daß er gelegentlich ärgerlich wird und daß diese Stimmungsschwankungen nicht allein auf entsprechende Änderungen in der Umwelt zurückgeführt werden können. Der Ärgerliche steht unter einer aggressiven Spannung, die sich löst, wenn er seinem Ärger Luft machen kann, das heißt, wenn er sie durch aggressives Verhalten aktiv oder über Identifikation ausleben kann. Die aggressive Handlungsbereitschaft hängt von einer Reihe von Faktoren ab. So wirkt das männliche Geschlechtshormon aggressionsstimulierend. Durch Hirnreizversuche weiß man, daß man aggressives Verhalten beziehungsweise Appetenz zur Aggression von bestimmten Hirngebieten (Schläfenlappen, Mandelkernen und anderen Regionen des Hirnstammes) auslösen kann. Es gibt in diesen Hirngebieten selbstregende Neuronenkreise, die normalerweise gut unter Kontrolle gehalten sind. Ihre spontane Aktivität führt aber im pathologischen Fall (Schläfenlappen-Epilepsie) zu spontanen Wutanfällen (Mark und Ervin 1970). Die Triebnatur aggressiven Verhaltens wird angesichts dieser Tatsachen auch immer weniger bestritten, doch meinen viele Milieutheoretiker, die physiologischen Systeme würden erst durch eine Art Training, durch Lernprozesse also, erworben; primär sei der Mensch friedlich oder nur reaktiv aggressiv. Man verweist in diesem Zusammenhang auf angeblich aggressionslose Naturvölker (Buschleute, Eskimos). Die diesbezüglichen Angaben halten jedoch einer kritischen Überprüfung keineswegs stand. Buschleute zum Beispiel sind zwar ihrem kulturellen Ideal nach friedlich, dennoch kann man viele aggressive Akte in der Gemeinschaft beobachten. Diese werden allerdings durch die Betonung alles

Bindenden gut gezügelt, und es gibt eine Reihe von Bräuchen (Scherzpartnerschaften, Tanzspiele), über die Aggressionen in harmloser Weise ausgelebt werden können, die man also als Ventilsitten auffassen kann (Eibl-Eibesfeldt 1972 a). Das wäre kaum verständlich, läge kein entsprechender Antrieb vor. Tatsache ist ferner, daß bereits Säuglinge Aggressionen gegen ihresgleichen zeigen und daß es selbst bei den friedlichen Buschleuten einige Zeit braucht, um das Kind dem kulturellen Ideal entsprechend zu sozialisieren. Sicher spricht mehr für die Annahme eines dem Menschen angeborenen Aggressionstriebes als dagegen. Es hat ja auch noch niemand das Gegenteil bewiesen.

Die genannten primären Antriebe sind jedoch sicherlich nicht die einzigen. Wir wissen, daß selbst taubgeborene Kinder zu lallen beginnen, offensichtlich aus innerem Antrieb. Wir wissen ferner um unsere extreme Neugier. Nichts ist schwerer zu ertragen als Langeweile, und täglich nehmen wir beim Zeitunglesen mit Interesse vielerlei Informationen auf, die uns eigentlich ganz gleichgültig sein könnten. Schon im Wort Neu-Gier drückt sich die dem Verhalten zugrundeliegende Triebnatur aus. Allerdings wird in diesem Falle kein festes Verhaltensmuster, kein vorgezeichnetes motorisches Programm aktiviert, vielmehr kann sich die Appetenz in sehr verschiedener Weise ausleben. Und das trifft höchstwahrscheinlich für sehr viele andere Antriebe des Menschen zu, die deshalb so schwer objektiv zu erfassen sind. Wir erwerben gerne Besitz, und jedes Kind sammelt mit ausgesprochenem Vergnügen. Aber wie und was wir sammeln, liegt keineswegs fest, es können Briefmarken ebensogut wie Bierfilze oder chinesisches Porzellan sein. Männer jagen gerne und erfinden dazu die absonderlichsten Surrogate, wie Lederbälle, hinter denen sie herhetzen. Die aggressive Motivation des Wetteiferns tritt dabei zu der des Fangen- und Einholenwollens. Bei Frauen ist der Trieb, Kinder zu pflegen, so ausgeprägt, daß alleinstehende Frauen sich Schoßtiere als Ersatzobjekte halten.

Wegen der schon erwähnten Ablösung der Antriebe von festen Verhaltensmustern kann man im einzelnen schwer feststellen, wie viele angeborene Antriebe dem Menschen eigen sind. Daß er jedoch mit solchen Antriebssystemen ausgestattet ist, kann heute nicht mehr bezweifelt werden. Mancher Lerndisposition dürften spezifische angeborene Antriebe zugrunde liegen, zum Beispiel dem Sprechen. Wir werden uns mit den angeborenen Lerndispositionen im folgenden Abschnitt auseinandersetzen.

## 4. Angeborene Lerndispositionen

Soll eine durch Lernen herbeigeführte Modifikation des Verhaltens einen Selektionsvorteil mit sich bringen, dann erfordert das ganz besondere stammesgeschichtliche Anpassungen, die eine generelle und ungerichtete Modifikabilität verhindern. Dies wird, wie wir schon ausführten, zunächst dadurch erreicht, daß jede Tierart angeborenermaßen weiß, was Belohnung und was Strafreiz ist. Das ist ja keineswegs bei allen Arten gleich. Belohnend wirkt zunächst im allgemeinen die Stillung eines physiologischen Bedürfnisses, und lange glaubte man, daß dies der einzige Lernanreiz wäre. Man weiß aber mittlerweile, daß auch der Ablauf bestimmter Bewegungen belohnend sein kann. Ratten lernen eine bestimmte Aufgabe, wenn sie zur Belohnung ungenießbare Objekte benagen dürfen. Wenn ihr Nagetrieb aktiviert ist, lassen sie sogar ihr Fressen stehen, um an die Nageobjekte zu kommen. Bei Katzen ist es die Gelegenheit zu jagen, die in ähnlicher Weise belohnend wirkt (Roberts und Kiess 1964). Aber auch die durch ein Tun erreichte Reizsituation kann ein Bedürfnis befriedigen und damit eine Belohnung darstellen. Schimpansen lernen auf diese Weise das Trommeln (S. 189). Als spezifische Lernantriebe erwähnten wir das Spiel, und schließlich diskutierten wir jene Lerndispositionen, die sich auf sensible Perioden in der Entwicklung beschränken und die oft zu einer prägungsartigen Fixierung des Gelernten führen (S. 190).

Die auffälligste und zugleich den Menschen als Art auszeichnende angeborene Lerndisposition betrifft die Sprechbegabung. Wir erwähnten, daß taubgeborene Kinder zu lallen beginnen. Jespersen (1925) berichtet, daß zwei stark vernachlässigte dänische Geschwister, die von einer taubstummen Großmutter aufgezogen worden waren, sich ungezwungen in einer von ihnen erfundenen Sprache unterhielten, die mit dem Dänischen keinerlei Ähnlichkeit hatte. Auch Lenneberg (1964) weist mit Nachdruck auf die biologischen Grundlagen des Sprechvermögens hin. Noch zu prüfen wäre, wieweit gewisse Interjektionen, etwa Ausrufe des Erstaunens oder Erschreckens, und die Tonlage des Sprechenden angeboren sind. Ganz abgesehen davon stößt man über die Kulturen hinweg immer wieder auf die gleichen Gesprächstypen, zum Beispiel auf das Bindegespräch (Eibl-Eibesfeldt 1971, 1972 a), und es wiederholen sich die verbalen Appelle. Das reizvolle Gebiet ist kaum erforscht; es mangelt an unbemerkten Aufnahmen von Alltagsgesprächen.

In der menschlichen Entwicklung lassen sich ferner sensible Perioden nachweisen, in denen bestimmte Erfahrungen besonders starke und oft auch bleibende Spuren hinterlassen. Das haben vor allem die Psychoanalytiker seit Freud immer wieder betont.

Spitz (1965), Erikson (1953) und Bowlby (1952) zeigten, daß bereits im zweiten Lebenshalbjahr eine Grundeinstellung zu dieser Welt geprägt wird, die man als das Urvertrauen bezeichnet. Diese Einstellung wächst mit der festen partnerschaftlichen Bindung an die Mutter. Kinder, denen die Möglichkeit, eine solche Bindung herzustellen, genommen ist, erleiden schwere, offenbar irreversible Entwicklungsstörungen. Dies hat man insbesondere in Kinderkrippen beobachtet. Dort erlebt das Kind im allgemeinen nur flüchtige Kontakte mit einem überdies dauernd wechselnden Pflegepersonal. Es versucht zwar anfangs, eine persönliche Bindung herzustellen, doch schlagen diese Versuche meist fehl, und jeder Personenwechsel bedeutet ein Schockerlebnis. Nach einer kurzen Phase des Protestes, während der die Kinder viel weinen und schreien, verfallen sie meist in den Zustand der Apathie. Sie bleiben als Folge in der Entwicklung zurück, und viele sterben. Jene, die überleben, erweisen sich in ihrem Sozialverhalten gestört, und viele kommen mit dem Gesetz in Konflikt.

Um das fünfte Jahr neigen Kinder in gesteigertem Maße dazu, sich mit dem gleichgeschlechtlichen Partner zu identifizieren. Knaben identifizieren sich mit den Vätern und werden gleichzeitig besonders anschmiegsam und zärtlich zu den Müttern, die gewissermaßen zu Übungsobjekten für partnerschaftliches Verhalten werden. Störungen in dieser Phase können Fehlentwicklungen einleiten. Klagt zum Beispiel eine Mutter über ihre Frauenrolle, dann kann dies eine homosexuelle Prädisposition schaffen. Objektfixierungen im geschlechtlichen Bereich dürften jedoch erst später stattfinden. Sie erweisen sich als erstaunlich therapieresistent, was an Prägung erinnert. Prägungsähnlich dürften auch die Fixierungen der Einstellung des Menschen zu jener Gesellschaftsordnung und jenen anderen Werten der Gemeinschaft sein, zu denen er sich in den Jahren um die Pubertät bekennt. Auch diese Grundeinstellungen haften, wie jede Diskussion um religiöse und politische Ideen lehrt.

## IV. Normen menschlichen Sozialverhaltens

Ethnologen und Pädagogen gehen oft von der Annahme aus, daß es so etwas wie eine »menschliche Natur« im Sinne von erblich vorgezeichneten Verhaltensdispositionen nicht gäbe. Diese Ansicht konnten wir in den vorangegangenen Kapiteln grundsätzlich widerlegen. Nun gilt es zu untersuchen, in welchem Umfange unser Leben in Familie und Gruppe durch derartige stammesgeschichtliche Anpassungen determiniert wird und ob es auch für unsere Art verbindliche Normen sozialen Verhaltens gibt. Dem kulturellen Determinismus zufolge dürfte das ja nicht der Fall sein.

## 1. Die Familie

Mit der Entwicklung der Brutpflege haben sich in den verschiedensten Tiergruppen Familienverbände entwickelt. Unter den Wirbeltieren finden wir sie bereits bei den Knochenfischen. Oft betreut nur eines der Elterntiere die Brut (Vaterfamilie: Stichling; Mutterfamilie: Eifleckcichliden), bisweilen pflegen aber auch beide Eltern (*Tilapia mariae*). Bei Vögeln finden wir zumeist Elternfamilien, daneben jedoch auch noch andere Verbandsformen. Bei Säugern werden die Jungen in der Regel von der Mutter allein aufgezogen, doch kommen auch Elternfamilien vor. Oft übernimmt ein Männchen den Schutz mehrerer jungenpflegender Weibchen.

Die zur Erhaltung der Familie unerläßliche Bindung der Familienmitglieder aneinander wird im einfachsten Fall durch anziehende und bindende Signale bewirkt. Das können Jungenrufe, Düfte oder auch optisch wirksame Signale sein. Bei vielen Arten ist jedoch der Artgenosse zugleich auch Träger aggressionsauslösender Signale. In solchen Fällen muß diese der Bindung entgegenwirkende aktivierte Aggression beschwichtigt werden. Graugänse und Silbermöwen greifen fremde Junge an. Nur die ihnen individuell bekannten Jungen dulden sie. Hier hemmt individuelle Bekanntheit die Aggression. Ein ähnliches individuelles Band entwickelt sich bei vielen Säugern zwischen Mutter und Kind (Huftiere, Seelöwen, viele Primaten). Diese individuelle Beziehung entwickelt sich normalerweise in den ersten Tagen nach dem Schlüpfen bzw. nach der Geburt. In diesen ersten Tagen sind die Jungen durch sehr starke Betreuung auslösende Signale vor Aggressionen geschützt.

Häufiger als die Jungtiere lösen erwachsene Artgenossen neben Fürsorgeverhalten auch aggressive Verhaltensweisen aus. Eine Methode, die der Annäherung entgegenstehende Aggressionsbarriere zu überwinden, besteht darin, daß man das aggressionsauslösende Merkmal wegwendet. Beim Buntbarsch *Steatocranus* lösen frontale Begegnungen Angriffe aus. Die Weibchen, die zum Ablaichen die Höhlen der Männchen aufsuchen, vermeiden deren Angriffe, indem sie sich schwanzvoran in die Höhle des Männchens schieben. Später, wenn sich die Partner individuell kennen, brauchen sie das nicht mehr zu tun (Wickler 1958). Bei Lachmöwen wirkt die schwarze Gesichtsmaske als aggressionsauslösendes Signal. Bei der Paarbildung beschwichtigen beide Partner aufquellende Aggressionen, indem sie einander immer wieder das Hinterhaupt zudrehen (»Wegsehen«). Kennen sie einander schließlich individuell, dann fällt auch hier dieses Beschwichtigungsritual weg (Manley 1960).

Neben solchen Riten der Beschwichtigung, bei denen ein kampfauslösendes Merkmal weggekehrt wird, nutzen erwachsene Tiere als Mittel der Partnerbindung sehr häufig Verhaltensweisen aus dem Bereich der Brutpflege, und zwar sowohl elterliche Verhaltensweisen (Füttern, Putzen) als auch die infantilen. Viele Singvögel füttern den Geschlechtspartner, der seinerseits wie ein Jungtier sperrend und mit den Flügeln zitternd bettelt. Männchen und Weibchen übernehmen dabei meist abwechselnd die Rolle des Fütternden. Füttern, soziale Hautpflege und Infantilismen binden auch viele Säuger (Wickler 1967). Der flugunfähige Kormoran (*Nannopterum harrisi*) beschwichtigt bei der Brutablösung seinen auf dem Neste sitzenden Partner, indem er ihm ein Tangbüschel, ein Stöckchen oder anderes Nestmaterial als symbolische Gabe überreicht. Unterläßt er dieses Grußzeremoniell, wird er vom auf dem Nest sitzenden angegriffen. Nimmt man dem Ankommenden seine Gabe, was leicht geht, da die Tiere von Natur aus keine Furcht vor Menschen zeigen, dann stutzt der Beraubte einen Augenblick, watschelt aber weiter zum Nest und wird dann regelmäßig von seinem Partner angegriffen (Eibl-Eibesfeldt 1967).

Die verbreitete Nutzung von Verhaltensweisen der Brutpflege und Infantilismen als gruppenbindende Mechanismen spricht dafür, daß sich die Erwachsenengruppen sehr oft aus der Eltern-Kind-Gruppe entwickelten (s. a. Eibl-Eibesfeldt 1970 a).

Betrachten wir die Verhältnisse beim Menschen, dann fallen uns eine Reihe von verblüffenden Gemeinsamkeiten mit anderen Säugern auf. Wie bei diesen, sind Mutter und Kind zunächst einmal durch eine Reihe angeborener Reaktionen miteinander verbunden. Der Säugling kann sich festklammern, weinen, lächeln usw. (S. 195), und die Mutter reagiert auf diese Verhaltensweisen und auf bestimmte andere auslösende Reize mit Brutpflegehandlungen, die zum Teil wohl angeboren sein dürften (s. »Herzen« S. 207).

Theorien, denen zufolge das Kind erst sekundär durch Fütterung und Wärme dressurmäßig an die Mutter gebunden würde, sind, wie Bowlby (1958) betont, ebensowenig durch Fakten gestützt wie die Behauptung, das Kind verüble seine Ausstoßung in die Welt und trachte daher in den Mutterleib zurückzukehren. Die Bindung an die Mutter ist keine sekundäre, die über Dressurprozesse erfolgte, sondern bereits mit der Geburt durch eine Reihe von stammesgeschichtlichen Anpassungen gesichert. Sekundär entwickelt sich erst im Laufe der Zeit das individuelle Band, wobei es senible Phasen zu geben scheint (S. 213).

Bereits im zweiten Lebenshalbjahr beobachten wir eine stark emotionell betonte individuelle Bindung des Kindes an seine Mutter und später an beide Eltern. Gelegentlich wird behauptet, dies wäre nicht überall so. Die vom kulturellen Determinismus stark beeinflußte Margret Mead schreibt zum Beispiel über samoanische Kinder: »In Samoa the child owes no emotional allegiance to its mother and father« (Mead 1939, S. 239). An Ort und Stelle kann man es anders beobachten. Wenn die Mütter morgens etwa zur Feldarbeit oder zum Fischfang ziehen, sieht man die bei den älteren Geschwistern zurückgelassenen Kinder strampeln und weinen, und gelingt es ihnen, sich loszureißen, laufen sie weinend hinter der Mutter her, genau wie bei uns zulande[6].

Mit der engen individualisierten Bindung an Bezugspersonen geht beim Kleinkind ausgesprochene Fremdenablehnung einher. Sie äußert sich zuerst in Fremdenfurcht, später auch in aktiver Abwehr und ist, soviel uns bekannt, universell verbreitet. Daß die Fremdenablehnung keineswegs auf schlechten Erfahrungen mit Fremden beruht, zeigen Taubblinde, die jenes Verhalten ebenfalls entwickeln, obgleich jedermann freundlich ist, da man diesen Kindern ja Sicherheit geben will. Taubblinde unterscheiden Fremde von Bekannten am Geruch und wenden sich vor Fremden ab, ja ältere Kinder schlagen sogar nach ihnen, wenn sie sich weiter um Kontakt bemühen (Eibl-Eibesfeldt 1973).

Die Paarbindung der Erwachsenen folgt im wesentlichen nach den bereits für andere Wirbeltiere geschilderten Prinzipien. Dem Bereich der Brutfürsorge entlehnte und weiterritualisierte Verhaltensweisen spielen auch beim Menschen eine große Rolle. Umarmung, Streicheln und Kuß gehören dazu. Wie Wickler bereits ausführte, hat sich der Kuß aus einem Mund-zu-Mund-Füttern entwickelt, und es ist bemerkenswert, daß sowohl gefangen gehaltene wie auch in freier Wildbahn lebende Schimpansen einander durch Umarmung und Kuß begrüßen (Rothmann und Teuber 1915; van Lawick-Goodall 1968). Das spricht unter anderem dafür, daß das entsprechende Verhalten des Menschen altes Primatenerbe ist. Wie bei den Schimpansen ist dieses Verhalten auch beim Menschen eine weit verbreitete Grußgebärde. Man kann zum Beispiel Wangenkuß als Grußgeste auch dort beobachten, wo der Mund-zu-Mund-Kuß zwischen Mann und Frau nicht üblich sein soll. Der Erstautor besuchte 1967 in Neu-Guinea ein Kukukuku-Dorf (Ikumdi), das erst sieben Monate vor seinem Besuch zum erstenmal von einer Patrouille mit einem weißen Offizier besucht worden war. Er sah dort, wie ein Vater seinen Sohn, den er nach langer Abwesenheit wieder sah, umarmte und auf die Wange küßte. Mütter küßten ihre Kinder, wenn sie diese herzten, und zwar sowohl auf den Mund als auch auf die Wange. Auch in dem Dorfe Bimin, zwei Tagesmärsche von Oksapmin, küßten Mütter ihre Kinder. Mittlerweile beobachteten und filmten wir Küssen

---

6 Derek Freeman wies den Erstautor darauf hin, als er ihn auf Samoa besuchte. Freeman arbeitet zur Zeit an einer Monographie über die Samoaner, die manche Aussagen von Mead berichtigen wird.

bei den verschiedensten Naturvölkern (Papuas, Waika-Indianer, Buschleute und andere; Eibl-Eibesfeldt 1968, 1971, 1972). Filmaufnahmen von !Ko-Buschleuten zeigen, daß Kuß und Mund-zu-Mund-Fütterung einander im Bewegungsablauf gleichen (Abb. 10 u. 11).

Bindende Fütterungsrituale spielen im Zusammenleben der Menschen eine wichtige Rolle. In den verschiedensten Kulturen bewirtet und beschenkt man Gäste mit Lebensmitteln. Bei Festen ißt und trinkt man und festigt so alte Bindungen oder stiftet neue. Bereits kleine Kinder bieten ihren Spielgefährten oder auch Erwachsenen spontan Essensgaben an, wenn sie Freundschaft schließen wollen (weitere Beispiele bei Eibl-Eibesfeldt, 1970).

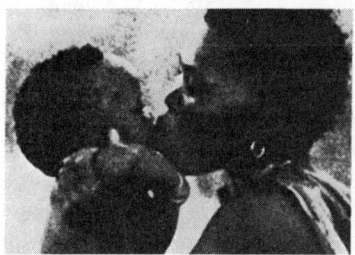 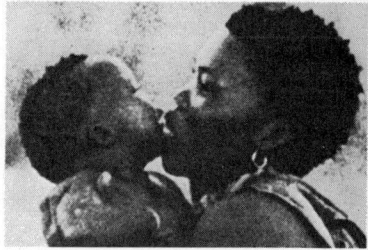

Abb. 10: !Ko-Buschfrau, einen Säugling fütternd (Mund-zu-Mund-Fütterung). Die Lippen werden vorgestreckt aufgesetzt und danach der Futterbrocken mit der Zunge in den Mund des Säuglings geschoben. Das geschieht hier als zärtliche Geste. Der Säugling greinte und wurde so getröstet. Normalerweise wird er nicht mit Beikost gefüttert, sondern noch gestillt. Die Frau ist Halbschwester des Säuglings. Aus einer 16-mm-Filmaufnahme, Foto: I. Eibl-Eibesfeldt

Abb. 11: !Ko-Buschmann, einen Säugling küssend. Foto: I. Eibl-Eibesfeldt

Die sich aus der langsamen Jugendentwicklung ergebende Notwendigkeit einer viele Jahre dauernden Brutfürsorge führte beim Menschen zur Ausbildung dauerhafter Paarbeziehungen. Solche sind bei den Primaten sonst nur als Ausnahme von einigen Krallenäffchen und vom Gibbon bekannt. Wir dürfen daher die ehigen Paarbeziehungen des Menschen als phylogenetischen Neuerwerb ansehen. Mit wie vielen Partnern sich ein Mann verbindet, wechselt in verschiedenen Kulturen. Immer handelt es sich jedoch um geregelte feste Partnerschaften von Dauer, und eine Tendenz zur Einehe ist wohl erkennbar.

Im Dienste dieser ehigen Partnerbindung haben sich beim Menschen auch einige physiologische Besonderheiten entwickelt. So hat sich das Sexualverhalten von der Bindung an Brunstzyklen befreit. Die Frau ist dadurch in der Lage, den sexuellen Triebwünschen des Mannes auch außerhalb ihrer kurzen fertilen Perioden zu entsprechen und ihn damit auf der Basis sexueller Belohnung zu binden. Gleichzeitig wird ihre Bindung an den Mann durch die Fähigkeit zum Orgasmus bestärkt (Eibl-Eibesfeldt 1966, 1970a). Auch die »Hypersexualisierung« des Mannes erscheint in diesem Zusammenhang als Anpassung im Dienste der Partnerbindung. Eltern und Kinder sind durch das Band persönlicher Bekanntschaft zur Familie verbunden. Sie geht fließend in größere individualisierte Verbände über. Der Familienkern ist jedoch sozial und räumlich meist klar abgesetzt. Wir werden darauf im folgenden Abschnitt näher eingehen.

## 2. Der individualisierte Verband und die anonyme Gesellschaft

Menschen leben in Gruppen abgestufter Exklusivität. Sie fühlen sich ihren Mitmenschen in verschiedenem Grade verbunden. Näher stehen alle jene, die man persönlich kennt, ferner die einem unbekannten Mitglieder des anonymen Verbandes.

Auch innerhalb des individualisierten Verbandes gibt es allerlei Abstufungen. Kern des individualisierten Verbandes ist die Familie. Man könnte sie als den eigentlichen Intimverband allen anderen menschlichen Gemeinschaften gegenüberstellen. Viele Abläufe des Familienlebens spielen sich in der Intimsphäre ab, von der nicht zur Familie Gehörende ausgeschlossen sind. Die Bindung sowohl der Eltern an ihre Kinder und umgekehrt wie auch der Geschwister aneinander sind besonders stark und gefühlsmäßig betont; selbst bei Buschleuten, die das kollektive Leben besonders pflegen (Eibl-Eibesfeldt 1972a). Die den Familienmitgliedern gegenüber eingehaltenen Individualdistanzen sind geringer als jene, die man gegenüber nicht zur Familie Gehörenden einhält. Die Kontaktscheu ist am wenigsten ausgeprägt, es sei denn, besondere kulturelle Tabus wirken dagegen. Verhaltensweisen der Fürsorge (soziale Verteidigung, einander Füttern und Lausen usw.) binden die Familienmitglieder. Antagonistisches Verhalten wird unterdrückt und beschwichtigt. Kommt es dennoch zu Streit, schalten sich andere Familienmitglieder schlichtend ein.

Die Intimsphäre der Familie wird von den Mitgliedern der weiteren Gemeinschaft geachtet, und es wird den Mitgliedern einer Familie auch das Recht zugestanden, diese Sphäre zu verteidigen. Dazu gehört auch der respektierte Anspruch auf einen bestimmten Raumbezirk, bei den Waika-Indianern der Wohnsektor unter dem Pultdach, bei den Buschleuten die Hütte. Er wird ähnlich wie das Revier eines Tieres notfalls verteidigt. Zäune und Verbotsschilder dienen zur Markierung der Reviergrenzen. Von besonderem Interesse ist ein Typ weltweit verbreiteter Wächterfiguren, der neben abweisender Drohmimik und Drohgestik ein auffälliges phallisches Imponieren zeigt. Es hat sich nämlich herausgestellt, daß sehr viele Primaten phallisch imponieren. Totenkopfäffchen *(Saimiri)* bedrohen Artgenossen, indem sie ihren erigierten Penis zeigen (Ploog und Mitarbeiter 1963). Weidet eine Gruppe von Meerkatzen *(Cercopithecus)* oder Pavianen *(Papio)*, dann sitzen einzelne mit dem Rücken zur Gruppe und mit gespreizten Beinen als Wächter und bedrohen herankommende gruppenfremde Artgenossen durch Demonstration des erigierten Penis. Penis und Skrotum sind im Dienste einer gesteigerten Signalfunktion oft besonders auffällig gefärbt. Wickler (1966, 1967 b) hat auf die Ähnlichkeiten phallischen Imponierens bei Mensch und höheren Affen hingewiesen und die Hypothese entwickelt, daß beides einer gemeinsamen Wurzel entspringt. Diese Thesen wurden durch weitere Arbeiten gestützt (Eibl-Eibesfeldt und Wickler 1968; Eibl-Eibesfeldt 1970 b). Eine ererbte Prädisposition zum phallischen Imponieren ist beim Menschen sicherlich vorhanden. Die phyletischen Wurzeln dieses Verhaltens reichen weit zurück. Bei sehr vielen Säugern ist das männliche Sexualverhalten des Aufreitens zur reinen Rangdemonstration ritualisiert worden. Das gilt auch für viele Primaten, den Menschen eingeschlossen. Das phallische Imponieren läßt sich als ritualisierte Aufreitdrohung deuten. In der Methode der Reviermarkierung durch phallisch drohende Wächter kommt altes Primatenerbe zum Ausdruck.

Innerhalb einer Familie beobachten wir im allgemeinen eine deutliche Rangordnung. Die im allgemeinen körperlich stärkeren und aggressiveren Männer dominieren über die Frauen und Kinder, und dies ist nach Freedman (1967) die »natürliche« Rangordnung. Es gibt jedoch Bereiche wie jene der Kinderaufzucht, in denen die Entscheidungen der Mütter ausschlaggebend sind.

Bei den uns nächststehenden Schimpansen ist das intime Familienband auf die Mutter und ihre Kinder beschränkt. Dieses Band ist jedoch sehr dauerhaft und hält über viele Jahre, selbst wenn das Kind fast erwachsen ist und bereits weitere Geschwister heranwuchsen. Auch die Schimpansengeschwister sind untereinander enger verbunden als mit den anderen Rudelgefährten (van Lawick-Goodall 1967).

Nächst dem Intimverband der Familie steht der Freundeskreis. Freunde helfen einander bei Auseinandersetzungen mit anderen Gruppenmitgliedern, und das ist bereits bei einigen Affen so. Wilson (mündliche Mitteilung) beobachtete an den auf der Insel Cayo Santiago freilebenden Rhesusaffen Freundschaften zwischen zwei bis drei Männern. Sie standen einander bei Raufereien bei, putzten sich gegenseitig, schliefen zusammen, stritten nicht ums Futter und wetteiferten nicht um Rang. Das Band der Freundschaft wird durch gemeinsamen Kampf geknüpft, und will sich ein Rhesusaffe freundschaftlich an einen anderen anbiedern, dann hält er sich in dessen Nähe auf und versucht, ihn durch Scheinangriffe gegen einen Dritten zu einer gemeinsamen aggressiven Handlung hinzureißen. Von Pavianen berichtet DeVore (1965), daß alte Männer sich freundschaftlich verbünden und so eine zentrale Rangstellung halten, die sie allein nicht verteidigen könnten.

Eine Eigentümlichkeit des Menschen ist das Bedürfnis der Männer, Gruppen zu bilden. Tiger (1969) vermutet hier eine angeborene Disposition, die sich in Zusammenhang mit dem Jagdverhalten entwickelte. Es gilt als Gegenstück dazu wohl auch bei Frauen die Neigung, sich mit Gleichgeschlechtlichen zusammenzutun, »female bonding« (H. Sbrzesny 1974).

Familie und Freundeskreis sind jedoch nur ein begrenzter Ausschnitt aus dem individualisierten Verband, der alle jene umfaßt, die uns durch das Band persönlicher Bekanntschaft verbunden sind. Solche Verbände, wie sie etwa die Horde oder die Dorfgemeinschaft repräsentiert, zeigen eine Geschlossenheit nach außen hin. Gemeinsame Interessen werden gemeinsam verteidigt. Man steht einander in Gefahrensituationen bei, und ursprünglich hat man wohl auch gemeinsam sein Gebiet verteidigt. Das gilt nicht nur für Ackerbauer, sondern auch für Jäger und Sammler. Wir betonen dies, da neuerdings der Mythos verbreitet wird, Jäger und Sammler wären nicht territorial aggressiv. Näheres dazu bei Eibl-Eibesfeldt (1972 a).

Innerhalb der individualisierten Menschengruppen hemmt das Zusammengehörigkeitsgefühl aggressive Auseinandersetzungen. Sie werden jedoch nicht vollständig unterdrückt, und es bedarf verschiedener Einrichtungen, um aggressive Eskalationen zu verhindern (Eibl-Eibesfeldt 1970a; s. S. 223). Rang- und Konkurrenzstreit werden häufig geduldet.

Rangordnungen sind innerhalb der individualisierten Gruppe oft ausgeprägt. Ihr Muster folgt durchaus dem uns auch von anderen Säugern, insbesondere den höheren Primaten, bekannten. Und hier wie dort verleihen sie dem Gruppengefüge eine gewisse Stabilität, indem dauernde Auseinandersetzungen vermieden werden. Ist nämlich einmal durch Auseinandersetzungen innerhalb der Gruppe eine Rangordnung festgelegt, dann wird diese über längere Zeit von den Gruppenmitgliedern anerkannt und beibehalten. Die Ranghohen brauchen notfalls nur zu drohen, um einen aufbegehrenden Rangniederen in die Schranken zu weisen. Bereits bei den höheren Affen wird die Rangstellung eines Tieres nicht allein von der körperlichen Kraft und Geschicklichkeit bestimmt, sondern zum entscheidenden Anteil auch von seiner Verträglichkeit, der Fähigkeit, Streit zu schlichten, freundliche Bande zu stiften, und schließlich von seiner Erfahrung und der Fähigkeit, diese zweckentsprechend einzusetzen. Das führt bei Pavianen dazu, daß bisweilen Männchen, die längst nicht mehr in ihrer körperlichen Blüte stehen, als Ranghöchste eine Gruppe beherrschen. In dem von DeVore (1965) beschriebenen Fall beherrschten drei alte Männchen mit abgekauten Zähnen eine Gruppe. Ihre körperliche Schwäche kompensierten sie, indem sie einander als Freunde beistanden, wenn ein Jüngerer aufbegehrte. Bemerkenswerterweise sind solche alten Männchen in ihrer körperlichen Erscheinung, mit ihrem langen silbrigen Fell, durchaus eindrucksvoll. Auch alte Gorillamännchen tragen einen langhaarigen silbrigen Pelz. Dieses Altersprachtkleid hat wohl die Funktion, den Alten bei der Sicherung ihrer Rangstellung zu helfen. Bei diesen sehr hochstehenden Tieren sind ja die Alten wegen ihres Schatzes an individuellen Erfahrungen für die Gruppe von Wert. Das gilt im gesteigerten Maße für den Menschen, bei dem der »Rat der Alten« eine ganz besondere Bedeutung hat. Auch hier findet man beim Manne ein ausgesprochenes Altersprachtkleid (weißes Haupthaar, weißer Bart, buschige Augenbrauen; Eibl-Eibesfeldt 1966).

Schon bei einigen Affen (Rhesusaffe, Stummelschwanzmakake) wird der Rang eines Tieres vom Range seiner Mutter entscheidend beeinflußt (Kawai 1958; Koford 1966; Sade 1967; Kaufmann 1967).

Bei Menschen wie bei höheren Affen schließlich haben die Ranghohen nicht bloß Privilegien, sondern sie exponieren sich als Führer in Gefahrensituationen, schlichten Streit zwischen Gruppenmitgliedern, sind Initiatoren der Gruppenbewegungen und gewähren Rangniederen Schutz vor Übergriffen anderer Gruppenmitglieder, insbesondere schützen sie die Jungtiere.

Zur Ausbildung einer relativ stabilen Rangordnung müssen die Mitglieder einer Gruppe fähig sein, sich unterzuordnen. Das gelingt einzeln lebenden Tieren schwer. Einem Dachs kann man aus diesem Grunde kaum beibringen zu gehorchen. Er kommt auf Ruf, aber nur wenn es ihm gerade paßt. Ein Schäferhund wird dagegen selbst eine Kaninchenjagd unterbrechen, wenn er zurückgepfiffen wird. Dem Ranghohen ordnen sich junge Paviane offenbar aus eigenem Antrieb unter. Sie suchen bei ihm Schutz, selbst wenn er sie mißhandelt, so wie sie auch bei der Mutter bedingungslos Zuflucht suchen. Vermutlich handelt es sich sogar um ein aus der Mutter-Kind-Beziehung abgeleitetes Verhalten. Auch bei uns Menschen beobachten wir eine ganz klare Bereitschaft zur Unterordnung unter eine anerkannte Autorität. Der Gehorsam gegenüber dem Vater oder Ranghohen, der dann Züge der Vaterfigur trägt, wird ethisch hoch bewertet. In allen Regierungsformen neigt der Mensch zum Personenkult, und es ist ihm ein deutliches Bedürfnis zu eigen, sich Vorbilder der Verehrung zu schaffen. Diese Disposition zur Anerkennung und folgsamen Unterordnung unter eine Autorität haben die Experimente von Milgram (1963) erschreckend deutlich gezeigt. Versuchspersonen, die freiwillig an einem fingierten Experiment teilnahmen, folgten den Anweisungen eines Versuchsleiters, selbst wenn sie aufgefordert wurden, einem Opfer lebensgefährliche elektrische Strafreize zu erteilen. Sie waren psychologisch nicht in der Lage, sich der Autorität des Versuchsleiters zu widersetzen. Nicht einmal vorgetäuschte Schmerzäußerungen des vermeintlich Geschockten verhinderten, daß die Mehrzahl der Versuchspersonen das Experiment fortsetzte. Es ergab sich zwar in diesem Falle meist ein deutlicher Konflikt, doch siegte der Gehorsam über das Mitleid, und wer die Geschichte der Menschheit liest, wird dazu bis in die neueste Zeit zahlreiche Beispiele finden. Unbedingter Gehorsam dem Ranghöchsten gegenüber galt zu allen Zeiten als Tugend, wie die Symbolik von Abrahams Opfer lehrt, und erst die schaurigen Verbrechen der Kriegsjahre haben uns in dieser Hinsicht nachdenklich gestimmt.

Sicher ist durch die Versuche von Milgram noch nicht bewiesen, daß eine angeborene Disposition zum Autoritätsgehorsam vorliegt. Sie sprechen aber doch dafür. Milgram testete auch die kulturelle Erwartung, indem er Kontrollpersonen befragte, ob die Versuchspersonen in dieser Situation alle Strafreizstufen durchspielen würden. Die Personen meinten, jeder normale Mensch würde beim Hören des Protestes und der Klagerufe aufhören. Nur 0,1 % würden nach den Schätzungen der Befragten die Reizskala durchspielen. Die Wirklichkeit kontrastierte gegen diese Prognosen in erschreckender Weise. Bei verbaler Rückmeldung folgten 62,5 % der Versuchspersonen der Aufforderung des Versuchsleiters, weiter Strafreize zu erteilen.

Der individualisierte Verband ist wohl die ursprünglichste größere Menschengemeinde, in der die Familie eingebettet ist. In diesem Verband dürften Menschen seit ihrem Bestehen als Art gelebt haben, von der Urhorde bis zur

Dorfgemeinschaft. Wahrscheinlich aber lebten bereits die in der Savanne jagenden Australopithecinen in Horden.

Ein Charakterzug dieser menschlichen Gemeinschaften ist ihre Geschlossenheit. Sowohl räumlich als auch als Gruppe grenzen sie sich gegen andere Gruppen ab. Jede Bedrohung von außen festigt ihren inneren Zusammenhalt und löst bei den Männern kollektive Aggressionen aus, die von besonders hohen Emotionen begleitet sind (Lorenz 1963). Die Bereitschaft zu kollektiv aggressivem Handeln ist so groß, daß Demagogen sie durch fingierte Bedrohung jederzeit wachzurufen verstanden haben. Es dürfte ihr wohl ein angeborener Aggressionstrieb zugrunde liegen (Lorenz 1963).

Im individualisierten Verband herrscht ein starker Hang zum Konformismus. Von der Norm zu stark abweichende Individuen sind einem Druck der Gruppenmitglieder ausgesetzt, der entweder eine Angleichung erzwingt oder zum Ausschluß des Außenseiters führt. Diese Ausstoßreaktion wird sowohl durch Verhaltensmerkmale als auch durch körperliche Eigenheiten ausgelöst. Man kann sie bereits in Schulklassen beobachten, und es sind vergleichbare Reaktionen auch von einigen geselligen Tieren bekannt.

Der Norm entsprechenden Individuen gegenüber sind jedoch die Aggressionen wirksam beschwichtigt. Das bewirkt zunächst einmal das Band der persönlichen Bekanntschaft, das durch bestimmte Riten unentwegt bestärkt wird. Hier wie im Familienverband spielen vom Brutpflegeverhalten abgeleitete Verhaltensweisen als »Gruppenkitt« eine große Rolle. Das gilt zum Beispiel für das Überreichen von Nahrungsmittelgeschenken, sei es bei gelegentlichen Besuchen, sei es zu regelmäßig wiederkehrenden Festen, die der Bestärkung des Gruppenbandes dienen, wie etwa bei uns zu Weihnachten. Bereits kleine Kinder überreichen dem ihnen zunächst fremden Besucher oft spontan irgendeinen Happen vom Tisch (Plätzchen, Kuchen) oder eines ihrer Spielzeuge und tun hocherfreut, wenn man die Gabe annimmt. Dann verlieren sie auch schnell ihre Scheu, sie haben ein Band gestiftet.

Als Grußzeremonien werden eine ganze Reihe solcher bandbestärkender und aggressionsbeschwichtigender Verhaltensweisen ausgeführt, denen bei vielfältiger kultureller Abwandlung doch grundsätzliche Gemeinsamkeiten anhaften. Sie sind von ganz außerordentlicher Bedeutung, wovon sich jedermann leicht überzeugen kann, der eine Weile versucht, ohne sie auszukommen. Wer nicht grüßt, zieht schnell die heftige Abneigung seiner Umwelt auf sich.

Das Grußverhalten selbst enthält bedeutende angeborene Bestandteile, die allerdings kulturell abgewandelt und verschieden stark betont werden. Wir erwähnten bereits den Augengruß, ein ruckartiges kurzes Anheben der Augenbrauen. Er ist bei den Völkern Neu-Guineas genau so üblich wie auf Bali, Samoa, in Afrika oder in Europa (Eibl-Eibesfeldt 1968, 1971). Der Augengruß ist stets Zeichen sozialer Kontaktbereitschaft und damit ein Ja zur sozialen Situation.

Im Grußverhalten der verschiedenen Völker findet man zahlreiche homologe und prinzipähnliche Verhaltensweisen (Eibl-Eibesfeldt 1970 a). Bei manchen handelt es sich wohl um altes Primatenerbe. Auch Schimpansen umarmen einander und reichen sich zur Begrüßung die Hand.

Alle diese Verhaltensweisen dienen, wie gesagt, dazu, das Band zwischen Gruppenmitgliedern zu festigen und Aggressionen von vornherein zu beschwichtigen. Kommen sie dennoch gelegentlich gegen ein Gruppenmitglied zum Durchbruch, dann verhindern weitere Sicherungen in Form der sogenannten Demutsgebärden (Lorenz 1943), daß der Sieger den Unterlegenen ernsthaft beschädigt. Analoge Tötungshemmungen kennen wir auch von zahlreichen anderen Wirbeltieren. Die formalen Ähnlichkeiten der Unterwerfungsgesten sind dabei recht verblüffend. Meerechsen machen sich in Demutshaltung kleiner, indem sie sich flach auf den Bauch vor den Sieger hinlegen, Fische, indem sie die Flossen falten, und Menschen, indem sie sich tief verbeugen oder sich vor dem Sieger auf den Boden werfen. Spezifisch menschliche Verhaltensweisen der Demut sind das Weinen und Wehklagen sowie das Schmollen als Appell an das Mitleid, ferner das Ablegen der Waffen. Innerhalb des individualisierten Verbandes sind diese Verhaltensweisen der Unterwerfung voll wirksam. Sie beschwichtigen und lösen unter Umständen sogar Mitleid und damit Beistand aus. Deutlich schwächer sind die durch Unterwerfung aktivierten Hemmungen Gruppenfremden gegenüber. Da wir ferner durch die Waffentechnik in die Lage versetzt wurden, einen Gegner so schnell zu töten, daß er gar nicht mehr Gelegenheit hat, sich zu unterwerfen und an das Mitleid zu appellieren, erweisen sich unsere angeborenen Tötungshemmungen als ungenügend, und es bedarf der Entwicklung einsichtiger Kontrollen. Wir werden darauf noch zurückkommen. Daß die uns angeborenen Tötungshemmungen im Grunde stark und wirksam sind, geht aus der Tatsache hervor, daß Menschen, die gemeinsam gegen andere kämpfen wollen, sich einreden, die anderen wären keine Menschen. Um das schließlich zu glauben, müssen sie außer einer systematischen Verteufelungskampagne auch wirksame Kommunikationsbarrieren errichten. Wir haben uns mit dieser Problematik an anderer Stelle auseinandergesetzt (Eibl-Eibesfeldt 1970 a).

Außer dem individualisierten Verband können sich Menschen mit einer anonymen Menge verbunden fühlen. Anonyme Gruppen gibt es wiederholt im Tierreich. Die Bienen eines Stockes kennen ihre Stockmitglieder nicht individuell, doch verbindet sie ein gemeinsamer Gruppenduft. Wem der Stockgeruch anhaftet, der wird geduldet. Fremde dagegen werden angegriffen.

Wanderratten leben in exklusiven Rudeln, die bis zu mehrere hundert Tiere umfassen können. Die Mitglieder eines solchen Rudels kennen einander nicht individuell. Wohl aber haftet den Rudelmitgliedern ein gemeinsamer Rudelduft an, der zustande kommt, indem sich die Tiere gegenseitig mit Harn markieren. Wer anders riecht, wird angegriffen. In allen diesen Fällen verbindet gewissermaßen ein Abzeichen der Mitgliedschaft die Gruppe.

Zu dieser Form der Gruppenbildung ist der Mensch ebenfalls befähigt, und er verdankt ihr seine ungeheure Machtsteigerung, die unter anderem in der technischen Zivilisation zum Ausdruck kommt. Nur durch die Zusammenarbeit großer Menschenmengen bei gleichzeitig vielschichtiger Arbeitsteilung werden diese Leistungen möglich.

Als verbindende Kennzeichen verwenden die Menschen besondere Stammestrachten oder gemeinsame Abzeichen (Flaggen, Kreuze oder andere Symbole). Über diese Symbolidentifikation kann der Mensch für die verschiedensten Ideologien beliebig große, über die Nationen weit hinausreichende Verbände bilden, deren Mitglieder ein gewisses Gefühl der Zugehörigkeit empfinden, das durch eine gemeinsame Ansicht und ein gemeinsames Ziel begründet ist. Diese Offenheit des anonymen Menschenverbandes ist ein ungeheurer Fortschritt gegenüber den anonymen Verbänden der Tiere, die nie über eine gewisse Größe hinauswachsen können. Zwar stehen heute noch die großen anonymen Verbände der Menschen einander im Ideologienstreit gegenüber, aber die Fähigkeit des Menschen, über die Symbolidentifikation Millionengesellschaften aufzubauen, würde es ihm gestatten, sich über ideologische Differenzen hinweg zum Zwecke der Erreichung humaner Ideale als Menschheit zu verbünden. Seine biologischen Anlagen würden ihn dazu befähigen.

Das Leben im anonymen Verband erfordert vom Individuum einige Neuanpassungen, deren Vollzug wir heute verfolgen können. Das Band persönlicher Bekanntschaft, das so erfolgreich Aggressionen hemmt, fehlt als besänftigendes Element in der anonymen Gesellschaft. Daher ist es im Alltag der Millionengesellschaft erforderlich, daß individuelles aggressionsauslösendes Imponiergehabe tunlichst aufgegeben wird und so Reibungsflächen vermieden werden. Ein Turkana-Mann kann jeden Tag im Kreise der Seinen im vollen Kriegsschmuck einhergehen. Er ist ja mit jedermann seiner Gruppe befreundet, so daß sein Imponieren nicht stört. Aus gleichem Grunde kann sich ein Papua mit buntem Federschmuck, phallischem Imponieren und waffentragend individualistisch geben. Ein junger Mann dagegen erweckt bei uns heute fast Anstoß, wenn er bärtig ist. Unsere Waffen legten wir längst ab, ebenso unsere bunten Trachten. Im Mausgrau der Alltagsanzüge haben wir das individuelle Imponieren nach außen hin aufgegeben und kommen damit im Gewimmel des Alltags auch besser zurecht. Was Aggressionen weckt, wird abgebaut. Nur der Frau gestattet man ihren Schmuck, denn er ist in anderer Weise »provozierend« – er aktiviert bindende Kräfte. Die Fähigkeit zur Symbolidentifikation befähigt uns zwar für die anonyme Millionengesellschaft, doch stören die individualistisch aggressiven Impulse. Wir sind dabei, diese dem Leben im Millionenkollektiv anzupassen.

Wir stellten eingangs die Frage nach den Determinanten unseres Sozialverhaltens. Wir konnten nachweisen, daß stammesgeschichtliche Anpassungen auch in diesem Bereiche eine entscheidende Rolle spielen. Das betrifft ebenso die Formen der Zusammenschlüsse zu Gruppen wie auch die Verhaltensweisen des einzelnen. Wir stießen dabei auf viele überraschende Prinzipanalogien im Tierreich (S. 214) als auch auf echte Homologien; man denke etwa an die Grußzeremonien der Schimpansen. Eine von anderen Primaten unabhängig erworbene Anpassung des Menschen ist die Ehigkeit, die einige physiologische Besonderheiten zur Folge hatte (S. 218), ferner die Neigung, über den individualisierten Verband hinaus anonyme Großverbände zu formen. Auf die kulturellen Determinanten gingen wir nicht ein, da dies den Rahmen unserer Betrachtung sprengen würde. Es sei jedoch erwähnt, daß die auffälligen Prinzipanalogien in vielen Kulturleistungen der Völker auf angeborene Verhaltenspositionen (zum Beispiel in Form von Lerndispositionen) hinweisen (s. a. Eibl-Eibesfeldt 1970).

Der Gedanke, menschliches Verhalten könnte durch stammesgeschichtliche Anpassungen vorprogrammiert sein, hat manchen erschreckt und oft emotionelle Ablehnung bewirkt. Man warf in diesem Zusammenhang den Ethologen vor, sie würden mit der vorwiegenden Erforschung des Angeborenen jenen Munition liefern, die konservativ die prinzipielle Unveränderlichkeit der menschlichen Gesellschaft propagieren. Solchen Gedankengängen liegt die falsche Annahme zugrunde, daß »angeboren« mit »unabwendbares Geschick« gleichzusetzen sei. Nun stimmt es wohl, daß angeborene Verhaltensweisen, Dispositionen und Antriebe sich im Prozeß der Selbstdifferenzierung bei allen nicht ausfallsbehafteten Individuen einer Art entwickeln werden. Wie sich solche Anlagen jedoch äußern, hängt von ihrer kulturellen Steuerung ab, und diese hat das Kulturwesen Mensch durchaus in seiner Hand.

## V. Von den Voraussetzungen der Menschwerdung

Wir befaßten uns bisher mit den stammesgeschichtlichen Anpassungen im Verhalten des Menschen. Sie spielen zweifellos eine große Rolle, doch wird kein Biologe übersehen, daß den Menschen eine Reihe von Eigentümlichkeiten vor anderen Tieren auszeichnen. Mit Recht bezeichnet Gehlen den Menschen als das Kulturwesen von Natur aus. Unsere stammesgeschichtlichen Anpassungen erfüllen in vielen Fällen ihre arterhaltende Funktion erst im Zusammenspiel mit kulturell tradierten Verhaltensmustern. So ist bei den meisten Tieren der Ablauf der verschiedenen Triebhandlungen in festen Bahnen vorgezeichnet. Beim Menschen dagegen sind zwar die Antriebe angeboren, aber fest vorgezeichnete Ablaufbahnen und starr eingebaute Kontrollen fehlen oft. Hier ersetzen kulturelle Traditionen die angeborenen Mechanismen, und das bietet den Vorteil einer größeren Anpassungsfähigkeit. Die kulturell tradierten Normen menschlichen Verhaltens können den besonderen lokalen Verhältnissen entsprechend modifiziert werden, und es war wohl der Selektionsdruck, der den Abbau der starren Kontrollinstanzen bewirkte. Das Leben in einer Eskimogemeinschaft erfordert andere Regeln des Sozialverhaltens als das in der Millionengesellschaft der Großstädte. Nur ein sehr anpassungsfähiger Organismus kann sich in so verschiedene Lebensräume einnischen und auch auf rasche Umweltänderungen adaptiv antworten. Dabei können stammesgeschichtliche Anpassungen, die ihren Anpassungswert verloren, einer wirksamen kulturellen Kontrolle unterworfen werden. Die gegenwärtigen Störungen zwischenmenschlichen Zusammenlebens weisen ja darauf hin, daß manches, wie etwa unsere aggressive Disposition, heute historischer Ballast ist – vergleichbar unserem Blinddarm – und einer kulturellen Kontrolle bedarf. Sicher ist uns vieles vorgegeben, Bewegungsabläufe ebenso wie etwa gewisse ethische Normen (Lorenz 1943; Wickler 1969), Antriebe und anderes mehr, und es ist daher sicher falsch, eine nach allen Richtungen beliebig leichte Modifikabilität des Verhaltens anzunehmen, wie das gewisse Milieutheoretiker tun. Ebenso falsch ist es jedoch, in einem blinden Biologismus Kulturelles nur als Tünche zu bezeichnen.

Wir betonen dies, weil Morris (1967) kürzlich den Menschen mit der Bezeichnung »nackter Affe« genügend charakterisiert zu haben glaubt und am Schluß seines Buches noch die Ansicht vertritt, daß unsere »animalische Natur« niemals die Beherrschung unserer elementaren biologischen Triebe durch die Vernunft zulasse. Als würde es bei Tieren keine Kontrollinstanzen geben und sich dort das Triebleben chaotisch in allen Richtungen entfalten können! Das ist bei keinem Tier der Fall, und da bei uns die angeborenen Kontrollen zum Teil ungenügend sind, ist die kulturelle Beherrschung unseres Trieblebens eine biologische Notwendigkeit. Ohne sie könnte ein geordneter Sozialverband nicht bestehen. So wie unser Sprachzentrum, eine angeborene Struktur also, erst zusammen mit der kulturell tradierten Sprache eine funktionelle Einheit bildet, so ergibt auch unser angeborenes Triebleben erst mit den kulturellen Verhaltensrezepten ein funktionelles Ganzes.

Für den Biologen heben sich gerade gegen den Hintergrund der tierischen Leistungen die menschlichen Besonderheiten sehr klar ab. Wir wollen sie im folgenden ausführlicher diskutieren und uns auch fragen, wie sie sich wohl im Laufe der Stammesgeschichte entwickelten.

Wundt sah im Übergang vom rein assoziativen Handeln – das er allein den Tieren zuerkannte – zum einsichtigen, intelligenten Verhalten den wesentlichen Schritt vom Tier zum Menschen.

Gehlen (1950) hält für die wesentlichste Eigenschaft des Menschen das Fehlen einer Angepaßtheit an eine bestimmte Umwelt, das ihm ermöglicht, »weltoffen« zu sein und sich seine Welt aktiv aufzubauen.

Bolk (1926) wiederum hat die »Fötalisation« des Menschen, mit anderen Worten gewisse ihm eigene Neotenie-Erscheinungen, sowie die Verzögerung seiner Ontogenese als die am meisten konstitutiven Charaktere des Menschen bezeichnet.

Alle diese Merkmale sind in der Tat wesensbestimmende Eigenschaften des Menschen, aber keines von ihnen allein macht den Menschen aus, ja nicht einmal alle zusammengenommen. Wir wollen hier nicht versuchen, eine »Erklärung« für die Entstehung des Menschen zu geben, noch auch eine »Definition« anstreben. Wir wollen vielmehr, vom tierischen Verhalten ausgehend, die Frage Herders wiederholen: »Was fehlt dem menschenähnlichsten Tiere (dem Affen), daß er kein Mensch ward?« Mit anderen Worten, wir wollen nur eine Reihe von Voraussetzungen diskutieren, die alle zusammen eintreten mußten, um den großen Schritt überhaupt erst möglich zu machen. Diese Voraussetzungen aber sind folgende:

## 1. Die zentrale Repräsentanz des Raumes und die Greifhand[7]

Ehe wir die Beantwortung der oben zitierten Frage Herders versuchen, wollen wir eine andere stellen: Was besitzt das menschenähnlichste Tier, der Pongide, daß gerade aus ihm der Mensch werden konnte? Die Antwort lautet durchaus im Sinne Wundts: Eine bestimmte Form des einsichtigen Verhaltens, das in gleicher Ausbildung keinem anderen Tier zukommt oder je zukam. Über die phylogenetische Entstehung dieses Verhaltens aber können wir uns bestimmte

---

[7] Dieses und das folgende Kapitel wurden zum Teil unverändert aus dem Beitrag von K. Lorenz: Psychologie und Stammesgeschichte, in: G. Heberer: Die Evolution der Organismen, 2. Auflage, übernommen.

Vorstellungen machen, die darzustellen Aufgabe dieses Abschnittes ist.

Die landläufige Definition der »Intelligenz« beschränkt sich auf negative Aussagen. Eine Verhaltensweise ist intelligent oder einsichtig, wenn sie 1. nicht durch auf die Situation passende spezielle Instinktbewegungen und angeborene auslösende Mechanismen bedingt ist, 2. ohne Versuch und Irrtum oder sonstige Lernvorgänge die Situation sofort nach ihrer Wahrnehmung meistert. Man wäre nun versucht, zu dieser ausschließenden Definition noch einen weiteren Zusatz zu machen, der auch die Problemlösung auf Grund angeborener Orientierungsreaktionen oder Taxien aus dem Begriff des intelligenten Verhaltens ausscheidet. Es ist nun zunächst sehr überraschend, bei näherer Betrachtung aber tief bedeutungsvoll, daß sich dies als unmöglich erweist.

Nehmen wir, als ein sehr einfaches Beispiel, das Verhalten eines höheren Knochenfisches, der hinter einer durchsichtigen, aber sperrigen Wasserpflanze eine Beute wahrnimmt und nun das Hindernis umgeht und den Bissen aufschnappt. Dies läßt sich zweifellos aus dem Zusammenspiel zweier Orientierungsreaktionen verstehen, die als solche dem Fisch angeborenermaßen zu eigen sind. Er reagiert »negativ thigmotaktisch« auf die Pflanze und »positiv telotaktisch« auf die Beute, sein Verhalten ist genauso die Resultierende aus diesen beiden Komponenten, wie etwa die Bahn eines geworfenen Körpers diejenige aus Trägheit und Schwerkraft ist. Aber – und dies ist der springende Punkt – von dieser einfachen Resultierenden aus zwei Taxien leiten alle nur denkbaren Zwischenstufen zu Verhaltensweisen empor, die eindeutig und allseits als einsichtig betrachtet werden. Zwischen dem Umweg jenes Fisches und der einsichtigen »Methodik« (*Methodos* = griech. Umweg) höchster Lebewesen besteht keine scharfe Grenze, sondern ein durchaus fließender Übergang. Versucht man aber, introspektiv das Erlebnis der Einsicht, das Karl Bühler so treffend als das »Aha-Erlebnis« gekennzeichnet hat, zu ihrer Definition zu verwenden, so ergibt sich bezeichnenderweise wiederum keine scharfe Abgrenzung von einfachsten Orientierungsreaktionen. Es läßt sich leicht zeigen, daß dieses Erlebnis in qualitativ völlig gleicher Weise immer dann eintritt, wenn ein Zustand des Unorientiertseins dem der Orientiertheit weicht, und zwar bei einfachsten, sicher unmittelbar vom Labyrinth gesteuerten Lagereaktionen genauso wie bei den komplexesten wissenschaftlichen Einsichten.

Vergleicht man – zunächst in völlig naiver Weise – verschiedene Tiere in Hinblick auf ihre »Intelligenz«, so ergibt sich wiederum eine merkwürdig enge Beziehung zwischen dieser und der Ausbildung von Orientierungsreaktionen. Organismen aus wenig strukturierten Lebensräumen bedürfen eines weniger genauen und differenzierten Orientierungsverhaltens als solche, die sich auf Schritt und Tritt mit komplizierten räumlichen Gegebenheiten auseinandersetzen müssen. Der homogenste aller Lebensräume ist die Hochsee, und in dieser gibt es denn auch einzelne freibewegliche Lebewesen, die eigentlicher Orientierungsreaktionen völlig entbehren. Die Lungenqualle, *Rhizostoma pulmo*, zum Beispiel besitzt keine einzige räumlich orientierte Reaktion auf Außenreize, weder auf die Beute, die sie durch Filtern des auch in Hinsicht auf seinen Gehalt an kleinen Nahrungstieren ziemlich homogenen Seewassers gewinnt, noch auch auf die Schwerkraft, da die Gewichtsverteilung zwischen Glocke und Magenstiel das Tier automatisch im Gleichgewicht hält. Die einzige Reizbeantwortung dieser Qualle besteht darin, daß ein Schlag der Umbrella mittels bestimmter Rezeptoren, der sogenannten Randkörper, den nächsten auslöst. »Sie vernimmt nichts als den Schlag der eigenen Glocke« – wie Jakob von Uexküll ebenso poetisch wie treffend sagte – und sie ist damit das »dümmste« freibewegliche mehrzellige Tier, das wir kennen.

Aber auch weit höher organisierte Hochseetiere sind oft erstaunlich arm an Orientierungsreaktionen. An der adriatischen Küste sah der Erstautor einst Tausende von Jungfischen einer Art von Hornhechten (*Belone*, einer ans Hochseeleben angepaßten Gattung) ganz einfach ans Ufer schwimmen. Sie kamen einzeln, aber genau parallel zueinander angeschwommen, sichtlich von einer gemeinsamen Reaktion auf irgendeinen orientierenden Reiz, Licht, Wärme, Salinität oder sonst etwas, gesteuert. Die noch wenige Meter vom Ufer entfernten Tiere waren völlig gesund, die in der Brandungszone befindlichen kämpften mit dem Tode, und am Ufer lag ein kleiner Wall von Leichen. Dieses unvergeßliche Erlebnis brachte ihm zum Bewußtsein, daß nicht allein die Sinnesorgane dafür ausschlaggebend sind, welche Umweltgegebenheiten ein Tier in seinem Innenleben zu »repräsentieren« vermag! Diese sind nämlich bei *Belone* um nichts weniger hochdifferenziert als bei irgendeinem Süßwasserfisch, der nicht nur das lotrechte Hindernis als solches zu »verstehen« vermag, sondern selbst einfache Umwegprobleme auf Anhieb löst. Auch vermag ja *Belone*, wie überhaupt alle optisch jagenden Fische, die Beute mit binokularer »telotaktischer« Einstellung sehr genau zu lokalisieren, nicht aber, wie wir gesehen haben, eine quer zu seinem Weg sich erstreckende Felsbank!

Ähnlich eng spezialisierte Fähigkeiten zum zentralen Repräsentieren findet man bei Steppentieren. In zwei Dimensionen ist die Steppe gewissermaßen das, was die Hochsee in dreien ist. Es gibt selbst unter den steppenbewohnenden Vögeln und Säugetieren solche, die ein senkrechtes Hindernis nicht verstehen und nicht einmal durch Lernen zu bewältigen vermögen. Rebhühner zum Beispiel laufen in geschlossenen Räumen stundenlang an der am hellsten belichteten Wand – im Zimmer also stets an der dem Fenster gegenüberliegenden – auf und ab, und zwar dauernd so gegen sie andrängend, daß sie sich bald das Gefieder an Hals und Brust, häufig auch den Hornbelag am Oberschnabel abscheuern. Teilt man ihnen, wie Lorenz es mit seinen jungaufgezogenen Tieren tat, einen Teil des Zimmers durch ein spannenhohes Brett als Auslauf ab, so lernen sie es niemals, dieses Hindernis durch Fliegen zu bewältigen, auch dann nicht, wenn sie wiederholt in einem kleinen Anfall von Fluglust über das Brett hinweggeflogen sind. Zeigte Lorenz seinen sehr zahmen Vögeln einen Mehlwurm von oben, an einem nicht überstehenden, sondern glatt mit der Wand abschließenden Fensterbrett, so flogen sie sofort auf dieses hinauf. Das gleiche Problem, nur mit einem Tisch an Stelle des Fensterbrettes, bewältigten sie nicht, weil sie immer unter den Tisch gerieten und dann ratlos waren. Sie konnten also sehr wohl nach oben intendieren; was sie nicht konnten, war, ein senkrecht zur Intentionsrichtung stehendes festes Hindernis zu berücksichtigen. Dieselben Vögel aber verhielten sich völlig anders, sowie sie nicht liefen, sondern flogen. Trotz der Schnelligkeit und des Ungestüms ihres Fluges prallten sie niemals gegen die Wände. Das laufende Rebhuhn vermag senkrechte Hindernisse nicht zu berücksichtigen, das fliegende aber kann es, und muß es ja wohl auch, da es im Fliegen mit Waldrändern, lotrechten Lößwänden und dergleichen sich auseinanderzusetzen imstande sein muß. Das merkwürdige ist nur, daß die hierzu nötige zentrale Repräsentation des Raumes offensichtlich für das Tier nicht verfügbar ist, wenn es sich auf dem Boden befindet. Wir kennen indessen viele Beispiele derartigen, nur an ganz bestimmte Situationen gebundenen Einsichtverhaltens.

Vergleicht man mit diesem Verhalten des Rebhuhns das einer nahverwandten, aber im Walde lebenden Form, etwa der kalifornischen Schopfwachtel, so ist man höchst erstaunt, zu sehen, welche ungeheuer komplizierten räumlichen Strukturen ein solcher Vogel auf Anhieb einsichtig zu bewältigen vermag, obwohl weder in seinen Sinnesorganen noch in seinem zentralen Nervensystem ein merkbarer anatomischer Unterschied dem Steppentier gegenüber zu finden ist. Analoges gilt für den Vergleich zwischen steppenbewohnenden Antilopen und der nahverwandten Gebirgsform, der Gemse.

Fragt man sich nun, welche Tiere auf ihren täglichen Wegen die kompliziertesten räumlichen Strukturen zu meistern gezwungen sind, so erhält man eine völlig eindeutige Antwort: Es sind dies die Baumbewohner, und unter ihnen wieder diejenigen, die nicht mit Krallen oder Haftscheiben, sondern mit zangenartig den Ast umfassenden Greifhänden klettern. Für den Krallen- wie für den Haftscheibenkletterer genügt es, wenn er das Gebilde, nach dem er springt, nur der Richtung nach korrekt lokalisiert. Beim Auftreten wird sicherlich wenigstens eines seiner Haftorgane Halt gewinnen. So sehen wir Baumfrösche und – bei weiteren Sprüngen – selbst Eichhörnchen und Siebenschläfer sich ganz ungefähr in die Richtung des angestrebten Baumes werfen und doch nie abstürzen. Ganz anders liegen die Dinge bei der Greifhand. Hier müssen nicht nur die Richtung, sondern auch die Entfernung und überhaupt die genaue Lage, in der sich das Ziel des Sprunges darbietet, seine Dicke und anderes mehr vor dem Absprung ganz genau im zentralen Nervensystem des Tieres repräsentiert sein. Denn die Greifhand muß sich in einer ganz bestimmten Raumlage und genau im richtigen Augenblick schließen, weder in offenem Zustande noch auch zur Faust geballt kann sie haften.

An den baumkletternden Säugetieren ist Lorenz auch zum erstenmal eine sehr feste Korrelation aufgefallen, die zwischen der physiologischen Art der optischen Raumwahrnehmung und der zentralen Repräsentanz räumlicher Gegebenheiten besteht. Unter den Beuteltieren sowohl wie unter den Plazentaliern haben alle Greifhandkletterer, vor allem aber alle jene, die weit springen und dann das Ziel mit der Greifhand erfassen, nach vorne gerichtete Augen, wie dies etwa von Affen und Makis allgemein bekannt ist. Krallenkletterer dagegen haben seitlich und weit hintenstehende, vorquellende Augen, die sich, wie etwa beim Eichhörnchen, in nichts von denen bodenbewohnender Verwandter unterscheiden. Zweifellos hängt dies damit zusammen, daß die Greifhandspringer ihr Ziel binokular fixieren, weil nur die stereoskopische Tiefenwahrnehmung ausreicht, um die Raumlage des Sprungzieles mit genügender Exaktheit zu erfassen.

Diese Korrelation zwischen genauerer Raumerfassung und dem Fixieren von Umweltgegenständen reicht aber noch weiter in der Stammesreihe zurück als das binokulare Raumsehen. Schon bei Fischen finden wir eine scharf gezogene Trennungslinie zwischen solchen, die sich nur mit peripherem Sehen und nach der parallaktischen Scheinbewegung der Umweltobjekte orientieren, und solchen, die durch dauerndes Fixieren nach allen Richtungen gewissermaßen den Raum austasten, und auch unter den Fischen sind, ceteris paribus, die ersteren Tiere des freien Wassers, letztere aber solche, die sich mit komplizierten Raumstrukturen abzufinden wissen. Eine Laube oder Orfe zum Beispiel, die sich nur nach der erstgenannten Methode orientiert, reagiert auf Hindernisse wesentlich dann, wenn sie sich in Bewegung befindet. Kommt der Fisch etwa zufällig dicht vor einer Wasserpflanze zum Stillstand, so schwimmt er, wenn er sich wieder in Bewegung setzt, zunächst gerade auf diese zu und beginnt erst abzuschwenken, wenn er wieder in Bewegung ist und das Hindernis ihm durch Scheinbewegung seine Raumlage kundtut. Ganz anders ein Stichling, ein Buntbarsch oder ein Lippfisch. Ein solches Tier kommt blitzrasch zwischen Steinen oder Pflanzen hervorgeschossen, bleibt ruckartig völlig still im Wasser stehen, äugt lebhaft fixierend nach allen Seiten und schießt dann ebenso plötzlich wieder davon, mit größter Zielsicherheit um komplizierte Hindernisse schwenkend und in engen Spalten verschwindend. Dieses Verhalten, ja schon das fixierende Umherblicken der Augen allein, macht auf den naiven Beobachter den Eindruck einer weit größeren Intelligenz als das starre »Fischauge« der parallaktisch raumorientierten Fische.

In der Klasse der Fische kommt es auch schon zu analogen Beziehungen zwischen Augenstellung und Raumorientierung, wie wir sie oben bei Säugern kennengelernt haben. Grundfische mit reduzierter Schwimmblase, die im Gewirr von Felsblöcken ihren Weg finden und geradezu »klettern« müssen, haben stets steil abfallende Stirnen, die den Augen freien Blick zum Konvergieren nach vorne freilassen, wie etwa Blenniiden, manche Gobiiden und andere. Besonders an Gobiiden, unter denen es freischwimmende Formen mit funktionierender Schwimmblase gibt, läßt sich die Korrelation zwischen Augenstellung und Klettern völlig überzeugend nachweisen. Den »Rekord«, sowohl was Raumorientierung als auch was Augenstellung, Fixieren und räumliche Intelligenz anlangt, hält der zu den Gobiiden gehörige in Mangrovenwurzeln kletternde »Überwasserfisch« *Periophthalmus*, der buchstäblich wie ein Affe den Zweig fixiert, zu dem er hinüberspringen will. Das schönste Beispiel der in Rede stehenden Korrelation aber bietet das Seepferdchen, dessen Kopfform und Augenstellung ja allgemein bekannt sind. Es ist dies der einzige Fisch, der in seinem Rollschwanz ein wirkliches Greiforgan besitzt, und es ist ein reizender Anblick, wie ein solches Tierchen den Korallenzweig, den es anpeilt, um an ihm »vor Anker zu gehen«, im Heranschwimmen binokular fixiert.

Schon beim Stichling und anderen Fischen macht es den Eindruck der Intelligenz, wenn die Orientierung, als eine Art Planung, der Bewegung zeitlich vorausgeht, so daß diese als eine fertige Lösung eines Raumproblems in Erscheinung tritt. Auf einer sehr viel höheren Ebene begegnen wir bei den klügsten Säugetieren einem mindestens funktionell analogen Vorgang, der aber nicht nur einen einzigen, einfachen Lokomotionsakt, sondern eine ganze Reihe komplexer Zweckhandlungen vorwegnimmt. Die hohe Ausbildung der zentralen Repräsentation der Umweltobjekte, in allen ihren räumlichen Strukturen und Beziehungen, ermöglicht es einigen wenigen Säugetieren, Raumprobleme nicht nur durch Lokomotion des eigenen Körpers, sondern durch Ortsbewegungen von Umweltobjekten zu lösen. Wir wundern uns nicht zu erfahren, daß die Tiere, die das können, durchwegs Baumtiere sind, die begabtesten unter ihnen Affen, und daß das einzige Raubtier, bei dem derlei bisher nachgewiesen wurde, nämlich der Waschbär, ein Tier mit einer geradezu affenartigen Geschicklichkeit im Gebrauch seiner Greifhändchen ist. Die zuerst von Köhler am Schimpansen beobachtete Fähigkeit, in einsichtiger Weise

Stöcke als Werkzeuge zu gebrauchen, zur Erreichung eines hoch angebrachten Köders Kisten aufeinanderzubauen und dergleichen, wurde inzwischen auch beim neuweltlichen Kapuzineraffen und, in beschränktem Maße, auch beim Waschbären gefunden. Während aber die beiden letztgenannten, sehr beweglichen Tiere stets »denken, indem sie auch schon handeln«, so daß ein gewisses Element von Versuch und Irrtum wohl bei allen ihren Lösungsfindungen nicht ganz auszuschließen ist, benehmen sich die großen Menschenaffen in einer Weise, die wohl jedem, der sie je gesehen hat, einen unauslöschlichen Eindruck hinterläßt. Ein Beispiel mag dies veranschaulichen. Eine Banane wird an einer Schnur an der Decke des Zimmers aufgehängt, so hoch, daß sie dem Orang, um den es sich in dem einen Falle, den ich, wenn auch nur im Film, selbst beobachten konnte, vom Boden aus unerreichbar ist. In eine Ecke des Zimmers wird eine Kiste gestellt, die hoch genug ist, um dem Affen als Leiter zu dienen. Der Orang, der wohl schon verschiedene Versuche über einsichtiges Verhalten hinter sich hat, nicht aber dieses neue Problem kennt, blickt zunächst nach der Banane, dann nach der Kiste, dann ein paarmal zwischen beiden hin und her, wobei er sich, genau wie ein schwer nachdenkender Mensch am Kopf – und an anderen Körperstellen – kratzt. Dann bekommt er einen Wutanfall, strampelt und schreit, und wendet dann, wie beleidigt, der Banane und der Kiste den Rücken. Die Sache läßt ihm aber doch keine Ruhe, er wendet sich dem Problem wieder zu und blickt wieder zwischen Köder und Kiste hin und her. Auf einmal, ich kann nur sagen, »erhellt« sich sein vorher mürrisches Antlitz, seine Augen wandern nun von der Banane zum leeren Platz unter ihr am Fußboden, von diesem zur Kiste, dann zurück zu jenem Platz und von ihm hinauf zur Banane. Im nächsten Augenblick stößt er einen Freudenschrei aus und begibt sich mit einem Purzelbaum des Übermutes zur Kiste, die er nun sofort mit vollster Erfolgssicherheit unter die Banane schiebt und sich diese holt. Kein Mensch, der derlei gesehen hat, wird an dem Vorhandensein eines echten »Aha-Erlebnisses« beim Affen zweifeln.

Während der Stichling bei seinem pseudo-planenden Umherfixieren im Raume sicherlich nur die Bedingungen schafft, auf die seine nachfolgenden Lokomotionsakte die Reaktion einstellen, agiert der Menschenaffe bei seinem Umherblicken im Raume wirklich, aber nur in der zentralen Repräsentanz der Umweltobjekte. Er schiebt in seinem Vorstellungsraum – dieser Terminus ist hier sicher am Platze – die zentrale Repräsentation der Kiste und die zentrale Repräsentation der Banane, er benutzt das »zentrale Raummodell« in höchst energiesparender Weise, um die gesamte Operation gewissermaßen »ins unreine« durchzuführen, ohne noch seine Motorik in Gang zu setzen. Und dies ist der Anfang alles Denkens!

Es ist mehr als wahrscheinlich, daß das gesamte Denken des Menschen aus diesen, von der Motorik gelösten Operationen im »vorgestellten« Raum seinen Ursprung genommen hat, ja, daß diese ursprüngliche Funktion auch für unsere höchsten und komplexesten Denkakte die unentbehrliche Grundlage bildet. Es gelingt mir nicht, irgendeine Form des Denkens zu finden, die vom zentralen Raummodell unabhängig wäre. In der Anschauung, daß alles Denken seiner Herkunft nach räumlich ist, bestärkt uns die Sprache. Porzig (1950) sagt in seinem höchst aufschlußreichen Buche »Das Wunder der Sprache«: »Die Sprache übersetzt alle unanschaulichen Verhältnisse ins Räumliche. Und zwar tut das nicht eine oder eine Gruppe von Sprachen, sondern alle ohne Ausnahme. Diese Eigentümlichkeit gehört zu den unveränderlichen Zügen (›Invarianten‹) der menschlichen Sprache. Da werden Zeitverhältnisse räumlich ausgedrückt: vor oder nach Weihnachten, innerhalb eines Zeitraumes von zwei Jahren. Bei seelischen Vorgängen sprechen wir nicht nur von außen und innen, sondern auch von ›über und unter der Schwelle‹ des Bewußtseins, vom ›Unterbewußten‹, vom Vordergrunde oder Hintergrunde, von Tiefen und Schichten der Seele. Überhaupt dient der Raum als Modell für alle unanschaulichen Verhältnisse: neben der Arbeit erteilt er Unterricht, größer als der Ehrgeiz war die Liebe, hinter dieser Maßnahme stand die Absicht – es ist überflüssig, die Beispiele zu häufen, die man in beliebiger Anzahl aus jedem Stück geschriebener oder gesprochener Rede sammeln kann. Ihre Bedeutung bekommt die Erscheinung von ihrer ganz allgemeinen Verbreitung und von der Rolle, die sie in der Geschichte der Sprache spielt. Man kann sie nicht nur am Gebrauche der Präpositionen, die ja ursprünglich alle Räumliches bezeichnen, sondern auch an Tätigkeits- und Eigenschaftswörtern aufzeigen.« Ich will zu diesen Ausführungen des Sprachforschers nur hinzufügen, daß die in Rede stehende Erscheinung offensichtlich nicht nur für die Geschichte der Sprache, sondern mehr noch für die phylogenetische Entwicklung des Denkens schlechthin, also auch des vor- und unsprachlichen Denkens, von grundlegender Bedeutung ist. Wie wenig sie selbst in den höchsten Leistungen des – angeblich nur an die Sprache gebundenen – menschlichen Denkens an Bedeutung verloren hat, geht daraus hervor, welche Bezeichnungen wir heute noch für die höchsten und abstraktesten Leistungen des menschlichen Geistes verwenden. Es sind nämlich gerade sie, die am unmittelbarsten an die zentrale Repräsentation des Raumes gebunden sind. Wir gewinnen »Einsicht« in einen »verwickelten« »Zusammenhang« – wie ein Affe in ein Gewirr von Ästen –, aber wirklich »erfaßt« haben wir einen »Gegenstand« erst, wenn wir ihn voll »begriffen« haben. In den letzten drei Ausdrücken tut sich übrigens der uralte Primat des Haptischen vor dem Optischen in schöner Weise kund. Möchte es doch manchen Geisteswissenschaftlern, die gerade um der geistigen Leistungen des Menschen willen nicht an seine Abstammung von Primaten glauben mögen, als eine Mahnung zur Bescheidenheit dienen, daß sie selbst bei der Darlegung ihrer höchsten philosophischen Operationen gezwungen sind, Ausdrücke zu verwenden, die ihre Herkunft so eindeutig offenbaren.

Der Selektionsdruck, der aus diesen Anpassungen unserer baumkletternden Ahnen jene spezifisch menschlichen Leistungen formte, ergab sich mit Zurücktreten der Wälder und der damit verbundenen Notwendigkeit, sich an das Savannenleben anzupassen. Dort stehen die Baumgruppen verstreut, und man mußte sich zwischendurch auf dem Boden bewegen. Ein Greifhandkletterer ist in gewisser Hinsicht an einen aufrechten Gang schon vorangepaßt, und da diese Fortbewegungsweise im hohen Grase wegen der besseren Sicht auch sehr vorteilhaft ist, liegt darauf ein die bipede Lokomotion fördernder Selektionsdruck. Wir dürfen ferner annehmen, daß das Angebot an Früchten und Blättern weniger reich als im Walde war, was eine zusätzliche karnivore Lebensweise begünstigt. Die Entwicklung einfacher Waffen sowohl zur Verteidigung als auch zur Jagd ging damit wohl Hand in Hand, denn die körperlichen Anpassungen für den Kampf mit Raubfeinden und die Jagd dürften unzureichend gewesen sein. Tatsächlich hatten bereits die Australopithecinen einfachste Jagdwaffen (Antilopenknochen zum Teil mit in die Gelenkfugen eingekeilten Knochensplittern, einfache Steingeräte). Es ist in diesem Zusammenhang bemerkenswert, daß Savannenschimpansen Stöcke zur Verteidigung gegen Raubfeinde verwenden. Kortlandt (1967) brachte in ein Schimpansenrevier einen ausgestopften Leoparden und filmte, wie dieser von aufrecht heranlaufenden Schimpansen mit Prügeln geschlagen wurde. Schimpansen, die in einem Waldgebiet lebten, nahmen auch Stöcke zur Hand, warfen und schlugen aber damit weniger geschickt und gezielt. Kortlandt vermutet, daß die Ahnen dieser Schimpansen einst in der Verwendung von Waffen viel weiter entwickelt waren, dann aber auch die Konkurrenz der Vorfahren des Menschen aus dem für die Homonisierung günstigen Savannenbiotop in den Wald zurückgedrängt wurden, wo die bereits entwickelten Fähigkeiten einer Rudimentation anheimfielen (Kortlandt und Kooij 1963).

Die Savanne begünstigt auch das Gruppenleben, da man sich in der Gruppe leichter verteidigt und sicher auch leichter jagt. Geselliges Jagen treibt die Entwicklung der Kommunikationssysteme voran. Schon der Wolf, der gesellig jagt, hat ein viel reicheres Repertoire an Ausdrucksbewegungen als der einzeln jagende Fuchs. Dieser Selektionsdruck mag den mimischen Reichtum des Menschen herangezüchtet haben. Wir beachten ja selbst die feinsten Augenbewegungen unserer Mitmenschen, was übrigens der weiße Augapfel sehr erleichtert. Und letzten Endes mag die Notwendigkeit, im Angriff und in der Verteidigung gemeinsam zu handeln, auch der Selektionsdruck für die Entwicklung der Sprache gewesen sein.

Diese wiederum ermöglichte es, Erfahrungen zu tradieren und damit Kulturen aufzubauen. Auch hierfür gibt es Ansätze bei verschiedenen Affen. So haben die Untersuchungen an japanischen Makaken gezeigt, daß Erfindungen einzelner sich in der Gruppe verbreiten und über Generationen beibehalten werden. Als man zum Beispiel die Makaken der Insel Koshima mit Süßkartoffeln zu füttern begann, entdeckte ein zweijähriges Weibchen, daß man die Kartoffeln vor dem Fressen waschen konnte. Sie tat das zuerst im Süßwasser, bald machten andere es ihr nach. Später wusch sie die Kartoffeln am Meer, und sie tauchte auch zwischendurch beim Fressen die Kartoffeln ein, offenbar, um sie zu würzen. Auch diese Gewohnheit hat sich in der Gruppe verbreitet. Später, als man auch Weizen am Strand verfütterte, entdeckte das Weibchen, daß man das Sand-Weizen-Gemisch im Wasser leicht trennen konnte, und auch diese Technik wurde von den anderen nachgemacht. So entwickeln sich in verschiedenen Affengruppen »Subkulturen« (Kawai 1965; Kawamura 1963; Itani 1958). Der entscheidende Fortschritt des Menschen besteht darin, daß er das zu Tradierende nicht mehr zu zeigen braucht. Er kann es mündlich – objektunabhängig – überliefern. Darauf basiert die kumulative Kultur des Menschen, zu der es im Tierreich kein Gegenstück gibt (Lorenz 1970).

## 2. Die Spezialisation auf Nicht-Spezialisiertsein und die Neugier

Gehlen (1950) nennt den Menschen unter anderem auch das »Mängelwesen« und meint, er sei aus Mangel morphologischer Spezialanpassungen gezwungen gewesen, sich Werkzeuge, Waffen, Kleider und so weiter selbst zu schaffen. Das kann man aber kaum als Mangel bezeichnen. Als ablegbare »künstliche Organe« bieten Werkzeuge ihrem Benutzer zahlreiche Vorteile. Es stimmt ferner gar nicht, daß wir Menschen keinerlei körperliche Spezialisierungen aufweisen. Unser Großhirn in seiner gewaltigen Größe stellt eine sehr greifbare morphologische Spezialanpassung dar. Gleiches gilt für den menschlichen Fuß oder die menschliche Hand, deren zahlreiche Spezialisierungen kürzlich Napier (1962) beschrieb. Sie befähigen uns unter anderem zum Präzisionsgriff. Schließlich ist die als Mangel angeführte Haarlosigkeit eine ganz spezielle Anpassung des Menschen, die zusammen mit der reichen Entwicklung der Schweißdrüsen den ursprünglichen Jäger der Tropen vor Überhitzung schützt. Nur deshalb können Buschmänner die schnelleren, aber weniger ausdauernden Antilopen zu Tode hetzen.

Alle Anpassungen des Menschen zielen auf Vielseitigkeit ab. Vergleichen wir die rein körperliche Leistung des Menschen in Hinblick auf seine Vielseitigkeit mit denen ungefähr gleichgroßer Säugetiere, so erweist er sich durchaus nicht als ein so gebrechliches, mangelhaftes Wesen. Stellt man etwa die drei Aufgaben, 35 km an einem Tage zu marschieren, 5 m hoch an einem Hanfseil emporzuklimmen, 15 m weit und 4 m tief unter Wasser zu schwimmen und dabei zielgerichtet eine Anzahl von Gegenständen vom Grunde emporzuholen, lauter Leistungen, die auch ein höchst unsportlicher Schreibtischmensch ohne weiteres zuwege bringt, so findet sich kein einziger Säuger, der ihm das nachmacht.

Diese Vielseitigkeit spiegelt sich auch in anderen Bereichen seines Verhaltens ebenso wie in der Leistungsfähigkeit seiner Sinnesorgane wider. Spezialisten ist ihr Verhaltensrepertoire im allgemeinen durch spezialisierte Instinkthandlungen streng vorgezeichnet, während die Instinkthandlungen der Nicht-Spezialisten einen viel weiteren Anwendungsbereich gestatten. Auch sind die Nicht-Spezialisten weniger durch spezifische angeborene Auslösemechanismen eingeengt. Beim erfahrungslosen Tier sprechen diese auf Schritt und Tritt in den denkbar verschiedensten Umweltsituationen an, und es ist erst ein exploratives, latentes Lernen, das die sinnvolle Anwendung auf bestimmte Objekte hinlenkt. Der Anschaulichkeit halber seien aus der Klasse der Vögel zwei Extremtypen von Spezialistentum und Unspezialisiertheit herausgegriffen; es ist kein Zufall, daß der erste einer der dümmsten und der zweite einer der klügsten Vögel ist.

In der Umwelt eines Haubentauchers (*Podiceps cristatus* Pontopp) ist nahezu alles, worauf der Vogel Bezug nimmt, die Wasserfläche, die Beute, der Nistplatz und so weiter von vornherein, das heißt schon beim erfahrungslosen Jungvogel, durch hochspezialisierte angeborene auslösende Mechanismen bis in kleinste Einzelheiten festgelegt, die ebenso speziell angepaßte und in ihrer Angepaßtheit höchst wundervolle Instinktbewegungen auslösen. Der Vogel braucht nicht viel hinzuzulernen und kann es auch gar nicht. Zu seinem Beutefang und Fressen auslösenden angeborenen Mechanismus gehört zum Beispiel die Bewegung des Fisches, und er lernt es nie, tote Fische in genügender Menge zu fressen, auch wenn diese völlig frisch sind und stoffwechselphysiologisch zu seiner Ernährung völlig ausreichen würden. Die auf Lernen beruhende Anpassungsfähigkeit in seinem Verhalten beschränkt sich im wesentlichen auf Wegdressuren, die dazu dienen, Orte und Situationen aufzufinden, in denen seine angeborenen Aktions- und Reaktionsweisen »passen«. Bei einem jungen Kolkraben *(Corvus corax L.)* ist dagegen zunächst nahezu nichts festgelegt, mit Ausnahme einiger weniger Instinkthandlungen von vielseitigster Verwendbarkeit. Diese wendet er nun auf alle unbekannten Objekte an. Einem solchen nähert sich der Rabe zunächst mit äußerster Fluchtbereitschaft. Er verbringt buchstäblich Tage damit, das neue Objekt scharf im Auge zu behalten, ehe er sich ihm nähert. Die erste tätliche Bezugnahme besteht mit großer Regelmäßigkeit in einem sehr kräftigen Schnabelhieb, nach dem der Rabe augenblicklich flieht, um von einem erhöhten Sitzpunkt aus die Wirkung zu beobachten. Erst wenn diese Sicherungsmaßnahmen gründlich durchgeübt sind, beginnt der Vogel an dem betreffenden Gegenstand die Instinktbewegungen des Beutekreises durchzuprobieren. Das Objekt wird nun mit der Bewegung des Zirkelns nach allen Seiten umgewendet, mit der Klaue gepackt, mit dem Schnabel behackt, gezupft und wenn möglich in Stücke zerrissen und schließlich unfehlbar versteckt. Lebenden Tieren naht der junge Rabe stets von hinten, mit noch größerer Vorsicht als unbelebten Gegenständen, es können Wochen vergehen, bis er sich nahe genug zum Anbringen jenes kräftigen Schnabelhiebs herangewagt hat. Flieht das Tier dann, so ist der Rabe sofort mit erhöhtem Mute hinterher und tötet es, wenn er kann. Greift das Tier aber tatkräftig an, so zieht er sich zurück und verliert bald das Interesse. Die angeborenen auslösenden Mechanismen, die alle dieses Versuchs- und Irrtumsverhalten auslösen, sind außerordentlich wenig selektiv, nur für die Behandlung lebender Tiere stehen offensichtlich solche zur Verfügung, die dem erfahrungslosen Raben sagen, »wo vorn und hinten« sei, auch scheint der gerichtete Angriff auf Hinterkopf und Augen anderer Tiere von angeborenen Orientierungsmechanismen geleitet zu werden. Damit ist aber die angeborene Instinktausstattung, die dem Raben zur Behandlung der außerartlichen Umwelt zur Verfügung steht, nahezu vollständig erschöpft. Alles andere besorgen das explorative Lernen und die überwältigend starke Gier nach neuen Objekten, Neugier im buchstäblichsten Sinne des Wortes. Wie stark sie ist, zeigt folgende Tatsache: Lorenz konnte seine Kolkraben, auch wenn alle stärksten Lockmittel, rohe Eier und lebende Heuschrecken, versagten, immer noch dadurch in ihren Käfig locken, daß er seine Kamera hinstellte, die sie aus naheliegenden Gründen noch nie untersuchen durften. Bei seinen Mungos spielte das Doktordiplom seines Bruders aus analogen Gründen die gleiche Rolle.

Der unzweifelhaft gewaltige Arterhaltungswert dieses Neugierverhaltens liegt nun ganz sicher darin, daß das Tier in weitester Generalisierung schlechterdings alles Neue als potentiell biologisch bedeutsam behandelt, und zwar, wie wir sahen, der Reihe nach als Feind, Beute und Nahrung, solange ihm nicht eine gründliche Selbstdressur beigebracht hat, ob es als Feind, als Beute oder Nahrung oder überhaupt nicht von Bedeutung für ihn ist. Auf Objekte, die der Rabe durch Durchprobieren sämtlicher Instinktbewegungen des Feind-, Beute- und Nahrungskreises »intim gemacht« und, als für diese Funktionskreise bedeutungslos, »dahingestellt« hat – wie Gehlen treffend ausdrückt –, kann er später jederzeit zurückgreifen, indem er zum Beispiel in dieser Weise indifferent gewordene Gegenstände zum Bedecken eines zu versteckenden Nahrungsbrockens benutzen kann oder auch, um einfach darauf zu sitzen.

Die Methode des neugierigen Durchprobierens aller Möglichkeiten bringt es mit sich, daß derartige Spezialisten auf Nicht-Spezialisiertsein in den verschiedensten Lebensräumen existenzfähig sind, weil sie früher oder später alles herausfinden, was zu ihrer Erhaltung nötig ist. Der Kolkrabe führt auf Vogelinseln ein ganz ähnliches Leben wie Raubmöwen und ähnliche Parasiten der großen Brutkolonien von Seevögeln, indem er Eier, Junge und herangebrachte Nahrung raubt, er lebt in der Wüste genau wie ein Aasgeier, indem er in thermischen Aufwinden segelnd nach gefallenen Tieren sucht, und er lebt in Mitteleuropa als Kleintier- und Insektenfresser.

Unter den Säugetieren ist die Wanderratte (*Epimys norvegicus* L.) der Prototyp eines unspezialisierten Neugierwesens. Bei ihr ist die Neigung zum neugierigen Auswendiglernen aller in einem bestimmten Bezirk möglichen Wege, insbesondere des Fluchtweges zurück zum Loch, einer der hervorstechendsten Wesenszüge. Auch ist bei ihr das »Zurückgreifen« auf Wege, die zunächst bedeutungslos dahingestellt wurden, besonders schön nachweisbar. Darauf paßt auch der Ausdruck des latenten Lernens besonders gut. Im Kanalsystem eines Labyrinthes bekriecht die Ratte zunächst alle Wege, unterläßt dies aber später bei denen, die »zu nichts führen«. Ändert man aber später, zum Beispiel durch Ortsveränderung des Futterplatzes, die Bedingungen um ein weniges, so zeigt sich, daß das Tier das »ad acta Gelegte« keineswegs vergessen hat, es muß nämlich die nunmehr zweckmäßigsten Wegverbindungen keineswegs neu lernen, sondern greift auf Anhieb auf das bisher latent Bekannte zurück. Bei der Ratte ist der biologische Erfolg des unspezialisierten Neugierwesens besonders augenfällig. Sie kommt buchstäblich überall vor, wo der zivilisierte Mensch hinkam, lebt im Raum der Schiffe wie im Kanalsystem der Großstadt, in den Scheunen der Bauern und selbst unabhängig vom Menschen auf Inseln, auf denen sie das einzige Landsäugetier ist, verhält sich überall, als ob sie Spezialist für gerade dieses Milieu wäre.

Alle höheren Wirbeltiere, die Kosmopoliten sind, sind typische unspezialisierte Neugierwesen – und zu ihnen gehört zweifellos auch der Mensch. Auch er baut durch eine aktive, dialogische Auseinandersetzung mit seiner außerartlichen Umgebung seine Bedeutungswelt auf, und kann sich dadurch an so verschiedene Milieubedingungen anpassen, daß manche Autoren der Meinung sind, von einer eigentlichen Umwelt des Menschen, im Uexküllschen Sinne, könne gar nicht mehr gesprochen werden. Es ist nicht schwer, zu sehen, wie nahe verwandt dieses aktive, dialogische Auf- und Ausbauen der Umwelt im Grunde doch mit dem Neugierverhalten der besprochenen Tiere ist.

Das hervorstechende und essentielle Merkmal des Neugierverhaltens ist seine Sachbezogenheit. Wenn wir einem Kolkraben zusehen, der an einem ihm neuen Gegenstand nach explorativen »Vorsichtsmaßnahmen« hintereinander alle dem Beuteerwerb dienenden Instinktbewegungen durchprobt, so liegt zunächst die Meinung nahe, das ganze Tun des Vogels sei letzten Endes doch als Appetenzverhalten nach Nahrungsaufnahme zu verstehen. Daß dem nicht so ist, läßt sich indessen leicht zeigen. Erstens hört das neugierige Forschen sofort auf, wenn das Tier ernstlich hungrig wird: In diesem Falle wendet es sich alsbald einer bereits bekannten Nahrungsquelle zu. Junge Kolkraben haben ihre Phase des intensivsten Neugierverhaltens unmittelbar nach dem Flüggewerden, zu einer Zeit also, da der Vogel noch von den Eltern gefüttert wird. Sind sie hungrig, so verfolgen sie in aufdringlicher Weise das Elterntier beziehungsweise den menschlichen Pfleger, und nur wenn sie satt sind, interessieren sie sich für unbekannte Gegenstände. Zweitens überwiegt bei mäßigerem, aber doch deutlich nachweisbarem Hunger die Appetenz nach Unbekanntem diejenige nach der besten Nahrung. Bietet man einem Jungraben, der eben eifrig beim Untersuchen eines unbekannten Gegenstandes ist, irgendeinen Leckerbissen an, so verschmäht er ihn fast stets. All dies bedeutet vermenschlichend ausgedrückt: Das Tier will gar nicht fressen, sondern es will wissen, ob gerade dieser Gegenstand »theoretisch« freßbar sei! Ebensowenig wie der junge Rabe bei seinen »Forschungen« in Freßstimmung ist, ist die junge Wanderratte in Fluchtstimmung, wenn sie immer und immer wieder, von den verschiedensten Punkten ihres Gebietes aus, fluchtartig dem Höhleneingang zustrebt. Eben diese Unabhängigkeit des explorativen Lernvorganges von dem Bedarf des Augenblicks, mit anderen Worten von dem Motiv der Appetenz, ist außerordentlich wichtig! Bally (1945) betrachtet es als das wesentliche Charakteristikum des Spieles, daß Verhaltensweisen, die an sich in den Bereich der Appetenzhandlungen gehören, »im entspannten Feld« ablaufen. Das entspannte Feld ist nun, wie wir gesehen haben, eine conditio sine qua non für alles Neugierverhalten ebenso wie für das Spiel – eine sehr wesentliche Gemeinsamkeit zwischen beiden!

Die Unabhängigkeit von einem das Tier im Augenblick beherrschenden Triebziel bringt es mit sich, daß verschiedene, für verschiedene Triebziele relevante Eigenschaften des Gegenstandes gleichzeitig intim gemacht und ad acta gelegt werden, und diese »Akten« liegen als Engramme im Zentralnervensystem des Tieres offensichtlich nach Gegenständen geordnet. Denn nur das dinghafte Wiedererkennen des Gegenstandes, zu dem das ganze Arsenal der Konstanzphänomene der Wahrnehmung nötig ist, ermöglicht es dem Tier, auf Objekte zurückzugreifen und ihre latent gewußten Eigenschaften zu benutzen, wie dies nachweislich geschieht, wenn die Appetenz des Ernstfalles auf den Plan tritt. Durch dieses Erlernen der den Dingen anhaftenden Eigenschaften, unabhängig vom augenblicklichen physiologischen Zustand und Bedarf des Organismus, wirkt das Neugierverhalten objektivierend in des Wortes buchstäblicher und gewichtigster Bedeutung. Erst durch das *Neugier*-Lernen entstehen Gegenstände in der Umwelt des Tieres wie des Menschen. Gehlen hat in diesem Sinne sehr recht, wenn er sagt, der Mensch baue sich seine Umwelt selbst auf, denn seine Welt ist eine gegenständliche Welt! In einem geringeren Maße ist dies aber auch schon bei allen unspezialisierten Neugierwesen der Fall.

Eine zweite konstitutive Eigenschaft des Neugierverhaltens liegt darin, daß das Lebewesen hier etwas tut, um etwas zu erfahren. In diesem Verhalten steckt nämlich nicht mehr und nicht weniger als das Prinzip der Frage. Der Organismus, der durch sein Neugierverhalten »Gegenstände aufbaut«, indem er die in einem Dinge zusammengehörigen Eigenschaften durch eigenes, aktives Tun ermittelt, steht in einem gewissermaßen dialogischen Verhältnis zur außersubjektiven Realität. Dies aber ist, wie Baumgarten (1950) mit Recht betonte, eine der wesentlichsten Eigenschaften des Menschen!

Ein solcher Dialog setzt die Fähigkeit des Organismus voraus, sich vom Gegenstand des Interesses wieder zu lösen und abzusetzen und sich ihm von neuem zu nähern. Der einen Gegenstand untersuchende Dachs wird ihn einmal beknabbern, dann davon ablassen, ihn mit den Pfoten betatzen, ihn wenden und dergleichen mehr. Beim Menschen entwickelt sich diese Fähigkeit, Abstand zu nehmen, erst allmählich. Ein kleiner Säugling führt jeden Gegenstand, den er bekommt, mit einer ganz starren Bewegungsfolge zum Mund, saugt, und dabei bleibt es. Erst später beobachtet man, daß er den Gegenstand wieder vom Munde wegführt, ihn ansieht, in die andere Hand nimmt, kurz nicht mehr starr einklinkt, sondern einen explorativen Dialog führt.

Aus dieser dialogischen Auseinandersetzung mit den Dingen hat sich nun beim Menschen eine Leistung entwickelt, die, ebenso wie die Sprache, auch bei den höchsten Tieren kaum angedeutet ist. Wenn ein Mensch einen Gegenstand bearbeitet, so beruht diese Leistung darin, daß er während seines Tuns dauernd die »Antwort« des Objekts registriert und seine weitere Tätigkeit danach steuert. Beim Einschlagen eines Nagels zum Beispiel muß jeder Hammerschlag die unmerkliche seitliche Abweichung kompensieren, die der vorhergehende dem Objekt erteilte. Der Nicht-Tierkenner, der sich erfahrungsgemäß, trotz übertriebener Vorstellungen von der Sondergesetzlichkeit des Menschen, die höheren Tiere viel zu menschähnlich vorstellt, pflegt nicht zu wissen, daß die Fähigkeit zu derartigem, durch laufende Beobachtung des Erfolges geregeltem Handeln selbst den Menschenaffen fast völlig fehlt.

Beim Kistenbau der Schimpansen fällt dies besonders auf. Die Tiere stellen eine Kiste auf die andere, rücken sie aber niemals zurecht, nur wenn die eine ganz weit nach einer Seite überhängt, so stellen sie vielleicht die nächste kompensierend etwas weiter nach der anderen Seite, das ist alles. Die beste bisher bekannte Leistung dieser Art vollbrachte Köhlers Schimpanse »Sultan«, der eine losgebrochene Wandleiste so lange benagte, bis sie sich zur Verlängerung seiner zusammensteckbaren Angelrute in die Höhlung des Bambusrohres einschieben ließ. Er probierte wiederholt, ob sie schon dünn genug sei, und nagte weiter, solange dies noch nicht der Fall war. Um aber ein wirkliches Gerät, etwa einen Faustkeil, herzustellen, ist eine unvergleichlich viel höhere Differenzierung des dauernd durch Kontrolle des Erfolges geregelten Handelns nötig, und es will scheinen, als ob diese engste Bindung zwischen Tun und Erkennen, zwischen Praxis und Gnosis ein besonderes Zentralorgan zur Voraussetzung hat, das nur der Mensch besitzt, und zwar im *Gyrus supramarginalis* der linken unteren Schläfenhirnwindung. Bei Verletzung dieser Hirnteile, in denen vielsagenderweise auch das »Sprachzentrum« liegt, treten beim Menschen neben Sprachstörungen bestimmte Ausfälle sowohl des Tuns wie des Erkennens, »Apraxien« und »Agnosien«, auf, und es ist bisher (Klüver 1933) nicht gelungen, ähnliche Zentren und ähnliche Ausfälle bei Affen hervorzurufen.

Wenn oben Rabe und Ratte als typische unspezialisierte Neugierwesen dem Haubentaucher als Instinkt- und Organspezialisten gegenübergestellt wurden, so soll das nicht heißen, daß Neugierverhalten bei anderen, etwas höherspezialisierten Wesen durchaus fehle. Die Rolle, die das Neugierlernen spielt, ist nicht nur von dem Fehlen von Spezialisation, sondern auch von der allgemeinen Differenzierungshöhe des Zentralnervensystems abhängig. Ein junger Hund oder eine junge Katze zeigt erheblich viel Neugierverhalten, und ein junger Orang-Utan übertrifft in den Leistungen seines explorativen Lernens den Raben wie die Ratte ganz gewaltig, obwohl seine Art in gewissen Richtungen sehr hoch spezialisiert ist. Beobachtet man einen jungen Menschenaffen, am besten einen Schimpansen, bei seinem wundervoll konsequent objektbezogenen Neugierverhalten, das hier deutlicher als bei Rabe und Ratte den Charakter des Spieles trägt, so kann man sich immer wieder wundern, daß bei seinem erstaunlich intelligenten, beinahe schöpferischen Experimentieren nicht mehr herauskommt als bloß die Kenntnis, welche Nüsse man knacken, auf welchen Ästen man klettern und, bestenfalls, mit welcher Stange man am bequemsten Gegenstände herangeln kann. Wenn man sieht, wie ein solches Jungtier mit Bauklötzchen spielt oder Kistchen ineinandersteckt, so beschleicht mich immer wieder der Verdacht, daß diese Wesen in früher Vergangenheit geistig viel höher standen als heute, daß bei ihnen im Laufe ihrer Spezialisation Fähigkeiten verlorengegangen sind, die nur mehr im Spiel des Jungtieres schattenhaft auftauchen!

Eins nämlich unterscheidet das Neugierverhalten aller Tiere grundsätzlich von dem des Menschen: Es ist nur an eine kurze Entwicklungsphase in der Jugend des Tieres gebunden. Dasjenige, was der Rabe in so ansprechend menschlich wirkendem Experimentieren in seiner Jugend erwirbt, erstarrt alsbald zu Dressuren, die späterhin so wenig veränderlich und anpassungsfähig sind, daß sie sich hierin von instinktivem Verhalten kaum mehr unterscheiden. Die Gier nach Neuem schlägt in eine starke Abneigung gegen alles Unbekannte um, und ein erwachsener, nicht einmal alter Rabe, dem man einen grundlegenden Wechsel seiner Umgebung aufzwingt, vermag sich absolut nicht mehr in diesen hineinzufinden, sondern verfällt in eine Angstneurose, in der er nicht einmal mehr den wohlbekannten Pfleger erkennt. Der eben erst mannbare Rabe verhält sich in dieser Lage sehr ähnlich wie ein altersblödsinniger Mensch, dessen Verlust an Anpassungsfähigkeit unauffällig ist, solange er sich in der gewohnten Umgebung befindet, aber sofort eine weitgehende Demenz offenbart, sowie ihm ein Umgebungswechsel aufgezwungen wird. Um Mißverständnissen vorzubeugen, muß ausdrücklich betont sein, daß nicht etwa die Lernfähigkeit als solche erloschen ist, sondern nur die positive Hinwendung zu Unbekanntem. Der alte Rabe vermag zum Beispiel sehr wohl noch, durch eine einzige üble Erfahrung die Gefährlichkeit einer ihm neuen Situation zu erlernen. Dieses Lernen findet aber nunmehr nur unter dem unmittelbaren Zwang einer ganz bestimmten biologisch relevanten Situation statt. Alte Ratten oder gar Menschenaffen verhalten sich zwar erheblich plastischer als alte Raben, im Prinzip aber ist die Kluft zwischen jungem und altem Tier die gleiche.

Auf die Frage Herders »Was fehlet dem menschenähnlichsten Tiere, dem Affen, daß er kein Mensch ward?« können wir jetzt schon zwei sehr bestimmte Antworten geben: Obwohl Raum-Repräsentation und Einsicht schon in beinahe menschlicher Ausbildung vorhanden sind, obwohl die bei anderen Tieren bestehende obligate Koppelung zwischen räumlichem Intendieren und Handeln gelöst ist und obwohl bereits – beim jungen Tier wenigstens – eine echt dialogische, neugierig objektivierende Auseinandersetzung mit der Umwelt stattfindet, fehlt dem Menschenaffen erstens jene innige Wechselwirkung zwischen Tun und Erkennen, zwischen Praxis und Gnosis, die das laufend vom Erfolg her geregelte Handeln ermöglicht und die offenbar nur durch das menschliche Praxien- und Gnosienzentrum im *Gyrus supramarginalis* vermittelt werden kann, womit dem Affen auch eine grundlegende Voraussetzung zur Sprache fehlt. Zweitens bleibt beim Menschen das Neugierverhalten bis an die Grenze des Greisenalters erhalten: Der Mensch bleibt bis in sein Alter ein Werdender.

# Die instinktiven Grundlagen menschlicher Kultur

(1967)

## I. Einleitung

Die Philosophen, einschließlich der philosophischen Anthropologen auf der einen Seite und der naturwissenschaftlichen Erforscher des Menschen auf der anderen, streben nach verschiedenen Zielen der Erkenntnis und sprechen verschiedene Sprachen. Der Naturforscher wie der Arzt trachtet, kausale Einsichten in das komplexe Wirkungsgefüge menschlichen Verhaltens zu gewinnen, *damit* er helfend eingreifen kann, wenn es in Unordnung geraten ist. Dies ist die Finalität unserer Kausalforschung. Ebenso wie ein Mann, dessen Auto einen Defekt im Fahrgestell oder in der Kraftübertragung hat, unter den Wagen kriechen und die häßlichsten und schmutzigsten Teile seines Fahrzeuges in Augenschein nehmen muß, müssen auch Naturforscher und Ärzte den Menschen gewissermaßen »von unten her anleuchten«, wie Casper es ausdrückt. Sie bekommen dabei notwendigerweise weniger schöne Seiten des Menschenbildes zu sehen. Dieser Blickpunkt wird uns jedoch von den hohen Zielen unserer Forschung vorgeschrieben. Dadurch, daß wir ihn einnehmen, leugnen wir keineswegs, daß es andere Aspekte des Menschen gibt und daß die höchsten Blüten seines Geistes anderen Seins-Kategorien angehören als sein »Fahrgestell«. Dennoch wird uns nur allzuoft Blindheit für diese Werte und Verachtung wahren Menschentums vorgeworfen.

Wenn ich von den instinktiven Grundlagen menschlicher Kultur spreche, so verstehe ich unter dem Terminus »instinktiv« alle jene verhaltensphysiologischen Mechanismen, die ihre arterhaltende Angepaßtheit stammesgeschichtlicher Evolution und nicht individuellen Modifikationsvorgängen, wie zum Beispiel dem Lernen, verdanken. Ich glaube nicht, daß unter Naturforschern und Ärzten die Gefahr des eben erwähnten Mißverständnisses besteht, aber gerade als deutscher Repräsentant dieser Berufe kann man oft in die Lage kommen, die naturwissenschaftliche Betrachtung des Menschen und seiner Kultur solchen Leuten gegenüber zu vertreten, deren Denken durch das böse Erbe des deutschen Idealismus behindert ist. Deshalb will ich nicht in der mir selbstverständlichen Sprache der Naturwissenschaft sprechen, sondern in der Sprache des Philosophen, von dem ich eben schon den Ausdruck »Seins-Kategorie« entlehnt habe, in der Sprache N. Hartmanns.

## II. Die Schichtenlehre N. Hartmanns

Ehe ich mit dem Versuch beginne, Hartmanns Schichtenlehre in groben Zügen wiederzugeben, möchte ich den einzigen Vorbehalt anmelden, den ich jeder Seins-Philosophie, auch der seinen gegenüber, machen muß. Ich kann nicht verstehen, was »Sein« bedeutet. Das Geschehen steht niemals still, und das Hilfszeitwort »sein« bedeutet für mich nur eine abstrakte Unterbrechung des Stroms der Zeit, die eben lange genug währt, um ein Prädikat an ein Subjekt zu heften. Ich glaube aber, daß es keine Fälschung der für mein Vorhaben wesentlichen Erkenntnisse N. Hartmanns bedeutet, wenn ich statt von Prinzipien oder Kategorien des Seins von solchen des Geschehens spreche. Wie weit ich den Gedanken des Philosophen durch eine ausgesprochen evolutionistische Interpretation Gewalt antue, lasse ich dahingestellt.

In der realen Welt, in der wir leben, finden wir *Schichten* vor, die sich durch die Verschiedenheit der in ihnen obwaltenden Geschehensprinzipien voneinander abgrenzen. N. Hartmann unterscheidet vier Hauptschichten, von denen die drei oberen in sich wieder geschichtet sind. Es sind dies erstens das anorganisch-materielle Sein oder Geschehen, zweitens das organische, drittens das seelische und viertens das geistige. Die Geschehensprinzipien und Naturgesetze, die im Anorganischen obwalten, gelten unverändert in allen höheren Schichten weiter. Was die jeweils höhere Schicht von der ihr zugrunde liegenden absetzt, ist das *Hinzukommen* neuer und komplexerer Prinzipien und Eigengesetzlichkeiten. Das Zeitwort »hinzukommen« ist wörtlich, also historisch zu verstehen. Wir wissen aus der Stammesgeschichtsforschung, daß die »tieferen« und »höheren« Schichten der organischen Welt in der Reihenfolge entstanden sind, in der die Hartmannsche Schichtenlehre sie anordnet. Diese Ordnung entspricht auch der Skala der Werte, die der naive Mensch den einzelnen Seinsschichten gefühlsmäßig zuschreibt.

Zu den Geschehensprinzipien der anorganischen Welt sind, als Organisches entstand, Selbstregulation, Stoffwechsel, Selbstwiederbildung und Evolution gekommen. Das allen Lebensleistungen zugrunde liegende Geschehensprinzip des Sammelns und Speicherns von anpassender Information hat N. Hartmann noch nicht gesehen.

Zu den Geschehensprinzipien des organischen Lebens kommt in der Schicht des Beseelten, in einer unserem Verständnis unzugänglichen Weise, das des subjektiven Erlebens hinzu.

Das geistige Geschehen zeichnet sich vor dem Seelischen dadurch aus, daß ein überindividuelles Wissen, Können und Wollen viele beseelte Wesen in einer Einheit höherer Ordnung umschließt. Während jeder höhere Bereich realen Geschehens alle niedrigeren in sich schließt und sie damit zur Voraussetzung hat, ist der jeweils niedrigere Geschehensbereich von der Existenz der höheren grundsätzlich unabhängig. Auch ist das höhere Geschehensprinzip aus dem oder den niedrigeren nicht voraussagbar. Es geht keineswegs aus den Gesetzlichkeiten der anorganischen Welt hervor, daß organisches Leben aus ihr entstehen konnte, noch weniger, daß es entstehen mußte. Aber die Materie, die im Lebewesen zu einem Sein höherer Ordnung organisiert ist, fährt fort, das zu sein, was sie immer schon war; sie hört keineswegs auf, den allgegenwärtigen physikalischen und chemischen Gesetzlichkeiten zu gehorchen. Diese werden durch das Hinzukommen komplexer Gesetzlichkeiten höherer Ordnung niemals aufgehoben. Aus diesen Gründen nennt N. Hartmann die tiefere Schicht auch sehr oft die stärkere.

Ein prinzipiell gleiches Verhältnis wie zwischen dem Anorganischen und dem Organischen besteht zwischen diesem und den höheren Schichten. Die organischen Vorgänge komplexer neurophysiologischer Art, in denen das Erleben in einer uns unbegreiflichen Weise aufleuchtet, fahren fort, organische Prozesse zu sein und den Gesetzen der Physiologie zu gehorchen. Der Mensch, dem sein begriffliches Denken und seine Wortsprache neue Bereiche geistigen Seins erschließen, hört nicht auf, Seins- und Geschehensprinzipien zu verkörpern, die allem organischen Leben gemeinsam sind.

Man hat die Schichtenlehre Hartmanns als eine »pseudometaphysische Konstruktion« kritisiert, zu Unrecht, denn gerade das ist sie nicht.

Sie ist nicht auf deduktiver Spekulation, sondern auf empirisch Vorgefundenem aufgebaut und wird den Phänomenen gerecht. Metaphysische Konstruktion ist es, wenn radikaler Mechanizismus das ganze Weltgeschehen aus den Prinzipien der klassischen Mechanik erklären und die Eigengesetzlichkeiten leugnen will, durch welche sich die höheren Geschehensprinzipien über die ihnen zugrunde liegenden erheben. So entstehen Grenzüberschreitungen »nach oben«, wie Mechanizismus, Biologismus und Psychologismus, die sich anmaßen, die für die höhere Schicht kennzeichnenden Vorgänge mit Geschehenskategorien der tieferen zu erfassen, die dazu grundsätzlich nicht ausreichen.

Eine analoge Vergewaltigung der vorgefundenen Phänomene ist es, wenn die Grenzüberschreitungen in umgekehrter Richtung stattfinden. »Der Ausgangspunkt des gesamten Weltbildes wird dann«, wie N. Hartmann sagt, »auf der Höhe des seelischen Seins gewählt – dort, wo der Mensch es im eigenen Selbstgefühl erlebt – und von dort aus wird dann das Prinzip ›nach unten zu‹ auf die niederen Stufen des Realen übertragen«. Alle panpsychistischen Weltbilder, wie die Leibnizsche Monadenlehre, die Uexküllsche Umweltlehre und auch Weidels geistvoller Versuch, das Leib-Seele-Problem zu lösen, begehen den gleichen Fehler, die ganze Mannigfaltigkeit der Welt mit einer einzigen Gruppe von Seins- und Geschehensprinzipien bewältigen zu wollen.

Ohne allen Zweifel sind alle diese Konstruktionen von dem Bedürfnis nach einem möglichst einheitlichen Weltbild motiviert. Ohne diesen, bei manchen Denkern offenbar überwältigend starken Antrieb würde es keinem vernünftigen Menschen je einfallen, einem Hund ein subjektives Erleben abzusprechen, noch auch, es einem Eisenatom zuzuschreiben. Diese Transgressionen sind unnötig, um die Geschlossenheit unseres Weltbildes zu wahren. N. Hartmanns Lehre vom Aufbau der realen Welt wird ihrer Mannigfaltigkeit gerecht, ohne sie in heterogene Bestandteile zu zerreißen; sie entspricht ihrem historischen Werdegang, und sie bricht mit dem der Selbsterkenntnis des Menschen so abträglichen Dogma, daß er außerhalb der Natur stehe.

## 1. Lebensvorgänge

Es ist also durchaus legitim und richtig, zu behaupten: Alle Lebensvorgänge sind chemisch-physikalisches Geschehen, alle subjektiven Vorgänge unseres Erlebens sind organisch-physiologische Prozesse und damit auch chemisch-physikalische. Alles geistige Leben des Menschen ist seelisches Erleben und damit auch organisches und damit chemisch-physikalisches Geschehen. Es ist aber ebenso richtig und legitim, zu sagen: Lebensvorgänge sind »eigentlich«, das heißt hinsichtlich der Seins- und Geschehensprinzipien, die ihnen allein zu eigen sind und die sie allem übrigen chemisch-physikalischen Geschehen voraus haben, etwas ganz anderes als dieses. Erlebnisbegleitete Nervenvorgänge sind etwas völlig anderes als unbeseelte neurophysiologische Prozesse. Der Mensch ist ein geistbegabtes Wesen und darin wesentlich verschieden von seinem nächsten zoologischen Verwandten.

Die Auflösung des scheinbaren Widerspruches zwischen diesen beiden Reihen von Aussagen ist eine der wichtigsten Konsequenzen, die wir aus der Erkenntnis der einseitigen Durchdringung der Schichten ziehen müssen. Die

Denkform des kontradiktorischen Gegensatzes ist auf sie nicht anwendbar. $B$ ist nicht Non-$A$, sondern $A + B$, $C = A + B + C$ usw. Es ist daher unstatthaft, Schichten der realen Welt in disjunktive Begriffe zu fassen wie »Natur und Geist«, »Tier und Mensch« usw.

Wie wenig die Einheit der Schöpfung durch die Erkenntnis der gesetzlichen Beziehungen zwischen den durchdringenden niedrigeren und den durchdrungenen höheren Geschehensprinzipien zerstört wird, beweist die schon erwähnte Übereinstimmung der Schichtenfolge mit der Reihenfolge ihrer historischen Entstehung. Anorganisches war auf Erden sehr lange vor Organischem vorhanden, und auch im Verlaufe der organischen Stammesgeschichte erscheinen erst spät Zentralnervensysteme, denen man mit einiger Wahrscheinlichkeit subjektives Erleben zuschreiben kann. Das Geistige ist erst in der allerjüngsten Phase der Schöpfung entstanden.

## 2. Schöpfungsereignisse

Die Schöpfungsereignisse, die nie dagewesene neue Seinsprinzipien in die Welt setzen, beschränken sich keineswegs auf jene großen Schritte, die den Übergang vom Anorganischen zum Organischen, von diesem zum Beseelten und schließlich zum Geistigen bedeuten. »Die höheren Gebilde, aus denen die Welt besteht«, sagt N. Hartmann, »sind ähnlich geschichtet wie die Welt«: Jeder Schritt der Phylogenese, der von niedrigeren zu höheren Organisationsstufen führt, ist grundsätzlich gleicher Art wie die Entstehung des Lebens selbst. Ähnliches gilt für die Entstehung erlebnisbegleiteter Vorgänge aus organischen und für die Entstehung des geistigen Bereiches aus dem des beseelten und des organischen.

Allen diesen kleinen und größeren Akten der realen Schöpfung ist eines gemeinsam: Immer entsteht eine Einheit höherer Ordnung aus einer Mannigfaltigkeit von bereits vorhandenen Teilen und Gliedern, die dabei einander nicht ähnlicher, sondern meist sogar unähnlicher werden. Viele Denker haben dies bemerkt. Goethe definiert Entwicklung als Differenzierung der Teile im Zuge ihrer fortschreitenden Unterordnung unter das Ganze. Thorpe hat in seinem Buche »Science, Man and Morals« gezeigt, wie allgemein das Prinzip »Unity out of Diversity« in allem schöpferischen Naturgeschehen obwaltet. Sehr klar formuliert und mit überzeugenden Beispielen belegt hat es von Bertalanffy in seiner »Theoretischen Biologie«. Mit der größten poetischen Kraft hat es Teilhard de Chardin in dem einfachen Satze ausgedrückt: »Créer c'est unir.«

Den modernen Sprachen fehlt ein Wort, das diesem stammesgeschichtlichen Werden gerecht wird. Das Wort Evolution, »Auswickelung«, legt sprachlogisch die Annahme nahe, daß das Neuauftauchende im vorher Vorhandenen in »eingewickelter« Form schon enthalten war. Das Wort Auftauchen, »Emergenz«, das von mehreren der eben genannten Autoren gebraucht wird, ist noch weniger passend, da es etymologisch impliziert, das Neue sei, für unsere Wahrnehmung verborgen, schon dagewesen, wie ein tauchender Seehund unter der Meeresoberfläche. Selbst die Worte »Schöpfen« und »Schöpfung« legen etymologisch die Existenz eines Reservoirs nahe, aus dem etwas bereits Vorhandenes geschöpft wird. Am besten trifft man den Sachverhalt, wenn man sagt, das Neue sei eine jeweils historisch einmalige Errungenschaft des Organischen. Wie schon gesagt, ist die Entstehung eines neuen und höheren Geschehensprinzips aus dem niedrigeren nicht voraussagbar. *Dies bedeutet jedoch keineswegs, daß die neue Errungenschaft nicht natürlich erklärbar sei.*

»Nicht auf die Unüberbrückbarkeit der Einschnitte«, sagt N. Hartmann, »kommt es hierbei an – denn es könnte sein, daß diese nur ›für uns‹ besteht –, sondern auf das Einsetzen neuer Gesetzlichkeiten und kategorialer Formung, zwar in Abhängigkeit von der niederen, aber doch in aufweisbarer Eigenheit und Selbständigkeit gegen sie.« Vom Einschnitt zwischen dem Anorganischen und dem Organischen im besonderen sagt er: »Auch wenn sich das Kontinuum der Formen einmal als über ihn hinweggehend erweisen sollte, so würde er doch in dem Sinne bestehen bleiben, daß dem Beginne der Lebensfunktion eine eigene Gesetzlichkeit dieser Funktionen einsetzen müßte.«

An der Schichtengrenze zwischen dem Anorganischen und dem Organischen haben die Ergebnisse moderner Biochemie und Kybernetik bereits wesentliche Ansätze dazu gemacht, ein »Kontinuum« der Formen herzustellen. Nicht nur der Vorgang der »Selbstwiederbildung« ist von der Biochemie im wesentlichen verständlich gemacht worden, sondern auch die Art und Weise, in der der Organismus anpassende Information erwirbt, speichert und an seine Nachkommen weitergibt. Hier, wie immer, wo sich höhere Geschehensprinzipien aus niedrigeren erklären lassen, läßt sich die Eigengesetzlichkeit des höheren Systems auf allgemeinere Naturgesetzlichkeiten *und auf die spezielle Struktur des Systems* zurückführen, in der sich diese Gesetze auswirken. Ob Aristoteles mit dem Formprinzip, das für ihn zugleich bewegende Ursache und Zweckprinzip war, etwas Ähnliches gemeint hat, weiß ich nicht. Sicher ist, daß eine komplexe Struktur, in der anpassende Information enthalten ist, gleichzeitig mit dem Prinzip der Zweckmäßigkeit, das heißt mit der Entstehung des organischen Lebens, in die Welt gekommen ist.

## III. Informationsgewinn und Anpassung

Jeder Vorgang der Anpassung eines Organismus an eine bestimmte Gegebenheit seines Lebensraumes besteht in einer Änderung des lebenden Systems, die auf diese Gegebenheit Bezug nimmt und sich eben dadurch systemerhaltend auswirkt. Jede solche Anpassung steht somit in einem Entsprechungsverhältnis zu der betreffenden Umweltgegebenheit, sie ist in gewissem Sinne ein Abbild von ihr. Die Flosse des Fisches spiegelt die physikalischen Eigenschaften des Wassers wider, der Huf des Pferdes die des Steppenbodens. Jede Anpassung hat somit zur Voraussetzung, daß das lebende System in gewissem Sinne »Kenntnis« der Umweltgegebenheiten erworben hat, auf die es in seinem Körperbau und seinen Funktionen Bezug nimmt. Um subjektivierende Interpretation zu vermeiden, werde ich von Information sprechen, die das lebende System im Laufe seines Werdens erwirbt. Dabei verwende ich den von Hassenstein genau definierten Informationsbegriff der Umgangssprache und nicht den der Informationstheorie, der unter bewußtem Absehen von der semantischen Ebene gebildet ist. Man kann daher in der Terminologie der Informationstheoretiker nicht von »Information über etwas« sprechen. Wiewohl der Begriff der Transinformation dem Informationsbegriff der Umgangssprache in manchen Bestimmungsstücken nahe kommt und obwohl man die auf der Grundlage einer Information über einen Tatbestand entstehende Anpassung an diesen als einen Spezialfall der Entstehung einer »Korrespondenz« im Sinne Meyer-Epplers (zitiert nach Bischof) auffassen kann, würde uns die Verwendung dieser informationstheoretischen Begriffe zwingen, auf wesentliche Aspekte des Anpassungsvorganges zu verzichten, da wir vom Bedeutungsgehalt der Information absehen müßten, die der Organismus über die ihn »interessierenden« Tatbestände seiner Umwelt erwirbt. Der biologische Begriff der Anpassung enthält teleonome Bestimmungsstücke, die der Informationstheorie fremd sind. Ihre Terminologie vermag nicht, den einzigartigen Vorgang zu beschreiben, durch den das organische System in sich selbst ein seiner Erhaltung dienliches Abbild seiner Umwelt erzeugt.

*1. Rückkoppelung*

Selbst die Existenz der Viren, in denen das für wahres Leben so wesentliche Geschehensprinzip des Stoffwechsels nicht verwirklicht ist, ist ohne die Vorgänge abbildenden Informationsgewinns nicht denkbar, und schon bei der einfachsten Zelle kennen wir einen ungeheuer komplizierten Apparat, der die vom Genom erworbene und gespeicherte Information an andere Teile des Systems weitergibt und regulative Wechselwirkung zwischen ihnen sichert. Seine Funktion ist menschlicher Nachrichtenvermittlung so weitgehend analog, daß scheinbar anthropomorphe Termini wie zum Beispiel »Botenstoffe« gerechtfertigt sind. Wie Otto Rössler jüngst formuliert hat, ist jeder Organismus, vom physikalischen Standpunkt gesehen, ein System, das Energie an sich reißt und in positiver Rückkoppelung (positive feedback) die gewonnene Energie zum Gewinnen weiterer verwendet. Dies ist noch kein dem Organischen allein eigenes Verfahren, ein Steppenbrand tut prinzipiell das gleiche. Das organische System aber ist dadurch gekennzeichnet, daß seine Fähigkeit, aus der Umwelt Energie zu gewinnen, auf der abbildenden Information beruht, die es über sie besitzt, und weiterhin dadurch, daß es einen Teil der gewonnenen zur Gewinnung weiterer Information benutzt, die ihm neue Möglichkeiten des Energiegewinns eröffnet. Jede Spezies lebender Wesen ist somit ein System mit positiver Rückkoppelung zwischen Energie- und Informationserwerb. Mit dem Erfolg des Energiegewinnes erhöht sich nicht nur die Wahrscheinlichkeit eines weiteren, sondern auch die eines Zuwachses an Information, die neue Energiequellen erschließt. Dies gilt schon für niedrigste Lebewesen. Ihr Fortpflanzungserfolg steigert nicht nur den Energiegewinn der Art mit Zinseszinsen, sondern im gleichen Verhältnis auch die Chance, durch Mutation und Neukombination des Erbgutes neue Information zu erwerben, was wiederum neue Chancen des Gewinnes eröffnet. Das gleiche Prinzip ist in jedem modernen Unternehmen der chemischen Industrie verwirklicht, das einen erheblichen Teil seines Gewinnes benutzt, um Forschung zu treiben.

## 2. Informationserwerb

Man muß sich klargemacht haben, daß das Leben auf Grund dieses Rückkoppelungsprinzips grundsätzlich dazu neigt, zu »wuchern«. Jede systemerhaltend günstige Mutation trägt nicht nur Zinsen, sondern geradezu phantastische Wucherzinsen; und eben dies macht es verständlich, daß Anpassungen trotz großer Seltenheit günstiger Mutationen in den verfügbaren Zeiträumen überhaupt möglich sind. Es ist ein Mißverständnis, zu glauben, daß der »reine Zufall« das Werden der Organismen regiere. Alles Leben betreibt aktiv ein Unternehmen des Informations- und Energieerwerbs. Schon eine sehr grobe Quantifikation zeigt, wie die Verfahrensweisen des Informationserwerbes mit der Höherentwicklung der Organismen immer wirksamer werden. Wie alles organische Geschehen, sind auch die Vorgänge des Informationserwerbes vielschichtig, und wie in allem organischen Werden beruht die Entstehung eines neuen Geschehensprinzipes darin, daß mehrere niedrigere Funktionen zu einer neuen und höheren integriert werden. Es gilt nun zu zeigen, wie viele urtümliche Methoden des Informationsgewinnes als Voraussetzungen und Bestandteile in den höchsten Leistungen des menschlichen Geistes mit enthalten sind.

Außer dem Informationserwerb, den alles Lebendige durch Mutation und Selektion betreibt, gibt es auch schon bei den niedrigsten Lebewesen einen Informationsgewinn durch das Individuum. Grundsätzlich nimmt jeder Regelkreis, der eine von außen kommende Störung auszuregulieren imstande ist, aus der Umgebung Information auf. Wenn zum Beispiel bei Bakterien die chemischen Mechanismen, die der Aufnahme lebensnotwendiger Stoffe dienen, bei Mangel dieser Substanzen an Zahl und Wirksamkeit vermehrt und bei Überangebot abgebaut werden, so heißt das, daß das lebende System Information über die »Marktlage« besitzt. Ein Vorgang der Anpassung an die individuelle Umgebung, der sich schon auf etwas höherer Ebene abspielt, ist es, wenn niedere Organismen bei sehr ungünstigen Lebensbedingungen Sporen bilden oder sich enzystieren, um so die böse Zeit zu überdauern.

Alle diese Bezugnahmen auf die zur Zeit vorliegenden Umgebungsbedingungen sind, strenggenommen, Modifikationen, das heißt, sie bestehen in Veränderungen der Maschinerie des ganzen Systems, weshalb sie auch stets verhältnismäßig große Zeiträume beanspruchen. Dieser Vorgang ist wahrscheinlich mit jenem wesensverwandt, den die Entwicklungsmechaniker Induktion nennen.

## 3. Reizbarkeit

Von anpassenden Modifikationen zu trennen ist ein anderes Verfahren des Informationserwerbs, das auf der sogenannten Reizbarkeit beruht. Ein phylogenetisch programmierter Mechanismus beantwortet eine Umweltwirkung – eben den »Reiz« – mit einer augenblicklichen, systemerhaltend sinnvollen Reaktion, *ohne* daß dabei, und dies ist wesentlich, der Mechanismus selbst in seinem Wirkungsgefüge verändert wird. Deshalb kann die Reaktion immer wieder und wieder in gleicher Form erfolgen. Es scheint nicht bekannt zu sein, ob es Einzeller gibt, die der Ortsbewegung fähig sind, der Reizbarkeit aber entbehren, was immerhin möglich wäre, da Lokomotion allein ausreicht, um die Wahrscheinlichkeit des Energiegewinnes zu erhöhen. Die einfachste bekannte Form des augenblicklichen Informationsgewinns durch Reizbarkeit ist die sogenannte Kinesis (Fraenkel und Gunn). Sie besteht darin, daß ein sich ungerichtet umherbewegender Organismus seine Bewegung verlangsamt, wenn er auf Reizsituationen trifft, die seiner genetischen Information als gewinnversprechend »bekannt« sind, wie zum Beispiel gewisse $CO_2$-Konzentrationen als Indikatoren für das Vorhandensein faulfähiger Substanzen. Wie Autos auf einer verengten, zum Langsamfahren zwingenden Straßenstelle sammeln sich die Organismen im günstigen Lebensraum. Im gleichen Sinne noch wirksamer ist es, wenn das Tier, das sich sowieso nie völlig geradlinig bewegt, auf den betreffenden Reiz hin die Winkel seiner Zickzackbahn vergrößert, eine Reaktionsweise, die als Klinokinesis bezeichnet wurde und die noch bei Vielzelligen, zum Beispiel bei Plattwürmern, vorkommt. Die Kinesen sind insofern ein hochwichtiges Verfahren, als durch sie – zum erstenmal im Reich des Lebendigen – vom Individuum eine ganz kurzfristige Information aus der Umgebung bezogen und »hic et nunc« ausgewertet wird.

Auf einer sehr viel höheren Ebene, sowohl was die Komplikation des Apparates als was die Quantität der gewonnenen Information betrifft, stehen die Vorgänge, die wir mit Kühn als Taxien bezeichnen. Im einfachsten Fall, bei der phobischen Reaktion, antwortet das Tier ausschließlich mit Wegwendung, wann immer es bei seinem ziellosen Umherschwimmen einer Verschlechterung der Umweltbedingungen begegnet. Solche Organismen reagieren nicht darauf, wenn sie in ein günstiges, das heißt Energiegewinn versprechendes Konzentrationsgefälle kommen, sondern nur, wenn sie von günstigeren in ungünstigere Regionen geraten. Dann vollführen sie eine Wendung, deren Ausmaß *nicht* von der Richtung des eintreffenden Reizes bestimmt ist, also nur wahrscheinlichkeitsmäßig und oft erst nach mehreren Wiederholungen in das günstigere Milieu zurückführt. Diese sogenannte phobische Reaktion ist im Reiche des Organischen weit verbreitet. Es soll auch Menschen geben, die eine Verbesserung ihrer Lebensbedingungen ohne merkliche Reaktion hinnehmen, Verschlechterungen dagegen mit massiver Abwehr quittieren. Verglichen mit der Kinesis erscheint phobische Reaktion als ein sehr viel rationelleres Verfahren des Informationsgewinnes, denn sie erhöht die Wahrscheinlichkeit, daß der Organismus energiebringende Situationen findet und energieverschwendende oder gefährliche vermeidet. Denn auch der Tod eines Individuums bedeutet natürlich für die Art eine Einbuße an ihrem »Kapital« von Energie.

Der phobischen Reaktion stellt Kühn die topischen Reaktionen oder Taxien im engeren Sinne gegenüber. Das sie kennzeichnende neue Geschehensprinzip besteht darin, daß der Organismus sich in einer Wendung, die in ihrem *Ausmaße* von der Richtung des eintreffenden Reizes bestimmt ist, von ihm weg oder zu ihm hinwendet. Während die phobische Reaktion zeigt, daß das Tier nur die eine Nachricht erhielt: »Diese Raumrichtung ist schlecht«, setzt die Taxis die ungleich mehr Information enthaltende Mitteilung voraus, *welche* unter sämtlichen möglichen Raumrichtungen günstig ist. In informationstheoretischer Terminologie könnte man sagen, daß die Transinformation zwischen der Umweltsituation und dem Verhalten des Organismus bei der topischen Reaktion um ein gewaltiges Vielfaches größer ist als bei der phobischen.

## 4. Verhaltensweisen

In der Kinesis, der phobischen und der topischen Reaktion ist ein Verfahrensprinzip verwirklicht, das bis zu den höchsten Lebewesen einschließlich des Menschen beibehalten wird. Es besteht darin, daß eine ganz bestimmte Verhaltensweise an das Eintreffen einer ganz bestimmten Reizsituation gekoppelt ist. Heute sehen wir das Problem nicht so sehr in der Physiologie des »Reflexes«, von dem sich unsere Vorstellungen sehr erheblich gewandelt haben, sondern in der Selektivität, mit der ein Organismus nur auf eine von vielen möglichen Reizsituationen mit einem bestimmten Verhaltensmuster antwortet. Die Frage, wie eine im Rezeptorischen entstehende Erregung auf ein bestimmtes effektorisches System übergeleitet wird, ist weit weniger aufregend als jene andere, wieso nur eine ganz bestimmte Kombination von »Schlüsselreizen« auslösend wirkt.

Wenn man das Ablaufen einer solchen Verhaltenskette, vom Eintreffen der Schlüsselreize bis zum Erreichen der gewinnbringenden oder verlustvermeidenden Endsituation, unter jenen natürlichen Umgebungsbedingungen beobachtet, für die sie in der Phylogenese programmiert wurde, neigt man dazu, die Selektivität des auslösenden Mechanismus zu überschätzen. Wenn man Paramaecien sieht, die schön in der Nähe eines Bakterien-Rasens bleiben, oder eben erst trocken gewordene Putenkücken, die beim Anblick eines dahinziehenden Raubvogels blitzrasch im Grase Deckung nehmen, oder einen handaufgezogenen jungen Habicht, der zum erstenmal eine flatternde Taube sieht und sie alsbald so fachmännisch schlägt und tötet, als habe er das schon hundertmal getan, so neigt man dazu, die im rezeptorischen Sektor dieses Geschehens enthaltene Information zu überschätzen. Im rezeptorischen Apparat ist indessen nur eine sehr grobe »Skizze« der auslösenden Reizsituation gegeben, deren Information eben hinreicht, zu verhindern, daß die ganze Verhaltenskette allzuoft in einer anderen als der »biologisch richtigen« Situation abläuft. Die phobische Reaktion von Paramaecium spricht auf andere, auch auf giftige

Säuren, ebenso gut an wie auf $CO_2$, vorausgesetzt, daß die H-Ionen-Konzentration stimmt. Die Raubvogel-Reaktion der Puten spricht auf jeden dunklen Gegenstand an, der sich gegen eine über dem Vogel befindliche helle Fläche abzeichnet und sich, in Eigenlängen gemessen, mit einer bestimmten Geschwindigkeit fortbewegt, zum Beispiel in einem unbeabsichtigten Experiment von Schleidt auf Stubenfliegen, die an der Zimmerdecke kriechen. Der Habicht spricht mit seiner Beutefangreaktion auf flatternde Bewegungen von Objekten bestimmter Größe so zwangsläufig an, daß er mit einer Attrappe, die aus vier Taubenflügeln, dem Federspiel, besteht, jederzeit angelockt werden kann.

Obwohl solche rezeptorischen Korrelate die biologische Situation, auf die sie ansprechen, nur in ganz groben Zügen erfassen und daher in nicht phylogenetisch »vorgesehenen« Fällen Fehlleistungen vollbringen, übermitteln sie doch unter den normalen Lebensbedingungen der betreffenden Tierart eine gewaltige Menge Information mit genügender Eindeutigkeit. Die Nachricht, die etwa in die Worte gefaßt werden könnte: »Hier ist ein zu bekämpfender Rivale«, oder »hier ist ein anzubalzendes Weibchen«, »ein Raubvogel, vor dem man Deckung nehmen muß« usw., ist verläßlich genug, um die feste Koppelung zwischen dem phylogenetisch programmierten Auslösemechanismus und den ausgelösten Verhaltensweisen statistisch sinnvoll zu machen.

Die bisher besprochenen Vorgänge der Kinesis, der phobischen Reaktion, der Taxien und des Ansprechens von angeborenen Auslösemechanismen haben alle die arterhaltende Funktion, den Organismus über Umstände zu informieren, die im *Augenblick* in seiner Umgebung obwalten und die es nötig machen, daß er in seinem Verhalten auf sie Bezug nimmt. Alle diese Leistungen sind die Funktion von nervösen Apparaten, die von der Spezies im Laufe ihrer Stammesgeschichte nach der bekannten Versuchs- und Erfolgsmethode des Genoms konstruiert worden waren. Das Ablaufen dieser Reaktionen *ändert nichts* an der nervösen Apparatur; nach der Terminologie Pawlows, der bekanntlich sehr weite Begriffsfassungen bevorzugte, fallen sie alle in die Kategorie der unbedingten Reflexe.


## 5. Lernen

Bei Tieren, die über ein zentralisiertes Nervensystem verfügen, kommt zu den eben besprochenen Methoden ein völlig neues und andersartiges Prinzip des Informationsgewinns hinzu, das Lernen. Die grandiose Erfindung besteht darin, daß der Erfolg oder Mißerfolg einer bestimmten Verhaltensweise auf ihre Maschinerie rückgekoppelt wird und deren Wirkung im Fall des Erfolgs verstärkt, in dem des Mißerfolgs jedoch dämpft. Hier wird also an der Maschinerie des Verhaltens eine Veränderung vorgenommen, die eine dauernde Verbesserung ihrer Leistung bewirkt, eine genauere Anpassung, die für den Organismus die Wahrscheinlichkeit des Energiegewinns vergrößert.

An welcher Stelle die anpassende Umkonstruktion des physiologischen Mechanismus ansetzt, ist immer noch unbekannt. Entgegen der Meinung mancher Biochemiker wage ich hier die Voraussage, daß die durch Lernen erworbene Information sich nicht als in Makromolekülen kodiert erweisen wird. Dazu müßte man nämlich annehmen, daß eine chemische Fabrik eine Konstellation nervlicher Impulse in ein Kettenmolekül kodiert und daß, in einem anderen Teil des Zentralnervensystems, ein neutraler Apparat diesen Code zu lesen versteht und in die Impulsfolge einer sinnvollen Verhaltensweise umsetzt. Auch wäre die deutliche Korrelation zwischen der Komplexität des Zentralnervensystems und des Verhaltens jeglicher Tierart bei chemischer Kodierung des Erlernten nicht zu verstehen. Lernen ist seinem Wesen nach eine Modifikation, der offenbar induktionsähnliche Vorgänge zugrunde liegen. Bei unvoreingenommener morphologischer Betrachtung zentralnervöser Strukturen liegt die Annahme nahe, daß sich diese Vorgänge in den Synapsen abspielen.

Die Methode des Informationsgewinns, die dem Lernen zugrunde liegt, zeigt erstaunliche Analogien zu derjenigen, mit der die Spezies in ihrem stammesgeschichtlichen Werden anpassende Information erwirbt. Ein prinzipieller Unterschied aber liegt darin, daß das lernende Individuum nach dem ursprünglich blinden Herumprobieren mit verschiedenen Verhaltensweisen nicht nur aus den Erfolgen, sondern auch aus seinen Mißerfolgen etwas lernt, während die mit Mutation blind würfelnde Spezies nur aus den Erfolgen Information gewinnt und nie »lernt«, daß es keinen Sinn hat, gewisse Mutanten, wie zum Beispiel Albinos, zu produzieren, weil sie alsbald von Raubtieren gefressen werden.

## 6. Einsicht

Ein zweiter, vielleicht noch wesentlicherer Unterschied aber liegt in der Taxiensteuerung des Verhaltens. Es hält schwer, Fälle aufzufinden, in denen ein höheres Tier ohne jede Orientierungskomponente blindlings ins Leere agiert. Fast immer ist die Richtung, in die ein Tier zu kriechen, zu flattern, zu kratzen oder zu nagen versucht, durch irgendeine Taxis bestimmt, und wenn dies auch manchmal zu falschen »Hypothesen« führen kann, ist doch der Erfolg des Verhaltens im allgemeinen erheblich wahrscheinlicher gemacht. Von den Vorgängen einer solchen vagen Richtungsfindung führt eine Reihe von Übergängen über das komplexe Zusammenwirken mehrerer Taxien zum Meistern von Umwegen und von da zu jener fast sofort einsetzenden räumlichen Orientierung des Verhaltens, die wir als »Einsicht« zu bezeichnen pflegen. »Einsichtig« sind per definitionem jene Verhaltensweisen, die ein prinzipiell neues Umweltproblem auf Grund der dem Organismus hic et nunc gegebenen Information auf Anhieb lösen – und eben das tun ja, wie wir schon sahen, auch bereits die Taxien. Sie meistern Richtungsprobleme, deren jedes in seiner besonderen Lösungsforderung durchaus einmalig ist.

So steckt also ein Element primitivster Einsicht in fast jedem Lernen durch Versuch und Irrtum, und umgekehrt steckt Lernen in jedem komplexeren Einsichtsverhalten. Der Schimpanse Köhlers, der einsichtig eine Kiste unter die von der Decke herabhängende Banane stellt, nimmt ja die Einzelheiten des ihm gestellten Problems in zeitlichem Hintereinander zur Kenntnis, wenn er sich zuerst den Köder und dann die zur Verfügung stehenden Mittel ansieht, er muß sich also die Gegebenheiten der Situation eine nach der anderen merken.

Der Vorgang des Lernens enthält als Teilfunktionen und Voraussetzungen seiner ganzheitlichen Leistung sämtliche schon vorher besprochenen Geschehensprinzipien des Informationsgewinns und noch einige mehr. Stets ist ein von der Phylogenese entwickelter sensorischer und neuraler Apparat nötig, um gezielt anpassende Veränderungen des Verhaltens zu bewirken, auch hat das Lernen durch Versuch und Irrtum zur Voraussetzung, daß der Organismus in irgendeiner Weise darüber informiert wird, was nun eigentlich ein Erfolg und was ein Irrtum war. Die Rolle des »angeborenen Lehrmeisters«, der ihm dies sagt, kann von recht verschiedenen sensorischen und neuralen Organisationen gespielt werden. Sehr häufig ist es offenbar ein angeborener Auslösemechanismus, der eine Kombination von entero- und exterozeptorischen Meldungen in die Nachricht verdichtet: »So ist es recht«, und das erlebende Subjekt in der zentralen Schaltstelle mit Lustgefühlen belohnt, sehr häufig ist es der Schmerzsinn, der als angeborener Schulmeister die strafende Rute schwingt. Gar nicht selten liegt angeborene Information in der Instinktbewegung (Erbkoordination) selbst. Sie ist als solche starr. Information in Gestalt eines angeborenen Auslösemechanismus ist oft kaum vorhanden, und das erfahrungslose Individuum probiert den Bewegungsablauf in verschiedensten Umweltsituationen. In der biologisch richtigen erhält es dann bestimmte Rückmeldungen, »Reafferenzen«, die den Erfolg der Verhaltensweise vermelden und als belohnendes Dressurmittel wirken. In allen Fällen aber bedarf der individuelle Informationsgewinn durch Lernen einer Grundlage von Information, die von der Spezies im Verlauf ihrer Stammesgeschichte erworben und im Genom gespeichert worden ist. Diese Information ist, um Kants Definition des Apriorischen zu paraphrasieren, vor allem Lernen da und muß da sein, um Lernen möglich zu machen.

Die sehr verschiedenen angeborenen Programmierungen und die mannigfaltigen Lernvorgänge, die an sie geschaltet werden können, fallen samt und sonders unter die Pawlowschen Begriffe der unbedingten und der bedingten Reflexe. An dieser Stelle möchte ich, nur in Parenthese, einige Worte über die Beziehungen zwischen dieser Art des nervenphysiologischen Informationserwerbs und dem subjektiven Erleben sagen. Ich muß dies tun, um nicht in den Verdacht zu kommen, ich meinte, der »kategoriale Einschnitt« zwischen den Hartmannschen Schichten des Organischen und des Beseelten sei in analoger Weise durch Kenntnis der Grundgesetze und Einsicht in die Struktur zu überbrücken, wie die Biochemie dies bei dem »Einschnitt« zwischen dem Anorganischen und dem Organischen zu tun im Begriffe ist.

## 7. Streiflicht auf das Leib-Seele-Problem

Auch Untersucher, die sich sonst einer objektivierenden Ausdrucksweise befleißigen, haben oft keine Bedenken, statt adressierender und abdressierender Reizsituation kurz Belohnung und Strafe zu sagen. Selbstverständlich enthalten diese Bezeichnungen Aussagen über tierisches Erleben; sie sind keineswegs so naiv, wie es zunächst scheinen könnte. Bei höheren Tieren ist das Nachrichtensystem des Zentralnervensystems so programmiert, daß eine sehr große Anzahl verschiedener Reizsituationen auf Grund phylogenetisch erworbener Information als arterhaltungsfördernd »bekannt« ist und als Belohnung gewertet wird. Bei Tieren mit reichem Reaktionsinventar hat es eine qualitativ gleiche adressierende Wirkung, ob man ihnen nun Wasser, Futter, die richtige Temperatur, Deckung, ein Weibchen usw. bietet. Die Zahl der abdressierenden Reizsituationen ist noch größer. Es ist, als ob diese vielfältigen Informationskanäle in konvergierendem Verlauf so »verdrahtet« wären, daß die höheren, dem Gesamtverhalten des Organismus vorstehenden Instanzen seines Zentralnervensystems nur die eine, vereinfachte, aber inhaltsschwere Information erhalten: »Brav, so mach's wieder« oder »Pfui, das darfst du nicht!« Es liegt ungemein nahe, zu spekulieren, daß ein primitives Erleben von Lust und Unlust mit eben dieser Dressierbarkeit durch verschiedenartige Reizsituationen in die Welt gekommen sei. Volkelt hat den schönen Satz ausgesprochen: »Das Erleben ist die wichtigste Schaltstelle der Natur, die Stelle, an der Vieles buchstäblich zu Einem wird, und die es erlaubt, an eine Vielzahl von Bedingungen eine einzige Folge zu schalten.« Tatsächlich ist die von uns erlebte Funktion der Schaltstelle ein neues Prinzip realen Geschehens, das in typischer Weise durch die Integration einer Mannigfaltigkeit zu einer Einheit höherer Ordnung entsteht. Man darf nur nicht glauben, daß man durch diese Feststellung der Lösung des Leib-Seele-Problems im geringsten näher gekommen sei. Das Erleben ist nicht selbst eine Schicht der realen Welt, es ist vielmehr das bestimmende Seins- und Geschehensprinzip in einer ganz besonderen Schicht der organischen Vorgänge.

N. Hartmanns Aussage, daß die kategorialen Einschnitte zwischen den vier Hauptschichten des realen Weltgeschehens »vielleicht nur für uns« unüberbrückbar seien, hat für den Einschnitt zwischen dem unbeseelten und dem beseelten organischen Geschehen eine besondere Bedeutung. Es ist nicht nur für uns auf dem gegenwärtigen Standpunkt unseres Wissens, sondern für uns auf dem gegenwärtigen Entwicklungsstandpunkt unseres Erkenntnisapparates unüberbrückbar. Warum von allem Lebensgeschehen sich gerade die Vorgänge, die sich in jener zentralen Schaltstelle abspielen, in unserem Erleben spiegeln und uns die phänomenale Welt malen, wissen wir nicht. Daß dem so ist, mag interessant und wichtig erscheinen, in bezug auf die Beziehung zwischen Leben und Erleben besagt es wahrscheinlich gar nichts. Diese Beziehung ist, wie N. Hartmann sich ausdrückt, grundsätzlich alogisch.

*8. Neugierlernen*

Zurück zum Informationserwerb durch Lernen! Auf dem Lernen, dessen so ziemlich alle Organismen mit einigermaßen zentralisiertem Nervensystem fähig sind, baut sich bei den höchsten Wirbeltieren ein neues Verfahren des individuellen Informationserwerbs auf, das Explorieren, zu deutsch Forschen. In seinem Buch »Der Mensch« vertrat Gehlen die Meinung, daß diese Leistung spezifisch menschlich sei. Er sagt: »Es ist nur der Situationsdruck des präsenten Triebreizes, der die Lernvorgänge hervortreibt, so daß das Tier wesentlich abhängig arbeitet . . . Es verselbständigt sein Tun eben nicht, das deshalb unsachlich ist.« Von den explorierenden Verhaltensweisen, sagt Gehlen, sie seien »sensomotorische mit Seh- und Tastempfindungen vereinigte Bewegungsvollzüge, welche Kreisprozesse sind, die den Reiz zur Fortsetzung selbst erzeugen. Sie geschehen ›begierdelos‹, sie haben keinen unmittelbaren Wert der Trieb-Befriedigung . . . Dieses produktive Umgangsverhältnis (mit den explorierten Umweltdingen) ist zugleich ein sachliches.« Der Gegenstand wird durch dieses Verfahren, wie Gehlen sagt, »intim gemacht« und »zurückgestellt«, das heißt in dem Sinne ad acta gelegt, daß der Mensch im Bedarfsfall auf ihn zurückgreifen kann.

Besser kann man die Besonderheit des explorativen, oder, wie die Amerikaner sagen, latenten Lernens und die Unterschiede, die es als ein neues Geschehensprinzip vom gewöhnlichen Erwerben bedingter Reaktionen absetzen, gar nicht kennzeichnen. Deshalb zitiere ich diese Sätze Gehlens verbatim, nicht ohne zu betonen, daß er den einzigen in ihnen enthaltenen Irrtum längst korrigiert hat.

Dieser Irrtum lag darin, das Explorieren für spezifisch menschlich zu halten. Es gibt unter den höchstorganisierten Vögeln und Säugetieren eine Reihe von Formen, die nur verhältnismäßig wenig und wenig spezialisierte phylogenetische Information mit auf die Welt bringen. Ihre angeborenen Auslösemechanismen sind wenig selektiv, ihre Erbkoordinationen einfach, dafür aber von weiter Anwendbarkeit. Die Stärke solcher Wesen, die in vielen Fällen zu durchschlagendem biologischem Erfolg führt, liegt in ihrem mächtigen Drang zu explorieren. Sie probieren nicht nur in jeder neuen Umweltsituation ihr ganzes Inventar an Bewegungsweisen durch, sondern sie sind dauernd auf der Suche nach neuen Dingen, die ihnen eben dazu Gelegenheit bieten. Ein Kolkrabe behandelt jedes ihm neue Objekt zunächst als potentielle Gefahr, das heißt als Raubtier; er exploriert vorsichtig, gewinnt Mut, geht zum Angriff über, der ebensowohl einem kleineren Raubfeind wie einer größeren Beute gelten könnte, probiert dann Bewegungsweisen des Tötens und Zerstückelns durch, versteckt die Stücke oder verwendet sie, nachdem er eine weitergehende Indifferenz gegenüber dem vertrauter werdenden Gegenstand erworben hat, zum Bedecken anderer, zu versteckender Objekte. Wichtig für das Verständnis dieser Vorgänge ist die Trieblage des Tieres: Dies alles geschieht nur, wenn es *nicht* hungrig oder ernstlich in Angst versetzt ist, mit anderen Worten nur im »entspannten Feld«, wie Bally in Anlehnung an die Feldtheorie Kurt Levins treffend sagt. Vermenschlicht ausgedrückt: Der Rabe will nicht fressen, sondern er will wissen, ob ein Ding freßbar und ungefährlich sei. Das erworbene Wissen ist also im strengsten Sinne des Wortes sachlich.

## IV. Tradition

Ein zweites Geschehensprinzip, von dem ebenfalls viele Denker annahmen, es sei spezifisch menschlich, ist das Weitergeben von individuell erworbenem Wissen durch Tradition. Ich glaube, ich darf den Ruhm beanspruchen, als erster echte Tradition bei Tieren nachgewiesen zu haben, als ich vor vierzig Jahren an Dohlen entdeckte, daß diese Vögel keinerlei phylogenetisch erworbene Information über das Aussehen von Raubfeinden besitzen, sondern als Jungvögel durch das Warnverhalten älterer Artgenossen erfahren, daß Katzen und andere Raubtiere gefährlich sind. Die nahe verwandte Elster »weiß« instinktiv, daß alles, was einen Pelz trägt, ein Raubfeind ist. Steiniger hat experimentell gezeigt, daß sich in einer Sippe von Wanderratten die Kenntnis bestimmter Gefahren, zum Beispiel von Giften, weit über die Lebensdauer der Individuen hinaus erhalten kann, die selbst Erfahrungen damit gemacht hatten. Bei Affen haben in jüngster Zeit die japanischen Forscher Kawai und Kawamura entdeckt, daß echte Erfindungen, wie zum Beispiel das Verfahren, erdige Kartoffeln im Wasser zu waschen oder Weizenkörner von Sand mittels der Technik des Goldwaschens zu trennen, traditionell weitergegeben werden können. Die Fähigkeit, individuell erworbenes Wissen und Können an spätere Geschlechter zu vererben, bedeutet nicht mehr und nicht weniger als die berühmte »Vererbung erworbener Eigenschaften«, die es bekanntlich nicht gab, ehe die Tradition als neues Geschehensprinzip in die Welt kam. Sie ist eine der unentbehrlichen Voraussetzungen für die gesamte kulturelle Entwicklung des Menschen, und es ist sicherlich berechtigt, wenn die Anthropologen, die traditionelle Informationsübermittlung bei Affen entdeckten, von »Vor-Kulturen« gesprochen haben.

Die Weitergabe individuell erworbener Information ist bei fast allen bekannten Tieren an die Gegenwart des Objektes gebunden, auf das sich die Mitteilung bezieht (Wickler). Nur gewisse Bienen können, wie wir durch die Forschungen von Frischs und seiner Schüler wissen, durch echte Symbole Sachverhalte mitteilen.

## V. Spezifisch menschliche Leistungen

Hier kommt uns die Frage Herders in den Sinn: »Was fehlet dem menschenähnlichsten Tiere, dem Affen, daß er kein Mensch wardt?« Selbst wenn man den Menschen mit dem illusionslosen Blick des Naturforschers nur »von unten her« betrachtet, findet man Seins- und Geschehensprinzipien, die ganz sicher nicht da waren, ehe der Mensch zum Menschen wurde. Von ihnen will ich nun sprechen.

Sicher ist das wichtigste Prinzip, das mit dem Menschen in die Welt kam, oder, besser gesagt, dessen In-die-Welt-Kommen die Menschwerdung bedeutet, die Entstehung des *reflektierenden Selbstbewußtseins*. Wie schon gesagt, sind alle Lebewesen Systeme vielschichtiger Rückkoppelung von in allerlei Verfahren erworbener Information und Energie. So gesehen, ist der Mensch das Lebewesen »kat exochen«. Es ist kein Wunder, daß er bei seinem unersättlich neugierigen und machtgierigen Explorieren schließlich *sich selbst* ins Blickfeld der eigenen Forschung bekam. Die Folgen dieser Entdeckung allerdings waren wunderbar.

Die erste Reflexion, das erste Sich-im-Spiegel-Sehen, braucht noch gar nicht mit jenem großen Staunen über sich selbst und das bisher Selbstverständliche einhergegangen zu sein, das der Geburtsakt der Philosophie ist. Ein zunächst ohne Verwunderung hingenommenes Wissen um die Tatsache, daß das eigene Ich in einem Wesen wohnt, das grundsätzlich so wie der bekannte Artgenosse beschaffen ist, genügt völlig, um eine neue Rückkoppelung von Geschehnissen hervorzurufen, die geradezu himmelstürmende Folgen hat. Geschehensweisen, die in der organischen Schöpfung seit je und allenthalben vor sich gehen, werden zu etwas grundsätzlich Neuem, wenn sie im Spiegel des nicht nur erlebenden, sondern auch erlebten eigenen Ich gesehen werden.

Möglicherweise ist Reflexion, durch die das Subjekt sich seiner Subjektivität erstmalig bewußt wird, die Voraussetzung für alle anderen, nur dem Menschen eigenen Prinzipien des Verhaltens. Wohl liegt schon in jedem explorativen Neugierdeverhalten der Tiere etwas von Frage und Antwort. Wohl vollbringt die Gestaltwahrnehmung, die den höheren Tieren in fast gleicher Form zu eigen ist wie dem Menschen, Leistungen, die in ihrer höchsten Differenzierung der rationalen Abstraktion funktionell sehr ähnlich sind. Wohl kommt die hochentwickelte Raumeinsicht eines Anthropoiden dem Denken des Menschen erstaunlich nahe. Ich glaube aber, daß das echte begriffliche Denken, wie die Athene aus dem Haupte des Zeus, aus dem Kopf des Menschen entsprungen ist, als er nicht nur das betastete Umweltding, sondern auch das Tasten der eigenen Hand *gleichzeitig* im Gesichtsfeld seines Weltbildes erblickte. Da wurde das Greifen mit der Hand zum Begreifen mit dem Hirn und das, was das Zentralnervensystem als wesentlich herausgreift, wurde zum Begriff.

Das alles ist Spekulation. Die Genese von begrifflichem Denken und Reflexion kann sehr gut auch den umgekehrten Weg gegangen sein. Die zunehmende Sachlichkeit des spielerischen Explorierens von Umweltdingen kann dazu geführt haben, daß die eigene Hand, die im Blickfeld des Explorierenden agierte, die forschende Neugierde auf das eigene Greiforgan und, pars pro toto, das eigene Selbst lenkte. Wenn man einem gelangweilten Schimpansen zusieht, der mangels eines besseren Spielzeugs die eigene Hand betrachtet, während er die Finger krümmt und wieder ausstreckt, kommt einem leicht der Gedanke, es sei eine Voraussetzung für die Entstehung von Reflexion gewesen, daß die

Hand des Anthropoiden, deren Ausbildung in so engem stammesgeschichtlichen Zusammenhang mit derjenigen seiner Raumintelligenz steht, bei ihrer Tätigkeit sich stets in seinem Gesichtsfeld befindet. Beim Menschen ist das Zielen der Hand nach einem bestimmten Umweltobjekt durch Rückkoppelung der optischen Wahrnehmung der eigenen Hand geregelt. Meines Wissens hat noch niemand den Mittelstaedtschen Zeigeversuch mit einem Affen wiederholt; ich vermute, daß zumindest bei Anthropoiden die gesehene Bewegung der eigenen Hand in einen Regelkreis rückgespeist wird, der die Richtung des Griffes während des Greifens optisch kontrolliert und genauer einstellt. Eine solche Kontrolle der eigenen Körperbewegungen durch ein exterozeptorisches Sinnesorgan scheint nur bei den höchstentwickelten Primaten vorzukommen. Selbstverständlich ist es auch die Voraussetzung für jeden Werkzeuggebrauch.

*1. Der Artgenosse als Spiegelbild*

Möglicherweise entstammen die ersten Anfänge reflektierenden Selbstbewußtseins aus einer dritten Quelle. Es ist vorstellbar, daß der erste »Spiegel«, in dem der Mensch sein eigenes Ich erkannte, der Mitmensch war. Wenn bei einem Lebewesen der Trieb zur spielerischen Exploration, wie ich sie eben am Beispiel des Kolkraben schilderte, extrem stark entwickelt ist und die betreffende Art gleichzeitig in eng geschlossenen Sozietäten lebt, ist es beinahe unausbleiblich, daß die befreundeten Mitglieder einer Gruppe *einander* zum Gegenstand ihres Neugierverhaltens machen. So kann aus dem Frage-und-Antwort-Spiel, wie es grundsätzlich jedes explorierende Neugierwesen mit seiner Umwelt treibt, ein Zwiegespräch zwischen Artgenossen geworden sein. Dies kann ebenso zur Entstehung von erlernten und später ritualisierten Verständigungsmitteln wie zu der eines reflektierenden Ich-Bewußtseins geführt haben. Beides zusammen bildete dann die Grundlage für Sprachsymbolik und begriffliches Denken. Wie dem auch gewesen sein mag, auf alle Fälle bildete ein hochentwickeltes Gesellschaftsleben eine wichtige Voraussetzung der Menschwerdung. Es ist ein weitverbreiteter Irrtum, daß alle Antriebe und Motive menschlichen Verhaltens, die nicht dem Vorteile des Individuums, sondern dem der Gemeinschaft dienen, den spezifisch menschlichen Leistungen des begrifflichen Denkens und der verantwortlichen Moral entspringen. Höhere soziale Tiere verfügen über Triebe und Hemmungen, die den Geboten verantwortlicher Moral in erstaunlichen Einzelheiten analog sind. Auch der Mensch ist mit solchen ererbten Normen sozialen Verhaltens reichlich ausgestattet. Viele Leute hören das nicht gerne, weil sie sich schmeicheln, ausschließlich von vernunftmäßiger Moral zu selbstlosem Handeln veranlaßt zu werden. Das Gewissen, die con-scientia, ist das Wissen des Individuums um die Tatsache, daß es Teil und Mitglied einer über-individuellen sozialen Einheit ist. Dieses Wissen hat reflektierendes Selbstbewußtsein zur Voraussetzung und ist seinerseits Voraussetzung einer zweiten spezifisch menschlichen Eigenschaft, der moralischen Verantwortlichkeit.

Schon die Sprachlogik dieses Wortes besagt, daß in der Verantwortung ein Stellen von Fragen enthalten sein muß, ein Zwiegespräch des Menschen mit seiner sozialen Umwelt. Baumgarten hat gezeigt, daß der eigentlich wesentliche Bestandteil des Vorganges, der zum kategorischen Imperativ Immanuel Kants führt, die Frage nach den Folgen einer bestimmten Handlung ist. Auch diese Frage aber würde nie einen Imperativ oder ein Veto zur Antwort erhalten, wenn sie von einem aller Gefühle, das heißt aller instinktiven Antriebe baren Verstandeswesen gestellt würde. Ein solches Wesen könnte die Folgen seines Handelns noch so genau voraussehen und würde dadurch keineswegs an satanischer Zerstörung, zum Beispiel am Auslösen einer Wasserstoffbombe, gehindert werden. Stets sind es *Wertempfindungen* und in den meisten Fällen die Liebe zu irgend etwas, zu dem brüderlichen Mitmenschen, zur Familie, zu der Gruppe persönlicher Freunde, zur eigenen Kulturgruppe und schließlich zu größeren und abstrakteren humanitären Werten, die das unentbehrliche Vorzeichen von Plus oder Minus vor die Antwort auf die kategorische Frage setzen.

## 2. Wortsprache

Das instinktmäßige Band, das kleinere und größere soziale Gruppen umschließt und zusammenhält, ist auch die Voraussetzung für die Entstehung der Wortsprache gewesen. Das Problem, ob das begriffliche Denken vor der Wortsprache entstand oder umgekehrt, ist im Grunde so sinnlos wie die analoge Fragestellung, die Henne und das Ei betreffend. Immerhin ist begriffliches Denken ohne Sprechen möglich, das Umgekehrte aber kaum. Jedenfalls können ohne die Symbolik der Wortsprache Begriffe nicht gebildet werden, die vielen Individuen gemeinsam und mitteilbar sind. Wie viele andere Normen sozialen Verhaltens verdanken die Symbole unserer Wortsprache ihre Entstehung einem Vorgange, den wir mit Huxley als Ritualisation bezeichnen. Ich habe an einer anderen Stelle (1966) ausführlich über diesen Vorgang und seine merkwürdigen Analogien zu der stammesgeschichtlichen Entstehung von instinktiven Verhaltensmustern gleicher Funktion bei Tieren gesprochen. Was wohl der Mitteilungsgehalt der ersten durch kulturelle Ritualisation festgelegten Symbolhandlungen gewesen sein mag? Waren es mimisch dargestellte Tätigkeiten, die, analog zu manchen phylogenetisch entstandenen Signalbewegungen, den Artgenossen zum Mittun bei einer gemeinsamen Leistung aufforderten, also etwa besagten: »Hilf mir, diesen Stein zu wälzen«? Andeutungen solchen Verhaltens finden sich beim Schimpansen. Waren es kultische Tänze oder/und kriegerische Gesänge, durch die sich die Krieger einer Horde in die richtige Stimmung zum Angriff auf die Nachbarhorde hineinsteigerten, wozu ebenfalls schon der Schimpanse gewisse Ansätze erkennen läßt? Wir wissen es nicht, aber wir können annehmen, daß es solch primitive, aber bedeutungsgeladene Symbole gewesen sein müssen, in deren Dienst sich das Sprachhirn des Menschen entwickelt hat.

## VI. Kulturelle Pseudo-Artenbildung

Die Bildung eines funktionsfähigen Systems ritualisierter und traditionell weitervererbter Normen des sozialen Verhaltens hat nicht nur zur Voraussetzung, daß eine ethnische Gruppe durch eine Reihe von Generationen bestehen bleibt, sondern auch, daß sie gegen die Einflüsse benachbarter Gruppen isoliert ist. Die Teile eines Systems differenzierter Normen sozialen Verhaltens sind nicht mit denen eines anderen, unabhängig entstandenen Systems austauschbar. Die divergierende Entwicklung von Kulturen zeigt in mehreren Hinsichten bedeutsame Analogien zur Artenbildung. Zwei Unterarten, die sich in verschiedenen Richtungen differenziert haben, können nicht mehr miteinander gekreuzt werden, ohne daß Disharmonien und Anpassungsverluste eintreten. Überlieferte Verhaltensnormen sind zwar plastischer als solche, die im Genom verankert sind, und daher eher miteinander in einem funktionsfähigen System zu vereinen. Dennoch gibt es bei Vermischung zweier Kulturen meist Ent-Differenzierungserscheinungen, wofern nicht eine der beiden um so viel stärker ist, daß sie die andere völlig assimiliert und damit vernichtet. Ein Beispiel für eine durch Vermengung gleichwertiger Kulturen verursachte Ent-Differenzierung, das uns allen vertraut ist, bildet das heute übliche Journalistendeutsch mit seinen ungrammatikalischen Anglizismen.

Die für die Entwicklung einer Kultur nötige Abschirmung gegen fremde Einflüsse wird durch einen psychologischen Mechanismus bewirkt, der deutliche, wenn auch rein funktionelle Parallelen zu jenen ethologischen »Barrieren« zeigt, die eine Kreuzung nahverwandter Arten verhindern. Er besteht im wesentlichen darin, daß die Mitglieder einer ethnischen Gruppe die von ihr ausgebildeten Normen sozialen Verhaltens als hohe Werte empfinden, die einer benachbarten, vergleichbaren Gruppe hingegen aber als minderwertig. Die als Gruppensymbole fungierenden und mit Begeisterung verteidigten Riten sind je nach der Größe und der hierarchischen Einstufung über- und untergeordneter Kulturgruppen sehr verschieden. Bei kleinsten ethnischen Gruppen, etwa bei Schulen oder militärischen Einheiten, bestehen die gruppeneigenen ritualisierten Verhaltensmuster meist nur in einem Jargon, einem bestimmten Akzent oder besonderen Manieren und so weiter, die, wie gesagt, von Gruppenmitgliedern mit Stolz als besonders »fein« empfunden werden. Von diesen einfachsten, meist gar nicht als solche erkannten Symbolen kleinster ethnischer Gruppen führen alle denkbaren Übergänge zu den verehrten Riten übergeordneter Einheiten, wie politische Ideologien, Nationen oder Religionen.

Die Art und Weise, in der sich im Laufe der Kulturgeschichte eine größere und ältere Gruppe in kleinere und jüngere aufteilt, ist der Entstehungsweise von Unterarten, Arten, Gattungen und so weiter in der Phylogenese in so vielen Einzelheiten analog, daß Erikson mit Recht von einer »Pseudo-Speziation«, von Schein-Artenbildung, gesprochen hat. Naive Menschen betrachten nur Mitglieder der eigenen Kulturgruppe als wirkliche Mitmenschen, bei vielen sogenannten Primitiven ist das Wort, das den eigenen Stamm bezeichnet, synonym mit »Mensch«. Auch für die hochkultivierten alten Griechen war ein Mann, dessen Sprache man nicht verstand, ein Unmensch; das Wort Barbaros ist von der onomatopoetischen Bezeichnung für unverständliches Gemurmel abgeleitet. Dadurch, daß die Mitglieder einer anderen Kulturgruppe zu Nicht-Menschen gestempelt werden, entsteht eine Gleichgewichtsstörung zwischen Aggression und Aggressionshemmung; man empfindet gegen die gruppenfremden Menschen einen so intensiven Haß, wie man ihn nur gegen Artgenossen und niemals gegen ein Tier, und sei es das gefährlichste Raubtier, fühlen kann. Die aggressionshemmenden Faktoren aber sind durch die Überzeugung beseitigt, daß das Objekt des Angriffes gar kein Mensch sei. Von diesem Standpunkt ist es kein Kannibalismus, wenn man nach dem Massaker die Gefallenen des Nachbarstammes aufißt.

Ohne die kulturelle Pseudo-Artenbildung gäbe es wahrscheinlich keinen Krieg. Möglicherweise haben schon die Mitglieder einer Horde von Australopithecinen die der anderen verachtet und gehaßt, weil ihre primitivsten Riten in einigen Äußerlichkeiten von den eigenen verschieden waren. Dies entspräche jedenfalls dem Verhalten moderner Kulturgruppen. Immerhin gibt es Anlaß zu Hoffnung, daß der Krieg der Menschen ein Kulturprodukt ist, das, wenn es auch eine instinktive Grundlage hat, doch nicht rein instinktiver Natur ist, wie die kollektive Aggression mancher Rattenarten.

## VII. Ontogenese des Kulturträgers

Zum Mitglied einer Kulturgruppe wird der junge Mensch dadurch, daß er bestimmte Verhaltensweisen von älteren Gruppenmitgliedern übernimmt. Dieser Vorgang erinnert in mancher Hinsicht an die sogenannte Prägung, wie wir sie an Tieren kennen. Er kann nämlich nur in einem bestimmten Lebensalter und nur einmal voll wirksam werden. Ein Mensch, der sich in seiner Jugend mit bestimmten Idealen und kulturellen Werten identifiziert hat, kann sich, wenn er sie verliert, für andere nie wieder in gleichem Maße begeistern.

Durch diesen Vorgang eines »Bedingens« (conditioning) werden instinktive Verhaltensweisen, deren Objekte bei unseren Vorfahren die soziale Gruppe mit ihren konkreten Mitgliedern war, auf die Kulturgruppe oder, genauer gesagt, auf die Riten und Verhaltensnormen übertragen, die sie ebensowohl zusammenhalten wie symbolisieren. Man bringt den Symbolen seiner heimatlichen Kulturgruppe sehr ähnliche warme Gefühle und eine Anhänglichkeit entgegen wie Familienmitgliedern und Freunden. Ihre Bedrohung löst mit der Voraussagbarkeit eines Reflexes eine Reaktion kollektiver Aggression aus, die selbst in ihrer Motorik, wie Haaresträuben und Kinnvorstrecken, der kollektiven Verteidigungsreaktion des Schimpansen ähnelt.

Diese mit allen Eigenschaften eines Instinktes behaftete »militante Begeisterung« hat die ebenso nützliche wie gefährliche Eigenschaft, alle anderen Antriebe und Motivationen zu unterdrücken. Sie muß offenbar so konstruiert sein; das Mitglied einer palaeolithischen Horde mußte alles andere vergessen, alle Interessen, Vorlieben, Lebensinhalte, alle Rücksichten und Hemmungen verlieren, um sich restlos für die Verteidigung der Sozietät einsetzen zu können. Heinrich Heines »Was schert mich Weib, was schert mich Kind« drückt diesen psycho-physischen Zustand sehr gut aus. Ähnlich wie sexuelle Erregungszustände ist er stark lustbetont, und ähnlich wie diese kann er das Individuum zu Handlungen veranlassen, die seiner sonstigen Persönlichkeit erstaunlich fremd sind.

*Jugendliche*

Der Erwerbungsvorgang, durch den ein Jugendlicher in den Besitz aller Überlieferungen seiner Kultur kommt, verläuft nach einem phylogenetisch festgelegten Programm wie alle Lernvorgänge überhaupt. Der Mensch ist schon phylogenetisch so konstruiert, daß viele seiner Verhaltensmuster, ja seiner nervlichen Organisationen gar nicht funktionieren können, ohne durch kulturelle Überlieferungen ergänzt zu werden. Das beste Beispiel ist das als Organ lokalisierbare Sprachhirn, das eines kulturhistorisch entstandenen, dem Individuum überlieferten Systems von Symbolen bedarf, um seine Leistung entfalten zu können.

In bedeutsamer Weise kommt die phylogenetische Herkunft der in Rede stehenden Erwerbungsvorgänge in den Bedingungen zutage, die erfüllt sein müssen, wenn ein junger Mensch die Traditionen der Kultur, in die er hineingeboren wurde, annehmen soll. Es kommt dabei, auch bei vollwertigen und gescheiten Jugendlichen, erstaunlicherweise weit weniger auf den einsehbaren Wert oder Unwert der betreffenden Tradition an als auf ganz bestimmte soziologische Beziehungen, in denen der Empfänger der Überlieferung zu ihren Gebern steht. Liebe und Begeisterung für die Werte einer Kultur entstehen offenbar nur dann mit einiger Verläßlichkeit, wenn der Heranwachsende mit einem oder mehreren ihrer Vertreter in engem sozialen Kontakt steht, gemeinsame Aufgaben mit ihnen vollbracht hat und, nicht zuletzt, ein gerütteltes Maß von Respekt für sie besitzt. Sigmund Freud hat in seiner Rekonstruktion der archaischen Vaterfigur, dem »Old Man« einer »Urhorde«, vielleicht allzuviele Züge eines kinderfressenden Kronos verliehen. Allerdings muß der Repräsentant des Über-Ich, dessen Verhaltensnormen man zu den seinen macht, nicht nur liebenswert sein, sondern auch, wenn nicht gerade Furcht, so doch das Gefühl der unbedingten Anerkennung seiner rangordnungsmäßigen Überlegenheit einflößen. Auch die Ethnologen bezeugen, daß für die Aufrechterhaltung überlieferter Sitten und Gebräuche nicht nur die Liebe zu ihnen verantwortlich ist, sondern mindestens ebensosehr die Furcht vor den Folgen ihrer Mißachtung. Unsere für subtile psychologische Zusammenhänge so feinfühlige deutsche Sprache besitzt bezeichnenderweise das Wort »gottesfürchtig«.

## VIII. Gefährdung der Kultur

Ich möchte nochmals betonen, daß hier *nicht* die menschliche Kultur und ihre geistigen Blüten behandelt werden, sondern die unvergleichlich viel einfacheren verhaltensphysiologischen Mechanismen, die ihre Grundlage bilden. Ich habe den Menschen immer nur »von unten her angeleuchtet« und will nun zu zeigen versuchen, weshalb dies nötig ist. Nur von diesem Blickpunkte werden die Ursachen der beiden großen Gefahren sichtbar, die uns heute bedrohen. Die erste ist der *Krieg*, die zweite aber ein immer rascher um sich greifender *Verfall unserer Kulturen* durch Abreißen der Tradition. Diese Gefahren gleichen insofern Skylla und Charybdis, als die Möglichkeiten, die eine zu vermindern, fast ausnahmslos die andere steigern.

Alles über divergierende Kulturentwicklung und »Pseudo-Artenbildung« Gesagte macht es verständlich, daß die Wahrscheinlichkeit wie auch die Furchtbarkeit eines Krieges sowohl mit der Größe der kriegführenden Gruppen als auch mit der Verschiedenheit ihrer Kulturen anwächst. Als noch faustkeilbewaffnete kleine Horden von Steinzeitmenschen, jede im Bewußtsein ihrer heiligen Berechtigung, aufeinander losgingen, mag die haaresträubende und kinnvortreibende militante Begeisterung noch einen gruppen- und kulturerhaltenden Wert gehabt haben. Sollten die gleichen instinktiven Antriebe noch einmal die Herrschaft über große Kollektive an sich reißen, so kann das den Untergang der Menschheit bedeuten.

Wenn große Kulturgruppen in Frieden koexistieren sollen, müssen die Mitglieder jeder einzelnen überzeugt sein, daß alle Kulturgüter jeder anderen, alle ihre geheiligten Überlieferungen und Normen sozialen Verhaltens, ihre Ideologie und ihre Religion, völlig gleichwertig mit den entsprechenden Gütern der eigenen Kultur sind. Der Preis, der für die volle Anerkennung fremder Kulturwerte bezahlt werden muß, ist somit die Relativierung der bisher für absolut gehaltenen Werte der eigenen Kultur.

## 1. Störung kultureller Tradition

Dies aber trägt dazu bei, die zweite Gefahr zu steigern, die des Abreißens der kulturellen Traditionen. Dieser Vorgang, der sich in beängstigender Weise zu beschleunigen scheint, hat eine seiner wichtigsten Ursachen in einer Störung der sozialen Beziehungen zwischen der Tradition gebenden und der sie übernehmenden Generation. Die schon erwähnten Bedingungen, unter denen junge Menschen bereit sind, soziale Normen der älteren Generationen zu den ihrigen zu machen, bleiben allzuoft unerfüllt. Es fehlt ebensowohl der enge Kontakt zwischen den Generationen, der nur durch gemeinsame Arbeit und Ringen um ein gemeinsames Ziel hergestellt werden kann, als auch die unentbehrliche Rangordnungsbeziehung zwischen Eltern und Kindern. Viele Eltern getrauen sich, vielleicht auf Grund eines Mißverstehens demokratischer Prinzipien, nicht mehr, ihren Kindern gegenüber eine übergeordnete Stellung in der sozialen Rangordnung zu behaupten; da die Kinder ihrerseits ungehemmt dem Drang nach möglichst hoher Rangstellung frönen, ergibt sich eine Umkehrung des phylogenetisch »vorgesehenen« Verhältnisses. Da sich kein Mensch je nach den Sitten und Gebräuchen seines Untergebenen richtet, denkt die jüngere Generation gar nicht daran, die Verhaltensnormen der älteren zu übernehmen. Da nun aber der Mensch, wie schon gesagt, von Natur aus ein Kulturwesen ist, sind solche der Tradition entbehrende Jugendliche zutiefst unbefriedigt und werden von dem ererbten Trieb, irgendeiner Gruppe anzugehören, dazu veranlaßt, die erstaunlichsten Ersatzobjekte anzunehmen oder gar zu erfinden. Man muß sich vergegenwärtigen, welche Stärke des Dranges nötig ist, um einen normal intelligenten Jugendlichen aus »gutem Hause« dazu zu bringen, sich einer Bande jugendlicher Krimineller oder Halbstarker, den Mods und Rocks oder der Gemeinde der Beatle-Begeisterten anzuschließen. Dann wird man sich nicht mehr über die Gier wundern, mit der sich eine nach Idealen hungernde Jugend auf die wohldurchdachten Attrappen demagogischer Rattenfänger stürzt.

Die Unterbrechung der Überlieferung hat auch andere Ursachen. Die technologische Entwicklung und die rasche Zunahme der Bevölkerung zwingen der Menschheit so rasche ökologische und soziologische Veränderungen auf, daß kulturelle Verhaltensnormen immer schneller veralten und daß das Maß der Umstellung, die zwischen einer Generation und der nächsten gefordert wird, immer rascher anwächst. Der junge Mensch hat zwar um die Zeit seiner Pubertät eine sicherlich phylogenetisch »programmierte« Fähigkeit, überlieferte Riten und Verhaltensnormen zu revidieren und sie neuen Verhältnissen anzupassen; diese Fähigkeit wird aber mehr und mehr überfordert, so daß die Jugend dazu neigt, Traditionen in Bausch und Bogen zu verwerfen.

In gleicher Richtung wirkt sich die in der wissenschaftlichen Forschung durchaus richtige Geisteshaltung aus, die darin besteht, nichts zu glauben, was nicht zwingend bewiesen werden kann. Born hat darauf aufmerksam gemacht, wie gefährlich diese Skepsis kulturellen Überlieferungen gegenüber ist. Ihr System enthält einen ungeheuren Schatz von Information, die nicht durch wissenschaftliche Methoden als richtig erwiesen ist. »Wissenschaftlich denkende« Jugendliche neigen auch aus diesem Grunde dazu, jeglicher kulturellen Überlieferung zu mißtrauen. Wissen um das Wesen kultureller Ritualisation als eines bewährten Verfahrens des Informationserwerbs könnte diese Gefahr bannen.

Die Menschheit steckt zur Zeit in einem gefährlichen Engpaß zwischen der Skylla einer chauvinistischen Absolutsetzung aller eigenen Kulturwerte, die allzuleicht zum Krieg führt, und der Charybdis einer skeptischen und blasierten Negierung aller Werte überhaupt. Ein Ausweg kann nur gefunden werden, wenn es gelingt, die allgemeinen aller Menschheit gemeinsamen Werte aufzufinden, die in den speziellen kulturellen Werten enthalten sind.

Solche Werte sind aus allem, was wir über das organische Schöpfungsgeschehen wissen, gar nicht so schwer zu abstrahieren. Das Neu-Entstehen eines höheren Geschehensprinzips bedeutet einen Wertzuwachs, und ein solcher Schritt vorwärts besteht, soweit wir sehen können, immer in der Vereinigung einer Mannigfaltigkeit von Vorhandenem zu einer Einheit höherer Ordnung. Dieser Vorgang des Werdens ist untrennbar mit einem Zuwachs an Information und mit einer Vergrößerung der Wahrscheinlichkeit künftigen Informationsgewinns verbunden.

## 2. Wertempfinden

Jeder normale Mensch empfindet den Wert dessen, was die organische Schöpfung nach diesen uns bekannten Prinzipien ihres Werdens errungen hat. Diesen Wert absolut zu setzen würde diese Prinzipien negieren. Eine Schöpfung, die sich in einem absolut »Seienden« fest- und totgelaufen hat, ist undenkbar. Was wir verallgemeinern können – und müssen –, ist ausschließlich die *Richtung*, die das organische Geschehen einhält. Die Schaffung von Einheit aus Mannigfaltigkeit und das Gewinnen von Information sind in der gesamten Organismenwelt dieselben. Wir bewerten die relative Höhe der von diesen beiden Schöpfungsprinzipien erreichten Ergebnisse, wenn wir von »niedrigeren« und »höheren« Organismen oder Kulturen sprechen. Das Wertempfinden, das wir beiden entgegenbringen, wird nicht nur von ihrer gegenwärtigen, absoluten oder relativen »Höhe« bestimmt, sondern zu sehr großem Teil auch davon, welche Möglichkeit künftigen Werdens sie verheißen.

Für den Biologen, der ein Leben mit der Erforschung der Phylogenese und in Bewunderung ihrer Errungenschaften verbracht hat, sind diese allgemeinsten Schöpfungswerte sehr real und lebendig. Ich bin ebenso wie Teilhard de Chardin, Huxley, Thorpe und viele andere, in anderer Hinsicht durchaus nicht übereinstimmende Biologen davon durchdrungen, daß man die Richtung des organischen Schöpfungsgeschehens zum Wegweiser und seine Ergebnisse zu jenem Wertmaßstab erheben kann und muß, dessen wir benötigen, um die Antwort auf Kants kategorische Frage zu einem Imperativ oder einem Veto zu machen. Ich glaube an die Möglichkeit, daß der Schöpfungsvorgang im Werden menschlicher Kultur seine Richtung beibehält und daß aus einer Vielheit eine Einheit höherer Ordnung entstehen kann, und zwar ohne Verzicht auf die Mannigfaltigkeit dieser bunten Welt.

Die Kenntnis dieser Werte ist lehrbar. Jeder, der genug über die Organismenwelt und ihre Geschichte weiß, wird sich für sie begeistern. Ich bin voll von dieser Begeisterung. Aber Begeisterung *für* einen Wert bringt, wie ich schon gesagt habe, zwangsläufig Aggression *gegen* irgend jemand oder irgend etwas mit sich. Wenn wir für die Wahrheit und für unsere Ideale kämpfen, dürfen wir unserer Begeisterung nur dann die Zügel schießen lassen, wenn wir ganz genau wissen, wogegen sie sich richtet. Nicht gegen die Werte fremder Kulturen, die möglicherweise so hoch wie unsere stehen. Nicht gegen die Meinungsgegner, die vielleicht die gleiche Wahrheit wie wir selbst, nur an einem anderen Zipfel, erfaßt haben. Nicht gegen den Irrtum, der in seiner gezügelten Form als Arbeitshypothese der eifrigste Diener der wissenschaftlichen Wahrheit ist, die ja selbst nur als jener Irrtum definiert werden kann, der am besten den Weg zum nächst kleineren erschließt. Was wir uneingeschränkt und mit allen Mitteln bekämpfen dürfen und müssen, das ist die Dummheit, die *ungeheure kollektive Dummheit der Menschheit*, die nach alter Sprichwortweisheit mit dem Stolze auf gleichem Holze wächst und die uns eben deshalb mit Vernichtung bedroht. Dummheit in diesem Sinne ist als jene Trübung des Urteils zu definieren, die durch Überschätzung des eigenen Urteilsvermögens verursacht wird.

# Über das Töten von Artgenossen
(1955)

Es ist heute meine Aufgabe, über ein Verhalten zu sprechen, das im Sinne der Arterhaltung höchst unzweckmäßig ist: über das Töten von Artgenossen bei Tieren – und beim Menschen.

Die Biologen mögen es mir verzeihen, wenn ich einleitend über arterhaltende Zweckmäßigkeit einiges sagen muß, das für sie ein Gemeinplatz ist. Jeder lebende Organismus, das Individuum sowohl als die Art, ist ein *System*, das aus sehr verschiedenen Teilen oder Gliedern besteht und in dem jedes dieser Glieder mit jedem anderen in einem wechselseitigen Verhältnis ursächlicher Beeinflussung steht. Diese Wechselwirkung ist *regulativ* in dem Sinne, daß das System sich selbst erhält und nach Störungen dem vorherigen Gleichgewichtszustande wieder zustrebt. Dieser selbstregulierende Charakter aller lebenden Organismen ist eigentlich eine Selbstverständlichkeit, denn geordnete Systeme sind generell unwahrscheinlich und müßten ohne ihn nach den Gesetzen der Wahrscheinlichkeit in Unordnung und Tod verebben. Die Entwicklungsrichtung des Organischen zum Geordneten hin, die allen Gesetzen der Wahrscheinlichkeit Hohn zu sprechen scheint und dabei doch gegen den zweiten Satz der Wärmelehre nicht verstößt, ist eines der tiefsten Probleme der Biologie.

Jedes organische System ist etwas historisch *Gewordenes*, etwas, das sich entwickelt hat, ganz im Sinne Goethes, der bekanntlich Entwicklung als Differenzierung und Subordination der Teile definiert. In dem Maße, in dem ein Organismus sich höher entwickelt, wird die Arbeitsteilung zwischen seinen Gliedern immer schärfer ausgeprägt, die Teile werden immer verschiedener voneinander und jeder von ihnen damit auch abhängiger von der Gesamtheit aller übrigen. Eine Hydra kann man in winzige Stückchen zerschneiden, und jedes dieser Stückchen ist noch imstande weiterzuleben, bei einem Ringelwurm müssen mindestens einige Segmente in ihrer Ganzheit intakt geblieben sein, ein Wirbeltier verträgt bekanntlich nicht einmal, daß man ihm den Kopf abschneidet.

Je weiter die Differenzierung und die Subordination der Teile geht, desto wundervoller und planvoller dünkt uns ihr harmonisches Zusammenspiel. Der »Bauplan« ist für Jakob von Uexküll, den großen Vitalisten, das unerklärliche Wunder schlechthin und geistig aufs nächste mit der platonischen Idee verwandt. Eine nähere historische, das heißt stammesgeschichtliche Untersuchung des *Vorganges* der organischen Entwicklung läßt diese zwar nicht weniger wunderbar, aber weit weniger planvoll erscheinen. Ein lebender Organismus sieht in seiner Gesamtstruktur niemals aus wie ein modernes Gebäude, das ein umsichtiger Architekt erst als Ganzes plante, ehe er zu bauen begann, sondern stets wie eines jener Bauernhäuser, von dem der Siedler zuerst nur einen kleinen Teil baute und zu dem er dann, mit wachsender Wohlhabenheit der Familie, weitere Teile hinzufügte. Viele Teile werden in einem solchen Bau ihre Funktion völlig ändern, das ursprüngliche Wohnzimmer kann zur Rumpelkammer werden, und so manches wird sogar als ungenutzt, ja störend, weiter erhalten bleiben, gerade *weil* das Haus dauernd bewohnt werden mußte und nie ganz abgebrochen und von Grund auf neu gebaut werden konnte. Die starke Beschränkung der Möglichkeit, nicht mehr Gebrauchtes verschwinden zu lassen, ist natürlich für die Stammesgeschichtler eine große Hilfe und drückt jedem Lebewesen den Stempel des historisch Gewordenen auf. Aus Fischen werden Landwirbeltiere; das wundervoll der Wasseratmung angepaßte Skelett der Kiemenbögen verliert seine bisherige Funktion. Einige seiner Teile werden als Stützapparat für die Zunge und den Kehlkopf verwendet und dementsprechend umgebaut. Die erste Kiemenspalte, die zufällig in nächster Nähe des erschütterungsempfindlichen Labyrinthes liegt, ist geeignet, diesem Luftwellen zuzuführen, und so wird der schon vorhandene Gang als Gehörgang und Eustachische Röhre erhalten.

Es erhalten sich aber auch solche konstruktiven Einzelheiten des Wassertieres, die für das Landtier durchaus nicht günstig sind. Die Schlagader, welche das neue Atmungsorgan, die Lunge, versorgt, wird einfach aus einer der Kiemenbogenarterien abgeleitet, die Lungenvene entsteht in analoger Weise. Das Prinzip, die neue Struktur auf möglichst »billige« Weise aus schon Vorhandenem zu erstellen, führt zu einem Kreislaufsystem, dessen Wirkungsgrad wegen der Mischung arteriellen und venösen Blutes sehr viel schlechter ist, als er es bei der Ahnenform, beim Fische, schon gewesen war. Erst beim Vogel und beim Säugetier geht die konstruktive Umgestaltung so weit, den Lungenkreislauf und den Körperkreislauf voneinander zu trennen.

Wir müssen uns völlig von der Vorstellung freimachen, daß in der organischen Natur nur das verwirklicht ist, was »zweckmäßig« ist. Es gibt neben dem Zweckmäßigen auch alles, was nicht *so* unzweckmäßig ist, daß es zur Ausmerzung der betreffenden Lebensform führte. Keine »weise Planung« beherrscht den Artenwandel, sondern dieser vollzieht sich unter dem Druck der mitleidslosen Auslese, und jede Lebensform muß »selbst dazusehen«, daß sie nicht zu denen gehört, die ausgemerzt werden. Das müssen auch wir Menschen, eine Spezies, die gerade im gegenwärtigen Augenblick besonders reich an gefährlichen Unzweckmäßigkeiten zu sein scheint.

Die großen Vitalisten, an ihrer Spitze Jakob von Uexküll, sind durch ihre tiefe und an sich so liebenswerte Ehrfurcht vor der Harmonie der organischen Schöpfung für deren unzählige Unzweckmäßigkeiten blind gemacht. Uexküll leugnet folgerichtigerweise, daß es im Bauplan eines Lebewesens Einzelheiten gibt, die in der oben geschilderten Weise als bloße Überreste aus dem historischen Werdegang weiter mitgeschleppt werden, und da sich beim Studium der Stammesgeschichte die Existenz solcher »vestigialer« Merkmale kaum übersehen läßt, ignoriert er die Phylogenese als Ganzes. Daß aus reiner Konservativität auch ausgesprochen unzweckmäßige Charaktere erhalten bleiben und den Bestand einer Art gefährden können, ist ihm erst recht Anathema.

In Wirklichkeit aber läßt sich ein sinnvoller Begriff des »Zweckmäßigen« nur formulieren, wenn man sowohl die Tatsache der historischen Phylogenese als auch die Existenz des Unzweckmäßigen in Betracht zieht, das sich aus der Versuchs- und Irrtums-Methode aller organischen Entwicklung nun einmal ergibt. Die Frage nach einem Zweck, die Frage »wozu?«, erhält nur dort eine sinnvolle Antwort, wo eine Entwicklung stattgefunden hat. Die Frage: »Wozu ziehen schwere Massen einander an?« ist offensichtlich sinnlos. Aus der Frage: »Wozu hat die Katze spitze, krumme Krallen?« drängt sich uns sofort eine sinnvolle Antwort auf: »Damit sie Mäuse fangen kann!«

Dieses »Damit«, die sogenannte *Finalität*, ist aber nur ein Richtungspfeil, den wir post festum über dem Gang der phylogenetischen Historie anbringen. Jede heute lebende »Konstruktion« des Artenwandels *ist* eben hinreichend zweckmäßig, sonst lebte sie nicht mehr, wir sehen nur die *erfolgreichen* Experimente der nach Versuch und Irrtum verfahrenden Phylogenese, und weil »nil in intellectu quod non ante fuerat in sensu«, denken wir allzuleicht, es hätte nie Versager gegeben, ja, es könne sie nicht geben, obwohl wir selbst haarscharf daran sind, einer zu werden. Für den historisch und kausalanalytisch denkenden Naturforscher heißt die Frage »Wozu hat die Katze spitze, krumme Krallen?« nichts anderes als: »Im Dienste welcher Funktion sind bei dieser Art diese besonderen Merkmale herausgezüchtet worden?«

Die Frage »wozu?« hat also nur dann, aber dann immer, ihre Berechtigung, wenn wir ein komplexes und harmonisches Organsystem vor uns haben, dessen *zufälliges* Zustandekommen mit genügender Wahrscheinlichkeit auszuschließen ist. Es hat keinen Sinn, zu fragen, wozu manche Haushühner weiß und manche braun seien, oder zumindest müßte zuvor untersucht werden, ob diesen Merkmalen überhaupt eine arterhaltende Funktion zukomme. Nehmen wir dagegen an, ich seziere zum erstenmal einen Specht und entdecke dabei das ungeheuer spezialisierte Organsystem der Spechtzunge mit den elastischen Zungenbeinhörnern, die um den ganzen Kopf herum bis in das eine Nasenloch reichen und ein Vorstrecken der Zunge um ein Mehrfaches der Kopflänge ermöglichen. In diesem Falle ist es von astronomischer Unwahrscheinlichkeit, daß ich mich irre, wenn ich ohne weiteres annehme, es sei eine ganz bestimmte Funktion gewesen, deren Arterhaltungswert einen genügenden Selektionsdruck ausübte, um diese wahrhaft unwahrscheinliche Konstruktion herauszuzüchten.

Nun kann aber der Fall eintreten, daß eine scharf ausgeprägte Selektion Dinge herauszüchtet, die in Hinsicht auf andere Belange der Arterhaltung schädlich sind. Die Frage, wozu der Mops eine so kurze Nase und einen Ringelschwanz habe, erscheint zunächst sinnlos, ja geradezu komisch. Vom Standpunkt des Mopses aber kann man sie völlig sinnvoll dahin beantworten, er habe diese Merkmale, um auf der Hundeschau zur Zucht gekört zu werden. Ohne sie hat der Mops nicht die geringste Chance, sich fortzupflanzen und seinen Stamm zu erhalten. Es ist für einen Stamm von Lebewesen vollkommen gleichgültig, welche Faktoren es sind, die eine Auslese vornehmen. Ob es solche der sogenannten »natürlichen« Umwelt sind, wie jene, die der Katze ihre Krallen angezüchtet haben, oder die von einer dummen Mode festgelegten Normen eines Hunderassen-Ideales, tut nichts zur Sache. Der selektierende Faktor kann noch weit dümmer und kurzsichtiger sein als jenes Mode-Ideal. Er kann zum Beispiel in dem »Geschmack« des Weibchens liegen, das sich unter den artgleichen Männchen seinen Gatten aussucht.

Beim männlichen Argusfasan sind die Armschwingen zu einem Organ umgewandelt, das dazu dient, gewisse das Weibchen sexuell erregende Reize auszusenden. Der angeborene auslösende Mechanismus, der diese Reize aufnimmt, reagiert um so stärker, je größer das Balzorgan ist, und die Henne wählt daher stets den Hahn mit den längsten Armschwingen. Wo immer man bei Vögeln oder Knochenfischen so extreme Differenzierungen von männlichen Balzorganen gefunden hat wie zum Beispiel beim Argus, beim Mandarinerpel, beim Kampfläufer und bei gewissen Zwergcichliden, hat eine nachträgliche Untersuchung festgestellt, daß die Wahl des Geschlechtspartners ausschließlich beim Weibchen liegt. Vom Standpunkt der Auseinandersetzung der Art mit der außerartlichen Umwelt sind die Schwingen des Argusfasans denkbar unzweckmäßig, der Hahn kann kaum mehr fliegen. Es ist eine Kleinigkeit, Systeme von Balzorganen des Männchens und angeborenen Auslösemechanismen des Weibchens zu erdenken, die genauso gut funktionieren, ohne die doch gewiß arterhaltend wichtige Funktion des Fliegens zu opfern. Dem Satyrhuhn zum Beispiel dient ein knallroter Luftsack an der Speiseröhre als Balzorgan, der in der Ruhe zwischen den Brustfedern völlig verschwindet und den Vogel in sonstigen Verrichtungen nicht stört.

Es gibt eine ganze Reihe von sicher nachweisbaren Fällen, in denen die Konkurrenz der Artgenossen, die intraspezifische Selektion, zu höchst unzweckmäßigen Spezialisierungen geführt hat, man denke an das Geweih der Hirsche, insbesondere des ausgestorbenen Riesenhirsches, das durch die besondere Form der Brunstkämpfe dieser Tiere herausgezüchtet wurde. Geradezu unbegrenzt bizarre Verrücktheiten können durch den Selektionsdruck zustande kommen, der durch das Rivalisieren von Artgenossen ausgeübt wird, und mein Lehrer Heinroth pflegte in seiner drastischen Art zu sagen: »Neben den Schwingen des männlichen Argusfasanes ist das Arbeitstempo der modernen Menschheit das dümmste Produkt intraspezifischer Selektion.« Man muß sich klarmachen, daß es nur die geschäftliche »Competition« und keinerlei Naturnotwendigkeit ist, die uns zwingt, bis zum arteriellen Hochdruck und Nervenzusammenbruch zu arbeiten. Erst dann ermißt man, *wie* dumm die Hast der westlichen zivilisierten Welt ist.

Dennoch glaube ich, daß es ein noch dümmeres Produkt der intraspezifischen Selektion gibt, nämlich die böse Funktionsganzheit von aggressiven Instinkten und Bewaffnung der Menschheit. Als der Mensch soweit zum Herrn der Erde geworden war, daß nicht mehr die großen Raubtiere oder die klimatischen Bedingungen die wesentlichen, seine weitere Vermehrung behindernden Faktoren bildeten, sondern vielmehr die Raumkonkurrenz feindlicher Nachbarn, muß sofort ein gewaltiger Selektionsdruck auf die Ausbildung »kriegerischer« Eigenschaften und die Verbesserung der Bewaffnung eingesetzt haben. Die aggressiven Instinkte, die bis dahin nur in sehr beschränktem Maße arterhaltend zweckmäßig waren, sind offenbar sofort mit einem erheblichen »Selektionspremium« belohnt worden. Wahrscheinlich muß man sich die damalige Situation der menschlichen »Urhorden« so ähnlich vorstellen, wie sie heute noch von den Kennern Zentral-Neuguineas geschildert wird, wo jeder Stamm mit jedem nachbarlichen im mehr oder weniger dauernden Kriegszustand und im Verhältnis gegenseitigen Kopfjagens und Sichauffressens steht. Gleichzeitig wird wahrscheinlich auch ein Selektionspremium auf die Verminderung aller jener instinktiven Hemmungen gestanden haben, die bei sozialen Tieren und Gott sei Dank auch noch beim heutigen Menschen bedingt wirksam sind, um ein Töten von Artgenossen zu verhindern. Diese angeborenen

Hemmungen sind, wie ich glaube, für unsere gegenwärtige Situation von so hoher Wichtigkeit, daß es lohnt, sie näher zu betrachten, um die Bedingungen zu erforschen, unter denen sie – vielleicht – wirksam sein und die Menschheit vor dem Untergang retten könnten.

Zunächst müssen wir uns klar sein, daß bei einem Tier, das überhaupt imstande ist, gleichgroße Lebewesen umzubringen, ein ganz spezieller, ad hoc herausdifferenzierter Mechanismus nötig ist, um zu verhindern, daß es mit Artgenossen ebenso verfährt. Dies gilt natürlich in erster Linie für Fleischfresser, daneben aber ebenso für alle Tiere schlechthin, die über eine ausreichende Bewaffnung verfügen. Die arterhaltende Zweckmäßigkeit eines solchen Hemmungsmechanismus ist ebenso offensichtlich wie die Unzweckmäßigkeit des Umbringens von Artgenossen. Offensichtlich ist ein sehr erheblicher Selektionsdruck nötig, um derartige Hemmungen entstehen zu lassen, denn wir vermissen sie bei allen Tieren, die ohne sie existenzfähig sind.

Bei den meisten Knochenfischen mit ihren gewaltigen Vermehrungsziffern kommt es gar nicht darauf an, wenn außer unzähligen anderen Arten auch die Erwachsenen der eigenen Art auf die Heere der Jungfische Jagd machen. Solitär und versteckt lebende Raubtiere, die kaum je mit Artgenossen in Berührung kommen, brauchen ebenfalls wenig Hemmungen. Der Hecht, für den beide Erwägungen zutreffen, kann es sich sogar leisten, kleinere Artgenossen als Beute zu bevorzugen, ohne seine Art auszurotten, fand ich doch einmal buchstäblich einen Hecht in einem Hecht in einem Hecht. Mittelmäßig bewaffnete, aber zur Flucht vor Raubtieren gut befähigte Arten haben meist keinerlei Hemmungen, Artgenossen zu töten. Eine Taube kann selbst von einem Wanderfalken nur mit Mühe eingeholt und festgehalten werden, ebenso ein Hase von einem Wolf; daher kann eine solche Art trotz ganz erheblicher aggressiver Instinkte ohne Tötungshemmungen existieren. Es tut mir leid, eine Illusion zu zerstören, aber das von Picasso in seinem schönen Werbebild verherrlichte Symbol des Friedens ist in Wirklichkeit genau das Gegenteil von einem Vorbild dafür, wie wir Menschen uns gegeneinander verhalten sollten. Ich habe es schon oft erzählt (und bitte ob der Wiederholung um Verzeihung), wie ich einmal zwei kämpfende Turteltauben in ihrem Käfig sich selbst überließ, im Vertrauen darauf, daß sie sich keinen ernsten Schaden zufügen könnten, und wie ich dann die eine völlig skalpiert am Boden liegend wiederfand, während die andere, auf ihrem zerfleischten Rücken stehend, langsam und selbst völlig ermüdet, weiter auf die Besiegte einhackte. Hasen, Rehe und viele andere »harmlose« Tiere verhalten sich ganz analog.

Die niedrigsten Wirbeltiere, bei denen spezifische Hemmungen bekannt sind, die das Töten von Artgenossen verhindern, sind gewisse brutpflegende

Knochenfische, wie Stichlinge, Labyrinthfische, manche Welse und vor allem die Buntbarsche oder Cichliden, die als »Drosophila der vergleichenden Verhaltensphysiologie« eines der wichtigsten Forschungsobjekte unseres Institutes sind. Das sind kleine, aber sehr streitbare Raubfische, die auf alles Lebendige Jagd machen, aber ihre eigenen Jungen nicht nur nicht fressen, sondern führen und umsorgen wie die Hühnerglucke ihre Küken. Bei den in dieser Hinsicht primitivsten Formen, den Gattungen *Nannacara* und *Apistogramma*, ist das Problem, wie das Auffressen der eigenen Jungen verhindert werden kann, auf die einfachste Weise gelöst: Sie haben zur Zeit der Brutpflege keinen Appetit und fressen überhaupt so gut wie nichts. Die Merkmale, auf die ihre Brutpflege auslösenden Mechanismen ansprechen, sind ebenfalls sehr einfach und wenig differenziert: Die Bewegungsweisen, mit denen sie den Eiern und den noch nicht schwimmfähigen Jungen frisches, sauerstoffreiches Wasser zufächeln, werden durch alles ausgelöst, was am Boden krabbelt und Kohlendioxyd ausscheidet, sehr gut zum Beispiel durch ein Klümpchen der als Fischfutter verwendeten Bachröhrenwürmer *Tubifex*. Die Bewegungsweisen des Jungeführens dagegen werden bei diesen Zwergcichliden durch einen Auslösemechanismus in Gang gesetzt, der – sehr wenig selektiv – auf eine Vielzahl kleiner, das Wasser in dichtem Schwarme durchwimmelnder Lebewesen anspricht. Setzt man zu viele der ebenfalls als Futter verwendeten Wasserflöhe (*Daphnia*) in das Becken, so nehmen die Weibchen vieler Zwergcichliden, besonders regelmäßig die von *Nannacara*, Brutfärbung an, beginnen Führungsbewegungen auszuführen und sind gleichzeitig unfähig geworden, auch nur eine Daphnie zu fressen.

Die größeren und hinsichtlich ihrer Brutpflegereaktionen höher spezialisierten Cichliden dagegen sind sehr wohl imstande, ihre Jungen nicht nur von Krebschen und Würmern, sondern sogar von Jungfischen nächstverwandter Arten zu unterscheiden. Ihre Freßhemmung scheint nach Beobachtungen von G. P. Baerends an persönliche Erfahrung gebunden zu sein. Cichliden, denen er bei ihrer ersten Brut das Gelege einer anderen Art untergeschoben hatte, wollten hinfort ausschließlich Junge dieser Spezies pflegen und fraßen ihre eigenen regelmäßig auf, sobald diese ins Alter der Schwimmfähigkeit kamen.

Der Hemmung, die Jungen aufzufressen, scheint ein empfindlicher und leicht störbarer Mechanismus zugrunde zu liegen. Die meisten Cichliden beantworten während der Zeit der Brutpflege auch sehr gelinde Schädigungen oder Beunruhigungen damit, daß sie ihre Jungen auffressen, und zwar sehr häufig den ganzen Schwarm auf einmal. Regelmäßig geschieht dies, wenn die Gatten eines Brutpaares aus Gründen, die bald besprochen werden sollen, miteinander zu kämpfen beginnen. Jedenfalls steht fest, daß die Jungfische sehr wohl solche Reize aussenden, die geeignet sind, bei den Eltern Freßreaktionen auszulösen, und daß diese nur durch einen hochspezifischen Mechanismus unter Hemmung gehalten werden.

Einen Artgenossen »zu Speisezwecken« zu töten ist keineswegs das einzige oder auch nur das häufigste Motiv, ihn umzubringen. Bei der großen Mehrzahl aller Wirbeltiere reagieren zwei beliebige, einander unbekannte Exemplare einer Art, die zufällig aufeinandertreffen, mit Kampfreaktionen von größerer oder geringerer Intensität. Nur den Amphibien scheint eine solche ausschließlich auf den Artgenossen gerichtete Aggressivität zu fehlen, unter den Knochenfischen, Reptilien, Vögeln und Säugern ist sie fast immer vorhanden. Man hat die Frage aufgeworfen, ob diese Gepflogenheit einen positiven Wert für die Arterhaltung entwickelt, und die berufenen Ökologen und Ethologen haben sie eindeutig bejaht. Bei nicht sozialen Tieren kommt der allgemeinen intraspezifischen Aggression die ökologisch höchst wichtige Rolle zu, die Tiere einer Art möglichst gleichmäßig über den zur Verfügung stehenden Lebensraum zu verteilen. Bei brutpflegenden Tieren, wie zum Beispiel bei den Cichliden, hängen die Lebensaussichten der Nachkommenschaft sehr unmittelbar von der Kampfeskraft und -freudigkeit der Eltern ab, weshalb zweifellos ein hohes Selektionspremium darauf steht, daß unter rivalisierenden Artgenossen das stärkste Paar das umkämpfte Territorium erhält und das stärkste Männchen das umworbene Weibchen. Auch bei Tieren mit sehr hoch entwickeltem Gesellschaftsleben findet man sehr selten eine Reduktion der aggressiven Instinkthandlungen, vielmehr bilden diese meist ein unentbehrliches Glied in dem System angeborener Verhaltensweisen, auf dem sich die Sozietät aufbaut.

Es lohnt sich für das Verständnis der uns hier beschäftigenden Probleme, an ein paar konkreten Beispielen zu zeigen, wie die Aggression in das System sozialer Verhaltensweisen eingebaut sein kann, durch welche Mechanismen normalerweise verhindert wird, daß sie in einer die Arterhaltung schädigenden Weise zur Verletzung oder gar zum Töten von Artgenossen führt, und unter welchen Umständen diese Mechanismen versagen können, so daß die unzweckmäßige Folge doch eintritt.

Wiederum sind es die Cichliden, die uns gute Beispiele liefern können. Aus den schon erwähnten Gründen ist es für die Arterhaltung dieser Tiere durchaus notwendig, daß sie höchst aggressiv sind, hat doch ein Brutpaar unter natürlichen Bedingungen buchstäblich alle paar Minuten einen mehr oder weniger ernsten Kampf gegen expansionslüsterne Nachbarn zu bestehen. Die spezifischen Hemmungen, die verhindern, daß die Gatten eines Paares aneinandergeraten, können unter bestimmten Umständen, die von hohem theoretischen Interesse sind, versagen. Diese Störungen waren der erste Hinweis, der meinen verstorbenen Freund Bernhard Hellmann und mich vor mehr als dreißig Jahren zur Entdeckung einer bestimmten physiologischen Eigenart nicht nur des aggressiven Verhaltens, sondern der Instinkthandlung schlechthin führte: Wenn dem Organismus die normalerweise auslösende Reizsituation durch längere Zeit vorenthalten wird, steigert sich die innere Bereitschaft zu der betreffenden Bewegungsweise, im Grenzfall bis zur »Leerlaufbewegung«, das heißt zum Hervorbrechen ohne nachweisbare äußere Reize. Man pflegt diesen Vorgang kurz als die *Schwellenerniedrigung* einer Instinktbewegung zu bezeichnen, da die Reizschwelle den besten Anhalt zu einer Quantifizierung des – in seiner Natur noch völlig ungeklärten – Vorganges einer Kumulation innerer Handlungsbereitschaft bietet.

Die Beobachtungen, die mein Freund und ich damals machten und deren Deutung mich heute noch beschäftigt, waren schlicht folgende: Hält man mehrere Cichlidenpaare zusammen in einem großen Becken, in dem jedes von ihnen sich ein Revier abgrenzen kann, so bleibt es bei harmlosen Grenzstreitigkeiten und kommt nie zu ernsteren Verletzungen; vor allem herrscht zwischen den Gatten jedes Paares vollkommene Eintracht. Sondert man nun, in dem Glauben, den Fischen damit das Brüten zu erleichtern, ein Paar ab oder fängt alle anderen Mitinsassen aus dem Becken heraus, so kommt es bei den allermeisten Cichliden nach einem je nach der Art der Fische verschieden langen Zeitraum regelmäßig zu einer Tragödie: Die Ehegatten beginnen sich, meist ganz plötzlich, untereinander zu befehden, und wenn der Pfleger nicht eingreift, bringt der Stärkere den Schwächeren, meist also das Männchen das Weibchen, kurzweg um. Der überlebende Gatte ist ungemein schwer wieder zu verpaaren, da er auf jeden ihm zugesellten neuen Partner mit aggressiven statt mit geschlechtlichen Verhaltensweisen anspricht, und zwar um so intensiver, je länger er allein in seinem Becken war. Es war wohl Hellmann, der schon damals genügend intuitive Einsicht in die den beschriebenen Verhaltensstörungen zugrunde liegenden physiologischen Vorgänge hatte, um eine Methode zur Wiederverpaarung solcher aggressionswütiger Einzelgänger zu erfinden. Es steht historisch fest, daß wir schon 1921 zu solchen Fischen einen Spiegel ins Becken setzten und ihnen so die Möglichkeit gaben, ihre gestaute Kampfbereitschaft abzureagieren. Hatten sie sich an ihrem Spiegelbild gründlich »ausgekämpft«, so waren sie imstande, auf ein unmittelbar danach hinzugesetztes Weibchen mit geschlechtlichen Verhaltensweisen zu reagieren.

Entsprechende Verhaltensstörungen, die aus einem ungenügenden Abreagieren der an sich normalen und arterhaltend sinnvollen Aggressionstriebe resultieren, finden sich bei sehr vielen anderen Tieren, und es ist eine durchaus nicht allzu gewagte Extrapolation, wenn wir vermuten, daß auch beim Menschen Analoges vorkommt. Es ist eine längst bekannte Tatsache, daß Menschen, die der normalen Möglichkeit zum Abreagieren ihres »gesunden Ärgers« beraubt sind, ganz ähnliche Erscheinungen der Schwellenerniedrigung aggressiven Verhaltens zeigen. Wer jemals auf einer längeren Expedition oder in einem Gefangenenlager monatelang auf die Gesellschaft guter Kameraden angewiesen war, die jede Möglichkeit zum »Krach« tunlichst vermieden, wird an sich selbst jene höchst peinlichen Folgen der Schwellenerniedrigung beobachtet haben. Man reagiert dann auf die harmlosesten Lebensäußerungen eines außerordentlich hochgeschätzten Freundes, auf die Art, wie er sich schnäuzt oder räuspert, mit einem Zorn, dessengleichen unter gewöhnlichen Umständen durch grobe Beschimpfungen eines gehaßten Feindes ausgelöst würde, und die Einsicht in den physiologischen Zusammenhang hilft einem höchstens, die äußeren Folgen der eigenen Reaktion zu unterdrücken, nicht aber, die quälende Art und Weise zu lindern, in der einem der beste Freund »auf die Nerven geht«.

Ich glaube – und es wäre Sache der Humanpsychologen, insbesondere der Tiefenpsychologen und Analytiker, dies nachzuprüfen –, daß der heutige Zivilisierte überhaupt unter ungenügendem Abreagieren aggressiver Triebhandlungen leidet. Instinktmäßige Verhaltensweisen sind noch konservativer als morphologische Merkmale, und es ist mehr als wahrscheinlich, daß die spontane Produktion aggressiver Triebe beim modernen Menschen nicht wesentlich geringer ist, als sie es bei unseren kriegerischen Vorfahren war, deren Soziologie ungefähr derjenigen der heutigen Wilden Zentral-Neuguineas entsprach. Es ist mehr als wahrscheinlich, daß die bösen Auswirkungen der menschlichen Aggressionstriebe, für deren Erklärung Sigmund Freud einen besonderen Todestrieb annahm, ganz einfach darauf beruhen, daß die schon besprochene intraspezifische Selektion dem Menschen in grauer Vorzeit ein Maß von Aggressionstrieb angezüchtet hat, für das er in seiner heutigen Gesellschaftsordnung kein adäquates Ventil findet. Bei unseren Fischen sind wir längst systematisch dazu übergegangen, ein solches künstlich zu schaffen. Wir züchten die aggressiveren Cichlidenarten regelmäßig so, daß wir zwei Paare in zwei Abteilen eines großen Beckens halten, die nur durch die Glasscheibe geschieden sind, so daß sie sich dauernd sehen und gegenseitig »anärgern« können. Diese Scheibe muß sorgfältig klargehalten werden, schon ein geringes Undurchsichtigwerden durch Algenbewuchs kann das Abreagieren der Aggression genügend behindern, um zu den beschriebenen Ehekatastrophen zu führen. Es klingt wie ein Witz, wenn ich versichere, daß ich häufig durch beginnende Reibereien zwischen den Gatten eines Paares auf das Veralgen der Trennscheibe aufmerksam gemacht wurde.

Diese interessanten Verhaltensstörungen, die unter etwas unnatürlichen Umständen zur Tötung eines Artgenossen führen können, sind nicht der einzige Beitrag, den das Studium der Cichliden zu unserem heutigen Problem liefern kann. Die vergleichend-stammesgeschichtliche Untersuchung des eigentlichen Kampfes zwischen zwei gleichgeschlechtlichen und rivalisierenden Fischen hat einen sehr interessanten verhaltensphysiologischen Mechanismus zutage gefördert, durch den die Aggression kanalisiert und in solche Bahnen gelenkt wird, daß der mehrfach erwähnte Arterhaltungswert des Kampfes voll erhalten bleibt, während die Möglichkeit der Beschädigung oder gar des Umbringens eines Artgenossen verläßlich verhindert wird.

Die urtümliche Form des Kampfes besteht bei Knochenfischen darin, daß die Tiere das Maul weit öffnen, so daß die Zähne der weit vorgestreckten Kiefer nach vorne gerichtet sind, und nun trachten, einander Rammstöße in die Flanke zu versetzen. Bei Jungfischen der verschiedensten Gruppen ist dies die erste Bewegungsweise des Kämpfens, die in der Ontogenese auftritt. Es gibt aber nur sehr wenige Formen, bei denen der erwachsene Fisch nur diese einzige, unmittelbar zu schweren Beschädigungen führende Instinktbewegung zeigt. Bei der erdrückenden Mehrzahl der Knochenfische geht ihr ein sogenanntes Droh-Imponieren voran, bei dem der Fisch alle vertikalen Flossen sowie die Kiemenhaut aufs äußerste spreizt und dem Gegner die Breitseite darbietet, so daß er diesem so groß wie möglich erscheint. Die arterhaltende Leistung dieser Bewegung ist ohne weiteres klar: Sie schafft die Möglichkeit, daß ein stark unterlegenes Individuum eingeschüchtert wird und flieht, ehe es in einem aussichtslosen Kampf ernste Beschädigungen davonträgt. Bei der Mehrzahl der Knochenfische kommt zu diesem optischen Einschüchterungsversuch noch ein anderer, durch den jeder Gegner auf taktilem Wege einen Eindruck von der Körperkraft des anderen erhält. Die Fische schlagen im Parallelstehen mit der gespreizten Schwanzflosse mit äußerster Kraft nach der Seite, so daß eine starke Wasserwelle auf das druckempfindliche Seitenlinienorgan des anderen trifft. Bei manchen Fischen, so bei Characiniden, Cypriniden, Cyprinodonten und anderen, folgt auf diese Form des Drohens unmittelbar der Rammstoß, bei Labyrinthfischen und den meisten Barschartigen geht ihm noch ein frontales Drohen voraus, eine »ritualisierte« Vorbereitung zum Zustoßen, bei der sich der Körper s-förmig krümmt und die Kiemendeckel seitlich abgespreizt werden. Bei Fischen, die über Drohgebärden der zuletzt beschriebenen Art verfügen, beginnt der Kampf meist damit, daß die Tiere rasche, kleine Rammstöße gegeneinander führen, die vom Gegner mit dem Maul abgefangen werden. Dieses Maul-auf-Maul-Rammen ist kennzeichnend für Centrarchiden und einige andere Barschartige, die mit den Cichliden nahe verwandt sind. Auch bei manchen Cichliden, nämlich bei denjenigen mit den am wenigsten differenzierten Kampfbewegungen, wie bei *Haplochromis* und wenigen anderen, ist das Maul-auf-Maul-Rammen nur das letzte Vorspiel zu dem eigentlichen Beschädigungskampf mit Rammstößen in die Flanke, und es ist dieser, der die Entscheidung herbeiführt.

Bei den allermeisten Cichliden aber haben sich aus dem Maul-auf-Maul-Rammen besondere Bewegungsweisen des Kampfes herausdifferenziert, bei denen die Tiere entweder mit weit geöffneten Kiefern gegeneinanderdrücken *(Tilapia)* oder aber sich gegenseitig bei den Kiefern packen und nun mit aller Macht ziehen. Dies stellt die Hauptkampfesweise der allermeisten Cichliden dar. Nur bei wenigen Formen folgt auf das Maulzerren ein Beschädigungskampf, so bei den *Hemichromis*-Arten, aber auch bei diesen muß man schon zwei ganz genau gleich starke Fische auswählen, wenn man den Beschädigungskampf demonstrieren will – andernfalls gibt unfehlbar einer der Rivalen nach kürzerem oder längerem Maulzerren den Kampf auf. Genau dies tritt bei den übrigen genannten Arten *immer* ein, auch wenn man noch so genau ausgewogene Gegner wählt und noch so lange auf das Ausbrechen des Beschädigungskampfes wartet.

Daß der Rammstoß bei diesen Fischen dem artgleichen Rivalen gegenüber nie ausgeführt wird, beruht nun nicht etwa darauf, daß diese Instinktbewegung bei ihnen verlorengegangen ist. Er steht nur unter dem Einfluß von Hemmungsmechanismen, die unter ganz bestimmten spezifischen Bedingungen wirksam werden. Auf andersartige Feinde, etwa große Raubfische, die ihrer Brut gefährlich werden können, reagieren alle diese Cichliden mit sofortigem, wütendem Rammen, ohne irgendwelches einleitendes Droh-Imponieren. Auch der im Kommentkampf besiegte artgleiche Gegner wird hemmungslos gerammt, wenn er nicht sofort aus dem Territorium des Siegers weicht. Im Freileben ist dies buchstäblich in Bruchteilen einer Sekunde geschehen, in unseren Experimenten dagegen müssen wir immer scharf aufpassen, denn der Besiegte, der in vielen Stunden des Kommentkampfes – den Rekord halten bislang zwei *Aequidens latifrons*, die über sechs Stunden lang ununterbrochen maulzerrten – nicht einmal eine Schramme davongetragen hat, ist wenige Minuten nach seinem ersten Fluchtversuch so verletzt, daß er nicht mehr zu retten ist.

Die Hemmung, den beschädigenden Rammstoß auszuführen, besteht nur dem Artgenossen gegenüber, und nur, solange dieser sich genau in der vom »Komment« vorgeschriebenen Weise verhält. Solange er dies tut, ist die Hemmung allerdings verläßlicher als jede andere, zum Beispiel auch als diejenige, die durch sexuelle Reaktionen ausgeübt wird. Die Balzbewegungen des Geschlechtspartners hemmen zwar die Aggression des männlichen Fisches auch ganz erheblich, dennoch kriegt das balzende Weibchen viel eher zwischendurch einmal einen Knuff ab als der droh-imponierende Rivale.

Der hohe Arterhaltungswert der Kommentkämpfe ist nicht zu bezweifeln. Speziell bei den Cichliden stehen Selektionsprämien einerseits auf starkem aggressiven Verhalten, ohne welches die Verteidigung der Brut unmöglich wäre. Hält man mehrere Paare im Gesellschaftsbecken, so wird einem sehr eindringlich vor Augen geführt, daß große, kampfesstarke Männchen mehr Kinder durchbringen als schwache, kleine. Der Wert des Rivalenkampfes im Sinne der Auswahl des Stärksten ist damit gesichert. Gleichzeitig sind die Cichliden verhältnismäßig kleine, von unzähligen Freßfeinden bedrohte Fische, und es leuchtet ohne weiteres ein, wie wertvoll es für die Erhaltung der Art sein muß, wenn der eben besiegte Rivale unbeschädigt als Ersatz einspringen kann, wenn der Sieger unmittelbar nach dem Sieg von einem Reiher verschlungen wird.

Kommentkämpfe sind im Tierreich weitverbreitet, sie finden sich, in verschiedenen Graden der Ausbildung, bei anderen Knochenfischen, Reptilien, Vögeln und Säugetieren. Besonders hochdifferenzierte, das heißt von dem ursprünglichen Beschädigungskampf sich stark unterscheidende Formen des Kommentkampfes findet man bezeichnenderweise bei solchen Tieren, bei denen ein Beschädigungskampf aus irgendwelchen Gründen der Arterhaltung besonders abträglich wäre – so sind zum Beispiel bei manchen Giftschlangen, die es »sich nicht leisten können«, den Gegner im Rivalenkampfe zu beißen, nicht, weil dieser am Gift des Artgenossen zugrunde gehen würde, sondern weil der hochspezialisierte Apparat der Giftzähne in einer Beißerei beschädigt werden könnte. Viperidenmännchen liefern sich eigenartige Ringkämpfe, die zur Erschöpfung und schließlich zum Aufgeben des einen Gegners führen. Dabei umschlingen sich die Kämpfenden mit dem hinteren Drittel ihres Körpers, richten die Vorderkörper dicht aneinandergepreßt steil empor und drücken mit den Köpfen seitlich gegeneinander. In dieser Stellung pumpen sie dann die Lungen voll, was dazu führt, daß die beiden Schlangen schließlich den Halt aneinander verlieren, voneinander abgleiten und wie losgelassene Sprungfedern seitwärts schnellen, wobei sie dann am Boden oder an Steinen oft sehr hart aufschlagen. Also versetzt sich merkwürdigerweise bei dieser Kampfesweise genaugenommen jeder der Wettstreitenden selbst die Schläge, die ihn schließlich erschöpfen und zum Aufgeben des Kampfes bringen.

Einen ganz eigenartigen Kommentkampf hat auch die Meerechse der Galápagosinseln, *Amblyrhynchus*, bei der die Männchen sich darauf beschränken, wie Hirsche oder Stiere mit den Stirnen gegeneinander zu drücken. In merkwürdiger Konvergenz haben sie, wie die genannten Säuger, eine Stirn, die mit Hornzapfen bewehrt ist. Die Meerechse hat in Anpassung an das Abweiden harter Meerespflanzen rasiermesserscharfe Kieferschneiden, und sehr wahrscheinlich ist dies der Grund dafür, daß bei dieser Art der Beschädigungskampf ausgeschaltet werden mußte.

Damit haben wir ein Problem angeschnitten, das für unseren Gegenstand von größter Bedeutung ist, nämlich das Problem der Korrelation zwischen der Wirksamkeit der Bewaffnung einer Tierart und den Hemmungen, die nötig werden, um das Töten von Artgenossen zu verhindern. Ein Kolkrabe könnte einem anderen mit einem einzigen Schlag seines gewaltigen Schnabels ein Auge aushacken, ein Wolf einem anderen mit einem einzigen Biß die Halsschlagader aufreißen. Beide Arten wären nicht existenzfähig, wenn nicht ganz spezifische Hemmungsmechanismen derartige Vorkommnisse verhindern würden. Ein Kolkrabe hackt dem Artgenossen niemals, auch im wütenden Kampfe nicht, nach dem Auge, während er beim Töten von Beutetieren offenbar gerade nach den Augen zielt. Da bei zahmen Kolkraben diese Hemmung auch dem befreundeten Menschen gegenüber funktioniert, konnten Heinroth und ich über sie genaue Beobachtungen anstellen. Der Rabe vermeidet eine Berührung zwischen seinem Schnabel und dem Auge seines Freundes geflissentlich, auch wenn man aktiv den Augapfel der Schnabelspitze nähert, er nimmt dann mit einer nervösen Bewegung den Kopf nach der anderen Seite, während er, wenn man ihm mit der Hand ins Gesicht langt, durch zartes, allmählich gröber werdendes Hacken abwehrt. Erheiternd war das Verhalten von Heinroths Raben zum Zwicker ihres Herrn. Solange dieser ihn auf der Nase hatte, war er für die Raben ein Auge und wurde dementsprechend respektiert. Sobald Heinroth ihn aber in die Tasche steckte, trachteten die Vögel, ihn zu entwenden, und versteckten ihn, wenn dies gelungen war, an unzugänglichen Orten.

Nur in einem ganz bestimmten Fall kommen Raben mit dem Schnabel in die Nähe des Auges eines Artgenossen oder befreundeten Menschen, und zwar bei Ausübung der sogenannten sozialen Hautpflege. Wie sehr viele soziale Tiere, Affen, Papageien usw., putzen Raben einander an jenen Körperstellen, die das betreffende Individuum selbst nur schwer erreichen kann. Dies sind in erster Linie der Kopf und insbesondere die Umgebung der Augen. Ein Rabe zieht die das Auge umgebenden Federn des anderen sorgfältig und mit großer Ausdauer putzend durch seinen Schnabel, und ein zahmer Vogel tut dies ohne weiteres mit den Augenwimpern seines menschlichen Freundes. Begreiflicherweise sieht dies recht bedrohlich aus, und man wird von Uneingeweihten, denen man diese Reaktion der Raben vorführt, regelmäßig dringend gewarnt. Meine Antwort war dann immer, der wohlmeinende Freund sei mir gefährlicher als der Rabe, denn es sei immerhin schon vorgekommen, daß dissimulierende Verfolgungswahnsinnige gute Bekannte erschossen hätten, und die geringe Wahrscheinlichkeit, daß der Warnende an einer bisher undiagnostizierten Paranoia leide, sei größer als die, daß die außerordentlich konstante Hemmung meines Vogels versage.

In ähnlicher Weise wie zu der Schärfe der Bewaffnung sind die tötungsverhindernden Hemmungsmechanismen auch zu der Dicke der Haut bei der betreffenden Tierart beziehungsweise zu der Widerstandsfähigkeit der Haut an verschiedenen Körperstellen korreliert. Wenn man mit zahmen Säugetieren verschiedener Art spielt, wird einem sehr eindrucksvoll beigebracht, daß die dickfelligsten unter ihnen, ohne es böse zu meinen, am gröbsten zufassen. Mit den verhältnismäßig zarthäutigen Hunde- und Katzenartigen darf man getrost Kampfspiele aufführen ohne ernstliche Verletzungen zu riskieren, nicht aber mit dem dickfelligen Dachs, der in aller Freundschaft so derb zupackt, daß beim menschlichen Spielpartner sofort Blut fließt. Wer ohne dicke Lederhandschuhe mit einem Dachs spielt, gerät in eine ähnliche Lage, als ließe er sich ungerüstet auf einem Turnier mit einem der gepanzerten Ritter des Mittelalters ein, die ja auch in aller Freundschaft mit Lanzen aufeinander losgestochen haben. Bei der Beobachtung von spielenden Hunden oder Wölfen sieht man auch genau, daß sie sich an der derben und durch eine Mähne geschützten Nackenhaut sehr fest packen und schütteln, während sie die zarte Haut der Kehle nur ganz zart zwischen die Zähne nehmen.

Unter den Mechanismen, die ein Umbringen von Artgenossen verhindern, spielen die sogenannten Demutsgebärden eine ganz besondere Rolle.

Darunter versteht man Ausdrucksbewegungen, die beim Artgenossen eine Hemmung des aggressiven Verhaltens hervorrufen. Alle diese Bewegungsweisen und Körperstellungen sind markant von denen des Droh-Imponierens verschieden, oft geradezu das Gegenteil, das »Negativ« von ihnen. Cichliden, die beim Drohen alle Flossen aufstellen und die Breitseite dem Gegner zukehren, pressen als Demutsgebärde alle Flossen eng an den Körper und stellen sich so, daß der Überlegene eine möglichst kleine und schmale Projektion des Körperumrisses zu sehen bekommt. Lachmöwen, die beim Drohen dem Gegner die schwarze Gesichtsmaske zukehren, drehen den Kopf von ihm weg, wenn sie Frieden heischen, usw. usw.

Manche Demutsgebärden haben sich aus sexuellen Bewegungsweisen des Weibchens entwickelt, die ebenfalls die Aggression des Männchens hemmen. So ist bei vielen Pavianen das Hinkehren des Hinterteils, ursprünglich die weibliche Gebärde der Begattungsbereitschaft, zur allgemeinen, das heißt auch vom Männchen angewendeten Demutsgebärde geworden, die jeden Angriff sofort unter Hemmung setzt. Umgekehrt ist interessanterweise die weibliche Bereitschaftsgebärde der Cichliden aus einer primär nicht sexuellen Demutsgeste abzuleiten.

Eine merkwürdige Eigenheit gewisser Demutsgebärden besteht darin, daß sie das Töten scheinbar erleichtern: Das Schonung heischende Tier bietet dem Überlegenen gerade die Stelle seines Körpers dar, deren Verwundung am gefährlichsten und die zu verletzen beim ernsten Kampf das Ziel des Gegners ist. Unterwürfige Dohlen drehen dem ranghöheren Artgenossen den Hinterkopf zu, Hunde und Wölfe bieten ihm den Hals ungeschützt dar, indem sie den Kopf von ihm wegwenden. Bei diesen beiden Arten ist die angriffshemmende Wirkung der Unterwürfigkeitsstellung sehr ausgesprochen. Der Angreifer wird sofort von weiteren Kampfhandlungen abgehalten, Dohlen gehen meist unmittelbar zur sozialen Hautpflege über, indem sie dem Gnadenflehenden das Gefieder des Hinterkopfes putzen. Bei Hunden ist die hemmende Wirkung noch deutlicher. Ich habe bei ihnen wiederholt gesehen, daß, wenn der Unterlegene mitten im Kampfe plötzlich in Demutsstellung ging, der Sieger die Totschüttelbewegung im »Leerlauf«, das heißt ohne zuzubeißen, dicht am Halse des Besiegten ausführte.

Ich habe den vorangehenden Beschreibungen tierischen Verhaltens so viel Raum gegönnt, um eines zu zeigen: Bei allen diesen Tieren wird das Umbringen von Artgenossen nicht durch den Abbau eines ursprünglich vorhandenen Aggressionstriebes verhindert, sondern vielmehr dadurch, daß bei ihnen, unter dem Druck einer natürlichen Selektion, gewisse, zweifellos im Zentralnervensystem lokalisierte Hemmungsmechanismen ausgebildet worden sind, ganz so, wie spezialisierte Organe entstehen. Ich glaube, daß wir an der an Tieren zu beobachtenden Leistung dieser Mechanismen, insbesondere aber aus ihren Leistungsbeschränkungen und Störungen, so manches lernen können, was für die augenblickliche Situation des Menschen von Interesse ist, der, wie kein anderes Lebewesen vor ihm, von der Gefahr eines generalisierten Brudermordes bedroht wird.

An der instinktiven, triebmäßigen Natur der menschlichen Aggression wird kaum jemand ernstlich zweifeln. Wohl aber halte ich es für nötig, die Frage zu diskutieren, ob es beim Menschen angeborene Reaktionsweisen gibt, deren arterhaltende Funktion in der Hemmung des aggressiven Verhaltens liegt. Die allgemeine Meinung, insbesondere die vieler Geisteswissenschaftler, geht dahin, daß alle menschlichen Verhaltensweisen, die nicht unmittelbar dem Vorteil des Individuums dienen, von der vernunftmäßigen Verantwortung diktiert werden. Diese Meinung ist nur teilweise richtig. So sicher es ist, daß die rationale, verantwortliche Moral des Menschen den wesentlichen Beitrag zur

Lösung seiner drängenden Gegenwartsprobleme leisten muß, so sicher ist es auch, daß eine solche Lösung ohne Appell an seine gefühlsmäßigen, nichtrationalen Tötungshemmungen nicht möglich sein wird.

Am klarsten treten diese nicht-rationalen Hemmungsmechanismen des Menschen dort zutage, wo sie auf Situationen ansprechen, in denen vernunftmäßige Moral das Töten für durchaus zulässig erachten muß, nämlich beim Töten von Tieren. Ungeachtet der Existenz gewisser Religionen, die das Töten von Tieren schlechthin verbieten, herrscht doch wohl kein Zweifel, daß auch die strikteste Selbstbefragung im Sinne kantischer Moral uns die Berechtigung zu solchem Tun nicht grundsätzlich verbieten kann. Dennoch machen sich bei jedem normal veranlagten Menschen gewisse machtvolle, gefühlsmäßige Hemmungen bemerkbar, die ihm das Töten von Tieren unter Umständen sehr schwer, ja unmöglich machen. Es lohnt sich, diese Umstände näher zu untersuchen, da es sich zweifellos um Hemmungsmechanismen handelt, deren eigentliche arterhaltende Funktion darin liegt, uns am Töten von unseresgleichen zu hindern.

Ganz sicher sprechen die in Rede stehenden Mechanismen Tieren gegenüber gewissermaßen »irrtümlich« an, so wie alle angeborenen Auslösemechanismen bei Tieren leicht durch »Attrappen«, das heißt durch grob schematisch vereinfachte Nachbildungen der eigentlichen biologisch adäquaten Situation, zum Ansprechen gebracht werden können. Dies geht eindeutig aus der Tatsache hervor, daß es uns um so schwerer fällt, Tiere zu töten, je ähnlicher sie uns sind, sei es, daß sie zoologisch nahe mit uns verwandt sind, sei es, daß sie uns durch äußerliche Übereinstimmung an den Menschen erinnern. Wirbellose Tiere erregen unser Mitleid weit weniger als Wirbeltiere, unter diesen wiederum sind es die Fische, die unsere Tötungshemmungen am wenigsten auszulösen vermögen. Wer je Frösche zu schlachten gezwungen war und über einige Selbstbeobachtungen verfügt, wird mir bestätigen, daß es die Menschenähnlichkeit der Arme und Beine dieser Tiere ist, die diese Tätigkeit so unangenehm macht. Ein Säugetier umzubringen ist mir selbst bei den niedrigsten Formen sehr schwer, einen Hund oder gar einen Affen zu töten wäre mir völlig unmöglich.

Ein weiterer Umstand, der dafür spricht, daß die in Rede stehenden Tötungshemmungen auf angeborenen Auslösemechanismen beruhen und eigentlich auf den Mitmenschen gemünzt sind, ist der folgende: Wenn *junge* Tiere in bestimmten einfachen Merkmalen mit dem menschlichen Kindchen übereinstimmen, zum Beispiel einen dicken Kopf, gewölbte Stirn, große Augen, runde Backen usw. haben, verstärkt sich die Wirksamkeit unserer gefühlsmäßigen Tötungshemmungen um ein Vielfaches. Ich habe schon andernorts berichtet, wie ich mich einst über diese »Gefühlsduselei« hinwegzusetzen versuchte und mir durch das Umbringen von einigen »herzigen« jungen Ratten eine regelrechte kleine Neurose zuzog, die sich in wochenlang wiederkehrenden quälenden Träumen äußerte.

Es dürfte sich lohnen, nun etwas genauer auf die äußeren Begleitumstände einzugehen, die, unabhängig von der Art des Objektes und ebenso unabhängig von Funktionen vernunftmäßiger Moral, die hier zur Diskussion stehenden Hemmungsmechanismen zu fördern oder zu beeinträchtigen vermögen. Eine der wichtigsten Bedingungen für das volle Ansprechen unserer Tötungshemmungen ist persönliche, individuelle Bekanntschaft mit dem potentiellen Opfer. In zoologischen und physiologischen Instituten kann man immer wieder die folgende erheiternde Beobachtung machen: Es werden irgendwelche Tiere zu Zwecken angekauft, die ihre Tötung bedingen. Diese Verwendung wird durch einen Zufall längere Zeit aufgeschoben, und nun sind aus den Versuchs- oder Futtertieren auf einmal »Pfleglinge« geworden, die niemand umbringen will. Besonders wenn das in schlechtem Zustand angekaufte Tier inzwischen gesünder geworden ist oder gar gewachsen ist, steigern sich die Tötungshemmungen der Institutsmitglieder noch mehr. Geradezu rührend aber ist es dann, die pseudo-rationalen Gründe zu hören, mit denen ernste Männer der Wissenschaft sich selbst belügen, um nicht eingestehen zu müssen, welch tiefes und starkes Gefühl sie am Töten eines gewöhnlichen kleinen Tieres hindert. Es ist merkwürdig, wie aufrichtig sich Menschen des Edelsten schämen können! Bezeichnenderweise sieht man den eben beschriebenen Vorgang meist nur in *kleinen* Instituten, in sehr großen, in denen Versuchstiere zur völlig anonymen Massenware werden, kommt er wohl kaum je vor.

Alle unsere Tötungshemmungen sprechen um so stärker an, je enger der Kontakt mit dem sterbenden Tier und je sinnfälliger der Zusammenhang zwischen unserem Tun und seinen Leiden ist. Es ist viel leichter, ein Kaninchen in eine Chloroformkiste zu stecken, als es mit den Händen zu erwürgen. Schmerzensschreie wirken äußerst stark hemmungsauslösend, und wahrscheinlich ist ein gut Teil pseudo-rationaler Lügenmoral dabei, wenn wir uns einreden, daß ein schnelles, schmerzloses Töten von Tieren erlaubt sei, in Wirklichkeit entziehen wir uns dadurch nur den hemmungsauslösenden Reizen, die von dem zu tötenden Organismus ausgehen. Die wenigsten von den Kulturmenschen, die heute zum Vergnügen die Jagd ausüben, würden das tun, wenn der Zusammenhang zwischen dem Krumm-Machen des Zeigefingers und der verwundenden Wirkung des Geschosses nicht so ungemein wenig sinnfällig wäre. Kein seelisch gesunder Mensch würde zum Vergnügen einem Hasen unmittelbar mit dem Zeigefinger die Eingeweide zerreißen wollen, während das Tier sein durchdringendes Schmerzensgeschrei ausstößt.

Schließlich sei noch eines Umstandes gedacht, bei dessen Eintreten alle unsere instinktmäßigen Tötungshemmungen schlagartig erlöschen: Jede Spur von Mitgefühl und Beschädigungshemmungen erlischt schlagartig in uns, wenn wir uns vor einem angreifenden Lebewesen, sei es Tier oder Mensch, ernstlich fürchten! In dem schönen Manifest der Nobelpreisträger wird völlig richtig betont, daß die Furcht vor der Bewaffnung des Gegners niemals ein wirklich befriedender Faktor sein kann; sie vermag vielleicht für den Augenblick die Auswirkungen der aggressiven Triebe zu verhindern, wirkt aber auf die Aggression selbst sicher aufstachelnd und nicht mindernd.

Wir wollen uns nun rückschauend die zuerst besprochenen Funktionseigenschaften und Leistungsbeschränkungen der Tötungshemmungen bei sozialen Tieren vergegenwärtigen und uns gleichzeitig klarmachen, wie nah verwandt mit diesen Erscheinungen die zuletzt behandelten, nicht-rationalen, Hemmungsmechanismen beim Menschen ganz offensichtlich sind. Von dem so gewonnenen Standpunkt aus wollen wir die Gefahren der Selbstvernichtung betrachten, die der gegenwärtigen Menschheit drohen.

Wir verstehen nun, welche umwälzende und gefährliche Störung des funktionellen Gleichgewichtes zwischen Aggressionstrieb und Hemmungsmechanismen durch die Erfindung der ersten Waffe, des Faustkeiles, verursacht worden ist. Wenn man sich vorstellt, was geschehen müßte, wenn ein Wesen von der Jähzornigkeit und Aggressionslust eines Anthropoiden plötzlich in die Lage versetzt wird, einen Artgenossen durch einen einzigen Schlag zu töten, so, daß alle hemmungsauslösenden Demutsgebärden, Schmerzenslaute usw. ihrer Wirksamkeit völlig beraubt sind, so könnte man sich fast wundern, daß die Menschheit nicht sofort an der Erfindung ihres ersten Werkzeuges zugrunde gegangen ist.

Wir sehen, daß im modernen Krieg, mit seinen völlig unpersönlichen und auf immer größere Entfernung hin wirkenden Tötungsmethoden, die instinktmäßigen Hemmungsmechanismen des Menschen immer weniger angesprochen werden, weil buchstäblich jeder einzelne der weiter oben dargestellten die Tötungshemmung auslösenden Faktoren ausgeschaltet ist. Der Mann, der im Flugzeug den Knopf der Bombenauslösevorrichtung drückt, empfängt keinerlei Reize, die den tiefen, gefühlsmäßigen Schichten seiner Persönlichkeit die Folgen dieser Tat sinnfällig machen.

Zu alledem kommt noch, daß die Psychoanalyse wahrscheinlich wirklich mit ihrer Behauptung recht hat, im Menschen schlummere eine Fülle unausgelebter Aggressionstriebe, die jederzeit zu unerwarteten und verheerenden Explosionen führen könne. Wir glauben nicht an den von Freud postulierten, dem schöpferischen Eros entgegenstehenden Todestrieb, aber es besteht sehr wohl die schon früher skizzierte Möglichkeit, daß intraspezifische Selektion der Menschheit in früher Vorzeit ein Übermaß an Aggression angezüchtet hat, das unter den heutigen, grundlegend geänderten ökologischen und soziologischen Bedingungen den Bestand unserer Art gefährdet.

Wenn man die gegenwärtige Lage der Art *Homo sapiens* L. in dieser Weise »tierpsychologisch« betrachtet, möchte man verzweifeln und ihr ein baldiges Ende mit Schrecken prognostizieren. Die einzige Hoffnung besteht darin, daß die spezifisch menschlichen Leistungen des begrifflichen Denkens und der auf diesem Denken aufbauenden verantwortlichen Moral die Menschheit retten. Daß sie nicht schon an der Erfindung des ersten Faustkeiles zugrunde gegangen ist, liegt daran, daß ein tierisches, unverantwortliches Wesen diese Waffe gar nicht hätte schaffen können. Die neugierige Forschung, die einer solchen Erfindung zugrunde liegt, hat Leistungen zur Voraussetzung, die mit Frage und Antwort aufs nächste verwandt sind. Das dialogische Verhältnis zur Umwelt, wie Baumgarten es genannt hat, ist die Voraussetzung für jene Arbeit, die zielgerichtet ein Werkzeug herstellt. Der nächste Hammerschlag muß stets von dem Erfolg gesteuert sein, den der vorhergehende erzielt, gewissermaßen von der Antwort, die das Material auf jeden Akt des arbeitenden Menschen gibt. Wir wissen, daß dieses *erfolgsgesteuerte* Handeln eine ausschließlich dem Menschen zukommende, dem Sprechen aufs nächste verwandte Leistung ist. Sie ist an das sogenannte Praxien- und Gnosien-Zentrum gebunden, das in nächster Nähe des Sprachzentrums im *Gyrus supramarginalis* des menschlichen Schläfenlappens liegt. Im Gehirn von Tieren, selbst der uns zoologisch am nächsten verwandten Anthropoiden, findet sich, wie Klüver nachgewiesen hat, kein diesen Zentren entsprechender Hirnteil, und kein Tier verfügt über vergleichbare Leistungen.

Mit anderen Worten, der Erfinder der ersten Waffe konnte notwendigerweise kein unverantwortliches Tier, sondern nur ein echter Mensch sein, der grundsätzlich zur vernunftmäßigen Ver-Antwortung seines Tuns befähigt war. Die kategorische Frage Kants: »Kann ich die Maxime meines Handelns zum allgemeinen Naturgesetz erheben, oder würde dabei etwas Vernunftwidriges herauskommen?« läuft ja, ins Pragmatisch-Biologische übersetzt, auf nichts anderes hinaus als auf ein erfolgsgesteuertes Handeln. Man kann sie sogar, ohne jede Blasphemie, in die Sprache unserer eigenen Forschungseinrichtung übersetzen und fragen, ob die Maxime unseres Handelns eine arteigene Triebhandlung vom *Homo sapiens* sein könnte oder ob sie als solche den Bestand dieser Art gefährden würde. Die Gleichheit der Funktion, die soziale Triebe und Hemmungen mit den höchsten Leistungen verantwortlicher Moral verbindet, macht es uns selbst oft schwer, zu unterscheiden, ob der Imperativ, der uns zu bestimmten Handlungen treibt, aus den tiefsten, vormenschlichen Schichten unserer Person oder aus den Überlegungen unserer höchsten Ratio stammt. Da uns allen von Jugend an eingebläut ist, die letzteren sehr hoch und die ersteren sehr gering einzuschätzen, neigen wir dazu, für Auswirkungen der Vernunft zu halten, was häufig nur einem gesunden Instinktmechanismus entspringt.

Die Gleichheit der Funktion führt oft zu erstaunlicher formaler Ähnlichkeit zwischen Verhaltensweisen, die sicher ausschließlich instinktiver Natur sind, und solchen, die ebenso sicher fast ausschließlich von kulturgebundener echter Moral diktiert werden. Die unbedingte Hemmung, die männliche Hamster, Hunde und manche andere Säugetiere daran hindert, ein gleichartiges Weibchen zu beißen, führt zu Verhaltensformen, die zwingend an die westlicher Völker erinnern, bei denen die »Ritterlichkeit« des Mannes der »Dame« gegenüber jedes aggressive Verhalten verhindert. Unter den Bedingungen der Gefangenschaft, die eine Flucht unmöglich machen, können weibliche Hamster ihre mehr als doppelt so schweren und kampfesstarken Männchen buchstäblich totbeißen, ohne daß diese sich wehren. Noch mehr erinnern die hochritualisierten Kommentkämpfe der Cichliden an die Formen jener menschlichen Kämpfe und Kampfspiele, die an strenge Regeln der »Ritterlichkeit« und der »Fairneß« gebunden sind. Eine Cichlidenart mit besonders streng geordneter Kampfesform, *Cichlasoma biocellatum*, heißt bei den amerikanischen Aquarienliebhabern einfach »Jack Dempsey«, nach einem Berufsboxer, der durch die besondere »Fairneß« seines Kämpfens zu einer Art Nationalheros geworden war.

Wenn nun jemand die Frage stellen sollte, welche positiven Vorschläge man auf Grund des hier Gesagten machen kann, um den Wirkungsgrad menschlicher Tötungshemmungen zu verbessern, so fürchte ich, daß die Antwort für den Moraltheoretiker ebenso viele Gemeinplätze enthalten wird, wie meine einleitenden Ausführungen über arterhaltende Zweckmäßigkeit für den Biologen enthielten. Die offensichtlich und selbstverständlich wirksamste Maßnahme muß es natürlich sein, den Kontakt aller Menschen mit allen anderen möglichst intensiv und möglichst persönlich zu gestalten. Die Kriegspropagandisten aller Zeiten, die leider seit jeher viel bessere praktische Kenntnisse über das menschliche Instinktleben besessen haben als die Philosophen edelster Menschheitsmoral, wußten immer schon ganz genau, daß man die Hemmungen, den Feind umzubringen, dadurch aus der Welt schaffen kann, daß man der aufzuhetzenden Population einredet, der zu bekämpfende Feind sei überhaupt nicht ihresgleichen, sei etwas völlig anders Geartetes, tierpsychologisch gesprochen kein Artgenosse. Der kriegerische Erfolg der Zulu beruhte sicher großteils darauf, daß »Zulu« einfach »Mensch« heißt und daß die Zulus davon überzeugt werden konnten, daß alle Nicht-Zulus Nicht-Menschen, Un-Menschen, seien. Jede nationale Isolierung, jede rassische Propaganda beruht auf diesem Prinzip. Wer den Gegner hinter der Absperrung wirklich kennt und weiß, wie wenige und wie oberflächliche Unterschiede letzten Endes zwischen den verschiedensten Sorten von Menschen bestehen, wird sich schwerer dazu bereit finden, zu der vernichtenden Waffe zu greifen.

Außer diesem billigen Gemeinplatz gibt es vorläufig keinen vernünftigen Rat, den man der bedrohten Menschheit erteilen könnte. Wir wissen heute über die ursächlichen Zusammenhänge zwischenmenschlichen Verhaltens so gut wie nichts. Alles, was ich hier über menschliches Verhalten gesagt habe, ist eine auf bloßen Analogien fußende Spekulation darüber, in welcher Richtung man mit einiger Erfolgsaussicht nach den Ursachen jener Verhaltensstörungen suchen könnte, die im Augenblick den Bestand unserer Art bedrohen. Wenn ich derlei überhaupt öffentlich zu äußern wage, so geschieht es in der Hoffnung, die berufenen Humanpsychologen und -soziologen auf den Plan zu rufen, und sei es nur durch das Erregen ihres Widerspruches.

Geisteswissenschaftlich ausgerichtete Vertreter dieser Wissenschaften werden mir vielleicht sofort antworten: Jeder Versuch zu einer kausal-physiologischen Erforschung der Frage, weshalb Menschen einander im großen umbringen, sei von vornherein ein Unsinn, da das Verhalten des Menschen im allgemeinen und sein soziales Verhalten im besonderen überhaupt nicht kausal-physiologisch determiniert sei, sondern von vernunftmäßiger Verantwortung und von Entscheidungen des »freien Willens« abhänge. Es sei fern von mir, die reale Existenz dieser hohen Dinge zu leugnen. Ich bezweifle nur ihren unmittelbaren Einfluß auf das kollektive soziale Verhalten großer Menschenmassen.

Für diesen Zweifel gibt es schwerwiegende Gründe. Man muß sich zuerst vor Augen halten, welche gigantischen Leistungen der Mensch in der Beherrschung seiner außerartlichen Umwelt und in seiner Anpassung an diese vollbracht hat. Er vollbrachte sie ausschließlich mit Hilfe jener spezifisch menschlichen Eigenschaften und Leistungen, derengleichen es bei Tieren einfach nicht gibt, mit Hilfe von begrifflichem Denken, Wortsprache und erfolgsgesteuertem Handeln. So betrachtet, erscheint der »Herr der Erde« tatsächlich über das Tier und die physiologisch determinierten Gesetze tierischen Handelns so erhaben, daß jeder Vergleich lästerlich erscheint. Vergleicht man aber diese gewaltigen Erfolge, die der Mensch in der kürzesten und jüngsten aller geologischen Epochen in bezug auf die Beherrschung seiner Außenwelt errang, mit jenen Fortschritten, die er im Beherrschen zwischenmenschlicher Probleme zu verzeichnen hat, so ergibt sich ein anderes Bild. Im gleichen Zeitraum, in dem der Mensch zum Herrn der Erde wurde, hat er, kollektiv als Art betrachtet, nicht den kleinsten Schritt getan, zum Herrn seiner selbst zu werden. Die Forderungen verantwortlicher Moral und allgemeiner Menschenliebe, von den Besten der Menschheit, von Propheten, Priestern und Weisen gepredigt, haben nichts daran geändert, obwohl es durchaus nicht bei den Predigten von einzelnen blieb. Wiederholt hat im Laufe der Geschichte der ehrlich gemeinte Versuch stattgefunden, Menschenliebe und vernunftmäßige Moral auf den Thron des Staates zu heben, ja, zu Beherrschern der Menschheit zu machen. Aber immer wieder verebbten diese Versuche, wurden fortgespült von der Macht nichtrationaler Verhaltensweisen, von Machtgier, Aggression, territorialer Expansion usw. usw., von lauter Faktoren, die *nicht* spezifisch menschlich, sondern allen höheren Lebewesen gemeinsam sind. Wir müssen der bitteren Tatsache ins Auge sehen, daß wir Menschen, kollektiv betrachtet, uns in unserem innerartlichen sozialen Verhalten nicht prinzipiell anders benehmen als etwa Ratten, die in ihrer Neigung zur Bildung von Parteien, zur Übervölkerung eines Lebensraumes und in ihren aus beidem resultierenden Vernichtungskämpfen ein böses Gleichnis bilden.

Diese Behauptungen entspringen keineswegs einem hoffnungslosen Fatalismus, noch weniger sind sie der Ausdruck von zynischem Materialismus. Gerade weil die gefährlichsten Widersacher einer vernunftgemäßen menschlichen Gesellschaftsordnung ihre Kraft ganz zweifellos aus dem Instinktiven, aus dem noch nicht Spezifisch-Menschlichen ziehen, bedeutet die Hoffnung, ihre Verursachung zu erforschen, keine Utopie. Auch bedeutet die Überzeugung, daß die pathologisch zu wertenden Störungen menschlichen Sozialverhaltens ursächlich determiniert sind, keine Leugnung der höchsten Menschheitswerte, und noch weniger tut dies der Versuch, Einsicht in jene Kausalzusammenhänge zu gewinnen. Die Gesichtspunkte der Finalität und der Kausalität sind nicht nur nicht unvereinbar, sondern überhaupt nur miteinander sinnvoll. Die schönste und richtigste moraltheoretische Erwägung darüber, welchen Verlauf eine Kette von Geschehnissen nehmen sollte, verleiht uns keine Macht, sie nach diesem Ziel zu lenken. Nur die Einsicht in ihre kausalen Zusammenhänge gibt uns die Möglichkeit, tätig in den Gang der Ereignisse einzugreifen und ihre Richtung zu bestimmen. Finale Betrachtungen ohne kausale Einsicht sind machtlos, kausale Einsicht ohne Richtung nach einem Ziel ist sinnlos.

Es ist an der Zeit, daß sich die induktive Kausalforschung den brennenden Problemen zuwendet, die zu lösen sie bisher den Geisteswissenschaften allein überlassen hat. Die Forschung ist verantwortlich für die gegenwärtige Lage der Menschheit. Sie hat uns aus dem naturgebundenen Paradies unserer Ahnen herausgeführt, sie hat in freier Tat die Waffen geschaffen, die uns heute mit Selbstvernichtung bedrohen. Pflicht der Forschung ist es daher auch, die Hemmungen zu erforschen, die uns vor diesem Schicksal bewahren können. Vielleicht kann unser kleines Forschungsgebiet einen winzigen Beitrag zu solcher Einsicht liefern.

# Aggressivität – arterhaltende Eigenschaft oder pathologische Erscheinung?

(1977)

In den Titel meines Vortrages hat sich – absichtlich – eine logische Inkonsequenz eingeschlichen, nämlich die Frage: arterhaltender Instinkt *oder* pathologische Erscheinung. Jeder arterhaltende Instinkt kann danebengehen, kann zur pathologischen Erscheinung werden, wie das schlechterdings jede physiologische Erscheinung, jeder physiologische Vorgang kann. Beispielsweise wird niemand leugnen, daß Appetit ein unentbehrliches arterhaltendes Triebsystem ist. Wenn ich nicht eisern gegen diesen Trieb in mir kämpfen würde, wäre ich ungefähr drei Jahre nach meiner Rückkunft aus russischer Kriegsgefangenschaft an Herzverfettung gestorben. Also auch dieser Trieb kann danebengehen; jeder weiß, wie Sexualität danebengehen kann, und Aggressivität kann das selbstverständlich auch.

Ich möchte Sie bitten, jetzt alles, was Sie so über Todestrieb, Vernichtungstrieb, Sadismus, Nekrophilie und ähnliche unheimliche Dinge gehört haben, zu vergessen und mir zu erlauben, einen Autor zu zitieren, der sehr viel früher gelebt hat und der meiner Ansicht nach einer der besten Interpreten menschlichen Verhaltens und gleichzeitig auch einer der besten Phänomenologen und Beobachter gewesen ist: Mark Twain. In seinem Buch »Tom Sawyers Abenteuer« schildert er folgende Szene:

Ein Bub geht spazieren und pfeift. »Plötzlich unterbrach Tom sein Pfeifen: Ein Fremder stand vor ihm – ein Bub, der ein wenig größer war als er selbst. Ein Neuankömmling jederlei Alters oder Geschlechts war eine eindrucksvolle Merkwürdigkeit in dem armen kleinen, schäbigen Dorf St. Petersburg. Dieser Bub war noch dazu gut angezogen – für einen Wochentag sogar viel zu gut angezogen. Seine Kappe war höchst elegant, seine dicht zugeknöpfte, blaue Tuchjacke war neu und tadellos, ebenso seine Hose. Dazu hatte er Schuhe an – und es war doch erst Freitag. Er trug sogar eine Krawatte, ein buntfarbenes Bändchen. Er hatte ein städtisches Aussehen, das Tom zutiefst störte. Je länger er das fremde Wunder anstarrte, desto verächtlicher und hochnäsiger betrachtete er diese Eleganz, desto schäbiger kam ihm aber auch seine eigene Kleidung vor. Keiner der Jungen sagte etwas. Wenn einer sich bewegte, tat es auch der andere, aber nur seitwärts, im Kreise herum; sie blieben sich stets genau gegenüber, Auge in Auge. Schließlich sprach Tom: ›Ich kann dich verhauen‹ (I can lick you). ›Ich möchte sehen, wie du's probierst.‹ ›Sicher, ich kann es.‹ ›Nein, du kannst's nicht.‹ ›Ja, ich kann's.‹ ›Nein, du kannst's nicht.‹ ›Ich kann's.‹ ›Du kannst's nicht.‹ ›Kann.‹ ›Kannst nicht.‹ Eine ungemütliche Pause, dann sagte Tom: ›Wie heißt du?‹ ›Das geht dich wohl nichts an.‹ ›Ich will's aber wissen und kann dich dazu zwingen.‹ ›Na, warum probierst du's nicht?‹ ›Wenn du noch viel sagst, tu ich's.‹ ›Viel, viel, viel! Also jetzt.‹ ›Oh, du hältst dich wohl für sehr gescheit? Ich könnte dich verhauen mit einer Hand auf den Rücken gebunden, wenn ich nur wollte.‹ . . . . ›Hör mal, . . . Warum tust du es dann nicht, warum sagst du es immer nur? Du tust es nicht, weil du Angst hast.‹ ›Ich hab keine Angst.‹ ›Du hast Angst.‹ ›Nein.‹ ›Doch.‹ Wieder eine lange Pause, mehr gegenseitiges Sich-Anstarren und Seitwärts-Treten, plötzlich eine Wendung, und sie stehen Schulter an Schulter. Dann sagt Tom: ›Mach dich fort von hier.‹ ›Mach dich selbst fort.‹ ›Ich nicht.‹ ›Ich erst recht nicht.‹ Jetzt stehen sie beide mit den Schultern aneinandergepreßt, jeder mit einem Fuß als Stütze seitlich gestellt, und starren einander drohend und voll Haß an. So drängen sie eine Weile gegeneinander, bis beide erhitzt und hochrot im Gesicht sind, dann lassen sie beide – sehr vorsichtig – in ihrem Gegeneinanderdrängen nach, und Tom sagt: ›Du bist ein Feigling und ein junger Hund. Ich werde meinem großen Bruder von dir erzählen, und der kann dich mit dem kleinen Finger verhauen, und er wird es auch tun, wenn ich es ihm sage.‹ ›Was scher ich mich um deinen großen Bruder? Ich habe einen Bruder, der noch viel größer ist; und er kann deinen Bruder über den Zaun schmeißen, wenn er will.‹ (Beide Brüder existieren nur in der Phantasie der Knaben.) ›Das ist eine Lüge.‹ ›Sagst du.‹ Tom zog mit seiner großen Zehe eine Linie in den Staub und sagte: ›Wenn du die überschreitest, hau ich dich, bis du nicht mehr stehen kannst, und wer sich nicht traut, wenn er herausgefordert ist, der stiehlt auch.‹ Der neu angekommen Junge sprang prompt über die Linie und sagte: ›Also jetzt, du hast gesagt, du wirst es tun, jetzt zeig uns, wie du es tust.‹ ›Sekkier mich nicht, sei besser vorsichtig.‹ ›Du hast schon so oft gesagt, daß du es tun wirst, warum tust du es nicht endlich?‹ ›Also jetzt, für zwei Cents tu ich es wirklich.‹ In einem Augenblick hatte der neue Junge zwei Kupfermünzen aus der Tasche genommen und hielt sie Tom voll Spott hin. Tom schlug sie zu Boden, und im nächsten Augenblick rollten die beiden Buben aneinandergeklammert im Staub der Straße und rauften wie die Katzen; für die Zeit einer Minute zogen und rissen sie einander an den Haaren und Kleidern, schlugen und zerkratzten

Gesichter und Nasen und bedeckten sich mit Staub und Ruhm. Allmählich nahm das verworrene Bündel wieder Form an, und durch den Staub der Schlacht konnte man Tom wieder sehen, der rittlings auf dem neuen Jungen saß und ihn mit den Fäusten bearbeitete. ›Schrei 'genug'‹, sagte er. Der andere Bub bemühte sich schweigend freizukommen. Er weinte – hauptsächlich aus Wut. ›Schrei 'genug'‹, und die Fäuste arbeiteten weiter. Schließlich brachte der Fremde ein halberstickes ›Genug‹ heraus, und Tom ließ ihn aufstehen. Er sagte: ›Merk dir das, und nächstes Mal paß auf, wen du zum Narren hältst.‹ Der andere schlich sich davon und murmelte wiederholt vor sich hin: ›Wenn ich dich das nächste Mal erwische.‹« Soweit Mark Twain.

Wir wollen nun also die Worte Aggression, Todestrieb, Mord, Totschlag und Killerinstinkt vergessen und dafür das Wort »Verhauverhalten« verwenden. Die soeben geschilderte Form des Verhauverhaltens ergibt sich in der Konfrontation zweier einander unbekannter Lebewesen derselben Spezies so häufig, daß ich den Rest des Vortrages mit Tiernamen füllen könnte, von denen man mit Sicherheit weiß, daß sie dieses Verhalten zeigen. Als Beispiele nenne ich hier, von unten nach oben: zunächst einmal zwei einander unbekannte Tintenfische (Mollusken, Sepien) oder auch Octopusse; Laub-Heuschrecken *(Tecticus)* – laut Claire-Marie Busnel; Küchenschaben – beobachtet von Sol Kramer; Korallengarnelen *(Stenopus)* und Einsiedlerkrebse – gemäß Reese; Winkerkrabben – laut Jocelyne Crane; Guppys, Mollys, Barsche, Cichliden – alle bei uns in Seewiesen untersucht; Eidechsen – nach Gustav Kramer; Schlangen (Viperiden) und – Kanarienvögel, Mäuse, Katzen, Hunde, Affen, Puten. Also alle diese Tiere zeigen, wenn man sie zusammensetzt und sie einander kennenlernen, genau die gleiche Sequenz von Verhaltensweisen, die ich oben beschrieben habe. Sie schauen einander erst lang an, dann versuchen sie einander einzuschüchtern, das homerische Wortgefecht beginnt, dann kommt ein Messen der Kräfte, das fast immer harmlos ist: das Maulzerren der Cichliden, das Stirndrängen von Rindern, Cerviden usw., und schließlich, nach langer langer Zeit – ich habe nämlich bei Mark Twain noch die Hälfte ausgelassen –, gibt sich der eine dann geschlagen. Das Kräfte- bzw. Größenmessen ist hochinteressant: Sie müssen gesehen haben, wie zwei sich begegnende Küchenschaben zum Beispiel die Flügel aufstellen und antiparallel, Kopf gegen Schwanz, umeinander herumgehen und jeder möglichst groß zu scheinen trachtet. Tintenfische tun das, indem sie einen Arm breit machen, und Puten tun das, indem sie den Schwanz schief stellen und den Fächer des Steuers von einer Seite sehen lassen, und die Menschen, die ja in der Regel von der Seite schmäler sind als von vorn, die imponieren natürlich frontal und drehen die Arme ab – und der Schimpanse macht es genauso. Und meistens genügt das Größemessen. Bei sehr vielen Tieren kennen wir den Beschädigungskampf nicht, weil es so schwer ist, ein Paar Kämpfer zu finden, die genau aufeinander passen – »matching« heißt passen, zum Passen bringen, und »a good match« sind zwei, die einander ebenbürtig sind. Es gibt dann immer einer nach, bevor es wirklich zum Beschädigungskampf kommt. Wir, das heißt meine Schwiegertochter und ich, haben zum Beispiel noch von dem Cichliden *Cichlasoma biocellatum* geschrieben, er hätte keinen Beschädigungskampf. Dann hat John Burchard sich die große Mühe gemacht, sehr sehr viele gleichgroße Fische anzuschaffen und so lang herumzuspielen, bis er zwei gefunden hat, von denen wirklich keiner den andern einzuschüchtern vermochte – und dann folgte nach buchstäblich stundenlangem Maulzerren ein blutiger Beschädigungskampf. Ein solcher ist aber schon so unwahrscheinlich in freier Natur, daß er praktisch nicht vorkommt. Das heißt bei allen diesen Kämpfen kommt es darauf an, daß einer – der Stärkere – ermittelt wird, ohne daß ein Individuum geopfert wird, denn es kann ja sein, daß der Sieger eines solchen Duells, unmittelbar nachdem er gesiegt hat, vom Reiher oder, wenn wir in Südamerika sind, vom Schlangenhalsvogel gefressen wird, und dann ist es sehr gut, wenn der Besiegte möglichst wenig ramponiert ist.

Alle diese ritualisierten Kämpfe sind meistens vom Freßverhalten abgeleitet, das heißt, die allermeisten Tiere beißen mit dem Organ, das zum Fressen da ist, nämlich mit den Zähnen. Es ist interessant, wie wenige es gibt, die Defensivwaffen zur intraspezifischen Aggression verwenden. Ich weiß nur wenige Beispiele. Da sind einerseits natürlich die Huftiere. Die Hörner und Geweihe – beim Geweih weiß man es noch nicht einmal, aber die Hörner sind zweifellos primär gegen den Freßfeind erfunden worden, und Stiere kämpfen mit den Hörnern. Beim Hirsch ist es gar nicht so sicher, denn bei modernen Hirschen mit ausgebildetem Geweih wird das Geweih nicht gegen den Freßfeind verwendet. Der Elch schlägt nach dem Wolf mit den Vorderhufen. Andrerseits sind da gewisse Meeresfische, nämlich Chaetodontiden, deren stachelige Rückenflosse ganz sicher primär eine Waffe gegen den Freßfeind darstellt und zum Stechen verwendet wird. Wenn die aneinander geraten, richten sie sich furchtbar her; aber die meisten haben vorher ein langes, dem Beschädigungskampf vorangehendes Kräftemessen, in dem sie nicht wie die Cichliden sich beim Maul packen, sondern mit der Stirn und ihrer spitzen Schnauze (die spitzschnäuzigsten machen es am schönsten) sich gegenseitig verkeilen und so lange gegeneinander drücken und schieben, bis einer aufgibt. Es gibt eine Gattung *Heniochus*, die scharbildende, also soziale Fische sind und wahrscheinlich eine lineare Rangordnung in der Schar haben. Diese Tiere haben über den Augen, etwas weiter oben am Kopf, zwei Hörner mit einem tiefen Sattel dazwischen.

Der ist stromlinienstörend und steht vor und mag beim Durchschwimmen unter Hindernissen hinderlich sein, und der ist nur dazu da, damit man sich mit diesem Sattel gegenseitig faßt und hin und her schiebt, so beim *Heniochus varius*. Ich habe diesen Sattel gesehen und habe vorausgesagt, wie die kämpfen, und kein Mensch hat es mir geglaubt; aber ich habe den Kampf gefilmt, und die kämpfen wirklich so.

Jetzt stellen Sie sich einmal die Frage – die unbeantwortete Frage: Was kann bei einem sozial in Scharen lebenden Fisch für ein Arterhaltungswert darin liegen, daß man eine Rangordnung festlegt und Verhauverhalten hat? Und zwar ein rein ritualisiertes, rein semantisiertes Verhauverhalten, daß da einer dem andern sagt: »I can lick you.« Das sind die Rätsel, denen wir durchaus offen gegenüberstehen.

Am merkwürdigsten sind die ritualisiertesten Kampfverhalten, bei denen nämlich am wenigsten Schaden getan wird und bei denen man gar nicht versteht, warum eigentlich der eine aufgibt und nicht mehr weiter tut. Das ist sehr schön bei den Viperiden, und zwar bei der Kreuzotter wie bei der Sandviper und am tollsten bei der *Bitis arietans,* bei der Puffotter, zu beobachten. Die machen folgendes: Die zwei Männchen kriechen langsam übereinander weg, und der untere und der obere drücken die Köpfe vertikal aneinander. Und nach einer Weile schmeißt der untere – wupp – den oberen in die Höhe, daß er auf den Rücken fällt. Dann kriechen sie wieder, dann macht's der nächste. Bei der Kreuzotter kreuzen sie die Köpfe, und dann blasen sie die Hälse so auf, daß sie schließlich voneinander abrutschen und – wupp – gegenseitig auf die Steine schlagen, wobei das Lustige ist, daß jeder sich die Watschen selber gibt, denn er schlägt ja mit der Wucht auf, die er gerade dem andern gegenüber im Ringkampf aufgebracht hat. Und wenn einer nicht mehr kann und aufgibt, aufgeben muß, dann ist er auf Tage hinaus kopulierunfähig, während der Sieger sofort, also in höchster Aufregung, kopulieren gehen muß. Das ist bei der Sandviper so, das ist bei der Kreuzotter so, das ist bei der *Vipera berus* so, wie Thomas feststellte. Warum die Viperiden nicht mit den Zähnen kämpfen, obschon sie immun gegen das Gift des anderen sind und sich also nicht töten würden, ist klar: Es wäre schade um's Jagdgewehr – er wäre freßunfähig, wenn er sich die Zähne ausbricht.

Auf genau das gleiche Wunder stoßen wir bei der Winkerkrabbe *(Uca pugilator).* Da hat das Männchen eine ungeheure Schere, die dazu da ist, dem Weibchen zu signalisieren, und zwar optisch, und zweitens mit einem anderen Männchen zu ringen. Der Kampf besteht darin, daß sich die zwei begegnen und zwanzigmal dieselbe Bewegung ausführen, und dann gibt einer auf und ist bis zum nächsten Gezeitenwechsel – also für diesen Tag – kopulierunfähig.

Der Selektionswert des Sieges ist also offensichtlich. Wozu es für die Art gut ist? – Es gibt viele Fragen, wo wir nicht wissen, wozu es für die Art gut ist.

Rückblickend auf all diese Beispiele von Verhauverhalten möchte ich festhalten, daß dieses formal so völlig gleiche Verhalten von den vielen Tierstämmen unabhängig erfunden wurde. Bitte, glauben Sie ja nicht, was immer wieder mir in die Schuhe geschoben wird, nämlich, daß ich die Aggressivität für einen Urtrieb halte gleich dem Lebenstrieb, dem Selbsterhaltungstrieb usw., davon ist gar keine Rede! Es handelt sich um eine ganz spezifische, moderne, nur in allerhöchsten Tieren vorhandene Form des Verhaltens, des Rivalitätsverhaltens, das sich nur gegen Artgenossen richtet. Es findet sich mindestens bei Mollusken, Tintenfischen, Insekten, Spinnentieren und Krebsen; es wurde also schon bei den Arthropoden wenigstens dreimal unabhängig voneinander erfunden, und schließlich bei Wirbeltieren. Das Zittern beim Androhen haben alle erfunden. Die Reizwirkung dadurch zu verstärken, daß man das bunt dargebotene, großartige Balzorgan zittern läßt, das machen Kampffische, das macht der Goldfasan, das machen Sepien. Wenn Sie also nur Fischisch sprechen, und Sie sehen das Drohverhalten von Küchenschaben, verstehen Sie es. Wie mir Sol Kramer seine Küchenschaben vorgeführt hat, war ich vollkommen erschüttert.

Es gibt sehr viele Tiere, die dieses Verhauverhalten haben, jedoch keineswegs alle. Höchst merkwürdigerweise kennen wir zum Beispiel kein solches Verhalten bei irgendeinem Amphibium, nicht bei den buntesten Molchen. Beim Anblick der schönen Pracht- und Hochzeitskleider etwa vom Alpenmolch (*Triturus alpestris* und *Triturus vulgaris* und *montandoni*, und wie sie alle heißen, *carnifex, cristatus* . . .) möchten Sie schwören, daß die Männer sich damit animponieren. Das tun sie nicht, nichts dergleichen. Ob das an unseren Haltungsbedingungen liegt? Denn wenn etwas in Gefangenschaft nicht geht, besagt das nie, daß es nicht im Freien vielleicht geht. Jedenfalls kennen keineswegs alle Tiere das Verhauverhalten.

Dort, wo es vorkommt, haben sich – wiederum mehrmals unabhängig – auf der Basis eben dieses Verhauverhaltens bei verschiedenen Tierstämmen zwei Typen von Verhaltenssystemen weiter evoluiert, die uns hier angehen. Das eine ist das Bindungsverhalten. Das gibt es bei höheren Tieren sehr häufig. Wir kennen es bei Tintenfischen nur auf ganz kurze Zeit, aber wir kennen dauernde individuelle Bindungen bei Krebsen, bei der Garnele *Hymenocera* und bei der Garnele *Stenopus*, sicher nachgewiesen, und dann natürlich bei sehr vielen Fischen, Reptilien, Vögeln und Säugetieren. Da gibt es die persönliche Bindung zwischen zwei Individuen oder, bei höher evoluierten Sozietäten, zwischen mehreren Individuen. Und da fällt nun eine außerordentlich merkwürdige, zu tiefem Nachdenken anregende Korrelation in die Augen: Wir kennen keine einzige Tierart, bei der ein persönliches Erkennen von Individuen vorkommt, das *nicht* aggressiv wäre. Es gibt viele Tiere mit Verhauverhalten ohne persönliche Bindung, aber es gibt keine persönliche Bindung bei einem Tier ohne Verhauverhalten. Wenn wir bei den niedrigsten Lebewesen, bei denen echte Bindungen vorkommen, untersuchen – und die am besten untersuchten darunter sind eben die Cichliden, die Fische –, wie die Bindung zustande kommt, so will es scheinen, als ob die Bindung zwischen zwei Individuen dort entstanden ist, wo zwei Tiere einer aggressiven Art zusammenarbeiten müssen, ohne sich gegenseitig zu verhauen, wo zwei Eltern notwendig sind, um die Brut zu verteidigen, wo also ein starker Selektionsdruck auf das Zusammenleben der Individuen zielt und dieses Zusammenleben verhindert würde durch Aggressivität. Die Natur, das heißt die Evolution, nicht eine personifizierte Natur, macht es ja sehr oft so, daß sie etwas, was unnötig oder schädlich geworden ist, nicht abbaut, sondern einen Mechanismus dazu erfindet, der die spezielle schädliche Auswirkung verhindert. Die Evolution, merken Sie sich, arbeitet immer auf Pfusch, weil sie nicht voraussehen kann. Die Evolution kann nur Dinge tun, die einen unmittelbaren Selektionsvorteil versprechen, so ähnlich wie ein Politiker nichts tun kann, was nicht einen unmittelbaren Elektionsvorteil ihm bringt. Das ist genau die gleiche Situation.

Diese Zusammenarbeit kommt bei den Cichliden zustande in der Weise, daß sie sich allmählich aneinander gewöhnen. Es ist eine der merkwürdigsten Erscheinungen, daß einem persönlich bekannten Individuum gegenüber Aggressivität stark gehemmt wird. Das sehen Sie sehr schön an Menschen, die ein Eisenbahncoupé für sich behalten wollen und sich möglichst ordinär benehmen, so tun, als ob sie schlafen, und aussehen, als ob sie roh und gräßlich wären, wenn jemand im Gang vorübergeht. Und dann kommt einer und ist ein Bekannter – und es braucht nur ein entfernter Bekannter zu sein –, und Sie sehen, wie die also voll Reue die Territorialverteidigung des Coupés sofort abbrechen, die Koffer wegräumen und ganz freundlich werden. Es scheint, daß das allmähliche Sichkennenlernen sehr wichtig ist. Eine zweite Methode ist die Ableitung der Aggressivität auf andere.

Wenn sich einem Cichliden-Männchen in seinem Territorium das Weibchen allmählich nähert, dann gibt es eine Zeremonie, eine »Begrüßungs«- oder Ablösungszeremonie. Dem naiven Beobachter liegt immer sehr nahe, die Befriedungszeremonie als Begrüßung zu bezeichnen, weil nämlich der Mensch als Begrüßung Befriedungszeremonie macht: beide Hände aufheben, oder die Waffe präsentieren, also sich wehrlos machen, oder sich verbeugen, den Helm abnehmen... Alle diese Befriedungszeremonien sind ja bei uns Menschen ritualisiert zum Gruß geworden, und die meisten Grußbewegungen sind von solchen Zeremonien abzuleiten. Die Ablösungszeremonie bei den Cichliden sieht so aus, daß sich die beiden entgegenschwimmen und alle Flossen spreizen, Kopf-Schwanz stehen, also antiparallel, und sich androhen. Nur bleiben sie nicht ganz stehen dabei, sondern schwimmen betont aneinander vorüber, und das heißt, anthropomorphisch ausgedrückt: »Ich bin groß und schrecklich, aber nicht gegen dich.« Und im nächsten Moment schwimmt das Männchen dann los und verhaut den Rivalen an der Territoriumsgrenze. Sie können also mit Sicherheit sagen, daß bei einem nestablösenden Cichlidenpaar, das so schön diese Zeremonie macht, das Männchen sich gewissermaßen aggressiv an seiner Frau auflädt und seine Aggressivität auf den Reviernachbarn entlädt. Ein ungeheuer ritterliches Verhalten, denn wir wollen uns klar sein, daß Bindung die Aggressivität ablenkt, nicht aber zum Erlöschen bringt. Jeder Kriminalist weiß, daß, wenn ein Mensch ermordet wird, der Gatte oder die Gattin der Hauptverdächtige ist, und die Psychoanalyse weiß, und der Dichter weiß, wie nahe Liebe und Haß beisammenwohnen – das heißt Liebe und Aggressivität, denn Haß ist etwas anderes; auf Haß komme ich noch zu sprechen. Also dieses ganz merkwürdige Verhältnis, diese Doppelbindung, die die stärkste Bindung ist, die es auf dieser Welt gibt, die ist durchaus nicht ohne Aggressivität. Zwischen den Gatten ist also eine starke Aggressivität da. Der naive und rohe Mensch schreit jedesmal seine Frau zu Hause an, wenn er sich im Büro über seinen Vorgesetzten geärgert hat. Es ist schwer, das nicht zu tun, und sehr viele Leute werden das eingestehen, wenn sie ehrlich darüber reden. Die Aggressivität auf den Partner zu entladen, liegt immer nahe. Und zwar gibt es das überall dort, wo eine starke Paarbindung besteht. Das ist nicht nur beim Menschen so. Wir haben hier übrigens einen der wenigen Fälle, wo der Mensch nicht böser ist als das ähnliche Tier.

Zu diesem Verhalten möchte ich noch erwähnen, daß die Aggressivität eine sehr wesentliche Rolle spielt bei der Paarbildung solcher Fische, und zwar ist das eine Sache, die meine Schwiegertochter untersucht und entdeckt hat. Es handelt sich um ein sehr weit verbreitetes Phänomen bei paarbildenden Tieren mit nicht zu großer Verschiedenheit der Geschlechter. Dort, wo ein großer Sexualdimorphismus existiert, wie bei Pavianen oder bei Fasianiden, hängt das Erkennen der Geschlechter von äußeren Eigenschaften der beiden ab; da weiß man von weitem, ob das ein Männchen oder ein Weibchen ist. Bei den Cichliden ist das nicht der Fall. Die wissen primär sichtlich nicht, ob der Artgenosse, den man zu ihnen setzt, ein Männchen oder ein Weibchen ist, und was die tun, ist zunächst Verhauverhalten. »I can lick you«, sagt jeder, und dann drohen sie sich an und befinden sich beide in einem Konflikt. Denn wenn sie beide ungefähr gleich groß sind, haben beide nämlich Angst voreinander. Beide sind hochgradig aggressiv, denn hier ist der stärkste Auslöser ein Artgenosse im Prachtkleid, und beide sind sexuell motiviert. Ich habe vorausgesetzt, daß ich zwei vollreife, fortpflanzungsbereite Tiere zusammensetze. Ich habe immer geglaubt, daß jetzt das Männchen oder das Weibchen irgendwie plötzlich einen Reiz aufblitzen läßt, so wie der Sheriff, der seinen Stern zeigt und damit nämlich sagt: »Ich bin ein Mann.« Fräulein Oehlert, die damals diese Arbeit gemacht hat, litt also unter einer falschen Voraussetzung. Sie war von Anfang an auf eine falsche Spur gehetzt, ließ sich aber nicht beirren und hat die Wahrheit herausgefunden. Und zwar ist die Wahrheit folgende: Bei den beiden Geschlechtern mischen sich Aggressivität und Flucht in ganz gleicher Weise. Also jedes Drohverhalten ist per definitionem ein furchtgehemmtes aggressives Verhalten. Ein Hund, der die Zähne fletscht, sagt dadurch schon, daß er sich vor dem Gegenüber etwas fürchtet. Ein Hund, der sich gar nicht fürchtet, geht nämlich ohne Knurren auf den andern Hund los wie auf ein Häschen, mit dem Appetitgesicht – ja, mit dem gleichen Gesicht, das der Hund macht, wenn Sie mit der Futterschüssel kommen. Es ist ein ganz bestimmtes, gespanntes Gesicht, das der Hundekenner sehr wohl kennt. Der Löwe macht es, wenn er hinter einer Gazelle hersetzt, das Appetitgesicht. Aber glauben Sie ja nicht, daß Aggressivität mit Freßtrieb gleichzusetzen ist; das sind zwei verschiedene Dinge. Doch zurück zu unseren Cichliden.

Die starke Appetenz nach Aggressivität gerät in Konflikt mit der Furcht vor dem Partner, und das ist also bei beiden Geschlechtern in gleicher Weise mischbar. Aber beide sind sexuell motiviert, und sexuelle Erregung und Furcht, und sexuelle Erregung und Aggressivität, die mischen sich bei Männchen und Weibchen verschieden. Wenn das Männchen nämlich im geringsten vor dem Weibchen Angst hat, ist seine Sexualität beim Teufel. Da bricht alles zusammen und – nichts wie weg. Hingegen kann er sehr wohl aggressiv sein und gleichzeitig sexuell. Er kann ihr also einen Rammstoß versetzen, daß die Schuppen fliegen, und im nächsten Moment Begattungsaufforderung machen. Beim Weibchen ist es umgekehrt. Das Weibchen kann erheblich Angst vor ihm haben und im ganzen Becken herum fliehen und dazwischen sexuelle Bewegungen machen. Was sie nicht kann, ist aggressiv sein und gleichzeitig sexuell motiviert. Wenn er so wenig Respekt gebietend ist, daß sie sich traut, gegen ihn aggressiv zu werden, dann ist er für sie sexuell uninteressant, und sie stirbt eher an Laichverhaltung – das ist ausprobiert: sie stirbt eher an Laichverhaltung, als daß sie mit diesem unwürdigen Subjekt sich paart. Und das ist nun sehr wahrscheinlich bei sehr vielen sexuell nicht dimorphen Tieren so, und es ist vor allem ganz sicher so bei allen jenen Vögeln und Fischen, bei denen beide

Geschlechter über das Inventar des männlichen und des weiblichen Tieres verfügen. Sie wissen, daß Astrilliden, viele Papageien, viele Raubvögel usw. beides können. Eine Taube kann genausogut Männchen wie Weibchen spielen, und welches sie spielt, das heißt, ob bei ihr der weibliche oder der männliche Satz von sexuellen Triebhandlungen zur Durchführung kommt, hängt ausschließlich vom Partner ab. Einem untergeordneten Partner gegenüber fungiert sie als Mann, einem übergeordneten gegenüber als Frau. Ich habe eine Dohle gehabt, die beides zugleich getan hat. Die war mit einer Frau verheiratet und mit einem Mann verheiratet, und die konnte innerhalb von Sekunden von vollem weiblichem Verhalten auf volles männliches Verhalten umschalten, was besagt, daß Hormonales bei diesen Viechern mit dem ausgelösten Geschlechtsverhalten gar nichts zu tun hat. Die Männchen spielende Dohle oder Taube hat ein völlig funktionelles Ovar und legt – das ist eine regelmäßige Erscheinung – immer synchron mit ihrer Frau.

Dieses merkwürdige Bindungsverhalten, dieses Zustandekommen der Paarbindung zeigt, wie wichtig die Aggressivität sein kann. Beim Menschen ist das alles natürlich sehr viel komplizierter. Das möchte ich gleich vorausschicken, damit Sie mich nicht für einen Theromorphisierer menschlichen Verhaltens halten. Beim Menschen gibt es zwischen Freunden keine klare Rangordnung, sondern die Rangordnung ist auf Sparten verteilt. Also in bezug auf manche Funktionen unterwerfe ich mich dem Urteil meiner Frau restlos, weil ich weiß: das kann sie besser, und vice-versa. Und das ist zwischen jedem Freundespaar so, daß der eine oder der andere gewisse Dinge besser kann und daß eine wirkliche Rangordnung nicht existiert. Wenn nämlich eine reine Rangordnung da ist, verachtet der Übergeordnete den Untergeordneten.

Das Bindungsverhalten ist also etwas, was nur auf der Basis des Verhauverhaltens evoluieren konnte. Eine zweite Art von sozialem Verhalten, das sich auf dem Verhauverhalten ausgebildet hat, ist die kollektive Aggressivität, also jene Aggressivität, wo eine Gruppe, ein Clan, zusammen gegen einen andern Clan aggressiv wird. Ich rede hier nicht von staatenbildenden Insekten, die in dieser Hinsicht, also in bezug auf Massentöten und Massenkriege, die einzigen sind, die sich einigermaßen menschlich verhalten, nämlich Ameisen und andere staatenbildende Hymenopteren – Termiten nicht einmal. Sondern ich rede von den Fischen, Säugetieren und Vögeln, wo eine Gruppe innerhalb der Gruppe alle Aggressivität unterdrückt und gegen nicht Gruppenzugehörige dann besonders aggressiv ist. Das ist bei einigen Fischen der Fall, unter anderem beim *Tropheus moorii* in Tanganjika, einem afrikanischen Maulbrüter, den Wickler untersucht hat. Wenn Sie eine solche *Tropheus moorii*-Kolonie beobachten, sehen Sie ununterbrochen nichts als Demutsgesten, und zwar haben diese Fische zum Zweck der Demutsgebärde einen roten Fleck auf der Seite, dessen Evolution man übrigens genau kennt und der bei andern Verwandten nur beim Weibchen – als Symbol der Inferiorität des Weibchens – vorkommt. Wenn nun zwei sich begegnen, hält schon einer den Bauch mit dem roten Fleck hin, und der andere meldet sich ab und geht weiter. Und das sieht so lieb und friedlich aus, aber nur weil die sich kennen, und zwar individuell kennen. Wir haben Kolonien bis zu fünfzehn Stück gehabt. Wenn Sie einen Fremden in eine solche Kolonie hineinsetzen, ist der binnen Minuten tot, umgebracht.

Genau das gleiche Phänomen der Freundlichkeit, der intensiven Begrüßungszeremonie und der bösartigsten Aggressivität gegen den nicht Gruppenzugehörigen finden Sie bei einer Gruppe von Vögeln, die mein israelischer Freund Zahawi untersucht, nämlich bei den *Turdoides*. Die haben eine Begrüßungs- und Befriedungszeremonie, die dem Triumphgeschrei der Gänse ähnlich sieht. Wenn man sich stürmisch begrüßt und furchtbar schreit, ist das ein Derivat des Bettelns. Die füttern sich gegenseitig. Das kinder-elterliche Verhältnis des Fütterns ist zur sozialen Zeremonie geworden, und der Rangniedrere muß sich füttern lassen. Der muß den Schnabel aufsperren, wenn der Ranghöhere ihn füttern will, auch wenn er nichts bekommt, das ist eine Zeremonie. Diese Vögel sind uns reizend und äußerst friedlich vorgekommen, bis Zahawi darauf gekommen ist, daß dies so ziemlich die einzigen Vögel sind, bei denen wirklich große kollektive Kämpfe, Clans-Kämpfe, vorkommen. Sonst kennt man das eigentlich bei keinem Vogel. Bei *Tropheus moorii* haben wir es nicht ausprobiert, weil es uns nie gelungen ist, wirklich zwei Kolonien zu züchten. Ganz sicher verhält es sich so bei Mäusen und Ratten, wie man von Steiniger und Eibl-Eibesfeldt weiß. Doch welches ist der Arterhaltungswert solcher kollektiver Aggressivität?

Das individuelle, nicht kollektive Verhauverhalten hat eine doppelte Funktion. Zunächst geht es um das Herausfinden des stärkeren Männchens. Beim Rivalenverhalten geht es bekanntlich weitgehend darum, daß ein starker Mann der *pater familias* wird. Dementsprechend finden wir Rivalenkämpfe oft sehr stark ausgeprägt erstens bei mehr oder weniger polygamen Viechern, wo ein Mann einen Harem von Weibchen hat, und zweitens bei einem ganz anderen Typ des Familienlebens, nämlich bei solchen Tieren, bei denen der Mann eine starke familienverteidigende Rolle hat, wie zum Beispiel bei Rindern und bei Gänsen und bei Cichliden selbstverständlich. Hierbei ist charakteristisch, daß der Ganter bei der Balz mit allen jenen Verhaltensweisen prahlt, die ihn als einen guten Familienverteidiger ausweisen, nämlich als Kämpfer gegen andere, als mutig, als schneidig usw. Die zweite Funktion ist natürlich das Verteilen der vorhandenen Populationen über den zur Verfügung stehenden Lebensraum: das territoriale Verhalten. Es ist von wesentlicher Bedeutung, daß die Brutpaare einander abstoßen etwa so wie elektrische Ladungen auf einem kugelförmigen Leiter, die sich gleichmäßig über die vorhandene Fläche verteilen. Es war besonders der Ökologe Wynne-Edwards, der das betont hat und auch die Frage beantwortet hat, und zwar in seinem Buch »Animal Dispersion«. Er wurde von manchen Ökologen, so auch von meinem leider schon verstorbenen Freund David Black, nicht ernstgenommen. Für das Verständnis des territorialen Verhaltens ist das Buch von Wynne-Edwards meines Erachtens zweifellos sehr wichtig.

Schwieriger ist die Frage nach dem Arterhaltungswert der kollektiven Aggressivität. Hat sie überhaupt einen Arterhaltungswert? Es kommt nämlich hier die schwierige Frage der Gruppenselektion ins Spiel, wo ich mich immer auf unsicherem Grunde fühle. Denn was Gruppenselektion eigentlich ist, verstehe ich nur bedingt. Es ist eine sehr komplizierte Frage, auf die ich hier nicht eingehen will. Die Ihnen vielleicht bekannten Aufnahmen von Schaller zeigen zum Beispiel zwei Löwen-Clans, die aneinandergeraten. Der hat also einen Fall von einem wirklichen Löwenkrieg erlebt. Ein schauriges Erlebnis, denn da gibt es schon Tote. Zwei Löwen – »prides« heißen seltsamerweise auf Englisch die scharfen Löwen – sind aneinandergeraten, und der Rangoberste des einen Clans ist im Kampf gefallen, ist gestorben. Es sind schreckliche Photographien, wo seine Hauptlöwin neben dem Sterbenden steht. Der andere Clan hat dann alle übrigen umgebracht, auch die Kinder umgebracht, und das hätte ich nie geglaubt. Von Ratten ist das wohlbekannt. Bei diesen Erscheinungen kollektiver Aggression kommt einem immer Goethes Mephisto in den Sinn, der sagt: »Zuletzt bei allen Teufelsfesten wirkt der Parteihaß doch am besten, bis in den allerletzten Graus.« Wie gesagt, ich wage die Frage nach dem Arterhaltungswert nicht zu entscheiden. Natürlich hat dieses Verhalten einen Selektionsvorteil, ob es aber für die Art einen Vorteil hat, ist eine große Frage.

Wie ist das alles nun beim Menschen? Zunächst kann ich Ihnen sagen, daß sehr viele Menschen ungemein aggressive Reaktionen zeigen, wenn man ihnen sagt, der Mensch sei aggressiv. Eine Motivation der absoluten Abweisung jedes Vergleiches mit dem Tier ist ein grundsätzliches Mißverstehen der Evolution. Wenn Sie nämlich sagen: alle Lebensvorgänge sind chemisch-physikalische Vorgänge, wer wollte das bestreiten? Selbstverständlich sind alle Lebensvorgänge chemisch-physikalische Vorgänge. Wenn Sie aber sagen: alle Lebensvorgänge sind *eigentlich nur* chemisch-physikalische Vorgänge, so ist das ontologischer Reduktionismus; das ist der sogenannte »nothing-else-but-ism«, wie es Julian Huxley genannt hat, und ist *ganz falsch*. Denn eigentlich, hinsichtlich dessen, was für sie charakteristisch, ihnen allein zu eigen ist, sind die Lebensvorgänge etwas ganz anderes, etwas ganz Besonderes, ganz besondere chemisch-physikalische Vorgänge. Und genau dasselbe, mutatis mutandis, gilt für den Menschen und die andern Tiere. Wenn Sie sagen: der Mensch ist ein Säugetier, und zwar ein Anthropoide, ist das völlig richtig. Wenn Sie sagen: der Mensch ist *eigentlich nur* ein Säugetier, ist es eine Blasphemie. Man muß sich klar sein, wie anders die ganze Informationssammlung, das Informationserwerben und das Informationsweitergeben, beim Menschen vor sich geht. Wenn Sie »Leben« definieren wollten, würden Sie zweifellos heutzutage die »double helix« mit der kodierten Nukleotidfolge heranziehen und das Erhalten und Weitergeben, Erwerben von Information in die Definition des Lebens einbeziehen.

Plötzlich, am Ende des Tertiärs, kommt ein bis dahin ganz gewöhnlicher Affe auf die Idee, dem Genom qua Informationserwerb und Informationsvererbung mit dem Gehirn Konkurrenz zu machen, und zwar mittels des begrifflichen Denkens. Das begriffliche Denken, dessen Entstehung ich in meinem erkenntnistheoretischen Buch »Die Rückseite des Spiegels« sehr breitgetreten habe, ist ein Organ, welches genau das gleiche kann wie das Genom, und zwar auf ganz ähnlichem Wege. Denn Versuch und Irrtum, Hypothesenbildung und Falsifizierung verlaufen zufällig – da bin ich durchaus Popperianer –, und die menschliche Fähigkeit, Information zu erwerben und zu vererben, beruht natürlich auf der Wortsprache. Mit der Wortsprache kann ich eine Eigenschaft, die ich erworben habe, vererben, das heißt die berühmte umstrittene Vererbung erworbener Eigenschaften, die wird plötzlich, mit der Entstehung des begrifflichen Denkens, zur Wirklichkeit. Und wenn einer eine Erfindung macht, wenn zum Beispiel ein Wilder Pfeil und Bogen erfindet, so hat fortan nicht nur seine Sippe, sondern wahrscheinlich die ganze Menschheit diese Werkzeuge als unveräußerlichen Besitz, und daß die vergessen werden, ist nicht wahrscheinlicher, als daß ein an den Körper angewachsenes Organ von ähnlichem Arterhaltungswert rudimentär wird. Das ist eben die berühmte Vererbung erworbener Eigenschaften, die plötzlich die Evolution furchtbar ankurbelt, aber im wesentlichen ganz ähnlichen Gesetzen gehorcht wie die Evolution, die nur auf Grund genetischer Informationskumulation vor sich ging. Dieser ganze Apparat des Menschen, der sitzt nun als Überbau auf dem ganzen Instinktiven drauf. Vor allem kommen mit dem begrifflichen Denken plötzlich die Einsicht und die Reflexion und damit die Verantwortung dazu, kurz gesagt das, was mein älterer Kollege Immanuel Kant in Königsberg die Vernunft nennt, und das ist etwas ganz Besonderes. Und da wird uns Ethologen immer vorgeworfen, daß wir den Unterschied zwischen Mensch und Tier unterschätzen!

Wenn Sie das Leben definieren, würden Sie, wie gesagt, die »double helix« hernehmen. Es ist vollständig legitim zu sagen: Das geistige Leben, das heißt das gemeinsame Wissen-Können und -Wollen, das aus dem begrifflichen Denken und der kumulativen Tradition erwächst, ist eine neue Form von Leben. Eine Kultur ist ein Lebewesen, ein sehr kompliziertes lebendes System, und das sitzt da drauf, auf dem genauso lebenden Unterbau kumulativer Tradition. Der Mensch ist mit allen seinen neuen Eigenschaften genauso ein Lebewesen wie alle andern; er ist allen Krankheiten und allen Fehlfunktionen unterworfen, die jedes lebende System, auch die Kultur, ergreifen können. Ich behaupte, daß die Leute, die uns kritisieren, daß wir den Menschen für ein Tier halten, nicht ermessen, wie verschieden – in bezug auf diese Eigenschaften – der Mensch vom Tier ist. Der ist noch viel verschiedener, als die glauben. Dies als bekannt voraussetzend, fahre ich fort, über die kollektive Aggression zu sprechen.

Die kollektive Aggression beim Menschen würde ich, wenn ich mein Aggressionsbuch noch einmal schreiben würde, schärfer von dem gewöhnlichen Verhauverhalten trennen, als ich es getan habe. Sie setzt zwar das Verhauverhalten voraus, hat eine Reihe von den Bewegungsweisen mit ihm gemeinsam wie das Imponierverhalten usw., aber sie hat eine Reihe auch von Bewegungsweisen, die beim gewöhnlichen Verhauverhalten nicht da sind, und das sind jene Verhaltensweisen, die mit dem subjektiven Phänomen der Begeisterung einhergehen.

Die Begeisterung, die das Absingen eines Nationalliedes hervorruft, die alles Hohe und Hehre in uns hervorruft, läßt den Menschen unwillkürlich, vor allem den Mann, die Körperhaltung straffen, das Kinn vorschieben usw. Dabei läuft ihm ein heiliger Schauer über den Rücken, und zwar – wer das Gefühl kennt, der wird mir beistimmen – läuft der Schauer, wenn Sie genau nachschauen, nicht nur über den Rücken, sondern auch über die Außenseite der Arme. Wenn Sie gesehen haben, daß der Schimpanse, wenn er zur Verteidigung seiner Familie antritt, die Arme auch so abspreizt und die Haare sträubt, dann können Sie feststellen, daß der heilige Schauer, den Sie spüren, das Sträuben des rudimentären Pelzes ist, den der Mensch gar nicht mehr hat. Diese Reaktion ist hypothalamisch, ist also instinktiv, und wenn der Hypothalamus brüllt, schweigt der Cortex, bei jedem Instinkt. Ein ukrainisches Sprichwort sagt so schön: »Wenn die Fahne fliegt, ist der Verstand in der Trompete« – ein wunderschönes Sprichwort. Jetzt glauben Sie nicht, daß ich die Begeisterung diskreditieren will, denn ein Mensch, der dieser Begeisterung nicht fähig ist, ist ein moralischer Krüppel. Der ist für nichts zu haben, der ist nicht einsatzfreudig, der ist absolut nicht begeisterungsfähig. Was die Erziehung tun muß, ist, dem Menschen beibringen, wofür man begeistert ist. Daß die Begeisterung primär eine Kampfreaktion ist, eine soziale Kampfreaktion, das sehen Sie daran, wofür sich junge Leute begeistern, wenn sie nicht wissen, wofür sie sich begeistern sollen. Dann bilden sie nämlich unter Umständen Banden jugendlicher Krimineller, für die ich gewisse Sympathien habe, weil ihr Verhalten ethologisch so verständlich ist. Und bitte, schauen Sie sich das herrliche Musical »West Side Story« an. Die »West Side Story« stellt hundertprozentig richtig dar, wie das Bedürfnis, sich einzusetzen, sich für eine Sache zu begeistern, zwei edle, wirklich nette Gruppen junger Menschen dazu bringt, das Drama von Romeo und Julia mit Mord und Totschlag und Selbstmord aufzuführen. Es gehört zu den begeisterungsauslösenden Momenten, daß erstens das System, für das man sich begeistert, nicht ganz das der Kultur ist, in der man aufgewachsen ist, es muß ein etwas neues System sein, und zweitens, daß es sich um eine Minorität handelt. Es muß etwas sein, wofür man kämpfen kann. Wenn man heute so in der Welt herumschaut, sind die Dinge, für die man sich begeistern könnte, ziemlich dünn gesät. Außerdem ist es immer leichter, sich für etwas Aggressives zu begeistern – das kann auch der angeborenen Programmierung des Menschen zugeschrieben werden –, als sich etwa für den Weltfrieden zu begeistern. Es scheint auch heute noch vielen von uns abgeschmackt und – wie soll ich sagen? – sentimental, verächtlich, sich schlicht für das Gute und Schöne zu begeistern. Und das Gute und Schöne wird in der Welt immer weniger, weil nämlich die Erziehung zur Wahrnehmung des Guten und Schönen zur Voraussetzung hat, daß man es sieht und zu sehen bekommt. Der heutige Städter bekommt ja immer weniger Schönes zu sehen. Wofür soll man sich schon begeistern, was soll man so schön finden, wenn man nur Autofriedhöfe, Fabriken und Großstadtumwelt um sich sieht. Ich halte es deswegen für so ungemein wichtig, daß junge Leute sich für die Natur begeistern, in die Natur hinausgehen. Ich muß sagen, daß auf diesem Feld mein Vaterland Österreich großartige junge Institutionen hat. Mein Freund Stüber und die oberösterreichische und salzburgische Naturschutzjugend, die kriegen Naturschönheit und Musik als zu verteidigende, begeisternde Objekte vorgesetzt und eingetrichtert. Denn heute ist es ja so, daß im Eintrichtern von Begeisterungsobjekten nur die Demagogen Erfahrung haben. Nur die Demagogen haben eine gewisse praktische Erfahrung, wie man es macht, junge Leute zu indoktrinieren. Das begeisterte Gesicht des für eine Doktrin Werbenden, das ich vorhin beschrieben habe, das habe ich zuerst in Amerika in der »Young Men's Christian Association« kennengelernt, bei »Revival Meetings«. Dann natürlich bei Nazis, dann bei jungen Katholiken, bei jungen Jesuiten, und dann natürlich in Rußland. Ein richtig Indoktrinierter, der Ihnen wohlwill, versucht, Sie zu bekehren, weil einem die Indoktrination ein Objekt gibt, für das man begeistert sein kann und das, paradoxerweise, das größte Gefühl innerer Freiheit verleiht, das überhaupt dem Menschen zugänglich ist. Das ist es eben.

Es gibt bei Gott genug, wofür die Jugend kämpfen könnte, und das Schöne und Gute ist dermaßen in der Minorität, daß es wahrhaftig genügend schwer und gefährlich sein wird, in Bälde dafür zu kämpfen. Die natur- und menschheits- und kulturvernichtenden Faktoren wachsen in einer asymptotischen Kurve: Übervölkerung, Überkonsum, Atomkraftwerke, Überindustrialisierung wachsen auf allen Seiten aller eisernen Vorhänge in asymptotischer Kurve. Jedes Kind, das Zinseszinsrechnung gelernt hat, müßte verstehen, daß das nicht so weitergeht, daß ein exponentielles Wachstum in einem endlichen Raum nicht möglich ist. Gegen das exponentielle Wachstum zu kämpfen ist unser aller *Pflicht*, und sich dafür zu begeistern ist, glaube ich, nur auf dem Umweg möglich, daß man junge Leute für alles das begeistert, was durch dieses exponentielle Wachstum gefährdet ist. Sie haben dabei genug Gegner: die Politiker, die alle so elektionsabhängig sind, und die Großindustriellen, die das Weiterwachsen wollen und es nicht verstehen, und die Gewerkschaften, die dasselbe wollen. Wenn Sie gegen das Wachstum sind, wird Ihnen sofort gesagt, Sie seien asozial, da gebe es Arbeitslosigkeit. Und die Antwort darauf lautet: Haben Sie eine Ahnung, was für eine Arbeitslosigkeit kommt, wenn der endgültige Zusammenbruch kommt. Meadows Report mag im Detail richtig oder falsch sein, aber es ist meines Erachtens gleich, ob der Zusammenbruch im Jahre 1990 oder 2030 kommt. Wir haben alle Kinder und Enkel, und was geschieht mit denen?

Kampf ist also notwendig, und das Objekt, für das man sich begeistern müßte, ist also schlicht alles Ethische, alles Gute und Schöne – und wenn Sie das Wort »gut« oder »schön« heute in den Mund nehmen, laufen Sie Gefahr, daß man glaubt, daß Sie eine tote und ausgestorbene Sprache sprechen. So ist es leider.

# Über gestörte Wirkungsgefüge in der Natur
(1966)

Es ist schon sehr lange bekannt, daß in natürlich gewordenen organischen Ganzheiten »alles mit allem« in einer Beziehung wechselseitiger Verursachung zu stehen pflegt, daß Wirkung und Rückwirkung zusammen ein Regelsystem darstellen, das einen ganz bestimmten, für die Erhaltung des Ganzen notwendigen Gleichgewichtszustand aufrechterhält. In der Geschichte der Wissenschaften kennen wir viele Fälle, in denen die Technik von der Biologie etwas gelernt hat. Die Lehre von den Regelkreisen, die Kybernetik, ist insofern ein interessantes Gegenbeispiel, als hier die Technik es war, die komplizierte Regelmechanismen konstruierte und Fragestellung und Methodik zur Theorie ihrer Funktion erarbeitet hat. Die Biologie hat sich dieser Forschungs- und Denkweise bedient. Es ist kennzeichnend für die Reife eines neuen Wissenszweiges, wenn allgemeinverständliche Darstellungen über ihn erscheinen. Jeder gebildete Laie kann das ausgezeichnete kleine Buch über »Biologische Kybernetik« von Bernhard Hassenstein, Freiburg, verstehen.

Jeder durchschnittlich Gebildete ist heute mit technischem Denken genügend vertraut, um zu verstehen, daß alle einigermaßen komplizierten, vom Menschen hergestellten Maschinen und Apparate Systeme sind, in denen jeder Bestandteil in wohl abgewogener Beziehung zu jedem anderen steht und stehen muß, um das Funktionieren des Ganzen möglich zu machen. Es ist wohl jedem von uns schon einmal passiert, daß er ein solches Gebilde, sagen wir den Vergaser eines Automobils, zwecks Behebung einer Störung in seine Teile zerlegte und daß ihm, als er ihn wieder zusammengebaut hatte, zu seiner Bestürzung ein merkwürdig geformtes Metallstück oder ein paar Schrauben und Muttern übrigblieben. Keinem von uns aber, und sei er noch so naiv und technisch unbegabt, wird in diesem Falle auch nur der Gedanke gekommen sein, daß diese Teile entbehrlich seien!

Wo es sich aber um natürlich gewachsene Systeme höherer Ordnung handelt, scheint dieser banale Sachverhalt wissenschaftlich Gebildeten heute noch keineswegs selbstverständlich zu sein, obwohl in organischen Systemen das Wirkungsgefüge der Teile viel inniger verflochten und jedes einzelne Glied für die Funktion des Ganzen noch viel weniger entbehrlich ist. Die amerikanische Biologin Rachel Carson hat vor einiger Zeit ein ausgezeichnetes Buch: »Silent Spring« (»Der stumme Frühling«), geschrieben, in dem sie die verheerenden Folgen schilderte, die der Gebrauch von Insektenvertilgungsmitteln auf das biologische Gleichgewicht eines natürlichen Lebensraumes haben kann. Es war mir ein wirklicher Schmerz, in der von mir seit früher Jugend gelesenen und hochgeschätzten Zeitschrift »Kosmos« (Augustheft 1964) ein Interview zwischen Hans Maier-Bode und dem Kosmos-Mitarbeiter Heinz P. Schlichting lesen zu müssen, aus dem völlig eindeutig hervorgeht, daß weder dieser auf seinem eigenen Gebiet hoch angesehene Forscher noch der Interviewer auch nur eine Ahnung von den Dingen hatte, von denen Rachel Carsons Buch eigentlich handelte. Beide gingen völlig an den Problemen der biologischen Regelkreise vorbei, deren Störung die Existenz der Menschheit schon heute ernstlich bedroht. Selbst in einem jüngst veröffentlichten Aufsatz über Mäusebekämpfung und ihre möglichen Auswirkungen auf Wild und andere freilebende Tiere, der in einer ausgezeichnet redigierten und ökologisch verständnisvollen Zeitschrift über Fragen des Naturschutzes erschienen ist, kamen unter diesen als einzige die nicht zur Sprache, von denen man wirklich wissen müßte, welche Wirkung die Mäusevergiftung auf ihren Bestand hat. Welche sind dies? Selbstverständlich jene, die Mäuse fressen! Raubtiere sind aus leicht einzusehenden Gründen stets weniger zahlreich als die Beutetiere, von denen sie leben, sie vermehren sich auch langsamer als diese. Außerdem sind sie auf eine bestimmte mindeste Bevölkerungsdichte der von ihnen bejagten Arten angewiesen. Daraus ergibt sich, daß sie leichter auszurotten sind als diese. Als durch den Menschen der Dingo nach Australien gebracht wurde, starben keineswegs die Kleinbeutler aus, auf die er Jagd machte, sondern die großen Raubbeutler, deren Jagdmethoden gegen die Konkurrenz des intelligenteren und schnelleren Raubtieres nicht aufkamen.

Die Tiere, die den Menschen unmittelbar schädigen können, sind nahezu ausnahmslos solche, die zu einer besonders raschen Vermehrung befähigt sind, seien es nun die lästigen Stechmücken oder die Schädlinge des Ackerbaus. Viele von ihnen, wie eben die Mücken und andere Insekten, haben außerdem die Fähigkeit, Lebensräume, in denen sie ganz oder beinahe ausgerottet wurden, erstaunlich rasch wieder zu besiedeln. Als man vor längerer Zeit den Versuch unternahm, der Mückenplage dadurch Herr zu werden, daß man die Tümpel, in denen die Larven heranwuchsen, mit Petroleum übergoß, ereignete sich Folgendes: Der rohe Eingriff tötete, wie zu erwarten, nicht nur die Mückenlarven, sondern auch alle anderen in jenen Gewässern vorkommenden und von Mückenlarven lebenden Wassertiere wie Wasserwanzen, Wasserkäfer, Molche, Kleinfische und anderes mehr. Im nächsten Jahr gab es eine Mückenplage wie nie zuvor. Das Verfahren erinnert in seiner Auswirkung an dasjenige der Indianer auf den Prärien Nordamerikas, die alljährlich große Teile der Grassteppe in Brand setzten, um deren Verwaldung zu verhindern: Das Gras war nach dem Brand schneller wieder da als die jungen Bäume. Man könnte sich tatsächlich keine wirksamere Methode zur Massenzucht von Stechmücken ausdenken als die oben erwähnte.

Der Satz, daß alle Tier- und Pflanzenarten eines Lebensraumes an diesen angepaßt seien, heißt nicht mehr und nicht weniger, als daß sie *aneinander* angepaßt sind. Die vielen Hunderte von Tier-, Pflanzen-, Pilz- und Bakterienarten, die, bis ins Feinste aufeinander abgestimmt, das selbstregulierende Wirkungsgefüge eines bestimmten Lebensraumes aufbauen, nennt man eine Biozönose, griechisch von *Bios*, das Leben, und *koinos*, gemeinsam. Die Wissenschaft, die Biozönosen erforscht, heißt Ökologie, von griechisch *Oikos*, das Haus, das »Zuhause«. Die nicht nur theoretische, sondern auch praktische Wichtigkeit dieser Wissenschaft ist seit vielen Jahren allgemein anerkannt. Ein erheblicher Teil der heute lebenden Biologen beschäftigt sich hauptberuflich mit ihr. Der Student der Ackerbau- und Forstwissenschaften muß sich besonders gründlich mit ihr vertraut machen.

Es ist in höchstem Grade verwunderlich, daß die klaren und leicht verständlichen Grundtatsachen der Ökologie und der auf sie anwendbaren Gesetze der Regelkreislehre noch nicht zum allgemeinen Wissensgut gehören, vor allem, daß sie in unserer so wirtschaftlich denkenden Zeit noch nicht in ihrer wirtschaftlichen Bedeutung gewürdigt werden. Das Grundprinzip aller Regulierungsvorgänge, die zur Aufrechterhaltung eines stetigen Zustandes führen, ist die negative Rückwirkung (englisch *»negative feedback«*). Der steigende oder sinkende Flüssigkeitsspiegel im Vergaser hebt oder senkt den Schwimmer, der so die Brennstoffzufuhr drosselt oder steigert. Die Höhe des Benzins im Schwimmergehäuse bei verschiedener Geschwindigkeit des Abflusses wird so auf einem konstanten »Sollwert« erhalten. Vergleichbare Vorgänge erhalten das biologische Gleichgewicht in der Natur. Wenn die Mäuse sich vermehren, schafft ihre Menge günstige Lebensbedingungen für Eulen, Wiesel und andere Mäusefresser, diese vermehren sich ebenfalls und drücken die Bevölkerungsdichte der Mäuse auf einen Wert herab, bei dem ein Gleichgewicht zwischen Mäuseproduktion und -verbrauch besteht. Gewiß, Regelsysteme können instabil sein und in Schwingungen geraten, die sich unter Umständen so »aufschaukeln« (dieses Wort trifft den Sachverhalt erstaunlich genau) können, daß es zur »Reglerkatastrophe« kommt und das System zerstört wird. Das ist bei von der Technik erzeugten Regelsystemen passiert und kann zweifellos auch bei solchen geschehen, die vom natürlichen Vorgang des Artenwandels hervorgebracht wurden. Die Wege, die von Technik und Natur beschritten wurden, um solche Zusammenbrüche zu verhindern, brauchen uns hier nicht näher zu interessieren.

Zur unvermeidlichen Katastrophe aber führt jede scheinbare oder kurzfristig auch tatsächlich wirksame Anpassung, die eine positive Rückwirkung auf die Ursache ausübt, die sie hervorrief. Die Wale wurden seltener, die Methoden des Walfangs wurden daraufhin verbessert, so daß die Walfangindustrie scheinbar ihre Ertragsfähigkeit behielt, in Wirklichkeit aber mit einer exponentiell sich steigernden Geschwindigkeit die Grundlagen ihrer Existenz vernichtete. Für diesen schlicht als Raubbau zu bezeichnenden speziellen Fall kurzfristiger menschlicher Maßnahmen, die durch »positiven *feedback*« zu Katastrophen führten, lassen sich noch viele tragische Beispiele anführen. Am ärgsten unter ihnen sind die Sünden, die sich der Mensch gegen die große Nährmutter unser aller, gegen die Ackerkrume, zuschulden kommen ließ. Das gilt nicht nur für die Agrarindustrie des modernen Nordamerika. H. O. Wagner konnte überzeugend nachweisen, daß sich die Hochkultur der Maya auf der Halbinsel Yukatan durch den gleichen Fehler selbst zugrunde gerichtet hat.

Keineswegs weniger kurzsichtig und leichtsinnig aber sind Eingriffe in die Regelsysteme der organischen Natur, deren Rückwirkung man wegen mangelnden ökologischen Wissens nicht ohne weiteres voraussagen kann. Auch hier kann es zur positiven Rückwirkung kommen. Mein Schwager, der von Beruf Gärtner und ein sehr guter Naturbeobachter ist, hat mir erzählt, daß er es zu bereuen hatte, als er Insektengifte, die sich in geschlossenen Glashäusern bewährt hatten, auch bei seinen Freilandkulturen anwendete. Zunächst waren natürlich neben den schädlichen Insekten alle insektenfressenden Insekten weg, dann aber verschwanden auf immer die Vögel, und es stellte sich heraus, daß er mit der Anwendung der Gifte nicht nur nicht wieder aufhören konnte, sondern deren Dosis ständig verstärken mußte, um schließlich auch keinen wesentlich besseren Ertrag zu erzielen als vor der ersten Anwendung chemischer Mittel. Bekanntlich ist es dem Fleiß der Chemiker längst gelungen, Stämme schädlicher Insekten der verschiedensten Arten herauszuzüchten, die gegen chemische Vertilgungsmittel in zunehmendem Maße resistent sind. Da alle Schädlinge per definitionem zur Massenvermehrung befähigt sind, besteht bei ihnen rein quantitativ eine größere Wahrscheinlichkeit, giftresistente Mutanten hervorzubringen, als dies bei schädlingsvertilgenden Tierformen der

Fall ist. Die Mediziner haben eine gute Definition für chemische Mittel, die eine *Sucht* erzeugen. Das sind nämlich jene, deren Dosis ständig gesteigert werden muß, um eine unentbehrlich gewordene Wirkung von gleichbleibender Stärke zu erzeugen. Die Agrarwirtschaft ist auf dem besten Wege, giftsüchtig zu werden, und es ist nicht abzusehen, welche verheerende Wirkung die nötige Verstärkung der Dosierung auf lange Sicht entwickeln kann.

Die Wirkungen und Rückwirkungen erster, zweiter bis n-ter Ordnung bilden im Gefüge einer Biozönose einen so komplexen »Kausalfilz«, wie O. Koehler sich ausdrückt, daß es sehr gründlicher und langwieriger Forschung bedarf, um Einsicht in diesen zu gewinnen. Greift man ohne tiefere Einsicht in die Regelkreise einer Biozönose ein, so kann die Einwirkung, die zunächst einem bestimmten Organismus, zum Beispiel einer Kulturpflanze, zugute kommen soll, nach Auspendeln sämtlicher Hin- und Rückwirkungen letzten Endes alle nur möglichen unerwarteten Wirkungen, vielleicht auch einen, dem beabsichtigten gerade entgegengesetzten Erfolg haben. Ein hübsches Beispiel für eine solche Auswirkung, die auch einem Kenner ökologischer Zusammenhänge unerwartet war, berichtete jüngst H. Löhrl. Nach einer Reihe immer schlimmer werdender »Mäusejahre« kam es zu einem durch menschliche Bekämpfungsmaßnahmen herbeigeführten Zusammenbruch der Feldmauspopulation, der allerdings, nur etwas später, auch von selbst im Verlaufe der schon erwähnten Schwingungen von Regelkreisen eingetreten wäre. Das plötzliche Verschwinden der Mäuse hatte nun katastrophale Folgen für die Meisenpopulation in den nahen Gehölzen, und zwar deshalb, weil unter den Wieseln, die sich in den fetten Jahren des Mäusereichtums stark vermehrt hatten, eine Hungersnot ausbrach, die sie zwang, neue Nahrungsquellen zu erschließen. Sie zogen in den Wald und raubten fast alle Nistkästen für Meisen und andere Höhlenbrüter aus. So kann Mäusebekämpfung Raupenfraß zur mittelbaren Folge haben.

Dies alles besagt natürlich keineswegs, daß der *Homo sapiens* in das Wirkungsgefüge der lebenden Natur nicht eingreifen soll und darf. Er muß das selbstverständlich, nur soll er es nicht in so kurzsichtiger, schildbürgerhafter Weise anstellen, wie es allenthalben geschieht. Daß der Mensch sich in die Lebensgemeinschaft einer Landschaft einfügen kann, ohne sie zu vernichten, zeigt uns der Landmann, der nicht nur »an der Scholle klebt«, sondern sie auch *liebt*. Das am Ort gewachsene Bauerntum besitzt in seiner Tradition einen großen Schatz gesunder ökologischer Kenntnisse. Der Bauer alten Schlags treibt keinen Raubbau, er gibt der Scholle zurück, was sie ihm gegeben hat, und wenn er es heute gelernt hat, sich zu diesem guten Zwecke der Mittel moderner Chemie zu bedienen, so tut er es auf Grund eines fundierten Wissens, das seit

Justus Liebig Physiologen, Chemiker und Agrarwissenschaftler erarbeitet haben. Die in dem zitierten Zwiegespräch im Kosmos vollzogene Gleichsetzung einer blinden, von keinerlei Kenntnis ökologischer Zusammenhänge gesteuerten Anwendung von Insektengiften mit der von Kunstdünger zeugt von völliger Unkenntnis der drohenden Gefahren, die keineswegs, wie dort dem Leser eingeredet wird, in der Schädigung einiger Menschen oder Haustiere durch die betreffenden Gifte bestehen, sondern in der Gefahr der Selbstvernichtung der Menschheit, die ebenso durch Vernichtung der Biozönose, in der wir leben, bewirkt werden kann wie durch die Wasserstoffbombe.

Das begriffliche Denken, das die Grundlage und Wurzel aller Eigenschaften und Leistungen ist, die den Menschen über die anderen Lebewesen erheben, hat ihm Macht über die Natur verliehen, wie sie vor ihm keine Kreatur besaß. Unter den Möglichkeiten, die diese Macht ihm gibt, sind eine ganze Reihe verschiedenartiger Methoden der Selbstvernichtung. Ob dieser satanische Enderfolg durch die »Explosion« der Erdbevölkerung, durch die Wasserstoffbombe oder die Vernichtung der organischen Natur erreicht wird, in der und von der wir leben, ist verhältnismäßig gleichgültig. Wenn der Mensch nicht schon an der Erfindung des ersten Faustkeils zugrunde gegangen ist, der ihm das Töten von Artgenossen gefährlich leicht machte, so liegt das daran, daß sein dialogisch forschendes Neugierverhalten, das ihn lehrte, Ursache und Wirkung zu verbinden, ihm auch die Einsicht in die Folgen seines Tuns eröffnete und damit die erste Grundlage für moralische Verantwortlichkeit schuf. Wenn heute immerhin noch die Hoffnung besteht, daß die Menschheit sich nicht mit ihren Kernwaffen zugrunde richtet, so gründet sie sich darauf, daß deren Gebrauch für jedermann leicht einzusehende Folgen haben würde.

Wenn dagegen das Gefühl der Verantwortlichkeit für die Biozönose unseres Erdballes selbst bei sonst hochstehenden Menschen so ungemein schwer zu erwecken ist, liegt dies daran, daß die Folgen der Sünden, die der Mensch gegen ihre Harmonie begeht, nicht so leicht abzusehen sind. So kommt dann die Reue nur allzuoft zu spät. Die modernen Stadtmenschen, die von Kindheit auf nur von Dingen umgeben sind, die von der Technik geschaffen sind und beliebig ab- und wieder aufgebaut werden können, vermögen in ihrer Vermessenheit einfach nicht zu begreifen, daß es Dinge gibt, die die Menschen zwar leicht vernichten, aber ums Verrecken – der Kraftausdruck sei gestattet, da es sich wirklich um die Gefahr des Verreckens handelt – nicht wieder aufbauen können. Verkarstete Gebirge werden *nie* wieder bewaldet sein, ihre vertrockneten Quellen und Bäche werden nie wieder rieseln, die Wüstenstrecken Nordamerikas, von denen Wind und Wasser durch menschliches Verschulden die Ackerkrume fortgetragen haben, werden nie wieder Frucht tragen. Blauwale werden nie wieder Fleisch- und Fettmassen liefern usw. usw. Nur in Einzelfällen kann es gelingen, eine vernichtete Biozönose wiedererstehen zu lassen. So ist zum Beispiel in mehreren Flüssen Nordamerikas, die durch Abwässer chemischer Fabriken fast allen Lebens beraubt worden waren, der Versuch gelungen, nach Abstellung des Übels eine neue Biozönose aufzubauen, indem man in ökologisch wohldurchdachter Planung Bakterien, Pflanzen und Tiere aus anderen Gewässern einsetzte. Das ging natürlich nur, weil noch ungestörte Gewässer zur Hand waren, die das lebendige Material liefern konnten. Schon allein diese Funktion als Reserven natürlichen Lebens macht die Erhaltung von Naturschutzgebieten auch wirtschaftlich zu einer der allerwichtigsten Maßnahmen, die heute getroffen werden müssen, *und zwar sofort*, ehe es auch dazu zu spät ist.

    Ich habe bisher nur von dem wirtschaftlichen Aspekt lebendiger Wirkungsgefüge gesprochen, nur die Gefahren für das leibliche Wohl der Menschheit erwähnt, die aus der Störung dieser Harmonien erwachsen, und nur wissenschaftliche Gründe für leicht zu beweisende Ansichten aufgezählt. Das alte Sprichwort »Der Mensch lebt nicht vom Brot allein« enthält eine Reihe von unbestreitbaren Wahrheiten. Eine Menschheit, die das Empfinden für höhere Werte verloren hat, ist nicht nur alles wahren Menschentums beraubt, sie ist auch nicht lebensfähig. Wertempfindungen sind es, die auf Immanuel Kants kategorische Frage mit einem Imperativ antworten. William H. Thorpe hat in seinem Buch »Science, Man and Morals« eine tiefe Weisheit ausgesprochen: Dem Menschen stehen drei verschiedenartige Wege offen, sich den Wahrheiten des Universums zu nähern, wissenschaftliches Erschließen, künstlerische Intuition und religiöses Erleben. So verschiedenartig diese Arten des Wissens sind, stehen sie doch nicht völlig unabhängig und beziehungslos nebeneinander. Künstlerische Intuition ist es, die immer und überall der wissenschaftlichen Forschung den Weg weist, oft, ohne daß sich der Forscher dessen bewußt ist. Künstlerische Intuition *und* wissenschaftliches Erschließen geben dem Menschen eine Vorstellung von seiner eigenen Stellung im All und vertiefen das uralte Gefühl religiöser Ehrfurcht. Religiös ehrfürchtiges Empfinden entsteht, sagt Thorpe, wenn der Mensch sich bewußt wird, Teil und Glied einer Ganzheit zu sein, die unvergleichlich größer ist als er selbst.

    Die Unfähigkeit, irgendwelche Ehrfurcht zu empfinden, ist eine gefährliche Krankheit unserer Kultur. Wissenschaftliches Denken ohne genügende Breite des Wissens, mit einem Worte wissenschaftliche Halbbildung, führt, wie Max Born richtig sagt, allzuleicht dazu, daß die Achtung vor aller traditionellen Überlieferung verlorengeht. Dem Besserwisser scheint es unglaubhaft, daß die seit uralter Zeit erprobte Bodenbearbeitung, wie sie der Bauer treibt, auf lange

Sicht sehr viel besser und rationeller sein könnte als eine technisch vollendete, auf Großbetriebe zugeschnittene amerikanische Ackerbautechnik, die in vielen Fällen den Acker in wenigen Generationen zur Wüste werden ließ. Wer daran zweifelt, lese die Bücher von Wilhelm Vogt. Auch ohne jedes ökologische Wissen hätten ein wenig Schönheitsempfinden und Liebe, ein wenig Respekt vor dem natürlich Gewachsenen manche Katastrophe verhindern können. Merkwürdigerweise sagt nämlich auch dem künstlerisch nur durchschnittlich begabten Menschen eine ästhetische Intuition mit großer Bestimmtheit, ob eine Landschaft, die er betrachtet, sich in einem Zustande ökologischen Gleichgewichtes befindet oder nicht. Schön sind Landschaften, die entweder von menschlicher Kultur noch völlig unbeeinflußt sind, oder aber solche, in die der Mensch mit seinem Tun sich organisch einfügt. Landschaften, die durch und durch vom ackerbauenden Menschen geprägt sind, können wunderschön sein. Wie schön sind die Berge des Rheinlandes, des Moseltales und der Wachau, nicht obwohl, sondern weil der weinbauende Mensch fast jeden Quadratmeter bebaubaren Bodens nutzt. Wie schön ist die hochkultivierte Landschaft am Nordufer des Bodensees mit ihren Obstgärten, der forstwirtschaftlich gründlich genutzte Hochwald des Taunus, und wie schön kann selbst die fruchtbare Ackerlandschaft sein. Überall aber, wo Raubbau getrieben wird oder auch nur getrieben wurde, wo das harmonische Gleichgewicht auf lange Zeit oder auf immer verloren ist, dort ist die Schönheit der Landschaft zerstört. So schön die natürliche Wüste mit ihrer kargen, aber wundervoll angepaßten Biozönose ist, so trostlos ist die durch menschliche Versündigung an der Ackerkrume entstandene Wüstenei. So herrlich der Urwald, so häßlich ist der im Osten Amerikas vorherrschende »second growth forest«, der ohne pflegliche Durchforstung auf verlassenem Ackerland aus Sämlingen gewachsen ist. Nicht *ein* Baum kann die seine Art kennzeichnende Wuchsform ausbilden, nur lange, lichthungrige Stangen wachsen dicht nebeneinander. Der Wald ist übrigens ein gutes Beispiel dafür, daß der Mensch, wenn er es gelernt hat, natürliche Harmonien trotz wirtschaftlicher Nutzung bewahren und, selbst wo sie verlorengingen, wiederherstellen kann. Die Landschaft aber, die mir immer als die nächste Annäherung an Dantes Inferno erschien, sind die stinkenden Giftsümpfe, die zwischen New York und Newark durch die Abwässer großer Industrien erzeugt wurden und die noch schrecklicher wären, wenn nicht das geduldige Schilf einen Schleier über dieses Grab eines natürlichen Lebensraumes ziehen würde. Wer je durch diese Landschaft gefahren ist und trotz schwelender Hitze die Fenster des Autos oder Eisenbahnwagens hochgekurbelt hat, um dem infernalischen Gestank zu entgehen, wird wissen, was ich meine.

Das ästhetische und künstlerische Empfinden, das dem ethischen so nahe verwandt ist, sagt uns in allen diesen Fällen nichts, was die wissenschaftliche ökologische Forschung nicht voll bestätigt. Offenbar aber hat ein großer Teil der modernen Menschheit dieses Empfinden verloren oder glaubt ihm auf Grund des schon erwähnten halb-wissenschaftlichen Besserwissens mißtrauen zu müssen. Woher sollte die moderne Großstadtjugend auch ein sicheres Empfinden für die Schönheit natürlicher Harmonien und Ehrfurcht vor ihnen haben, da sie statt von der »unendlichen Natur, da Gott die Menschen schuf hinein« nur von Eisenbeton, Lichtreklamen und sonstigen höchst unschönen Ausgeburten der Technik umgeben ist und von nichts anderem hört als von utilitaristischen Erwägungen, wie man möglichst schnell und mit möglichst wenig Arbeit möglichst viel Geld erwerben kann; Geld, dieses Symbol des Goldes, das seinerseits nur ein höchst abstraktes Symbol einer Macht ist, mit welcher der Mensch, der den Sinn für ideelle Werte verloren hat, erst recht nichts Vernünftiges anfangen kann. Dann droht die zweite schreckliche Krankheit unserer Kultur, die Langeweile.

So rennt die moderne Menschheit in sinnloser Weise mit sich selbst um die Wette und vermehrt sich noch dazu in beängstigendem Tempo. Der naturentfremdete Mensch verhält sich so wie ein Tier, das man aus seiner eigenen Biozönose herausgerissen und in eine fremde versetzt hat, in deren Wirkungsgefüge es nicht paßt und auf die es verwüstend und vernichtend wirken muß, wie es das Kaninchen in Australien getan hat. Die Bevölkerungsziffern schnellen schwindelerregend in die Höhe, die Großstädte, in ihrer Mitte noch schön, voll traditionsreicher Kulturwerte, werden gegen den Rand zu immer häßlicher; trostlose Betonbauten fressen sich wie die Zellen eines malignen Tumors in die umgebende Natur hinein. Kirchen und schöne alte Gebäude werden oft genug rücksichtslos demoliert, damit Autostraßen gebaut werden können, auf denen der böse Wettlauf noch schneller vor sich gehen kann, und so weiter und so fort. Die Menschen zerstören die Natur mit Hilfe ihrer ausgeklügelten Technik, sind noch stolz darauf und sehen nicht, daß sie mit wachsender Geschwindigkeit den Ast absägen, auf dem sie alle sitzen.

Ist das wirklich so schwer zu begreifen? Kämpfen die Götter vergebens gegen die kollektive Dummheit, in die sich die Menschheit in ihrem Wettbewerb mit sich selbst hineingesteigert hat? Ist die Änderung der Artbezeichnung von »Homo sapiens« in »Homo demens«, die Max Born in berechtigter Bitterkeit über die Selbstgefährdung der Menschheit vorgeschlagen hat, wirklich berechtigt? Ich bin Optimist und hoffe, daß sich letzten Endes Wahrheit und Vernunft durchsetzen werden. Unbedingt richtig aber ist das alte Wort: Quem Deus vult perdere, prius dementat.

# Zivilisationspathologie und Kulturfreiheit
(1974)

## I. Das geistige Leben des Menschen

Ein altes Sprichwort sagt: Schuster, bleib bei deinem Leisten! Manche werten es sogar als ein Zeichen beginnender Senilität, wenn alte Naturwissenschaftler zu philosophieren beginnen, gar wenn sie sich mit schwierigen wertphilosophischen Problemen beschäftigen. Doch gibt es Fälle, in denen Außenseiter Dinge sehen, die den Fachleuten verborgen bleiben, und zwar gerade deshalb, weil sie von einem neuen, nicht herkömmlichen Gesichtspunkt an die alten Probleme herantreten. So sei es dem Biologen und Verhaltensforscher gestattet, sich mit Fragen menschlicher Kultur zu befassen.

Das erste Thema, das wir uns stellen, lautet: »Das geistige Leben des Menschen«. Was heißt überhaupt »Leben«? Wir wissen heute – auf Grund von sehr alten Erkenntnissen Charles Darwins und sehr neuen Entdeckungen der Biochemie, die überzeugende Bestätigungen seiner Theorien brachten – recht genau, was Leben ist. Wir verstehen, wie das Leben jene wunderbare Leistung vollbringt, sich in scheinbarem Verstoß gegen den zweiten Hauptsatz der Wärmelehre vom Einfacheren zum Komplexeren, vom Niedrigeren zum Höheren hin zu entwickeln. Was die lebenden Organismen in die Lage versetzt, aus dem Strom der dissipierenden Weltenergie genügende Mengen an sich zu reißen, um nicht nur leben, sondern auch wachsen und sich fortpflanzen zu können, das sind ihre *Strukturen*, und diese sind in einem Vorgang entstanden, den man als *Anpassung* zu bezeichnen pflegt. Anpassung *an* irgendeine Gegebenheit der Außenwelt bedeutet, daß der Organismus *Information* über sie besitzt. Das Wort »Information« heißt ja ursprünglich »Einformung«, etwa im Sinne eines Abdrucks, der ein Bild dessen ergibt, was ihn hervorrief. Die Flossen eines Fisches, und mehr noch ihre Bewegungen, sind in dieser Weise ein Bild der hydrodynamischen Eigenschaften des Mediums, in dem sie sich bewegen wie Wellen.

In äonenlangem Werden hat das Leben einen gewaltigen Schatz von Information, man kann auch sagen von Wissen, über die umgebende Welt erworben und auch gespeichert. Der »Wissensspeicher« aber besteht *immer* in einer *Struktur*. Die Biochemiker und die Genetiker wissen heute schon sehr genau, wie der gesamte Bauplan eines Lebewesens in den Kettenmolekülen seiner Gene niedergelegt ist, im Code der Sequenzen, in denen die vier Nukleotide aneinandergereiht liegen. Es besteht eine bedeutsame Wesensverwandtschaft zwischen dieser Methode, Wissen zu fixieren, und derjenigen aller menschlichen Schrift: In beiden Fällen ist es die *Reihenfolge* einer beschränkten Zahl immer wiederkehrender Zeichen, in der die Information enthalten ist.

Immer aber ist eine feste *Struktur* nötig, um Wissen festzuhalten, sei es nun die der Kettenmoleküle, die des Nervensystems oder die der menschlichen Schrift. Die Eigenschaften der Struktur, der *Bewahrung* schon erworbenen Wissens, stehen nun in besonderer Weise allem neuen *Erwerben* von weiterem Wissen im Wege. Struktur ist fertige *Angepaßtheit*, und jede weitere Anpassung erfordert eine *Rückbildung* von bereits ausgebildeten Strukturen. Die Leistung aller festen Struktur ist es, zu stützen und die Form zu bewahren. Diese Leistung aber muß immer um den *Verlust von Freiheitsgraden* erkauft werden. Als Illustration dieser Tatsache habe ich an anderer Stelle gesagt: Der Wurm kann sich an jeder beliebigen Stelle seines Körpers krümmen, wir können unsere Glieder nur dort bewegen, wo Gelenke vorgesehen sind. Wir aber können aufrecht stehen, der Wurm jedoch nicht.

Der stammesgeschichtliche Wissenserwerb, die Anpassung, hat immer zur Voraussetzung, daß bei dem Vorgang der Vererbung, bei dem ein Kettenmolekül ein anderes, ein entsprechendes, hervorbringt, »kleine Fehler« unterlaufen, so daß der neue Abdruck nicht ganz genau den Code des Originals wiedergibt. Eine solche erbliche Abänderung nennt man eine *Mutation*. Sie führt dazu, daß der neue Organismus, der nach dem abgeänderten Bauplan erzeugt wird, in irgendwelchen Einzelheiten von Körperbau oder Verhalten etwas anderes ist als sein Erzeuger.

In den meisten Fällen gereicht ihm dies zum Nachteil. Die Abänderung erfolgt ja blindlings und rein zufällig, und ein Lebewesen ist ein so komplex gebautes, wohlausgewogenes System, daß seine Funktionen durch solche ziellosen Veränderungen fast immer gestört oder doch verschlechtert werden. Die Genetiker schätzen, daß unter $10^8$, das heißt einer Milliarde von Mutationen durchschnittlich nur eine einzige ist, die eine Verbesserung der Lebensaussichten des betreffenden Organismus und seiner Nachkommen mit sich bringt.

Worauf beruht nun eine solche Verbesserung? Alles Lebendige lebt von dem großen Strom der dissipierenden Weltenergie, es »frißt negative Entropie«, wie ein medizinischer Freund von mir so anschaulich gesagt hat. Wenn Organismen in ihrem »Hauptberuf« des Energieerwerbs gute Geschäfte machen, so *wachsen* sie und *pflanzen* sich fort, und da viele große Lebewesen mehr zu fressen vermögen als wenige kleine, so *wächst* der Gewinn weiterer Energie in einem geometrischen Verhältnis zu dem Betrag der schon gewonnenen. Mit anderen Worten: Der Energiegewinn jedes lebenden Systems »trägt Zinseszinsen«, genau wie der Ertrag eines »florierenden« menschlichen Geschäftsunternehmens, das ja auch nur ein spezieller Fall eines lebenden Systems ist.

Nun beruht der gesamte Energieerwerb aller lebenden Systeme auf der Funktion ihrer besonderen Strukturen. Diese sind von Lebewesen zu Lebewesen ungemein verschieden und erlauben es den einzelnen Arten, die unwahrscheinlichsten Energiequellen auszubeuten und in den denkbar verschiedensten Lebensräumen ihr Fortkommen zu finden. Die großartige Mannigfaltigkeit der Organismenwelt resultiert ja aus der Suche nach immer neuen, möglichst noch unausgebeuteten Energiequellen.

Wenn nun die milliardste Mutation den Haupttreffer macht und es dem Organismus ermöglicht, seine bisherige Energiequelle ein klein wenig besser auszunutzen oder gar eine neue zu erschließen, so trägt dieser Glücksfall ganz ungeheuer hohe Zinsen, und zwar in doppelter Hinsicht: Es vermehrt sich nämlich nicht nur der Zuwachs des »Kapitals« von Energie, sondern auch die Zahl der Nachkommen und mit ihr die Chance, neue Treffer im Würfelspiel der Mutationen zu erzielen. Es besteht also ein doppelter Kreis der positiven Rückwirkung zwischen Kapitalgewinn und Wissensgewinn.

Diese doppelte Rückwirkung erklärt die sonst unverständliche Tatsache, daß die wenigen Milliarden Jahre, die von den Radiumphysikern unserem Erdball zugebilligt werden, für das schöpferische Werden auf unserem Planeten ausgereicht haben. Wenn man sich klarmacht, daß Mutationen blindlings und zufällig erfolgen und daß nur jede milliardste von ihnen einen winzigen Fortschritt bedeutet, während alle anderen sofort ausgemerzt werden, so scheint der Weg vom Ur-Lebewesen zum Menschen hoffnungslos lang. Erst wenn man verstanden hat, welche gewaltigen, durch doppelte Rückkoppelung verstärkten Wirkungen eine einzige günstige Erbänderung nach sich zieht, kann man verstehen, daß die Evolution so schnell vor sich gehen kann, wie sie es tatsächlich tut. Es war der junge theoretische Biologe Otto Rössler, der diese Dinge als erster klar ausgesprochen oder doch wenigstens mir selbst klargemacht hat.

Erfahrungsgemäß stößt man bei sehr vielen durchaus vernünftigen Menschen auf tief affektbesetzte Widerstände, wenn man von Evolution spricht und die Entstehung des Menschen in das große organische Werden auf unserer

Erde einbezieht. Dieser Widerstand entspringt dem irrigen Glauben, daß eine natürliche Erklärung eine Entwertung bedeute und daß die Aussage, der Mensch stamme von Affen ab, der Behauptung gleichkäme, er sei »eigentlich nur« ein Affe. Es war der Philosoph Nicolai Hartmann, der diesen Irrtum in klarster und schönster Weise widerlegt hat.

Die Welt, in der wir leben, besteht aus *Schichten* des wirklich Seienden, die in einem eigenartigen Verhältnis zueinander stehen. Die jeweils höhere Schicht ist durch die unter ihr liegende bedingt, könnte ohne sie gar nicht dasein, sie verstößt nirgends gegen die in der tieferen Schicht geltenden Gesetzlichkeiten, ja sie *besteht* in gewissem Sinne aus ihr. *Außerdem* aber besitzt sie ihre *eigenen* und komplexeren Gesetzlichkeiten, die sich immer aus ihrer besonderen *Struktur* ergeben. Dieses Verhältnis möchte ich nun an den drei Schichten der realen Welt verständlich machen, die insofern die größten und merkwürdigsten sind, als die Unterschiede, die sie trennen, der Naturforschung die größten Rätsel aufgeben. Diese drei Schichten sind das Nichtlebendige, das Lebendige und das Geistige.

Der Unterschied, der »Hiatus«, wie Hartmann sagt, der das Anorganische vom Lebendigen trennt, schien – und scheint auch heute noch vielen – nicht auf natürlichem Wege erklärbar zu sein. Dank der großartigen neuen Erkenntnisse der Biochemie wissen wir heute schon ziemlich genau, was Leben ist und wodurch es sich vom Anorganischen unterscheidet, nämlich durch die ungeheuer komplexe Struktur, die alle schon erwähnten Leistungen vollbringt. Durch unsere Erkenntnis dieser Strukturen und Funktionen wird – und darauf kommt es hier an – der Unterschied zwischen dem Lebendigen und dem Nichtlebendigen um nichts kleiner, der klaffende Spalt, der »Hiatus«, der beide trennt, wird keineswegs aus der Welt geschafft, auch wenn es unserer Vernunft gelungen ist, ihn zu überbrücken. Wenn also der »Reduktionist« behauptet, alle Lebensvorgänge seien »eigentlich nur« chemische und physikalische Vorgänge, so redet er Unsinn! Gewiß, alle Lebensvorgänge *sind* chemisch-physikalische Vorgänge, aber außerdem und gerade bezüglich dessen, was sie »eigentlich« sind, was für sie eigenartig und konstitutiv ist, sind sie etwas ganz anderes und weit Komplexeres als all das, was man sich gemeinhin unter chemisch-physikalischem Geschehen vorstellt.

Ich möchte hier nicht von dem großen und für unser Denkvermögen nicht überbrückbaren »Hiatus« zwischen dem nervenphysiologischen Geschehen in unserem Körper und den subjektiven Vorgängen in unserer Seele sprechen; das Leib-Seele-Problem ist für unseren Verstand unlösbar, eine undurchdringliche Scheidewand trennt beide Arten von Phänomenen. Sie besteht aber beachtlicherweise nur für unseren Verstand, nicht für unser Gefühl. Wenn ich sage:

»Mein Freund Hans tritt ins Zimmer«, so meine ich damit ganz gewiß nicht nur die physiologisch erforschbare Körperlichkeit meines Freundes und ebensowenig die Ganzheit seines seelischen Erlebens, ich meine vielmehr ganz gewiß die untrennbare *Einheit beider*. So sicher unser Gefühl von der Einheitlichkeit unseres körperlich und gleichzeitig seelisch erlebenden Mitmenschen auch ist, es wird unserer Forschung – auch beim Erreichen utopischer Vollkommenheit – nie gelingen, den Zusammenhang zwischen Physiologischem und Seelischem zu erklären.

Anders ist dies bei der Kluft zwischen dem Anorganischen und dem Lebendigen, und anders ist es auch bei jenem »Hiatus«, der das Tier vom Menschen trennt. Wir wissen heute mit großer Sicherheit, daß die Kluft vom Nichtlebendigen zum Lebendigen durch Zwischenformen überbrückt worden ist, die historisch nur sehr kurzen Bestand hatten, weil sie rasch von Lebendigerem, Lebenstüchtigerem überholt wurden. Es ist zwar noch niemandem gelungen, künstliches Leben zu erzeugen, es ist aber heute durchaus keine Utopie mehr, durch Naturforschung ein wirkliches Verstehen des Verhältnisses zwischen Anorganischem und Organischem zu erreichen. Gleiches gilt für die zweite große Kluft, die zwischen den höchsten Tieren und dem Menschen gähnt.

So wenig das Lebensgeschehen »eigentlich nur« chemisch-physikalisches Geschehen ist, so wenig ist der Mensch »eigentlich nur« ein Affe. Aber so wenig die allgegenwärtigen Gesetze der Physik und der Chemie im Bereich des Lebendigen je durchbrochen werden, so wenig erfahren die großen und allgemeinen Gesetze der Biologie im menschlichen Leben je eine Ausnahme, auch nicht in den höchsten Sphären geistigen Lebens. Der gewaltige und stolze Bau menschlicher Kultur ruht in gleicher Weise auf der Schicht des Lebendigen, wie diese auf der Grundlage des Anorganischen aufruht.

Die gefühlsmäßigen Widerstände, die von dieser Tatsache bei vielen wachgerufen werden, stammen großenteils aus dem schon erwähnten Irrtum, aus einem Mangel an Verständnis für das Wesen des organischen Werdens. Schon die Worte, mit denen wir dieses bezeichnen, leisten dem Mißverständnis Vorschub. Worte wie Evolution, Entwicklung usw. legen die Vorstellung nahe, daß sich etwas Vorgebildetes entfaltet, wie die Pflanze aus dem Samenkorn oder die Blüte aus der Knospe. Dies wird der Tatsache nicht gerecht, daß mit jedem Schritt des großen Werdens Neues, nie Dagewesenes entsteht. Unsere natürlich gewachsenen Sprachen besitzen kein Wort für diesen Vorgang, der ja vor der Entdeckung des Evolutionsgeschehens völlig unbekannt war. Die einzige Art der Entwicklung, die man kannte, war eben die des Individuums aus seinem Keim, und so entstand denn auch kein Wort für den

Vorgang des Neuentstehens, das konstitutiv für das Werden des großen Lebensstammbaums ist.

Ein Schritt des organischen Werdens besteht in sehr vielen Fällen – vielleicht sogar immer – darin, daß sich zwei bis dahin getrennt funktionierende Systeme zu einem neuen, übergeordneten zusammenschließen. Ludwig von Bertalanffy war einer der ersten, der dieses Prinzip klar erkannt hat. William Thorpe hat in seinem Buch »Science, man and morals« gezeigt, wie das Prinzip des Schöpferischen stets darauf beruht, daß eine Vielheit von Verschiedenem zur Einheit vereint wird. Teilhard de Chardin fand die schönste und einfachste Formulierung, indem er sagte: »Créer c'est unir.«

Der Schöpfungsakt, der im Zusammenschluß zweier Systeme liegt, ist durchaus nichts Übernatürliches. Bernhard Hassenstein hat dies durch ein physikalisches Beispiel illustriert: In einem Stromkreis, der von einer Batterie gespeist wird, ist ein Kondensator so eingebaut, daß die Spannung an seinen beiden Seiten gemessen werden kann. Unmittelbar nach Einschalten des Stromes mißt man geringste Spannungen, da der ganze Strom zunächst von der Aufladung des Kondensators geschluckt wird; in dem Maße jedoch, in dem er sich auflädt, steigt sie allmählich auf die volle Batteriespannung an. In einem zweiten Stromkreis ist – bei sonst gleicher Anordnung – anstatt des Kondensators eine Induktionsspule eingeschlossen. Mißt man nun die Spannung an ihren beiden Enden, so findet man unmittelbar nach Einschalten eine Spannung, die der Batteriespannung nahekommt, weil die Spule infolge ihrer Selbstinduktion zunächst nur wenig Strom durchläßt. Nach Aufhören der Induktionswirkung sinkt die Spannung stark ab. Stellt man nun aus diesen beiden einfacheren Systemen ein neues her, in welchem Kondensator und Induktionsspule hintereinandergeschaltet sind, so findet man in ihm eine Systemeigenschaft, die keinem der beiden untergeordneten Systeme, solange sie unabhängig voneinander funktionierten, auch nur in Spuren zu eigen gewesen war: die Fähigkeit zur *Schwingung*.

Was können wir aus diesem physikalischen Gleichnis lernen? Zunächst, daß die Funktionseigenschaften des neuentstandenen Systems sich nicht nur graduell, sondern *wesensmäßig* von denen der vorher unabhängig existierenden Untersysteme unterscheiden. Der Münsteraner Moraltheoretiker Herbert Doms pflegte darauf hinzuweisen, daß mit dieser Form der schöpferischen Neuentstehung von Eigenschaften lebender Systeme meist ein *Wertzuwachs* verbunden ist. Zweitens aber lehrt uns das Gleichnis, daß es völlig müßig ist, in den unabhängig funktionierenden Untersystemen oder bei niedrigen Organismen nach jenen Systemeigenschaften und Leistungen zu suchen, die erst auf einer höheren Integrationsebene in Existenz treten.

Dieser Tatsache müssen wir uns gründlich bewußt sein, wenn wir uns ein wahres Bild vom *Menschen* machen wollen. Der »Hiatus«, der ihn von den höchsten anderen Lebewesen trennt, ist prinzipiell ähnlicher Natur wie jener, der zwischen dem Lebendigen und dem Anorganischen klafft. Die hierüber gesagten Sätze sind mutatis mutandis auf die Stellung des Menschen übertragbar. Die schlichte Aussage, daß der Mensch ein Tier sei, ist völlig richtig, jene andere aber, daß er »eigentlich nur« ein Tier sei, ist eine zynische und wertblinde Blasphemie.

Welche Eigenschaften des lebenden Systems »Mensch« sind es, die ihn so hoch über seine nächsten Stammesverwandten erheben? Können wir ihre Existenz und ihre Einzigartigkeit aus dem eben besprochenen Prinzip der Entstehung einer höheren Einheit aus verschiedenen schon vorhandenen und unabhängig voneinander funktionsfähigen Systemen erklären? Eben dies habe ich in meinem letzten Buch versucht, und hier will ich versuchen, das dort Gesagte in Kürze wiederzugeben. Die neue Leistung, deren Entstehung mit der des Menschen gleichzusetzen ist, ist das begriffliche Denken, das untrennbar mit der syntaktischen Sprache verbunden ist und alle Wunder der menschlichen Geistigkeit und Kultur mit sich gebracht hat.

Es ist ganz zweifellos aus der Integration einer Reihe von primitiveren Erkenntnisleistungen entstanden, zu denen schon die höchsten Tiere befähigt sind, die aber bei keinem von ihnen zur funktionellen Ganzheit vereint sind. Die wichtigsten von ihnen seien hier besprochen.

Schon vor Jahren hat Wolfgang Köhler an Menschenaffen die Fähigkeit der *räumlichen Einsicht* nachgewiesen. Wenn man eine Banane von der Decke des Zimmers herabhängen läßt, die der Affe durch Springen nicht erreichen kann, und ihm in einem anderen Winkel des Raumes eine große, aber leicht bewegliche Kiste hinstellt, so geschieht folgendes, das ich nach einem sehr eindrucksvollen Film schildern will: Der Affe, in diesem Fall ein junger Orang, sieht zunächst zur Banane empor, stellt fest, daß sie zu hoch hängt, und wendet sich uninteressiert ab. Dabei fällt sein Blick auf die Kiste. Er weiß sehr wohl, daß ihm ein Problem gestellt ist, denn er war schon mehrere Male zu ähnlichen Versuchen in jenem Zimmer. Er ahnt wohl auch, daß irgendein Zusammenhang zwischen den beiden gebotenen Objekten besteht, und läßt seine Augen in der Raumdiagonale zwischen der Kiste links unten und der Banane rechts oben hin- und herwandern. Und dann folgt die Lösung, deren Auffindung man miterlebt, wenn man der Blickrichtung des Affen folgt. Er schaut nämlich von der Banane auf einmal nicht diagonal zur Kiste, sondern auf den Platz genau *unter* der Banane, von da zur Kiste, von da noch einmal auf den Ort unter der Banane und von da empor zu ihr, stößt einen Schrei aus und begibt sich, vor Freude einen Purzelbaum schlagend, zur Kiste und hat sie auch schon unter die Banane geschoben, erklettert und die Frucht geholt. Bei älteren und ruhigeren Affen sieht man oft gar nichts von dem eben beschriebenen vielsagenden Hin- und Herblicken, sie sitzen ruhig und in sich gekehrt da und *denken*. Als Denken im eigentlichen Sinn des Wortes muß man das bezeichnen, was sich in dem Tier in diesem Falle abspielt: ein versuchsweises Handeln *im vorgestellten Raum*. Die Fähigkeit zur »zentralen Repräsentation des Raumes« im Gehirn des Menschenaffen ist eine jener noch nicht spezifisch menschlichen, unabhängig voneinander funktionsfähigen Leistungen, aus denen das begriffliche Denken des Menschen integriert ist.

Eine zweite solche Leistung ist jene merkwürdige *Objektivierung*, die von unserer *Wahrnehmung*, besonders von unserer Gestaltwahrnehmung, vollbracht wird. Als Beispiel möge die sogenannte Farbkonstanz gesehener Gegenstände dienen: Wir sehen ein Stück Papier in gleicher Weise »weiß«, ob es nun von bläulichem Morgenlicht, rot getöntem Abendlicht oder von dem gelben Schein einer elektrischen Lampe beschienen wird, obwohl es in jedem dieser Fälle ganz andere Wellenlängen reflektiert. Das wird von einem recht komplizierten physiologischen Apparat geleistet, der aus der im gesamten Gesichtsfeld vorherrschenden Farbe die der Beleuchtung »errechnet« und aus dieser und der vom Gegenstand im Augenblick zurückgeworfenen Wellenlänge die *dem Objekt* eigenen Reflexionseigenschaften ermittelt, die unabhängig von den augenblicklich obwaltenden Lichtverhältnissen als konstante, dem Objekt anhaftende Eigenschaften wahrgenommen werden. Ähnliches gilt von der Konstanz der wahrgenommenen Form: Wenn ich meine Brille vor meinen Augen in allen möglichen Raumrichtungen herumdrehe, sehe ich sie dauernd in der ihr eigenen räumlichen Form, trotz der ungeheuren Veränderungen des Bildes, das von ihr auf meiner Netzhaut entworfen wird. Man vergegenwärtige sich die ungeheure Komplexität der stereometrischen Verrechnung, die sich bei diesem Vorgang unbewußt und der Selbstbeobachtung unzugänglich in unserem Hirn abspielt. Analoge Leistungen unseres Wahrnehmungsapparates machen es uns möglich, von den Unterschieden zu abstrahieren, die zwischen den Individuen einer Gattung bestehen. Schon das Kleinkind, und ebenso fast jedes höhere Tier, ist imstande, im Mops, Dackel, Bernhardiner und Pudel eine gemeinsame Qualität des »Hundeartigen« wahrzunehmen.

Eine weitere Leistung, die ebenfalls bei vielen höheren Wirbeltieren zu finden ist, gehört zu den Einzelfunktionen, die beim Menschen zum begrifflichen Denken integriert werden, nämlich das sogenannte *Neugierverhalten*. Es besteht im wesentlichen darin, daß der Organismus in jeder ihm neuen Situation und vor allem gegenüber jedem ihm neuen Objekt so ziemlich das ganze

»Repertoire« seiner Verhaltensweisen durchprobiert und dabei lernt, welche von ihnen im vorliegenden Fall einen Erfolg bringt. Wie beim Spiel, das nicht scharf vom explorativen Verhalten zu trennen ist, sind dabei die einzelnen Verhaltensmuster nicht von jenem Trieb aktiviert, der sie normalerweise hervorruft. Der junge Hund, der an den Pantoffeln seines Herrn die Bewegungsweise des Totschüttelns von Beute ausprobiert, will nicht etwa fressen; wenn er hungrig wird, hört er sofort zu spielen auf und bettelt seinen Herrn an. Es ist kennzeichnend für das Spielen wie für das explorative Verhalten, daß es sich nur im »entspannten Feld« entwickeln kann.

Die neugierige Auseinandersetzung mit der umgebenden Wirklichkeit verbindet sich mit dem räumlichen Vorstellungsvermögen und der abstrahierenden Leistung der Wahrnehmung zu einer Leistung höherer Ordnung, zum begrifflichen Denken. Maßgeblich für seine Entstehung war sicherlich der Umstand, daß schließlich das neugierige Forschen des Individuums *sich selbst* in den Kreis seiner Wißbegier einbezogen hat. Das braucht durchaus noch nicht echte Reflexion gewesen zu sein, wie sie der Mensch heute übt, aber schon die Einsicht, daß die eigene greifende Hand ebenso ein Ding der realen Welt ist wie der Gegenstand, den sie ergreift, muß den Akt des Greifens auf eine höhere Ebene gehoben und dem Begreifen nähergebracht haben. Das Erfassen der Ding-Konstanz des eigenen Körpers macht ihn vergleichbar mit allen anderen Umweltdingen – und damit zu deren *Maß*. Die Selbstexploration der eigenen greifenden Hand integriert die Leistungen der räumlichen Einsicht und der Wahrnehmungskonstanz zu einer Einheit, die beinahe schon begriffliches Denken ist.

Zu dieser Funktionsganzheit müssen aber noch andere Leistungen hinzukommen, deren jede für sich genommen ebensowenig spezifisch menschlich ist wie Raumeinsicht, Konstanzwahrnehmung und Exploration: große Lernleistungen, die Fähigkeit, Bewegungen bis ins Kleinste und Feinste willkürlich zu steuern, und manches andere, das hier nicht einmal erwähnt werden kann. Ein weiterer Vorgang aber muß als eine der wesentlichsten Leistungen besprochen werden, die in ihrer integrierten Gesamtheit zur Entstehung des begrifflichen Denkens beitragen, und das ist die *Tradition*. Auch sie kommt schon bei höheren sozialen Tieren vor, und ich darf mit einigem Stolz erwähnen, daß ich der erste war, der ihr Vorhandensein nachgewiesen hat, und zwar bei Dohlen. Eine erfahrene Dohle vermag einer unerfahrenen jungen durch ihren Warnruf mitzuteilen, daß ein bestimmtes Tier oder eine bestimmte Situation gefährlich ist. Weitgehend analoge Leistungen finden sich bei Ratten. Bei manchen Affen können sogar Verfahrensweisen durch Tradition weitergegeben und vererbt werden, wie zum Beispiel die Methode, verschmutzte Süßkartoffeln durch

Waschen in Seewasser zu reinigen und zugleich zu würzen. Alle diese auf ein Objekt bezogenen Kenntnisse können aber nur weitergegeben werden, wenn dieses, gewissermaßen zum Anschauungsunterricht, verfügbar ist. Wenn die Mitglieder einer Dohlenkolonie eine bestimmte Art von Raubtier auch nur eine Generation lang nicht zu sehen bekommen, geht das Wissen um seine Gefährlichkeit verloren. Erst die Entstehung des *sprachlichen Symbols* macht die Tradition unabhängig von der dauernden Anwesenheit ihres Objektes, und darin ist der Grund zu suchen, weshalb traditionelles Wissen sich beim Menschen *anhäufen* kann und bei Tieren nicht.

Über die Beziehungen zwischen syntaktischer und frei symbolisierender Sprache auf der einen Seite und dem begrifflichen Denken auf der anderen herrschen verschiedene Meinungen. Doch hat Noam Chomsky überzeugend nachgewiesen, daß das Programm für das logische, begriffliche Denken »angeboren«, das heißt stammesgeschichtlich entstanden und erblich festgelegt ist, außerdem noch, daß es *identisch* mit einer in allen menschlichen Sprachen herrschenden grammatikalischen Gesetzmäßigkeit ist. Chomsky ist der Ansicht, daß diese universale Logik gar nicht im Dienste der Kommunikation, sondern in dem des logischen Denkens entstanden sei. Die Frage, was früher dagewesen ist, das begriffliche Denken oder die syntaktische Sprache, ist heute nicht mit Sicherheit zu entscheiden. Mir selbst liegt die Vorstellung nahe, daß die Sprache zumindest eine wesentliche Hilfeleistung bei der Evolution des begrifflichen Denkens vollbracht hat.

Die Vereinigung der erwähnten, auch bei Tieren vorhandenen Einzelleistungen zu einer neuen Ganzheit, der als nie dagewesene Systemeigenschaft die spezifisch menschliche Fähigkeit zum begrifflichen Denken zu eigen war, hat sich erdgeschichtlich sehr rasch vollzogen. Zur schöpferischen Neubildung des übergeordneten Systems bedarf es ja nur des Zusammenschlusses mehrerer schon bestehender Systeme, und das kann – im Maßstab des Evolutionsgeschehens betrachtet – sehr schnell vor sich gehen.

Und so entstand gegen Ende des Tertiärs der Mensch. Es entstand eine anhäufbare Tradition, mit ihr die Möglichkeit kultureller Entwicklung und all das, was wir als das *geistige* Leben des Menschen bezeichnen. Wenn man Leben ganz allgemein vom Standpunkt unseres heutigen Wissens her definieren wollte, würde man ganz sicher die schon besprochenen Leistungen des Erwerbs und der Speicherung von Information, von Wissen, als konstitutive Eigenschaft in die Definition einbeziehen; man würde auch die Vorgänge in den Kettenmolekülen als konstitutive Merkmale in diese Definition einbeziehen. Diese Definition hat von präkambrischen Urzeiten an auf *alles* Leben gepaßt, bis am Ende des Tertiärs plötzlich – in geologischem Sinne darf man wirklich »plötzlich« sagen – eine nie dagewesene neue Form der Speicherung von Wissen auf den Plan tritt: das begriffliche Denken, dessen Entstehung der Menschwerdung gleichzusetzen ist. Wir Menschen tun etwas, was alle anderen Lebewesen vor uns mittels der Vorgänge in ihrem Genom vollbracht haben, mit unserem Hirn, und zwar nicht mit *einem* Gehirn, sondern mit vielen kollektiv zusammenarbeitenden Gehirnen. Wenn die kognitiven Leistungen des Genoms essentiell sind für das Lebendigsein *aller* Lebewesen, so ist das Zusammenwirken begrifflichen Denkens bei allen, die an einer menschlichen Sozietät teilhaben, essentiell für das geistige Leben des Menschen. Es ist keine Übertreibung zu behaupten, daß dieses geistige Leben eine besondere und höhere Art von Leben ist, die vor der Entstehung des Menschen nicht existiert hat, und es ist die Vielheit der zu einer überindividuellen Ganzheit vereinten Einzelmenschen, die das Wesen des menschlichen Geistes – im Singular – ausmacht.

Wir sind so gewohnt, unter Vererbung den biologischen, im Genom sich abspielenden Vorgang zu verstehen, daß wir allzuleicht den juridischen Sinn vergessen, den dieses Wort schon vor dem Entstehen genetischer Wissenschaft hatte. Mit dem begrifflichen Denken und der Hand in Hand mit ihm entstandenen Wortsprache tritt eine neue Art des *Weitergebens* von Eigenschaften und Fähigkeiten in die Welt, die der Vererbung in ihrer Leistung sehr ähnlich ist. Wenn ein Mensch Pfeil und Bogen erfindet, so »vererbt« sich die Fähigkeit, diese Waffe herzustellen und zu gebrauchen, in ähnlicher Weise wie eine durch Mutation und Selektion entstandene, im genetischen Sinne erbliche Eigenschaft. Die Wahrscheinlichkeit, daß die erworbene Fähigkeit wieder *vergessen* wird, ist nicht größer als die, daß ein körperliches Organ von vergleichbarem Arterhaltungswert rudimentär wird. Mit einem Wort: Mit dem begrifflichen Denken entsteht die Fähigkeit zur *Vererbung erworbener Eigenschaften.*

Durch begriffliches Denken und Wortsprache wird neues Wissen aber nicht nur von Generation zu Generation übertragen, der Informationserwerb hat nicht wie in der Stammesgeschichte eine »Totzeit« von mindestens einer Generation. Eine neue, gewinnbringende Mutation erweist ihren Arterhaltungswert ja nur durch den Fortpflanzungserfolg, und es dauert viele Generationen, bis sie sich über die ganze Art, über deren »Gene pool«, ausgebreitet hat. Im neuen, geistigen Leben dagegen verbreitet sich eine neue Erkenntnis, eine Erfindung um viele Zehnerpotenzen schneller von einem Zeitgenossen zum anderen. Damit steigert sich die Bedeutung, die der Einzelmensch für die Gemeinschaft hat oder doch haben kann, in gleichem Maße. Eine Erfindung, ein großer Gedanke, von *einem* Menschen geschaffen, kann sich in Windeseile über die Kontinente verbreiten, ein großes Ideal kann viele Millionen begeistern.

Die Gedankenverbreitung unter gleichzeitig lebenden Menschen erzeugt eine neue Art der Bruderschaft. Sie ist imstande, ein gemeinsames Wissen, Können und Wollen zu schaffen, das Menschen einander stärker nahebringen kann als genetische Ähnlichkeit zwischen Blutsverwandten. Friedrich Schillers Ausruf »Seid umschlungen, Millionen!« ist keine leere Phrase.

Das alles hat wie ein Hymnus auf den menschlichen Geist geklungen und sollte auch so klingen, weil ich dem Eindruck vorbeugen wollte, daß ich die Eigenart des Menschen, die Macht seines Geistes und den Wert seiner Kulturen, unterschätze. Diese Vorbeugungsmaßnahme hielt ich für nötig, weil dieser Eindruck entstehen könnte, wenn ich im folgenden zu zeigen versuche, daß die Schöpfung des menschlichen Geistes, die menschliche Kultur, ein natürlich gewordenes lebendes System ist und welchen Störungen und Krankheiten dieses System ausgesetzt ist. Jede der hohen Leistungen des Geistes kann durch kleinste quantitative Veränderungen, durch ein geringes Überwuchern oder eine ebenso geringe Unterfunktion zu schweren Systemstörungen führen. Die großartige Gedankenverbreitung, die Millionen zum Streben nach gemeinsamen hohen Zielen vereint, kann bei einem geringen Überwuchern, wie es durch die moderne Technik so leicht verursacht wird, dazu führen, daß die umschlungenen Millionen wie Millionen von Hammeln blind und blöd irgendeinem geschickt propagierten falschen Ideal nachrennen.

## II. Die Kultur als natürlich gewordenes lebendes System

Wie ich zu zeigen versucht habe, ist auch der Mensch ein Lebewesen, das wie alle anderen in dem großen schöpferischen Werden der Organismenwelt entstanden ist, ohne daß dabei je ein Verstoß gegen die allumfassenden und allgegenwärtigen Naturgesetze geschehen ist. Es braucht kein Wunder angenommen zu werden, um die wunderbaren Leistungen des menschlichen Geistes verständlich zu machen. Die Seinskategorie des Menschlichen – wie Nicolai Hartmann sagen würde – ruht unmittelbar auf animalischen Leistungen auf, die nicht spezifisch menschlich sind, wie Raumwahrnehmung, Konstanzphänomene, Lernvorgänge usw., von denen ich schon gesprochen habe. Mit dem begrifflichen Denken entstehen die syntaktische Sprache und mit ihr alle jene Kommunikationsmöglichkeiten, die ein Anwachsen der Tradition zur Folge haben und damit jene Gemeinsamkeit des Wissens, Könnens und Wollens, die viele Menschen in jener System-Ganzheit vereinigt, die wir eine *Kultur* nennen. Jede Kultur ist ein auf natürlichem Wege entstandenes *lebendes System*, ihr Leben und ihre Gesundheit haben die Funktion aller jener schon besprochenen physiologischen und psychischen Leistungen zur Voraussetzung, deren Vereinigung zu einem Ganzen die Menschwerdung bedeutet.

Die Einsicht in die Natur dieser Leistungen und in ihr Zusammenwirken ist deshalb vonnöten, weil die Kultur, wie jedes lebende System, von Störungen, von Krankheiten befallen werden kann – wie krank unsere eigene heutige Kultur ist, sieht jeder. Die Voraussetzung jeder erfolgreichen Therapie ist die Einsicht in die normale Physiologie des gestörten Vorgangs und in die Art seiner Störung. Ich werde in den folgenden Ausführungen, die von der Kultur als einem lebenden System handeln, besonderes Gewicht auf jene Vorgänge legen, deren Störungen wir verstehen wollen.

Zu diesem Vorgehen veranlaßt mich noch ein anderer Umstand: Wir *wissen* über Funktionen, die Störungen unterliegen, oft mehr als über jene, die das nicht oder nur selten tun. Auf den ersten Blick mag es scheinen, als ob es ein unüberwindliches Hindernis für die Analyse eines überaus komplizierten Systems sei, wenn dieses von unvoraussagbaren und noch weiter komplizierenden Störungen befallen ist. In Wirklichkeit aber ist die Störung in vielen Fällen der Schlüssel zum Verständnis der gesunden Funktion. Die Geschichte der Medizin kennt viele Fälle, in denen dies der Fall war, zum Beispiel bei der Erforschung der Leistungen von Drüsen mit innerer Sekretion. Bekanntlich wird durch eine Überfunktion der Schilddrüse die Basedowsche Krankheit hervorgerufen; durch ihre Unterfunktion aber entsteht eine Form der Idiotie, das sogenannte Myxödem. Der Schweizer Chirurg Kocher vermutete einen Zusammenhang zwischen Überfunktion der Schilddrüse (Hyperthyreose) und der Basedowschen Krankheit und versuchte diese durch Herausschneiden der Schilddrüse zu behandeln. Die ersten Patienten starben alsbald an Krämpfen, weil er die Nebenschilddrüsen mitgenommen hatte, die den Kalkstoffwechsel regulieren, und Kalkmangel erzeugt Krampfbereitschaft. Bei den nächsten Operationen ließ er die Nebenschilddrüsen unverletzt und entfernte nur die ganze Schilddrüse. Die so behandelten Patienten lebten lange genug, um Symptome zu entwickeln, die deutlich als solche des Myxödems zu erkennen waren.

Diese kurze Betrachtung eines Stückchens medizinischer Wissenschaftsgeschichte führt uns zu einer Erkenntnis, die verallgemeinert werden kann: Die Gesamtfunktion eines lebenden Systems wird oft durch ein kleines Zuviel oder Zuwenig in der Funktion eines seiner Teile oder »Untersysteme« gestört. Der Gleichgewichtszustand in einem komplexen lebenden System wird oft durch die Spannung zwischen zwei gegeneinander wirkenden Untersystemen gesichert, gleich einem Mast, der durch gegeneinander gespannte Seile in seiner aufrechten Stellung erhalten wird. In analoger Weise wirken die Drüsen mit innerer Sekretion, deren wirksame Ausscheidungen, die Hormone, häufig entgegengesetzte Wirkungen haben. Das Wort Hormon kommt vom griechischen »hormao – ich treibe«, und was von den hormonbedingten Antrieben gilt, gilt in analoger Weise auch von vielen anderen. Gerade im Antriebsleben des Menschen gibt es sehr viele gegeneinandergespannte Motivationen, deren arterhaltende Leistung im Aufrechterhalten eines Gleichgewichtszustandes liegt.

Ich will von zwei solchen gegnerischen Leistungen sprechen, die in jedem lebenden System vollbracht werden müssen, wenn es auf die Dauer lebensfähig bleiben soll. Bei allen Lebewesen mit Ausnahme des Menschen werden sie von Vorgängen im Genom, in der »Erbmasse«, vollbracht. In der menschlichen Kultur, dem komplexesten lebenden System, das wir kennen, dienen völlig andersartige, physiologische und psychische Mechanismen strikt analogen Leistungen.

Wie schon gesagt, ist die Information, die allem Angepaßtsein zugrunde liegt, in den Sequenzen der Nukleotide codiert, wohlverwahrt in den Genen. Allzu wohlverwahrt *darf* diese Information gar nicht sein, denn es sind ja, wie wir ebenfalls schon wissen, kleine »Irrtümer« bei ihrer Weitergabe, sogenannte Mutationen, nötig, um den Erwerb weiterer, neuer Informationen zu ermöglichen. Auch habe ich schon zu Beginn gesagt, daß alles Wissen in Struktur festgelegt ist und daß die stützende und bewahrende Leistung jeder Struktur um den Verlust von Freiheitsgraden erkauft werden muß.

Wenn wir eine – in Wirklichkeit nie vorhandene – absolut unveränderliche Umwelt annehmen, so hätte ein Organismus, nachdem er sich einmal an sie angepaßt hat, keinen weiteren Informationserwerb und somit keine weiteren Mutationen nötig. Je veränderlicher der Lebensraum ist, desto größer muß begreiflicherweise die Veränderlichkeit des in ihm lebenden Organismus sein. Tatsächlich ist, wie die Genetiker bereits wissen, die »Mutationsrate« bei Lebewesen aus sehr konstantem Milieu, zum Beipiel aus dem Meere, um sehr viel niedriger als bei Wesen aus veränderlicheren Lebensräumen; am höchsten scheint sie bei Haustieren zu sein.

Ein überindividuelles, die Lebensdauer der einzelnen Individuen überdauerndes System, sei es nun eine Spezies nichtmenschlicher Organismen oder eine menschliche Kultur, hat nur dann Aussicht auf dauernden Bestand, wenn sein inneres Gleichgewicht zwischen Unveränderlichkeit und Veränderlichkeit im richtigen Verhältnis zur Konstanz oder Inkonstanz der Umwelt steht. Diese unbestreitbare Tatsache legt die Frage nahe, ob in einer menschlichen Kultur nicht auch, wie im Genom einer Spezies, Faktoren vorhanden seien, die ein gesundes Gleichgewicht zwischen Invarianz und Varianz, das heißt zwischen Unveränderlichkeit und Veränderlichkeit, dadurch aufrechterhalten, daß sie einander entgegenwirken, und zwar in analoger Weise, wie die schon erwähnten genetischen Vorgänge der invarianten Vererbung und der Mutation dies tun. Tatsächlich gibt es auch in der menschlichen Kultur Mechanismen, die in analoger Weise gegeneinander wirken.

Ich wende mich zuerst den Invarianz bedingenden »konservativen« Faktoren zu. Jede Gewohnheit wird bekanntlich leicht zur »lieben« Gewohnheit, von der man nur ungern abgeht, und hierin liegt eine der Wurzeln allen Brauchtums. Bei längerem Beibehalten einer Gewohnheit kann diese zu einem Zwang, zu einer Kompulsion werden, und zwar dadurch, daß ihr Durchbrechen *Angst* erzeugt. Dies läßt sich besonders gut an den Weggewohnheiten von Tieren und Menschen zeigen. Margaret Altmann beschreibt, wie ihre Reittiere, ein altes Pferd und ein noch älteres Maultier, nicht nur eisern am gewohnten Weg festhielten, sondern auch daran, an bestimmten Orten haltzumachen. Wenn sie mit diesen Tieren ein paarmal an einem Ort gelagert hatte, gingen die Tiere um keinen Preis an dem Platz vorüber. Wollte man sie mit Gewalt dazu zwingen, wurden sie scheu, schnaubten, stiegen und waren sichtlich von größter Angst befallen. Was tat Dr. Altmann auf Grund ihrer profunden Tierkenntnis? Sie packte »symbolisch« ein paar Gepäckstücke ab, setzte sich für kurze Zeit nieder und packte wieder auf. Da waren die Tiere beruhigt und gingen widerspruchslos weiter. Auf diese Weise entstehen *Riten!*

Die tiefe Angst, die jedes gewohnheitsabhängige Wesen bei Durchbrechung seiner Gepflogenheit erfaßt, ist nicht sinnlos. Ein Wesen, das der Einsicht in ursächliche Zusammenhänge entbehrt, tut gut daran, an einem Verfahren festzuhalten, das es als ungefährlich und zum Ziele führend kennengelernt hat. Auch im menschlichen Kulturleben hat die »Existentialangst«, das Gefühl des Sich-versündigt-Habens, eine unentbehrliche Rolle: Ohne sie gäbe es keine glaubhafte Mitteilung, keine vertrauenswürdigen Verträge und keine Treue.

Der Brauch, den der Mensch durch soziale Tradition übernimmt, haftet viel fester als jede persönlich erworbene Gewohnheit, und seine Durchbrechung wird von viel intensiveren Gefühlen der Angst und der Schuld bestraft. Er wird aber auch sehr viel intensiver geliebt, und diese Liebe zur Tradition hängt eng mit den Gefühlen zusammen, die der Traditionsnehmer dem Traditionsgeber entgegenbrachte: Seine Liebe zu diesem muß mit »Respekt« gepaart sein. Das Rangordnungsverhältnis zwischen Traditionsgeber und -nehmer ist eine unabdingbare Voraussetzung dafür, daß ein Mensch willig und fähig ist, von einem anderen Tradition zu übernehmen. Eng hiermit verbunden ist der Vorgang der sogenannten Identitätsfindung. Die Identifizierung mit einer »Vaterfigur« macht es dem Menschen möglich, den Geboten eines ethischen

»Über-Ich« zu gehorchen, und verleiht ihm jene innere Sicherheit, ohne die er nicht glücklich leben kann.

Diese und andere Faktoren, auf die ich hier nicht näher eingehen kann, tragen dazu bei, die Strukturen einer Kultur unverändert zu bewahren. Ihnen stehen alle jene revolutionären Kräfte gegenüber, die aller festen Struktur feindlich sind, die den Menschen dazu drängen, alle Tradition über Bord zu werfen.

Den Invarianz bewahrenden Mechanismen der menschlichen Kultur steht vor allem eine essentiell menschliche Eigenschaft gegenüber, die *Neugier*. Exploratives Verhalten oder Neugierverhalten gibt es, wie wir schon wissen, auch bei höheren Tieren, doch ist es bei ihnen meist auf das jugendliche Alter beschränkt. Nur der Mensch behält neben anderen, körperlichen Merkmalen der Jugendlichkeit auch die jugendliche Neugier bis in sein höheres Alter. Unsere permanente Wißbegier ist ein persistierendes Jugendmerkmal, unser Forschen ist dem explorativen Spiel des Kindes wesensverwandt. Der Mensch ist nur dort ganz Mensch, wo er spielt, sagt Friedrich Schiller. Im echten Manne ist ein Kind versteckt, bemerkt Friedrich Nietzsche.

Dieses Kind im Manne ist aller feierlichen Würde und aller Doktrin abhold, es ist, kurz gesagt, ein echter Lausbub, voller Skepsis, voll unbändigen Dranges nach Freiheit und voll Wißbegier. In der Brust des normalen Erwachsenen leben zwei Seelen, eine, die der althergebrachten Tradition treu ist und alle alten Bräuche liebt, und neben ihr die Seele des respektlosen Revolutionärs. Mit zunehmendem Alter pflegt die konservative Seele die Oberhand zu bekommen, aber wehe, wenn sie zu uneingeschränkter Herrschaft gelangt: In diesem Falle wird der Mensch zum verkalkten Doktrinär.

Im Leben des Menschen ist eine Entwicklungsphase vorgesehen, während der Skepsis und Wißbegier einen Gipfelpunkt erreichen: Während der Pubertät zieht der junge Mensch, der Jüngling mehr als das Mädchen, die gesamte elterliche Tradition in Frage. Alles Bekannte und Vertraute, das ihm bisher lieb und wert war, erscheint ihm langweilig, alles Unbekannte, das bisher fremd und drohend erschien, wird für ihn interessant und anziehend. Der junge Mensch sieht sich nach neuen Werten um, nach neuen Idealen, für die es sich zu kämpfen lohnt.

Unter »normalen Umständen«, in einer sogenannten »heilen Welt«, bewirken die Skepsis und Neuerungssehnsucht des Pubertierenden die für die Anpassungsfähigkeit einer Kultur unerläßliche Plastizität. Sie sorgen für eine »Fremdbefruchtung« der elterlichen Kultur, sie verhindern eine Erstarrung in festen Doktrinen. Unter solchen normalen Umständen kommt es auch nicht – oder doch nur vorübergehend – zum Bruch zwischen Eltern und Kindern. Die

Annahme Sigmund Freuds, daß der Sohn den Vater haßt und töten will, halte ich für eine irrtümliche Generalisierung eines speziellen Falles, der zwar vorkommt, aber keineswegs die Regel darstellt. Der Sohn hat seinen Vater ganz gern, auch wenn er sich mit ihm nicht mehr verträgt und ihm eine Zeitlang aus dem Wege geht. Alexander Mitscherlich hat darauf hingewiesen, daß die meisten Männer mit zunehmendem Alter gegen ihren Vater toleranter werden; die meisten Männer meines Alters werden mir zugeben, daß sie gegenwärtig eine höhere Meinung von ihrem Vater haben, als sie mit siebzehn Jahren hatten.

Die Lösung des jungen Menschen aus der Familie, sein Streben nach Neuerungen und seine Skepsis an allem Althergebrachten sind zweifellos gesund und sind Funktionen, die in unserer Stammesgeschichte im Dienste einer unentbehrlichen art- und kulturerhaltenden Leistung entstanden sind. All dies geht am deutlichsten aus den Folgen hervor, die ihr Ausbleiben nach sich zieht. Der Knabe, der nicht wie »Hänschen klein« in die weite Welt hinein zieht, der nicht in einer jugendlichen Abenteuerlust seine Lehr- und Wanderjahre durchmacht, wird niemals ein ganzer Mann werden. Die Pubertät ist zwar eine kritische Phase in der Entwicklung des jungen Menschen, aber sie ist für ihn selbst ebenso unentbehrlich wie für das Werden der Kultur, deren Träger er ist. Der Abbau traditioneller Ideale bewirkt im jungen Menschen notwendigerweise eine gewisse innere Haltlosigkeit, ohne ihn aber würde der junge Mensch nie zu einem eigenständigen, ihm als Persönlichkeit eigenen inneren Halt gelangen. Ich habe schon gesagt, daß Struktur abgebaut werden muß, um eine neue und bessere Struktur zu gewinnen. Die kritische Zeit, die jeder Pubertierende durchmachen muß, kann biologisch dem Zustand eines frisch gehäuteten Krebses verglichen werden, der den alten Panzer abwerfen muß, um einen neuen und größeren zu bekommen.

Auch der Drang, für eine gute Sache zu kämpfen, die von der älteren Generation nicht als anzustrebendes Ideal anerkannt ist, stellt ein normales und gesundes Bedürfnis dar. Die Besten unter der rebellierenden Jugend sind sich ihrer Verantwortung für die Zukunft der Menschheit durchaus bewußt und nehmen es mit ihrer Kritik der gegenwärtigen Gesellschaftsordnung sehr ernst. Das In-Frage-Ziehen der überlieferten Werte war niemals nötiger als gerade heute, wo ein Großteil der menschlichen Gesellschaft vergessen hat, daß es Werte gibt, die sich nicht in Dollars quantifizieren lassen.

Die Verhaltensweisen des Menschen, die kulturelle Invarianz bewahren, und jene anderen, die feste Tradition zerbrechen, bilden *zusammen* ein System antagonistischer Mechanismen, dessen Aufgabe es ist, ein Gleichgewicht aufrechtzuerhalten. Mit der Feststellung dieser Tatsache macht man sich bei den konservativen alten Herren ebenso unbeliebt wie bei der rebellierenden Jugend. Die Erkenntnis, daß sie nur mit ihren Meinungsgegnern gemeinsam eine sinnvolle Leistung für die menschliche Kultur vollbringen, ist den einen so unwillkommen wie den anderen. Weil ich, wie ich später noch näher ausführen will, die Fehlleistungen zu analysieren versuche, die aus einer Überfunktion der einen wie der anderen Faktoren entstehen, gelte ich bei den Reaktionären als Revolutionär und bei Jugendlichen, besonders bei stark linksorientierten, als Reaktionär. Dieser Widerspruch der Meinungen macht mich hoffen, daß meine eigene die richtige Mitte hält.

Der Meinungskampf zwischen den Verteidigern der Tradition und denen, die mit ihr brechen wollen, erzeugt unvermeidlicherweise bei beiden Parteien Werturteile, die in die Irre gehen. Die Erkenntnis, daß beide Arten von Funktionen, Struktur aufbauende wie Struktur abbauende, gleichermaßen nötig sind, um das Leben des Systems zu sichern, zeigt die Hinfälligkeit dieser Wertungen. So wie es unsinnig wäre, zu sagen, die Schilddrüse sei schlecht, nur weil ihre Überfunktion die Basedowsche Krankheit erzeugt, wäre es auch abwegig, Liebe zur Tradition und Ehrfurcht vor Lehrern und Eltern für »schlecht« zu halten oder – auf der anderen Seite – jede Revolution als solche zu verdammen. Ein gutes Gleichnis für die Funktion der hier in Rede stehenden, einander entgegenwirkenden Vorgänge ist das Wachstum des Knochens. Während er an Größe zunimmt, bleibt auch nicht der kleinste seiner Teile unverändert bestehen, dauernd sind Osteoblasten und Osteoklasten, das heißt Knochen anbauende und Knochen abbauende Zellen, am Werke, die gemeinsam bewirken, daß das Gebilde, ohne seine Form zu verändern, allmählich größer wird.

Wie schon gesagt, beziehen wir einen großen Teil unseres Wissens über die hier in Rede stehenden, einander entgegenwirkenden und doch untrennbar zusammengehörigen Vorgänge aus den *Störungen*, die eine Kultur durch das Überhandnehmen der einen wie der anderen erleidet. Auch in diesen Störungen zeigt die menschliche Kultur vielsagende Analogien zu anderen überindividuellen lebenden Systemen, wie zu Tier- und Pflanzenarten. Wie bei diesen führt ein Überhandnehmen der Invarianz bewahrenden Leistungen zum Stehenbleiben aller weiteren Entwicklung, zur Entstehung »lebender Fossilien«, die gar nicht mehr in die heutige Umwelt passen und nur an Örtlichkeiten weiter existenzfähig sind, an denen sie dem Wettbewerb mit »moderneren« Lebewesen entzogen sind. Das Schnabeltier und die Beuteltiere in Australien, die Brückenechse und der Kiwi in Neuseeland sowie manche Meerestiere, Seelilien, Armfüßer usw. sind solche Überhälter aus vergangener Zeit. Es scheint, daß solche Lebensformen aus der Sackgasse, in die sie sich festgerannt haben, grundsätzlich nicht mehr herausfinden können.

Auf der anderen Seite führt das Überhandnehmen der Veränderlichkeit zu monströsen Formen, die häufig nicht mehr lebensfähig sind. Unter den Bedingungen des Kampfes ums Dasein, denen ein wildlebendes Tier ausgesetzt ist, sorgt eine scharfe Selektion dafür, daß schon die Neigung zu einer allzu großen Mutabilität »weggezüchtet« wird. Läßt die scharfe Konkurrenz mit anderen Wesen auch nur ein wenig nach, wie dies zum Beispiel bei der Domestikation durch den Menschen der Fall ist, dann wächst die Veränderlichkeit einer Tier- oder Pflanzenart sofort erheblich; man denke an Hunde- und Geflügelrassen oder an die »Sorten« unserer Nutzpflanzen.

Ich brauche wohl kaum zu sagen, wo man im kulturellen Leben der Menschheit die Analoga zu lebenden Fossilien finden kann. Ein typisches Beispiel dafür sind Nationalisten. Wer heute noch nicht verstanden hat, daß die System-Ganzheit, die es zu verteidigen gilt, hier bei uns in Europa eine Kultur und nicht eine Nation ist, darf als Fossil gelten.

Wie ich schon gesagt habe, neigen die Invarianz bewahrenden Vorgänge dazu, jede Tradition in einen steifen Panzer einzumauern, und das tun sie auch mit jeder Wahrheit, sofern diese nur lange genug tradiert wird. Thomas Huxley hat gesagt, jede Wahrheit beginne ihren Lebenslauf als Ketzerei und beende ihn als Orthodoxie. Es ist eine zu tiefem Nachdenken anregende Tatsache, daß jede Erkenntnis, mag sie zur Zeit, da sie gewonnen wird, noch so wahr sein, den Charakter der Wahrheit verliert, wenn sie zur Doktrin erhoben und als absolut betrachtet wird! Dies ist der Wahrheitsgehalt der Lehre Hegels, die besagt, daß die Antithese der These gegenüber immer recht hat.

Der in Rede stehende Vorgang des »Verkalkens« einer Wahrheit wird leider dadurch gefördert, daß die Technik, vor allem die sogenannten Massenmedien, jede neue Erkenntnis so rasch verbreitet. Es ist der Nachteil der an sich so erfreulichen schnellen Information großer Menschenmassen, daß jede Doktrin mit der Zahl ihrer Anhänger an Macht gewinnt, nicht weniger, als sie es sonst durch langes Überliefertwerden tut. Zwei miteinander unverträgliche Doktrinen können auf diese Weise in historisch gesehen sehr kurzer Zeit gewaltige Zahlen an Anhängern gewinnen, was zur Entstehung von »Super-Mächten« führt, die einander feindlich gegenüberstehen. Je mehr Anhänger sie erwerben, je weniger unbeteiligte Menschen auf der Erde übrigbleiben, desto größer wird die Gefahr vernichtender Kriege.

## III. Krankheiten der Kultur

Ich habe vor einiger Zeit ein kleines Buch geschrieben, das den Titel trägt »Die acht Todsünden der zivilisierten Menschheit«. Freunde haben an diesem Titel Kritik geübt. Sie sagten, die von mir beschriebenen Störungen und Fehlhandlungen seien Krankheiten und nicht moralische Vergehen. Dies ist nur teilweise richtig. Gewiß, es kann als eine Geisteskrankheit, als Massenwahn betrachtet werden, wenn die Menschen, berauscht von ihren technischen Erfolgen, in der naivsten Weise technische Methoden auch der lebenden Natur gegenüber anwenden und dadurch die eigenen Lebensgrundlagen vernichten. Wenn sie aber in diesem Verhalten fortfahren, nachdem ihnen völlig klargeworden sein muß, daß sie durch ihr Tun den eigenen Enkeln nicht nur das Brot, sondern auch den Sauerstoff vernichten, so ist dies nicht nur eine Sünde, sondern ein Verbrechen.

Ich will heute von Krankheiten der Kultur sprechen, also von Störungen, bei denen die Fragen der verantwortlichen Ethik noch nicht ins Spiel kommen. Die Kultur ist ein Produkt des menschlichen Geistes und wie dieser eine essentiell *überindividuelle* System-Ganzheit. Erkrankungen der Kultur sind ganz buchstäblich Erkrankungen des menschlichen Geistes, sie können die Gesamtheit einer Kultur erfassen, und sie sind daher, vom Individuum aus gesehen, stets *epidemische* Krankheiten.

Ein Störung, die sich bis zur Neurose steigern kann, ist das »Unbehagen in der Kultur«, wie Sigmund Freud es genannt hat. Uns allen ist es in seiner intensivierten Form unter der schönen deutschen Bezeichnung »Stress« wohlbekannt. Die Krankheit hat ihren tiefsten Grund in einer allen menschlichen Kulturen innewohnenden Diskrepanz: Sie besteht darin, daß das Entwicklungstempo der genetischen Evolution des Menschen um mehrere Zehnerpotenzen langsamer ist als jenes der kulturellen Entwicklung. Wie im ersten Teil meiner Ausführungen auseinandergesetzt wurde, ist es die Vererbung erworbener Eigenschaften, die der kulturellen Entwicklung ein ständig zunehmendes Tempo aufzwingt. Die Anforderungen, die das kulturelle Leben an den Menschen stellt, übersteigen schließlich das Maß dessen, was er auf Grund seiner genetischen Anlagen zu leisten vermag. Der Zwiespalt zwischen menschlicher Natur und menschlicher Kultur wächst mit der Höhe der Kulturentwicklung, und wahrscheinlich reicht diese Diskrepanz allein hin, um zu erklären, weshalb Hochkulturen regelmäßig in einem bestimmten, hohen Entwicklungsstadium zugrunde gehen, wie Oswald Spengler richtig gesehen hat. Er versuchte diesen Prozeß unter Heranziehung metaphysischer Faktoren, wie einer »Logik der Zeit« und einem »natürlichen Altern« der Kultur, zu erklären. Auf diese Weise aber läßt sich nicht erklären, wieso Kulturen, die *nicht* das Stadium der Hochkultur erreichen, wie etwa die Kultur der Pueblo-Indianer Neu-Mexikos, augenscheinlich unbegrenzt lange leben können.

Es gibt noch andere Krankheiten der Kultur, deren Gefährlichkeit mit der Kulturhöhe zunimmt. Zu ihnen gehören die Gleichgewichtsstörungen in der Wechselwirkung zwischen den Tradition festigenden und Tradition abbauenden Vorgängen. Die ständig zunehmende Geschwindigkeit der kulturellen Entwicklung bringt eine entsprechende Zunahme dessen mit sich, was von einer Generation zur anderen veraltet und abgestoßen werden muß. Gleichzeitig sorgen Verkehrsmittel und Massenmedien dafür, daß die kulturellen Unterschiede zwischen den Ländern dieser Welt immer geringer werden. Die kulturelle Distanz zwischen den Generationen nimmt zu, während die zwischen den Völkern aller Erdteile rasch abnimmt. Dieser Vorgang hat heute jenen kritischen Punkt erreicht, an dem die Jugendlichen aller zivilisierten Länder *einander* ähnlicher sind als die jedes einzelnen Landes ihren Eltern. Dies hat die außerordentlich gefährliche Folge, daß die beiden Generationen so aufeinander reagieren, *als wären sie zwei verschiedene Kulturen*. Es kommt zu einer Feindseligkeit zwischen Alten und Jungen, die zu einer Form des Hasses eskalieren kann, die zu den dümmsten und gefährlichsten Formen des Hasses gehört, nämlich zum nationalen Haß. Darüber habe ich eine Arbeit geschrieben und in Stockholm einen Vortrag gehalten. Wie so viele Krankheiten unserer Kultur trägt auch diese die Kennzeichen der Massenneurose, und dies gibt Anlaß zu gemäßigtem Optimismus: Die meisten Neurosen lassen sich dadurch günstig beeinflussen, daß man dem Patienten die Ursachen seines Leidens zum Bewußtsein bringt.

Die radikale Ablehnung der elterlichen Kultur kann – auch wenn sie völlig berechtigt sein sollte – die böse Folge haben, daß der jeder richtungweisenden Information entbehrende Jugendliche zum Opfer von wahrhaft nichtswürdigen Verführern wird. Ich spreche dabei noch nicht einmal von dem Demagogen, dem der traditionsberaubte Jugendliche ein allzu williges Ohr leiht und dessen wohlausgeschliffene doktrinäre Formeln er allzu leichtgläubig nachbetet. Der Drang, einer Gemeinschaft anzugehören, ist so stark, daß junge Menschen, die keine finden, der sie sich anschließen können, sich ein Ersatzobjekt schaffen. Es werden dann Gemeinschaften frei konstituiert, die gewisse instinktmäßig programmierte Anforderungen erfüllen. Sie müssen der elterlichen Kultur fremd, womöglich ihr feindlich sein, und es muß sich für sie kämpfen lassen. Es sind schon Paare von Ersatz-Sozietäten dieser Art entstanden, die ausschließlich dem Zwecke dienten, *einander* zu bekämpfen, wie zum Beispiel die »Rocks« und »Mods« in England. Solche künstlichen Gemeinschaften können höchst gefährlich werden, nicht zuletzt für die Jugendlichen selbst. Der Jugendpsychologe Aristide Esser, der speziell Jugendkriminalität und Rauschgiftsucht in den Oststaaten von Amerika untersucht hat, kommt zu dem erschreckenden Ergebnis, daß das Hauptmotiv, das Jugendliche aus besten Familien der Rauschgiftsucht in die Arme treibt, nicht – wie meist angenommen – aus Langeweile und Sensationsgier stammt, sondern aus dem übermächtigen Bedürfnis, einer geschlossenen Gruppe anzugehören, die gemeinsame Interessen hat. Es ist ein erschütternder Beweis der Macht des Triebes nach Gruppenzugehörigkeit, daß sich diese unglücklichen jungen Leute lieber der Gemeinschaft der Allerunglücklichsten anschließen, als daß sie allein stehen.

Der kritische Prozeß, durch den sich der herangewachsene junge Mensch skeptisch von allem Überlieferten frei macht, alte Werte wägt, neue findet und neue Ideale zu den seinen macht, ist eine der *wichtigsten* treibenden Kräfte – wenn nicht die wichtigste – im schöpferischen Werden der menschlichen Kultur.

Die Festigkeit, mit der ein Mann an der Sache festhält, die er zu der seinen gemacht hat, die Treue, mit der er eingegangenen Verpflichtungen nachkommt, die Unverbrüchlichkeit seines Eides sind unentbehrlich, denn sie bilden das Rückgrat jeder menschlichen Gemeinschaft.

Tragische äußere Umstände lassen heute aus dem Zusammentreffen zweier hoher menschlicher Tugenden, des Freiheitsdranges und der Mannestreue, eine tödliche Falle für Kultur und Menschlichkeit entstehen, die *Indoktrinierung*. Wenn die jungen Menschen, wie sie es heute zu Millionen und Abermillionen tun, die Gesamtheit der elterlichen Traditionen über Bord werfen und nach Halt und Identität suchen, sind sie, wie schon besprochen, dazu bereit, anstelle einer wahren und wertvollen menschlichen Gemeinschaft die merkwürdigsten Ersatzobjekte anzunehmen. In dieser kritischen Phase bekommen sie nun vom Demagogen ein vorgefertigtes und wohlausgearbeitetes System von Doktrinen vorgelegt, die täuschend wirklichen Idealen gleichen, weil sie einstmals wirkliche Ideale gewesen sind. Sie waren Wahrheit, solange sie ketzerisch gegen die damals herrschenden Doktrinen revoltierten, sie verloren ihren Charakter der Wahrheit, indem sie zum starr strukturierten Schema wurden, durch jenen von Thomas Huxley so klar erkannten Vorgang, durch den der lebendige menschliche Geist zum toten Trugbild seiner selbst wird, zum handlichen und gut verkäuflichen »Gefriergeist«. Solche gefrorenen Wahrheiten pflegt man mit Worten zu bezeichnen, die auf -ismus enden.

Die Bindung an neue Ideale, die der junge Mensch zur Pubertätszeit eingeht, hat große Ähnlichkeit zu jenen Vorgängen der Fixierung eines Triebes an ein bestimmtes Objekt, die wir als die *Prägung* bezeichnen und die an Tieren genau untersucht ist. Wie diese findet die Idealbindung des jungen Menschen in einer bestimmten »sensitiven Periode« seines Lebens statt, und wie diese ist sie nicht oder nicht ganz rückgängig zu machen. Je treuer er seinem Gefolgschaftseid ist, desto weniger ist er fähig, sich für neue Ideale zu begeistern, wenn ein hartes Schicksal ihn überzeugt, daß die alten unwürdige Scheinideale gewesen waren.

In aller Herren Ländern wachsen Millionen von jungen Menschen heran, die, oft aus allzu begreiflichen Gründen, den Glauben an die traditionellen Werte der älteren Generation verloren haben; sie sind in höchstem Maße anfällig für Indoktrinierung aller Art. Sie fühlen sich *frei*, weil sie der elterlichen Tradition entronnen sind, und sie bemerken unbegreiflicherweise nicht, daß sie nicht nur dieser, sondern aller Freiheit des Denkens und Handelns entsagen, wenn sie sich einer der vorgefertigten Doktrinen ergeben; im Gegenteil, die wirklich restlose Hingabe an eine Doktrin scheint das intensivste subjektive Gefühl der persönlichen Freiheit zu verleihen. Den physiognomischen Ausdruck dieses Gefühls haben Maler und Bildhauer dem Gesicht Friedrich Schillers verliehen, wie er sein Manifest »In Tyrannos« verliest. Wir kennen diesen Ausdruck nur allzugut von den jungen Indoktrinierten aller Doktrinen.

Auf die Millionen hingabebereiter Jugendlicher warten die Doktrinäre aller Richtungen, selbst von ihrer Sache begeistert, da sie selbst in ihrer sensitiven Lebensphase den gleichen Prägungsprozeß durchgemacht haben. Die Schwächung der Bindung an die elterliche Tradition und die Verstärkung der Werbewirkung, die alle Doktrinen durch die große Masse ihrer Anhänger sowie durch die technischen Möglichkeiten der Massenmedien erfahren, lassen den Vorgang der Indoktrinierung lawinenhaft anschwellen, so daß er droht, die Menschheit ihres wichtigsten Gutes, ihrer Gedankenfreiheit, zu berauben.

Da die Zahl der auf unserem Planeten nebeneinander existenzfähigen Doktrinen mit der Zahl ihrer Anhänger abnimmt, so daß schließlich die ganze Menschheit nur auf wenige von ihnen verteilt ist, droht die Gefahr des eskalierenden Hasses zwischen den Gläubigen der verschiedenen Bekenntnisse und damit des schrecklichsten aller Kriege, des Religionskrieges!

Eine andere Kulturkrankheit, die zwar in Wechselwirkung mit den soeben besprochenen Störungen steht und ihnen Vorschub leistet, aber doch als unabhängiger Symptomkomplex besprochen werden muß, ist die Schwächung des zwischenmenschlichen Kontaktes. In extremen Fällen der Unfähigkeit zur Bindung an Mitmenschen sprechen die Psychiater von »Autismus«, was wörtlich übersetzt »Selbst-Sucht« heißt. Beängstigenderweise ist der zwischenmenschliche Kontakt, das Mit-Gefühl, die Menschenliebe, dort auf ein Minimum abgesunken, wo die Menschen am dichtesten beieinander wohnen, in den ganz großen Städten. Man kann in einer belebten Straße rauben, morden und vergewaltigen – niemand fühlt sich verpflichtet, dem Opfer beizustehen, »not to get involved« ist die Maxime. Hand in Hand mit dem Umsichgreifen allgemeiner Kontaktschwäche geht ein Zunehmen der Kriminalität. In den großen Städten Amerikas hat beides Formen angenommen, die an die wüstesten Zeiten des Faustrechtes im europäischen Mittelalter erinnern. Im Central Park in New York spazierengehen heißt heute, auch am hellen Tage, einen Raubüberfall provozieren.

Die epidemische Gefühlsarmut, die allen diesen Symptomen zugrunde liegt, ist eine der wenigen Kulturkrankheiten, deren Hauptursache bekannt und wenigstens im Prinzip bekämpfbar ist. Sie liegt im Mangel eines ausreichend engen Kontaktes zwischen Mutter und Kind während der ersten Lebensmonate. Nicht, daß dieser Kontakt in den folgenden Jahren weniger wichtig würde – aber sein Fehlen während der ersten Lebenszeit ist nicht wiedergutzumachen, sondern hinterläßt unheilbare Schäden, wie René Spitz an Heimkindern unwiderleglich bewiesen hat.

Unserer westlichen Kultur erwächst eine wirkliche Bedrohung aus dem *Zeitmangel* der jungen Mutter. Außer den wenigen ganz reichen ist keine unter ihnen, die ihrem Kind soviel Zeit zu widmen vermag, wie es eigentlich braucht, und die ganz reichen sind sich oft zu gut dazu! Eine Bäuerin mit sechs Kindern hat auch nicht allzuviel Zeit für das einzelne, sie wird auch gelegentlich ein Kind einer Magd anvertrauen, aber sie bleibt der Mittelpunkt der Familie, das emotionelle Zentrum des kindlichen Lebens, und das kleinste Kind fühlt sich als Mittelpunkt des mütterlichen Interesses. Heute ist bei sehr, sehr vielen Leuten der wirtschaftliche oder sonstige *Erfolg* das Zentrum des Interesses, und das vertragen die Kinder nicht. Im Extremfall gehen sie an ihrem Autismus zugrunde, in »milderen« Fällen werden sie »nur« kontaktunfähig und kriminell, in einer leichten und unauffälligen Form aber leidet ein sehr großer Teil der heutigen Menschen an einem Mangel der Fähigkeit zum zwischenmenschlichen Kontakt, also an einem Mangel an Menschenliebe.

Der Zeitmangel, der eine der wichtigsten Ursachen für diese gefährlichen Wirkungen ist, ist seinerseits die Folge einer weiteren Kulturkrankheit, die ich hier als letzte besprechen will. Wir leben in einer Zeit, da die Menschheit soeben eine übergroße Macht über die anorganische Natur gewonnen hat. Sie verdankt diese Macht einer Naturwissenschaft, die sich auf analytische Mathematik gründet, der Physik. Aus ihrer Anwendung erwuchs eine Technik, die zum wichtigsten Werkzeug der Menschheit geworden ist. Wie es Mittel zum

Zweck leider sehr häufig tun, hat sich die Technik in unserer westlichen Kultur zum Selbstzweck emporgeschwungen und dabei den Menschen eine eigenartige Denkungsart aufgeprägt, die ich das »technomorphe« Denken zu nennen pflege. Es ist dadurch gekennzeichnet, daß Methoden des Denkens und des Handelns, die sich im Umgang mit nichtlebendiger Materie bewährt haben, auch auf die Welt der Lebewesen, einschließlich des lebenden Systems der menschlichen Kultur, angewendet werden. Die Mehrzahl der Menschen hat in ihrer täglichen Beschäftigung nur mit nichtlebenden, meist nur mit menschengemachten Dingen zu tun und es verlernt, mit lebendigen Wesen umzugehen. Nichts, womit sie sich in ihrer Tagesarbeit beschäftigen, ist auch nur im geringsten ehrfurchtgebietend, und so verschwindet allmählich ihre Fähigkeit, Ehrfurcht zu empfinden, durch eine sogenannte »Inaktivitäts-Atrophie«. Auch erfordert der praktische Umgang mit der nichtlebendigen Natur niemals *ethische* Erwägungen. Die Frage, ob eine Methode praktischer Nutzung moralisch zulässig oder unzulässig sei, kann sich gar nicht erheben, wenn der Gegenstand der Nutzung kein lebendes System ist. Zu den Maximen des technomorphen Denkens gehört es daher, daß jede Methode der Ausnutzung erlaubt sei. So treibt der technomorph denkende Mensch immer Raubbau; wenn er ein lebendes System ausbeutet, vernichtet er es in kurzer Zeit. Technomorphe Denk- und Handlungsweisen sind, lebenden Systemen gegenüber angewandt, nicht nur ethisch schlecht, sondern auch wirtschaftlich dumm, zumindest im höchsten Grad kurzsichtig. Dies hat sich heutzutage einigermaßen herumgesprochen, dennoch aber lassen die unzweifelhaft notwendigen Maßnahmen zum Schutz der lebendigen Welt, in und von der wir leben, erstaunlicherweise auf sich warten.

 Die Schuld daran trägt, soweit ich sehen kann, eine Perversion des menschlichen *Wertempfindens*, die im Gefolge des technomorphen Denkens auftritt. Die Wichtigkeit, die der Mathematik als Grundlage der Physik und damit der Technik zukommt, verführt den technomorph denkenden Menschen zu der Annahme, daß alles und jedes Wirkliche *quantifizierbar* sein müsse oder, umgekehrt, daß etwas, was nicht in der Terminologie quantifizierbarer Naturwissenschaft ausgedrückt werden kann, keine reale Existenz besitze. Damit werden alle Gefühle und Affekte des Menschen, Schmerz und Freude, Liebe und Haß, für unwirklich erklärt; es gibt ernste und allgemein anerkannte Denker, die menschliche Würde und Freiheit für Illusionen halten.

 Diese höchst gefährliche Anschauung gründet sich auf einen geradezu sträflichen erkenntnistheoretischen Irrtum betreffs der »Objektivität« unseres Wissens über die uns umgebende Welt. Alles, was wir über sie wissen, ist uns auf dem Wege unserer subjektiven Erfahrung zur Kenntnis gelangt. Es ist daher ein Mangel an Folgerichtigkeit, das zu bezweifeln oder zu ignorieren, was sich in unserem subjektiven Erleben abspielt, dem aber, was dasselbe Erleben uns über die Außenwelt mitteilt, den Charakter der »Objektivität« zuzuerkennen. Das Sicherste, was wir überhaupt wissen, ist das, was wir bei »Introspektion«, das heißt bei Selbstbeobachtung, bei uns vorfinden. Dieses »Vorgefundene«, wie Wolfgang Metzger es genannt hat, können wir weit weniger bezweifeln als alles, was es uns über die umgebende Wirklichkeit mitteilt. Dieses »indirekte Wissen« ist nie ganz so sicher wie »das Vorgefundene«. Mit anderen Worten: Das subjektive Erleben ist die Grundlage *alles* unseres Wissens, und dies ist genau das, was die Etymologie des lateinischen Wortes »subiectum« ausdrückt: das Darunterliegende. Es ist ein naiver erkenntnistheoretischer Irrtum, zu glauben, daß man Objektivität durch Ignorieren oder gar Wegleugnen des subjektiven Erlebens gewinnen könne.

Ich habe bisher von *Krankheiten* gesprochen, von denen die menschliche Kultur befallen werden kann und die in der Vergangenheit sehr wahrscheinlich zum Untergang von Hochkulturen geführt haben. Ich habe nun noch von einem anderen Erscheinungskreis zu sprechen, der mindestens ebenso unheimlich ist wie alle Kulturkrankheiten zusammengenommen. Wir alle empfinden das große Werden der Organismenwelt als die Verwirklichung dessen, was Goethe die »ewig, rege, die heilsam schaffende Gewalt« genannt hat. Teilhard de Chardin hat dieser Empfindung den schönsten Ausdruck verliehen. Im ersten Teil meiner Darlegungen habe ich erklärt, weshalb die Wörter »Entwicklung« und »Evolution« das Entstehen von absolut Neuem, nie Dagewesenem etymologisch verschleiern. Noch schwieriger als eine treffende Bezeichnung für den Schöpfungsvorgang ist eine solche für sein *Rückläufigwerden* zu finden, von dem ich jetzt zu sprechen habe. Das deutsche Zeitwort »verkommen« drückt den Vorgang vielleicht am besten aus, man kann auch von absinkender oder absteigender Evolution oder von einer Desintegration des bereits Erschaffenen reden.

Die Evolution der lebenden Wesen führt durchaus nicht immer und überall zu Höherem. Von jedem Punkte aus, den sie erreicht hat, *streut* die Evolution nach allen Richtungen. Sie kann die allgemeine Richtung aufwärts beibehalten, und eine solche weitere Höherentwicklung nimmt immer von verhältnismäßig wenig spezialisierten Lebensformen ihren Ausgang. Die Evolution kann, vom Gesichtspunkt der Höherentwicklung betrachtet, »horizontal« weitergehen und sich in Spezialanpassungen »festrennen«. Sie kann aber auch in absteigender Linie vom Höheren zum Niedrigeren, vom Komplexeren zum Einfacheren führen. Für jede Art von höheren Tieren, die vom großen organischen

Werden geschaffen wurde, entstand eine ganze Anzahl von Parasiten, deren Entwicklungsrichtung wir eindeutig als abwärtsführend empfinden.

Absteigende Evolution geht meist, wahrscheinlich sogar immer, Hand in Hand mit extremer Spezialanpassung. Wenn eine Tierart einem *einseitigen* Selektionsdruck ausgesetzt ist, das heißt, wenn durch Anpassung in einer besonderen Richtung sehr große materiell-energetische Gewinne erzielt werden können, kann die betreffende Art, ohne ihren Bestand zu gefährden, andere Anforderungen vernachlässigen. Die Kleiderlaus zum Beispiel »kann es sich leisten«, alle Fluchtreaktionen abzubauen, weil die überreiche Versorgung mit Wärme und Nahrung durch ihren Wirt es ihr möglich macht, so gewaltige Zahlen von Nachkommen zu erzeugen, daß es die Gesamtpopulation nicht im geringsten gefährdet, wenn der arme Wirt noch so viele Läuse in mühevoller Kleinarbeit knickt. Es gibt Tiere, bei denen das Schmarotzertum zu einem noch viel tieferen Abstieg geführt hat als bei der Laus, die immerhin noch Augen und Beine und den gegliederten Körperbau des Insekts erkennen läßt. Bei dem Krebs *Sacculina carcini*, der an Strandkrabben schmarotzt, schlüpft zwar aus dem Ei die typische, als Nauplius bezeichnete Krebslarve, aber sowie sich diese an ihrem Wirt festgesetzt hat, verliert sie ihr Auge, ihre Beine und jede Körpergliederung und wird zu einem sackähnlichen Gebilde, von dem aus Gewebsschläuche in den Körper des Wirtstieres einwachsen und diesen nach allen Seiten durchdringen, ganz wie es Pilzschläuche mit ihrem Nährboden tun. Der Krebs sinkt in Körperbau und Lebensweise auf das Niveau eines Pilzes herab.

Ein derartiges Absteigen läßt unserem Wertempfinden das betreffende Lebewesen als außerordentlich abscheuerregend erscheinen. Alle Schmarotzer erregen im unvoreingenommenen Menschen Gefühle des Ekels. Nicht einmal der Spezialforscher bringt ihnen jene Liebe entgegen, die Biologen sonst für ihr Objekt zu hegen pflegen. Parasitologen sind stets auch Parasitenbekämpfer.

Am tiefsten erschauern der vergleichende Verhaltensforscher und der Kulturhistoriker vor dem Vorgang des Absinkens der Evolution, weil sie seine Symptome nur allzu deutlich an der heutigen Kulturmenschheit, am menschlichen Geiste selbst, erkennen müssen. Diese meine letzten Ausführungen galten zum größten Teil den *Krankheiten* unserer westlichen Kultur; das, wovon ich jetzt rede, ist um sehr viel schlimmer als jede Krankheit. Krankheit im medizinischen Sinne führt zur Schwächung der Lebenskraft des betroffenen Organismus. Krankheiten können auch erblich sein und eine Folge von Generationen befallen und schließlich zum Aussterben der erkrankten Stammeslinie führen. Geht dies langsam und schleichend vor sich, so spricht man von *Degeneration*.

Das wahrhaft Schauerliche liegt darin, daß eine von rückläufiger, absinkender Evolution befallene Tierart eben gerade *nicht* »degeneriert« ist, sondern sich größter, oft geradezu virulenter Gesundheit erfreut. Schmarotzer sind oft im höchsten Grade »lebenstüchtig«. Es sind aber nicht nur Parasiten, an denen man absinkende Evolution beobachten kann, man kann sie auch sehr deutlich an unseren *Haustieren* verfolgen. Haustiere befinden sich, was die natürliche Selektion anlangt, in einer ähnlichen Lage wie Parasiten. Wie diese können sie eine Reihe von Organen und Fähigkeiten entbehren, weil der Wirt die betreffenden Leistungen für sie vollbringt. Der unfreiwillige Wirt des Schmarotzers tut dies zu seinen Ungunsten, der menschliche Wirt des Haustieres in seinem eigenen Interesse, die Wirkung aber, die der Fortfall der im Freileben wirksamen Selektion ausübt, ist bei Schmarotzer und Haustier deutlich analog. Das Absinken der Leistungen von Sinnesorganen und Zentralnervensystem, das Schwinden höher differenzierter Verhaltensweisen, die Verminderung der Bewegungsfähigkeit und anderes gehen zwar bei keinem unserer Haustiere so weit wie bei der *Sacculina*, aber in der gleichen Richtung.

Auch das Haustier ist nicht in dem Sinne »degeneriert«, daß seine Lebensfähigkeit abgenommen hat. Das Haustier ist sogar oft im Vergleich zu der Wildform, von der es abstammt, von einer geradezu ordinären Vitalität, wie jeder Tiergärtner weiß, der beide nebeneinander gehalten und gezüchtet hat. Besonders widerstandsfähig sind Haustiere natürlich gegen jene schädigenden Faktoren, die bei Gefangenhaltung auftreten. Junge Wölfe werden sehr viel leichter rachitisch als Haushunde, von übergroßen Rassen abgesehen; junge Wildenten bedürfen sehr viel mehr tierischen Eiweißes im Futter als Hausenten; fast alle Haustiere sind sexuell weit aktiver als ihre wilden Vorfahren usw.

Dem Auge des unvoreingenommenen Naturfreundes – nicht dem des berufsmäßigen Tierzüchters – erscheinen die allermeisten Haustiere *häßlich*. Die schlappe Muskulatur, das nachgiebige Bindegewebe und die allgemeine motorische Schwäche geben dem Haustier eine unharmonische Körperhaltung, dazu kommt die Verkürzung der Beine und der Schädelbasis und die Neigung zum Fettansatz. Dieser ist ein dem Züchter willkommenes Phänomen; eine »gute Sau« wird bekanntlich bei jedem Futter fett, weil sie wahllos alles in sich hineinfrißt; ein »gutes« Zuchttier ist eines, dessen Geschlechtstrieb in analoger Weise an Intensität gewonnen und an Selektivität verloren hat.

Diese durchaus objektive Beschreibung von typischen Domestikationsmerkmalen scheint eine absichtliche Herabsetzung der Haustiere zu sein, obwohl sie keine solche ist. Der normale Mensch hat Wertempfindungen ästhetischer und ethischer Natur, die auf die beschriebenen Eigenschaften von Tieren *und von Menschen* deutlich negativ ansprechen. Ein Hängebauch und krumme Beine erscheinen uns häßlich, ein maßloser Freß- und Begattungstrieb wirken auf uns als unedel. Julian Huxley spricht von »Vulgarisation«.

Die Tatsache, daß die Vulgarisierung durchaus keine Schwächung der Lebens- und Konkurrenzfähigkeit bedeutet, geht aufs klarste daraus hervor, daß mäßige Vulgarisation die von ihr betroffene Tierform unter bestimmten Lebensbedingungen der Wildform überlegen machen kann. Unter den Bedingungen des Wildlebens, unter denen Raubfeinde, Nahrungsmangel und harte klimatische Einflüsse Selektion treiben, ist nur die Wildform der Stockente lebensfähig, selbst Andeutungen von Domestikationsmerkmalen würden sich vernichtend auswirken. Es braucht aber nur der Mensch einiges wenige an diesen Lebensbedingungen zu ändern, die Habichte und Füchse zu dezimieren, ein wenig Futter zu streuen, und schon ist eine leicht vulgarisierte Entenrasse, die aus Holland und Belgien nach Mitteleuropa vorgedrungen ist, der wilden Stockente überlegen. Sie ist etwas schwerer, die dicken, kräftigen Erpel schlagen die wilden Männchen im Kampf und begatten die meisten Weibchen. Der Fluchttrieb der vulgarisierten Rasse ist etwas vermindert, sie wagen sich näher an futterspendende Menschen und suchen ihre Nistplätze im Schutz menschlicher Nähe. All dies sind Vorteile, die sie der Wildform überlegen machen, die überall, wo vulgarisierte Enten auftreten, verschwindet. Auf den Salzkammergutseen gibt es kaum mehr wilde Stockenten. Nur Naturfreunde mit scharfen Augen bemerken dies und bedauern, daß die Verhäßlichung unserer Welt in schleichender Weise sogar wilde Tiere ergreift.

Das evolutive Verkommen von Schmarotzern und Haustieren ist ganz sicher nur durch die Veränderungen des Selektionsdrucks verursacht, der auf sie einwirkt. Dies lehren uns jene Haustiere, die nicht von der Vulgarisierung befallen wurden, die andere zu Zerrbildern ihrer wilden Ahnen werden ließ. Diese Ausnahmen sind der Hund und das Pferd. Als ein »guter« Hund gilt nicht einer, der maßlos frißt und kopuliert, sondern einer, der ein kluger, treuer, tapferer, folgsamer und feinfühliger Freund seines Herrn ist. Da der Hund seit der jüngeren Steinzeit einer Zuchtwahl in dieser Richtung unterliegt, ist es nicht verwunderlich, daß er seine wilden Ahnen in allen diesen Eigenschaften bei weitem übertrifft. Auch das Pferd ist durch die Haustierwerdung nicht »vulgarisiert« worden, da es auf schnelles Laufen und nicht auf schnellen Fettansatz gezüchtet wurde.

Dem Menschen aber droht die Gefahr der Vulgarisierung. Körperliche Domestikationserscheinungen sind zu deutlich, als daß ich sie beschreiben müßte, und auch in seinem Triebleben zeigt der Zivilisationsmensch leider die typische, domestikationsbedingte Vermehrung des Freß- und des Begattungsverhaltens und, zumindest in bezug auf letzteres, die typische Abnahme der

Selektivität. In jeder Badeanstalt kann man als älterer Mensch ein erschreckendes Zunehmen der Zahl allzu fetter Kinder und junger Männer feststellen; bei den Mädchen scheint glücklicherweise die Eitelkeit den Eßtrieb zu zügeln. Die »Sexwelle« ist ebenfalls ein bedrohliches Symptom des Verkommens. In der für Haustiere so typischen Weise verschwinden die feineren Verhaltensmuster der Paarbildung, während der Kopulationstrieb überwuchert. Feinere erotische Verhaltensweisen, wie zum Beispiel der Vorgang des Sich-Verliebens und der Werbung, gelten überhaupt nicht als sexuell, der berühmte »Kinsey-Report« sagt so gut wie überhaupt nichts über sie aus.

Wieweit das rasch um sich greifende Absinken menschlicher Evolution genetisch und wieweit es kulturell bedingt ist, läßt sich schwer entscheiden und ist auch, was die zu treffenden Gegenmaßnahmen betrifft, ziemlich gleichgültig. Jedenfalls ist das Verkommen menschlicher Kultur weit gefährlicher als alle domestikationsbedingten genetischen Verfallserscheinungen, schon deshalb, weil es um sehr viel schneller um sich greift.

Die Ursachen der rückläufigen Evolution der heutigen Kultur sind im wesentlichen dieselben wie die des stammesgeschichtlichen Absinkens anderer lebender Systeme. Wie bei diesen liegt die Hauptursache in der Einseitigkeit des Selektionsdrucks. Bis zu einer historisch verhältnismäßig jungen Vergangenheit spielte sich ein Wettbewerb zwischen verschiedenen Kulturen in recht ähnlicher Weise ab wie der zwischen verschiedenen Tier- oder Pflanzenarten. Die Evolution jeder einzelnen unter ihnen mußte sehr verschiedenartigen Anforderungen Rechnung tragen, und es ist die *Vielseitigkeit des Selektionsdrucks*, die das evolutive Geschehen nicht nach einer Seite, sondern nach *oben* treibt. Phylogenetiker nennen dies die *kreative* Selektion. Der Selektionsdruck, dem alle heute existenten Kulturen erliegen, ist deshalb einseitig geworden, weil alle Völker der Erde mit gleichen Mitteln in Wettbewerb treten. Sie alle verfügen über die gleiche, auf gleichen naturwissenschaftlichen Ergebnissen aufgebaute Technik, sie kämpfen mit den gleichen Waffen, sie belügen einander mittels der gleichen Massenmedien und beschwindeln einander auf derselben Weltbörse.

Der übermächtige Selektionsdruck, der in die Richtung auf maximale Ausbildung technischer, militärischer und kommerzieller Fähigkeiten drängt, bewirkt in der gesamten menschlichen Kultur Erscheinungen, die streng analog denen sind, die wir an einer in absinkender Evolution befindlichen Tierart beobachten. Alle feineren Differenzierungen schwinden, alles wird mit erschreckend zunehmender Geschwindigkeit immer häßlicher. »Differenzierung« heißt auf deutsch Verschiedenwerden. Goethe hat bekanntlich Entwicklung als Differenzierung und Subordination, das heißt als Verschiedenwerden der Teile mit zunehmender Integration in ein System-Ganzes definiert. Gleichmacherei und Auflösung bestehender Ordnungsprinzipien, vor allem der moralischen Gesetzlichkeiten, sind die bedrohlichen Kennzeichen unserer heutigen Kultur. Sie sind mit dem Vorgang der absinkenden Evolution gleichzusetzen, der hier in Rede steht.

Das Rückläufigwerden der Evolution *kann* zur Vernichtung des von ihm ergriffenen lebenden Systems führen, muß es aber nicht notwendigerweise. Der Gedanke an eine völlige Vernichtung der Menschheit – die angesichts der bedrohlichen Kulturkrankheiten im Bereich der Möglichkeit liegt – ist kaum schrecklicher als die Vorstellung von einer Menschheit, die zwar ihre Lebensfähigkeit erhalten, aber in absinkender Evolution ihre spezifisch menschlichen Eigenschaften, ihre Humanität, verloren hat. Aldous Huxley, der große Dichter und Denker, hat in seinem utopischen Zukunftsroman »Brave new world« ein schauerliches Bild von einem kulturellen System entworfen, in dem alle Probleme, einschließlich derer der Übervölkerung, der Umweltzerstörung, der Ernährung usw., restlos gelöst sind, in dem alles menschliche Leiden aus der Welt geschafft und völlige Sicherheit für das endlose Weiterbestehen des Systems gewährleistet ist; dies alles aber um den Preis menschlicher Freiheit. Alle Menschen werden durch ein schon im Säuglingsalter einsetzendes, wohldurchdachtes »conditioning« dazu gebracht, blindlings das zu wollen, was die ebenso wohldurchdachten Doktrinen des Systems vorschreiben. Wißbegieriges Forschen und selbständiges Denken sind Staatsverbrechen, die gründlich konditionierte Masse betrachtet jeden, in dem sich der Drang zu diesen Formen menschlichen Freiheitsstrebens regt, als verabscheuungswerte Monstrosität. Aldous Huxley hat die Handlung dieses Buches in das Jahr 3000 verlegt. Wenige Jahre vor seinem Tode hat er in einem zweiten Buch »Brave new world revisited«, diesmal nicht in Romanform, die traurige Feststellung gemacht, daß die ins vierte Jahrtausend verlegte Utopie keine mehr ist, sondern schon zu unserer Zeit Wirklichkeit zu werden beginnt.

Auch wenn die Menschheit nicht an den Krankheiten ihrer Kultur zugrunde gehen sollte, wenn sie der drohenden Vernichtung durch ihre eigene Technologie entgeht, droht ihr immer noch die Gefahr des Verkommens, des Absinkens der Evolution. Diese Gefahr ist mit der Entstehung des menschlichen Geistes untrennbar verbunden. Es war unvermeidlich, daß der menschliche Geist aller ihm feindlichen Einflüsse der umgebenden Welt Herr wurde. Damit hat er aber auch jene Macht ausgeschaltet, die ihn erschaffen hatte, die kreative Selektion. Die technologischen Früchte vom Baum der wissenschaftlichen Erkenntnis haben eine Welt geschaffen, in der *äußere* feindliche Einflüsse nahezu fehlen, und eben dadurch haben sie das schöpferische Werden des

Antriebs beraubt, der bis dahin wirksam gewesen war. Der Genuß der Früchte vom Baum der Erkenntnis hat aber, wie die Biblische Geschichte erzählt, die Austreibung des Menschen aus einem Paradies der Verantwortungslosigkeit zur Folge gehabt. Die Erkenntnis des Guten und des Bösen ist für das vormenschliche Lebewesen entbehrlich, denn es darf alles, was es kann. Nur der Mensch kann mehr, als er darf. Er hat sich der grausam bewahrenden Selektion entzogen, die ihn davon abhalten könnte, mehr zu zerstören, als er schafft. Er scheint dem Entropiesatz ausgeliefert zu sein, dessen ethische Wirkung Wilhelm Busch in den herrlichen Versen wiedergibt: »Aufsteigend mußt du dich bemühen, doch ohne Mühe sinkest du. Der liebe Gott muß immer ziehen, dem Teufel fällt's von selber zu.«

»Eritis sicut Deus, scientes bonum et malum« (»Ihr werdet sein wie Gott, das Gute und das Böse wissend«) hat der Satan gesagt und es dabei nicht gut mit den Menschen gemeint. Dennoch ist die Erkenntnis des Guten und des Bösen nicht nur ein Fluch, wenn auch die Verantwortlichkeit, die sie dem Menschen aufbürdet, eine schwer zu tragende Last ist. In dieser Last birgt sich das Wesen menschlicher Freiheit. Der menschliche Geist hat sich von den äußeren Mächten befreit, die zwangsläufig, aus Zufall und Notwendigkeit, die Welt des Lebendigen erschufen und die für uns Biologen ein wesentlicher Teil der »ewig regen, der heilsam schaffenden Gewalt« sind, von der Goethe spricht. Mit dieser Befreiung aber hat der Mensch die Verantwortlichkeit für sein weiteres Werden übernommen. Es steht ihm gleicherweise frei, zu verkommen oder zu ungeahnten Höhen emporzusteigen.

# Literaturverzeichnis

Ahrens, R. (1953): Beitrag zur Entwicklung des Physiognomie- und Mimikerkennens. Z. exp. angew. Psychol. 2, 412–454, 599–633
Aronson, L. R. (1951): Orientation and Jumping Behavior in the Gobiidfish *Bathygobius soporator*. Am. Mus. Nov. 1486, 1–22
Baerends, G. P. (1941): Fortpflanzungsverhalten und Orientierung der Grabwespe, *Ammophila campestris*. Tijdschr. Ent. 84, 68–275
– (1950): Specialisations in Organs and Movements with a Releasing Function. Symposia of the Soc. exp. Biol. 4, Cambridge, 337–360
Ball, W. und Tronick, F. (1971): Infant Responses to Impeding Collision: Optical and Real. Science, Vol. 171, No. 3973, 818–820
Bally, G. (1945): Vom Ursprung und von den Grenzen der Freiheit, eine Deutung des Spiels bei Tier und Mensch. Basel (Birkhäuser)
Baumgarten, E. (1933): Franklin-Studie. Leipzig (Hirzel)
– (1938): Der Pragmatismus. Frankfurt (Klostermann)
– (1941): Allgemeine elementare Philosophie I. Ms. Königsberger Vorlesung
– (1950): Versuch über die menschlichen Gesellschaften und das Gewissen. Stud. Gen. 3, H. 10
Bertalanffy, L. v. (1933): Theoretische Biologie. Berlin (Bornträger)
Bierens de Haan, J. A. (1940): Die tierischen Instinkte und ihr Umbau durch Erfahrung. Leiden
Birdwhistell, R. L. (1963): The Kinesis Level in the Investigation of the Emotions. In: Knapp, P. H. (ed.): Expressions of the Emotions in Man. New York (Int. Univ. Press)
– (1968): Communication without Words. In: Alexandre, P. (ed.): L'Aventure Humaine. Paris
– (1970): Kinesics and Context. Philadelphia (Univ. of Pennsylvania Press)
Bischof, N. (1966): Erkenntnistheoretische Grundlagenprobleme der Wahrnehmungspsychologie. Handb. d. Psychol. 1, 21–78. Göttingen (Hogrefe)
Bolk, L. (1926): Das Problem der Menschwerdung. Jena
Born, M. (1965): Von der Verantwortung des Naturwissenschaftlers. München (Nymphenburger Verlagshandlung)

BOWER, T. G. (1966): Slant Perception and Shape Constancy in Infants. Science, 151, 832–834
- (1971): The Object in the World of the Infant. Sci. Am. 225 (4), 30–38
BOWLBY, J. (1952): Maternal Care and Mental Health. World Health Organisation. Monogr. Ser. no. 2
- (1958): The Nature of the Child's Tie to his Mother. Int. J. Psychoanalysis 39, 350–373
BULLOCK, T. H. und HORRIDGE, G. A. (1965): Structure and Function in the Nervous System of Invertebrates. I. u. II. San Francisco (Freeman)
BUTENANDT, E. und GRÜSSER, O. J. (1968): The Effect of Stimulus Area on the Response of Movement-Dedecting Neurons in the Frog's Retina. Pflügers Arch. 298, 283–293
BUTLER, R. A. (1953): Discrimination Learning by Rhesus Monkeys to Visual Exploration Motivation. J. comp. physiol. Psychol. 46, 95–98
CARSON, R. (1962): Silent Spring. Boston (Houghton Mifflin)
CRAIG, W. (1918): Appetites and Aversions as Constituents of Instinct. Biol. Bull., Woods Hole 34, 91–107
CROOK, J. E. (1970): Social Behaviour in Birds and Mammals. London/New York (Academic Press)
DARWIN, CH. (1872): The Expression of Emotions in Man and Animals. London (Murray)
DEVORE, I. (1965): Primate Behavior. Field Studies of Monkeys and Apes. New York/London (Holt, Rinehart and Winston)
DILGER, W. C. (1962): The Behavior of Lovebirds. Scient. Americ. 206 (1), 88–98
DREES, O. (1950): Verhaltensphysiologische Untersuchungen über instinktive Verhaltensweisen bei Salticiden. Verh. Dtsch. Zool. Ges. Marburg 186
EIBL-EIBESFELDT, I. (1963): Angeborenes und Erworbenes im Verhalten einiger Säuger. Z. Tierpsychol. 20, 705–754
- (1966): Ethologie – die Biologie des Verhaltens. In: GESSNER, F. und BERTALANFFY, L. v. (eds.): Handbuch der Biologie, Bd. 2, 341–559. Frankfurt (Athenaion)
- (1967): Grundriß der vergleichenden Verhaltensforschung. 5. überarb. u. erw. Auflage 1978. München (Piper)
- (1968): Zur Ethologie des menschlichen Grußverhaltens. I. Beobachtungen an Balinesen, Papuas und Samoanern nebst vergleichenden Bemerkungen. Z. Tierpsychol. 25, 727–744
- (1970a): Liebe und Haß. Zur Naturgeschichte elementarer Verhaltensweisen. München (Piper)
- (1970b): Männliche und weibliche Schutzamulette im modernen Japan. Homo 21, 175–188
- (1971a): Zur Ethologie menschlichen Grußverhaltens. II. Das Grußverhalten und einige andere Muster freundlicher Kontaktaufnahme der Waika-Indianer (Yanoáma). Z. Tierpsychol. 29, 196–213
- (1971b): Eine ethologische Interpretation des Palmfruchtfestes der Waika-Indianer

(Yanoáma) nebst einigen Bemerkungen über die bindende Funktion von Zwiegesprächen. Anthropos 66, 767–778
- (1972a): Die !Ko-Buschmanngesellschaft – Gruppenbindung und Aggressionskontrolle. Monographien z. Humanethologie 1. München (Piper)
- (1972b): Das humanethologische Filmarchiv der Max-Planck-Gesellschaft. Homo 22, 181–185
- (1973a): Der vorprogrammierte Mensch. Das Ererbte als bestimmender Faktor im menschlichen Verhalten. Wien (Molden)
- (1973b): The Expressive Behavior of the Deaf-and-Blind Born. In: CRANACH, M. v. und VINE, I. (eds.): Social Communication and Movement. London (Academic Press), 163–194
- (1975): Krieg und Frieden aus der Sicht der Verhaltensforschung. München (Piper)
- (1976a): Phylogenetic and Cultural Adaptation in Human Behavior. In: SERBAN, G. und KLING, A. (eds.): Animal Models in Human Psychobiology. New York (Plenum Publ. Corp.), 77–98
- (1976b): Menschenforschung auf neuen Wegen. Die naturwissenschaftliche Betrachtung kultureller Verhaltensweisen. Wien (Molden)

EIBL-EIBESFELDT, I. und HASS, H. (1966): Zum Projekt einer ethologisch orientierten Untersuchung menschlichen Verhaltens. Mitt. Max-Planck-Ges. 6, 383–396
- (1967): Neue Wege der Humanethologie. Homo 18, 13–23

EIBL-EIBESFELDT, I. und WICKLER, W. (1968): Die ethologische Deutung einiger Wächterfiguren auf Bali. Z. Tierpsychol. 25, 719–726

ERIKSON, E. H. (1953): Wachstum und Krisen der gesunden Persönlichkeit. Stuttgart (Klett)
- (1966): Ontogeny of Ritualisation in Man. Philos. Trans. Roy. Soc. London B 251, 337–349

FRAENKEL, G. S. und GUNN, S. D. (1961): The Orientation of Animals. Oxford (Clarendon Press)

FREEDMAN, D. G. (1964): Smiling in Blind Infants and the Issue of Innate vs. Acquired. J. Child Psychol. Psychiat. 5, 171–184
- (1965): Hereditary Control of Early Social Behavior. In: FOSS, B. M. (ed.): Determinants of Infant Behavior III. London (Methuen)
- (1967): A Biological View of Man's Social Behavior. In: ETKIN, W. und FREEDMAN, D. G. (eds.): Social Behavior from Fish to Man. Univ. Chicago (Phoenix Books), 152–188

FRIJDA, N. H. (1964): Mimik und Pantomimik. In: KIRCHHOFF, R. (ed.): Handb. d. Psychol. 5, Ausdruckspsychologie, 351–421

FRISCH, K. v. (1965): Tanzsprache und Orientierung der Biene. Berlin/Heidelberg (Springer)

FROMM, E. (1974): Anatomie der menschlichen Destruktivität. Stuttgart (DVA)

GARCIA, J., MCGOWAN, B. K., ERVIN, F. R. und KOELLING, R. A. (1968): Cues: Their

relative Effectiveness as a Function of the Reinforcer. Science 160, 794–795
GEHLEN, A. (1940): Der Mensch, seine Natur und seine Stellung in der Welt. Berlin. 8. Aufl., Frankfurt 1966 (Athenäum)
- (1950): Der Mensch. Bonn
- (1956): Urmensch und Spätkultur. Bonn
- (1960): Die Seele im technischen Zeitalter. Sozialpsychologische Probleme in der industriellen Gesellschaft. Hamburg (Rowohlt)
- (1963): Studien zur Anthropologie und Soziologie. Neuwied

GOTTLIEB, G. (1965 a): Imprinting in Relation to Parental and Species Identification by Avian Neonates. J. comp. physiol. Psychol. 59, 345–356
- (1965 b): Prenatal Auditory Sensitivity in Chickens and Ducks. Science 147, 1596–1598
- (1966): Species Identification by Avian Neonates: Contributory Effects of Perinatal Auditory Stimulation. Anim. Behav. 14, 282–290

HAILMAN, J. P. (1967): The Ontogeny of an Instinct. Behaviour Suppl. 15
HAMBURGER, V. (1963): Some Aspects of the Embryology of Behavior. Quart. Rev. Biol. 38, 342–365
HAMBURGER, V., WENGER, E. und OPPENHEIM, R. (1966): Motility in the Chick-Embryo in the Absence of Sensory Input. J. exp. Zool. 162, 133–160
HARTMANN, M. (1948): Die philosophischen Grundlagen der Naturwissenschaften. Jena (G. Fischer)
HARTMANN, N. (1949): Grundzüge einer Metaphysik der Erkenntnis. Berlin (W. de Gruyter)
- (1964): Der Aufbau der realen Welt. 3. Aufl. Berlin (W. de Gruyter)

HASS, H. (1968): Wir Menschen. Wien (Molden)
- (1970): Das Energon. Wien (Molden)

HASS, H. und LANGE-PROLLIUS, H. (1978): Die Schöpfung geht weiter. Stuttgart (Seewald)
HASSENSTEIN, B. (1965): Biologische Kybernetik. Heidelberg (Quelle u. Meyer)
- (1966): Kybernetik und biologische Forschung. Handb. d. Biol. 1, 631–719. Frankfurt (Athenaion)

HASSLER, R. und BAK, I. J. (1966): Submikroskopische Catecholaminspeicher als Angriffspunkte der Psychopharmaka Reserpin und Mono-Amino-Oxydase-Hemmer. Der Nervenarzt 37, 493–498
HEBB, D. O. (1949): The Organisation of Behavior. New York
- (1953): Hereditary and Environment in Mammalian Behavior. Brit. J. Anim. Behav. 1, 43–47

HEINROTH, O. (1910): Über bestimmte Bewegungen der Wirbeltiere. Sitz. Ber. Ges. naturforsch. Freunde, Berlin
- (1911): Beiträge zur Biologie, namentlich Ethologie und Psychologie der Anatiden. Verh. 5. Int. Ornith. Kongreß Berlin, 589–702

HEINROTH, O. und M. (1928): Die Vögel Mitteleuropas. Berlin-Lichterfelde (Bermühler)

HERDER, J. G. (1784): Ideen zur Philosophie der Geschichte der Menschheit. Herders Ausgewählte Werke, Bd. 4. Stuttgart (Cotta)

HESS, E. H. (1959): Imprinting, an Effect of Early Experience. Science 130, 133–141

HESS, W. R. (1954): Das Zwischenhirn. 2. Aufl. Basel (Schwabe)

HOLST, E. v. (1932): Untersuchungen über die Funktionen des Zentralnervensystems beim Regenwurm (*Lumbricus terrestris* L.). Zool. Jb. Physiol. 51 (4), 547–588

– (1933): Weitere Versuche zum nervösen Mechanismus der Bewegungen beim Regenwurm (*Lumbricus terrestris* L.). Zool. Jb. Physiol. 53 (1), 67–100

– (1935): Über den Prozeß der zentralen Koordination. Pflügers Arch. 236, 149–158

– (1936): Versuche zur Theorie der relativen Koordination. Pflügers Arch. 237, 93–121

– (1937a): Bausteine zu einer vergleichenden Physiologie der lokomotorischen Reflexe bei Fischen II. Z. vgl. Physiol. 24, 532–562

– (1937b): Vom Wesen der Ordnung im Zentralnervensystem. Naturwiss. 25, 625–631 und 641–647

– (1938): Neuere Versuche zur Deutung der relativen Koordination bei Fischen. Pflügers Arch. 240, 1–43

– (1939): Die relative Koordination als Phänomen und als Methode zentralnervöser Funktionsanalyse. Erg. Physiol. 42, 228–306

– (1948): Von der Mathematik der nervösen Ordnungsleistungen. Experientia 4, 374–381

HOLST, E. v. und SAINT PAUL, U. v. (1960): Vom Wirkungsgefüge der Triebe. Die Naturwiss. 18, 409–422

HOOFF, J. A. R. A. M. van (1971): Aspecten van Het Sociale Gedrag en de Communicatie Bij Humane En Hogere Niet-Humane Primaten. Rotterdam (Bronder-Offset)

HÖRMANN-HECK, S. v. (1957): Untersuchungen über den Erbgang einiger Verhaltensweisen bei Grillenbastarden (*Gryllus campestris* x *Gryllus bimaculatus*). Z. Tierpsychol. 14, 137–183

HOWARD, H. E. (1929): An Introduction to the Study of Bird Behavior. Cambridge

HUBEL, D. H. und WIESEL, T. N. (1959): Receptive Fields of Single Neurons in the Cats Striate Cortex. J. Physiol. 148, 574–591

– (1962): Receptive Fields, Binocular Interaction and Functional Architecture in the Cats Visual Cortex. J. Physiol. 160, 106–154

– (1963): Receptive Fields of Cells in Striate Cortex of very Young, Visually Inexperienced Kittens. J. Neurophysiol. 24, 994–1002

HÜCKSTEDT, B. (1965): Experimentelle Untersuchungen zum »Kindchenschema«. Z. exp. u. angew. Psychologie 12, 421–450

HUXLEY, J. S. (1914): The courtship-habits of the Great Crested Grebe (*Podiceps cristatus*) with an addition to the theory of sexual selection. Proc. Zool. Soc. London 25, 253–291

IMMELMANN, K. (1966): Zur Irreversibilität der Prägung. Die Naturwiss. 53, 209

- (1967): Zur ontogenetischen Gesangsentwicklung bei Prachtfinken. Zool. Anz. Suppl. 30, 320–332
ITANI, J. (1958): On the Acquisition and Propagation of a New Food Habit in the Troop of Japanese Monkeys at Takasakiyama. Primates 1, 84–98 (jap.)
JESPERSEN, O. (1925): Die Sprache. Heidelberg
JOULE, J. P. (1847): On matter, living force and heat. In: ders. (1884/87): Scientific Papers. 2 Bde. London, 265
KAUFMANN, S. A. (1967): Social Relations of Adult Males in a Free-Ranging Band of Rhesus Monkeys. In: ALTMAN, S. A. (ed.): Social Communication among Primates. Chicago (Univ. Press), 73–98
KAWAI, M. (1958): On the Rank System in a Natural Group of Japanese Monkeys. Primates 1, 84–97 (jap. mit engl. Zusammenfassung)
- (1965): Newly acquired Pre-cultural Behavior of the Natural Troop of Japanese Monkeys on Koshima Island. Primates 6, 1–30
KAWAMURA, S. (1963): The Process of Sub-Cultural Propagation among Japanese Macaques. In: SOUTHWICK, CH. H. (ed.): Primate Social Behavior. New York (Nostrand), 82–90
KLINGHAMMER, E. und HESS, E. H. (1964): Parental feeding in Ring Doves (*Streptopelia roseogrisea*): Innate or Learned? Z. Tierpsychol. 21, 338–347
KLÜVER, H. (1933): Behaviour Mechanisms in Monkey. Chicago (Univ. Press)
KNEUTGEN, J. (1970): Eine Musikform und ihre biologische Funktion. Über die Wirkungsweise der Wiegenlieder. Z. f. exp. und angew. Psychol. 17 (2), 245–265
KOEHLER, O. (1954): Das Lächeln als angeborene Ausdrucksbewegung. Z. menschl. Vererb.- u. Konstitutionslehre 32, 330–334
KOEHLER, O. und ZAGARUS, A. (1937): Beiträge zum Brutverhalten des Halsbandregenpfeifers (*Charadrius hiaticula* L.). Beitr. Fortpfl. biol. Vögel 13, 1–9
KOFORD, C. B. (1966): Population Changes in Rhesus Monkeys: Cayo Santiago 1960–1964. Tulane Stud. Zool. 13, 1–7
KÖHLER, W. (1921): Intelligenzprüfungen an Menschenaffen. Neudruck 1962, Berlin/Göttingen/Heidelberg (Springer)
KONISHI, M. (1964): Effects of Deafening on Song Development in two Species of Juncos. Condor 66, 85–102
- (1965a): Effects of Deafening on Song Development of American Robins and Black-Headed Grosbeaks. Z. Tierpsychol. 22, 584–599
- (1965b): The Role of Auditory Feedback in the Control of Vocalisation in the White-Crowned Sparrow. Z. Tierpsychol. 22, 770–783
KORTLANDT, A. (1940): Eine Übersicht über die angeborenen Verhaltensweisen des mitteleuropäischen Kormorans. Arch. Neerl. Zool. 4, 401–442
- (1965): How do Chimpanzees use Weapons when Fighting Leopards. Yearbook Am. Philos. Soc., 327–332
- (1967): Experimentation with Chimpanzees in the Wild. In: STARCK, D., SCHNEIDER,

R. und Kuhn, H. J. (eds.): Neue Ergebnisse der Primatologie. Stuttgart (G. Fischer), 208–224

Kortlandt, A. und Kooij, M. (1963): Protohominid Behaviour in Primates. Symp. Zool. Soc. London 10, 61–88

Kruijt, J. (1964): Ontogeny of Social Behaviour in Burmese Red Jungle Fowl (*Gallus gallus spadiceus*). Behaviour Suppl. 12

Kühn, A. (1919): Die Orientierung der Tiere im Raum. Jena (G. Fischer)

Kuo, Z. Y. (1932): Ontogeny of Embryonic Behavior in Aves. J. exp. Biol. 61, 395–430 und 453–489

LaBarre, W. (1947): The Cultural Basis of Emotions and Gestures. Journal of Personality 16, 49–68

Lack, D. (1943): The Life of the Robin. Cambridge (Univ. Press)

Lawick-Goodall, J. van (1968): The Behavior of freeliving Chimpanzees in the Gombe Stream Reserve. Anim. Beh. Monogr. 1 (3), 161–311

Lehrman, D. S. (1953): A Critique of Konrad Lorenz's Theory of Instinctive Behavior. Quart. Rev. Biol. 28, 337–363

– (1955): The Physiological Basis of Parental Feeding Behavior in the Ring Doves (*Streptopelia risoria*). Behaviour 7, 241–286

LeMagnen, J. (1952): Les phénomenes olfacto-sexuels chez l'homme. Arch. Sci. Physiol. 6, 125–160

Lenneberg, E. (1964): A Biological Perspective of Language. In: ders. (ed.): New Directions in the Study of Languages. Cambridge/Mass. (M.I.T. Press), 65–88

Leong, C. Y. (1969): The Quantitative Effect of Releasers on the Attack Readiness of the Fish *Haplochromis burtoni* (Cichlidae). Z. vgl. Physiol. 65, 29–50

Lettvin, J. Y., Maturana, H. R., McCulloch, W. S. und Pitts, W. H. (1959): What the Frog's Eye tells the Frog's Brain. Proc. I.R.E. 47, 1940–1951

Leyhausen, P. (1965): Über die Funktion der relativen Stimmungshierarchie (dargestellt am Beispiel der phylogenetischen und ontogenetischen Entwicklung des Beutefangs von Raubtieren). Z. Tierpsychol. 22, 412–494

Lorenz, A. (1952): Wenn der Vater mit dem Sohne ... Wien (Franz Deuticke)

Lorenz, K. (1931): Beiträge zur Ethologie sozialer Corviden. J. Ornithol. 79, 67–127

– (1932): Betrachtungen über das Erkennen der arteigenen Triebhandlungen der Vögel. J. Ornith. 80, Heft 1

– (1935): Der Kumpan in der Umwelt des Vogels. J. Ornithol. 83, 137–413

– (1937): Über die Bildung des Instinktbegriffes. Die Naturwiss. 25, 289–300, 307–318, 325–331

– (1939): Vergleichende Verhaltensforschung. Verh. Dtsch. Zool. Ges. Rostock. Zool. Anz. Suppl. 12, 69–102

– (1941): Vergleichende Bewegungsstudien bei Anatiden. J. Ornithol. 89, 194–294

– (1943): Die angeborenen Formen möglicher Erfahrung. Z. Tierpsychol. 5, 235–409

– (1949): Er redete mit dem Vieh, den Vögeln und den Fischen. Wien (Borotha-

Schoeler)
- (1954): Moral-analoges Verhalten geselliger Tiere. Forschung und Wirtschaft 4. Essen-Bredeney (Stiftervbd. f. d. Dtsch. Wissenschaft)
- (1959a): Die Gestaltwahrnehmung als Quelle wissenschaftlicher Erkenntnis. Z. angew. u. exp. Psychol. 6, 118–165. Neu veröffentlicht in: LORENZ, K.: Über tierisches und menschliches Verhalten II, 255–300
- (1959b): Psychologie und Stammesgeschichte. In: HEBERER, G. (ed.): Evolution der Organismen. Stuttgart (G. Fischer)
- (1961): Phylogenetische Anpassung und adaptive Modifikation des Verhaltens. Z. Tierpsychol. 18, 139–187
- (1963): Das sogenannte Böse. Wien (Borotha-Schoeler)
- (1965a): Über tierisches und menschliches Verhalten. Aus dem Werdegang der Verhaltenslehre (Ges. Abhandl.), I u. II. München (Piper), I: 17. Aufl. 1974, II: 11. Aufl. 1974
- (1965b): Evolution and Modification of Behavior. Chicago (Univ. Press)
- (1966): Stammes- und kulturgeschichtliche Ritenbildung. Mitt. d. Max-Planck-Ges. 1, 3–30 und Naturwiss. Rdschau 19, 361–370
- (1969): Innate Basis of Learning. In: PRIBRAM, H. (ed.): On the Biology of Learning. New York (Harcourt)
- (1970): The Enmity between Generations and Its Probable Ethological Causes. Studium Generale 23, 963–997
- (1973a): Die acht Todsünden der zivilisierten Menschheit. München (Serie Piper 50)
- (1973b): Die Rückseite des Spiegels. Versuch einer Naturgeschichte menschlichen Erkennens. München (Piper)

LORENZ, K. u. TINBERGEN, N. (1938): Taxis und Instinkthandlung in der Eirollbewegung der Graugans. Z. Tierpsychol. 2, 1–29
MAKKINK, G. F. (1960): An Attempt at an Ethogram of the European Avocet (*Recurvirostra avosetta* L.) with Ethological and Psychological Remarks. Ardea 25, 1–60
MANLEY, G. (1960): The Agonistic Behavior of the Black-headed Gull. Oxford (Diss. zit. nach R. Stamm 1964)
MARK, V. H. und ERVIN, F. R. (1970): Violence and the Brain. New York (Harper u. Row)
MATURANA, H. R., LETTVIN, J. Y., MCCULLOCH, W. S. und PITTS, W. H. (1960): Anatomy and Physiology of Vision in the Frog (*Rana pipiens*). J. General Physiol. 43, Suppl. 6, 129–175
MAYR, E. (1950): Behavior and Systematics. In: ROE, A. und SIMPSON, G. (eds.): Behavior and Evolution. New Haven, 341–366. Deutsch (1969): Evolution und Verhalten. Theorie 2. Frankfurt (Suhrkamp)
MCDOUGALL, W. (1936): An Outline of Psychology. 7. Aufl. London
MEAD, M. (1939): From the South Sea. New York (William Morrow)
MEYER-EPPLER, W. (1959): Grundlagen und Anwendungen der Informationstheorie.

Berlin/Göttingen/Heidelberg (Springer)

MEYER-HOLZAPFEL, M. (1940): Triebbedingte Ruhezustände als Ziel von Appetenzhandlungen. Naturwiss. 28, 273–280

MILGRAM, ST. (1963): Behavioral Study of Obedience. J. abnorm. Soc. Psychol. 67, 372–378

MONTAGU, M. F. A. (1968): Man and Aggression. New York (Univ. Press)

MORRIS, D. (1967): The naked Ape – a Zoologist's study of the Human Animal. London (Jonathan Cape). Deutsch (1968): Der nackte Affe. München (Droemer/Knaur)

NAPIER, J. (1962): The Evolution of the Hand. Scient. Americ. 207 (6), 56–63

OPPENHEIM, R. (1966): Amniotic Contractions and Embryonic Motility in the Chick Embryo. Science 152, 528–529

OSCHE, G. (1952): Die Bedeutung der Osmoregulation und des Winkverhaltens für freilebende Nematoden. Z. Morph. Ökol. Tiere 41, 54–77

PAWLOW, I. P. (1927): Conditioned Reflexes. Oxford

PEIPER, A. (1961): Die Eigenart der kindlichen Hirntätigkeit. 3. Aufl. Leipzig

PEIPONEN, V. A. (1960): Verhaltensstudien an Blaukehlchen. Ornis Fennica 37, 69–83

PLOOG, D. W., BLITZ, J. und PLOOG, F. (1963): Studies on Social and Sexual Behavior of the Squirrel Monkey (*Saimiri sciureus*). Fol. Primat. 1, 29–66

POPPER, K. R. (1957): The Poverty of Historicism. London. Deutsch (1965): Das Elend des Historizismus. Tübingen (Mohr)

PORZIG, W. (1950): Das Wunder der Sprache, München/Bern

PRECHTL, H. F. R. (1951): Zur Paarungsbiologie einiger Molcharten. Z. Tierpsychol. 8, 337–348

– (1952a): Über die Adaption des Angeborenen Auslösemechanismus. Naturwiss. 39, 140–141

– (1952b): Angeborene Bewegungsweisen junger Katzen. Experientia 8, 220

– (1953): Zur Physiologie des Angeborenen Auslösemechanismus. Behaviour 5, 32–50

– (1958): The Directed Head-Turning Response and Allied Movements of the Human Baby. Behaviour 13, 212–242

PRECHTL, H. F. R. und SCHLEIDT, W. (1950): Auslösende und steuernde Mechanismen des Saugaktes I. Z. vgl. Physiol. 32, 252–262

RASA, A. (1969): The Effect of Pair Isolation on Preproductive Success in *Etroplus maculatus*. Z. Tierpsychol. 26, 846–852

– (1971): Appetence for Aggression in Juvenile Damsel Fish. Z. Tierpsychol., Beiheft 7

REGEN, J. (1924): Über die Orientierung des Grillenweibchens nach dem Stridulationsschall des Männchens. Sitz. Ber. Akad. Wiss. Wien, math. nat. Klasse, 132

REIMARUS, H. S. (1762): Allgemeine Betrachtungen über die Triebe der Thiere, hauptsächlich über ihre Kunsttriebe. Hamburg

RIESS, B. F. (1954): The Effect of Altered Environment and of Age on the Mother-Young Relationships among Animals. Ann. N. Y. Acad. Sci. 57, 606–610

ROBERTS, W. W. und CAREY, R. J. (1965): Rewarding Effect of Performance of Gnawing

Aroused by Hypothalamic Stimulation in the Rat. J. comp. physiol. Psychol. 59, 317–324
ROBERTS, W. W. und KIESS, H. O. (1964): Motivational Properties of Hypothalamic Aggression in Cat. J. comp. physiol. Psychol. 58, 187–193
ROEDER, K. D. (1963): Nerve Cells and Insect Behavior. Cambridge/Mass. (Harvard Univ. Press)
ROTHENBUHLER, W. C. (1964): Behavior Genetics of Nestcleaning in Honeybees. IV. Responses of $F_1$ and Backcross Generations to Disease Killed Brood. Am. Zool. 4, 111–123
ROTHMANN, M. und TEUBER, E. (1915): Einzelausgabe aus der Anthropoidenstation auf Teneriffa. I. Ziel und Aufgaben der Station sowie erste Beobachtungen an den auf ihr gehaltenen Schimpansen. Abh. Preuß. Akad. Wiss. Berlin, 1–20
SACKETT, G. P. (1966): Monkeys Reared in Isolation with Pictures as Visual Input. Evidence for an Innate Releasing Mechanism. Science 154, 1468–1473
SADE, D. S. (1967): Determinants of Dominance in a Group of Free-ranging Rhesus Monkeys. In: ALTMAN, S. A. (ed.): Social Communication among Primates. Chicago (Univ. Press), 99–114
SAUER, F. (1954): Die Entwicklung der Lautäußerungen vom Ei ab schalldicht gehaltener Dorngrasmücken (*Sylvia c. communis* Latham). Z. Tierpsychol. 11, 1–93
SBRZESNY, H. (1974): !Ko-Buschleute-Kalahari – Der Elandtanz: Kinder spielen das Mädcheninitationsritual. Homo 24 (2); HF 62 des Humanetholog. Filmarchivs d. Max-Planck-Ges. Percha
SCHALLER, F. und SCHWALB, H. (1961): Attrappenversuche mit Larven und Imagines einheimischer Leuchtkäfer. Zool. Anz. Suppl. 24, 154–166
SCHALLER, G. B. (1963): The Mountain Gorilla. Chicago (Univ. Press)
SCHEIN, W. M. (1963): On the Irreversibility of Imprinting. Z. Tierpsychol. 20, 462–467
SCHENKEL, R. (1947): Ausdrucksstudien an Wölfen. Behaviour 1, 81–129
SCHLEIDT, W. M. (1961): Reaktionen von Truthühnern auf fliegende Raubvögel und Versuche zur Analyse ihrer AAMs. Z. Tierpsychol. 18, 534–560
SCHNEIRLA, T. C. (1966): Behavioral Development and Comparative Psychology. Quart. Rev. Biol. 41, 283–302
SEDLMAYR, H. (1940): Gefahr und Hoffnung des techn. Zeitalters. Salzburg (Otto Müller)
SEITZ, A. (1940): Die Paarbildung bei einigen Zichliden I. Z. Tierpsychol. 4, 40–84; II (1941). Z. Tierpsychol. 5, 74–101
SHERRINGTON, C. S. (1931): Quantitative Management of Contraction in Lowest Level Coordinations. Brain 54, 1–28
SPITZ, R. A. (1965): The First Year of Live. New York (Int. Univ. Press)
STAMM, R. A. (1964): Perspektiven zu einer vergleichenden Ausdrucksforschung. In: KIRCHHOFF, R. (ed.): Handb. d. Psychol. 5, 255–288
STEINIGER, F. (1950): Zur Soziologie und sonstigen Biologie der Wanderratte. Z. Tierpsychol. 7, 356–379

Teilhard de Chardin, P. (1957): La Vision du passé. Paris (Editions du Seuil)
Thorpe, W. H. (1961): Bird Song. The Biology of Vocal Communication and Expression in Birds. Cambridge Monogr. in Exp. Biol. 12
- (1965): Science, Man and Morals. London (Methuen)
Tiger, L. (1969): Men in Groups. New York (Random House)
Tinbergen, N. (1940): Die Übersprungbewegung. Z. Tierpsychol. 4, 1–40
- (1948): Social Releasers and the Experimental Method Required for their Study. Wilson Bull. 60, 6–52
- (1951): The Study of Instinct. London (Oxford Univ. Press); Deutsch (1966): Instinktlehre. Berlin (Parey)
Tinbergen, N. und Iersel, J. van (1947): »Displacement Reactions« in the Tree-Spined Stickleback. Behaviour 1, 56–63
Tinbergen, N. und Kuenen, D. J. (1939): Über die auslösenden und richtunggebenden Reizsituationen der Sperrbewegung von jungen Drosseln (*Turdus m. merula* L. und *T. e. ericetorum* Turton). Z. Tierpsychol. 3, 37–60
Tinbergen, N., Meeuse, B. J. D., Boerema, L. K. und Varossieau, W. W. (1943): Die Balz des Samtfalters (*Eumenis semele* L.). Z. Tierpsychol. 5, 182–226
Tinbergen, N. und Perdeck, A. C. (1950): On the Stimulus Situation Releasing the Begging Response in the Newly-Hatched Herring Gull Chick (*Larus argentatus*). Behaviour 3, 1–38
Uexküll, J. v. (1921): Umwelt und Innenwelt der Tiere. 2. Aufl. Berlin
Volkelt, H. (1937): Tierpsychologie als genetische Ganzheitspsychologie. Z. Tierpsychol. 1, 49–65
Watson, J. B. (1913): Psychology as the behaviorist view it. Psychological Reviews 20, 158–177
- (1919): Psychology from the Standpoint of a Behaviorist. Philadelphia (Lippincott)
Whitman, Ch. O. (1899): Animal Behavior. Biol. Lect. Mar. Biol. Lab., Woods Hole Mass., 285–338
Wickler, W. (1958): Vergleichende Verhaltensstudien an Grundfischen. II. Die Spezialisierung des *Steatocranus*. Z. Tierpsychol. 15, 427–446
- (1962): Ei-Attrappen und Maulbrüten bei afrikanischen Cichliden. Z. Tierpsychol. 18, 129–164
- (1966): Ursprung und biologische Deutung des Genitalpräsentierens männlicher Primaten. Z. Tierpsychol. 23, 422–437
- (1967a): Socio-Sexual Signals and their Intraspecific Imitation among Primates. In: Morris, D. (ed.): Primate Ethology. London (Weidenfeld u. Nicolson), 69–147
- (1967b): Vergleichende Verhaltensforschung und Phylogenetik. In: Heberer, G. (ed.): Evolution der Organismen. I. Stuttgart (G. Fischer), 420–508
- (1969): Sind wir Sünder? Naturgesetze der Ehe. München (Droemer)
Wynne-Edwards, V. C. (1962): Animal Dispersion in Relation to Social Behaviour. London (Oliver u. Boyd)

# Erstveröffentlichung der Arbeiten

Die Vorstellung einer zweckgerichteten Weltordnung. 1976. Anz. d. phil.-hist. Klasse der Österr. Akad. d. Wiss. 113, 39–51

Über die Wahrheit der Abstammungslehre. 1964. »medico«, Europa-Ausgabe, H. 1. Mannheim (Boehringer)

Über die Entstehung von Mannigfaltigkeit. 1965. Naturwiss. 52 (12), 319–329

Kants Lehre vom Apriorischen im Lichte gegenwärtiger Biologie. 1941. Bl. f. Dtsche. Philosophie 15, 94–125

Evolution des Verhaltens. 1975. Nova Acta Leopoldina, N. F. 42 (Nr. 218), 271–290

Wissenschaft, Ideologie und das Selbstverständnis unserer Gesellschaft. 1972. In: DITFURTH, H. v. (Hrsg.): Mannheimer Forum. Mannheim (Boehringer), 9–27

Stammes- und kulturgeschichtliche Ritenbildung. 1966. Naturwiss. Rdschau 19 (9), 361–376

Die stammesgeschichtlichen Grundlagen menschlichen Verhaltens. 1974. In: HEBERER, G. (Hrsg.): Die Evolution der Organismen. Stuttgart (G. Fischer), 572–624

Die instinktiven Grundlagen menschlicher Kultur. 1967. Naturwiss. 54 (15/16), 377–388

Über das Töten von Artgenossen. 1955. Jahrb. d. Max-Planck-Ges. Göttingen, 105–140

Aggressivität – arterhaltende Eigenschaft oder pathologische Erscheinung 1977. Kulturhistorische Vorlesungen der Universität Bern. In: Aggression und Toleranz. Bern/Frankfurt (Peter Lang), 9–27

Über gestörte Wirkungsgefüge in der Natur. 1966. Naturschutz in Niedersachsen 5 (11/12), 9–18

Zivilisationspathologie und Kulturfreiheit. 1974. In: PAUS, A. (Hrsg.): Freiheit des Menschen. Graz/Wien/Köln (Styria), 147–185